建筑企业专业技术管理人员
业务必备丛书

测量员

本书编委会◎编写

CE LIANG YUAN

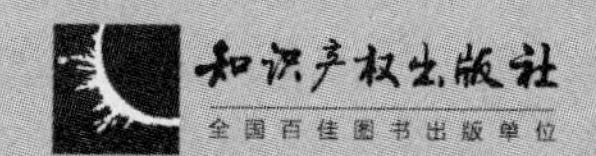

内容提要

本书根据国家最新颁布实施的《建筑与市政工程施工现场专业人员职业标准》JGJ/T 250—2011以及《工程测量规范》GB 50026—2007、《建筑变形测量规范》JGJ 8—2007及其他相关工程测量标准规程为依据，详细阐述了建筑工程测量的基础理论、方法与技术。全书共分为十章，内容主要包括：施工测量基础及管理、水准测量、角度测量、距离测量与直线定向、小地区控制测量、地形图的测绘与应用、全站仪及GPS定位系统、建筑施工测量、市政工程测量、建筑物的沉降与变形观测。

本书既可作为建筑施工企业专业管理人员的岗位资格培训教材，也可供建筑施工技术人员参考使用。

责任编辑:陆彩云　徐家春　　　　**责任出版**:卢运霞

图书在版编目(CIP)数据

测量员/《测量员》编委会编写. —北京:知识产权出版社,2013.6

(建筑企业专业技术管理人员业务必备丛书)

ISBN 978-7-5130-2069-5

Ⅰ.①测…　Ⅱ.①测…　Ⅲ.①建筑测量—基本知识　Ⅳ.①TU198

中国版本图书馆CIP数据核字(2013)第105803号

建筑企业专业技术管理人员业务必备丛书

测量员

本书编委会　编写

出版发行:知识产权出版社

社　址:	北京市海淀区马甸南村1号	**邮　编**:	100088
网　址:	http://www.ipph.cn	**邮　箱**:	lcy@cnipr.com
发行电话:	010-82000860转8101/8102	**传　真**:	010-82005070/82000893
责编电话:	010-82000860转8110	**责编邮箱**:	lcy@cnipr.com
印　刷:	北京紫瑞利印刷有限公司	**经　销**:	新华书店及相关销售网点
开　本:	720 mm×960 mm　1/16	**印　张**:	23
版　次:	2013年7月第1版	**印　次**:	2013年7月第1次印刷
字　数:	380千字	**定　价**:	56.00元

ISBN 978-7-5130-2069-5

审定委员会

主　任　石向东　王　鑫

副主任　冯　跃

委　员　（按姓氏笔画排序）

刘爱玲　张春锋　张海春　李志远
杨玉苹　周　曚　谢　婧

编写委员会

主　编　白会人

参　编　（按姓氏笔画排序）

于　涛　卢　伟　孙丽娜　曲播巍
何　影　张　楠　李春娜　李美惠
周　进　赵　慧　倪文进　陶红梅
黄　崇　韩　旭

前　言

伴随着国民经济的持续、快速发展，建筑业在国民经济中支柱产业的地位日益突出。建筑行业的规模越来越大，建筑队伍不断扩大，建筑施工现场测量员是保证建筑质量和加快工程进度的重要人员，其技术素质、业务水平和管理工作的好坏，对工程质量和工程施工进度有重大的影响。为了加强建筑工程施工现场专业人员队伍建设，促进科学施工，确保工程质量和安全生产，住房和城乡建设部经过深入调查，结合当前我国建设施工现场专业人员开发的实践经验，制定了《建筑与市政工程施工现场专业人员职业标准》JGJ/T 250—2011，该标准的颁布实施，对建筑工程施工现场各专业人员提出了更高的要求。基于上述原因，我们组织编写了此书。

本书共分十章，内容包括：施工测量基础及管理、水准测量、角度测量、距离测量与直线定向、小地区控制测量、地形图的测绘与应用、全站仪及GPS定位系统、建筑施工测量、市政工程测量、建筑物的沉降与变形观测等。具有很强的针对性和实用性，内容丰富，通俗易懂。

本书体例新颖，包含“本节导图”和“业务要点”两个模块，在“本节导图”部分对该节内容进行概括，并绘制出内容关系框图；在“业务要点”部分对框图中涉及的内容进行详细的说明与分析。力求能够使读者快速把握章节重点，理清知识脉络，提高学习效率。

本书既可作为建筑施工企业专业管理人员的岗位资格培训教材，也可供建筑施工技术人员参考使用。

由于编者水平有限，书中疏漏和不当之处在所难免，敬请广大读者和同行给予批评指正。

编　者

2013年6月

目　录

第一章　施工测量基础及管理

第一节　测量工作概述

本节导图

工程测量是一门结合工程建设，研究测定地面（包括空中、地下）点位理论和方法的学科，它包括在工程建设勘测、设计、施工和管理阶段所进行的各种测量工作。它是直接为建设项目的勘测、设计、施工、安装、竣工、监测以及运营管理等一系列工程工序服务的。可以说没有测量工作为工程建设提供可靠的数据、资料，并及时与之密切配合，任何工程建设都无法顺利进行。

本节主要介绍了测量的任务、测量工作的基本内容、程序与原则，其内容关系如图 1-1 所示。

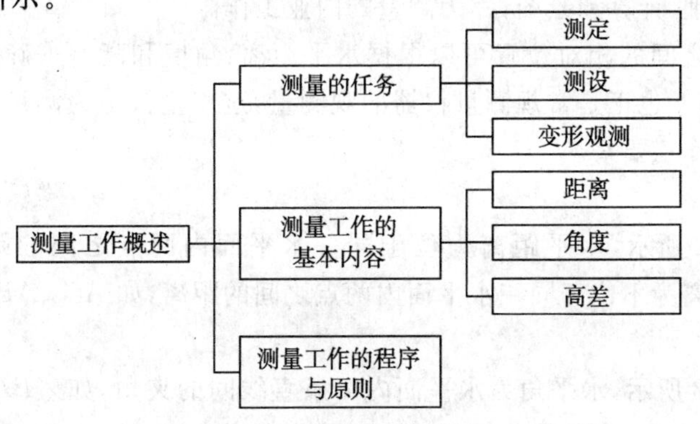

图 1-1　本节内容关系图

业务要点 1：测量的任务

测量工作贯穿于工程建设的整个过程，因此，测量工作的质量直接关系到工程建设的速度和质量。测量的主要任务是测定、测设及变形观测。

1. 测定

测定也称为测绘，是指使用测量仪器和工具，通过测量和计算得到地面的点位数据，或把地球表面的地形绘制成地形图。在勘测设计阶段，如城镇规划、厂址选择、管道和交通线路选线以及建（构）筑物的总平面设计和竖向设计等方面都需要以地形资料为基础，因此需要测绘各种比例尺的地形图。工程竣工后，为了验收工程和以后的维修管理，还需要测绘竣工图。

2. 测设

测设也称为放样，是指把图纸上设计好的建(构)筑物的位置，用测量仪器和一定的方法在实地标定出来，作为施工的依据。在施工阶段，需要将设计的建(构)筑物的平面位置和高程，按设计要求以一定的精度测设于实地，以便于进行后续施工，并在施工过程中进行一系列的测量工作，以衔接和指导各工序间的施工。

3. 变形观测

变形观测是指利用专用的仪器和方法对变形体的变形现象进行持续观测，对变形体变形形态进行分析和对变形体变形的发展态势进行预测等各项工作。对于大坝、桥梁、高层建筑物、边坡、隧道和地铁等一些有特殊要求的大型建(构)筑物，为了监测它们受各种应力作用下施工和运营的安全稳定性，以及检验其设计理论和施工质量，需要进行变形观测。

业务要点 2:测量工作的基本内容

测量工作可以分为外业与内业。在野外利用测量仪器和工具测定地面上两点的水平距离、角度、高差，称为测量的外业工作；在室内将外业的测量成果进行数据处理、计算和绘图，称为测量的内业工作。

点与点之间的相对位置可以根据水平距离、角度和高差来确定，而水平距离、角度和高差也正是常规测量仪器的观测量，这些量被称为测量的基本内容，又称测量工作三要素。

1. 距离

如图 1-2 所示，水平距离为位于同一水平面内两点之间的距离，如 AB、AD；倾斜距离为不位于同一水平面内两点之间的距离，如 AC'、AB'。

2. 角度

如图 1-2 所示，水平角为水平面内两条直线间的夹角，如$\angle BAC$；竖直角为位于同一竖直面内水平线与倾斜线之间的夹角，如$\angle BAB'$。

3. 高差

两点间的垂直距离构成高差，如图 1-2 中的 AA'、CC'。

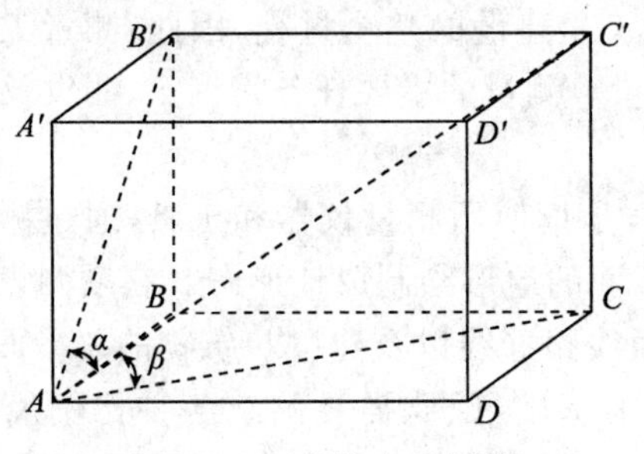

图 1-2　三个基本观测量

业务要点 3:测量工作的程序与原则

地球表面的各种形态很复杂,可以分为地物和地貌两大类:地球表面的固定性物体称为地物,如房屋、公路、桥梁、河流等;地面上的高低起伏形态称为地貌,如山岭、谷地等。地物与地貌统称为地形。测量的任务就是要测定地形的位置并把它测绘在图纸上。

地物和地貌的形状和大小都是由一些特征点的位置所决定的。这些特征点又称为碎部点,测量时,主要就是测定这些碎部点的平面位置和高程,当进行测量工作时,不论用哪些方法,使用哪些测量仪器,测量成果都会有误差。为了防止测量误差的积累,提高测量精度,在测量工作中,必须遵循"先控制后碎部,从整体到局部,从高级到低级"的测量原则。

如图 1-3 所示,先在测区内选择若干个具有控制意义的点 A、B、C、D、E 等作为控制点,用全站仪和正确的测量方法测定其位置,作为碎部测量的依据。这些控制点所组成的图形称为控制网,进行这部分测量的工作称为控制测量。然后,再根据这些控制点测定碎部点的位置。例如在控制点 A 附近测定其周围的房子 1、2、3 各点,在控制点 B 附近测定房子 4、5、6 各点,用同样的方法可以测定其他碎部的各点,因此这个地区的地物的形状和大小情况就可以表示出来了。

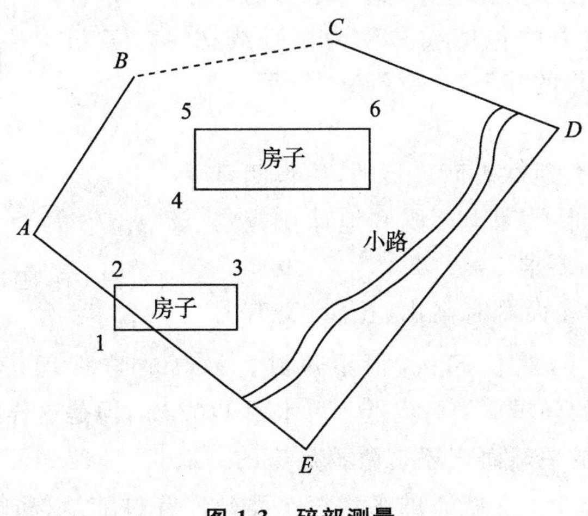

图 1-3　碎部测量

第二节　地面点位的确定

本节导图

本节主要介绍了测量的基准线与基准面、空间点位的表示方法以及确定地面点位的三要素，其内容关系如图 1-4 所示。

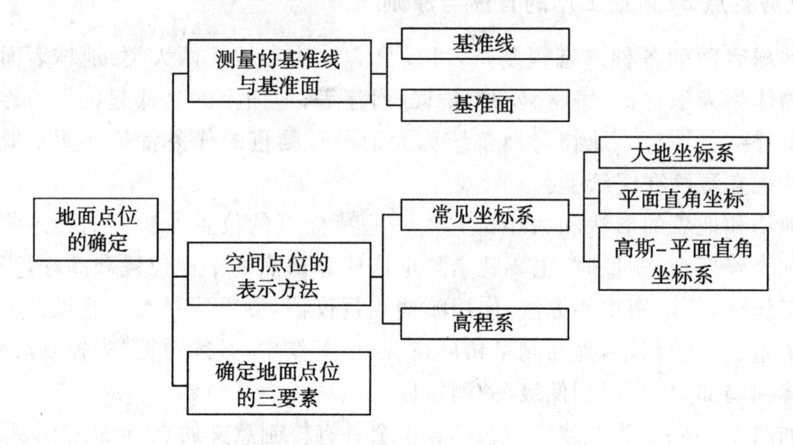

图 1-4　本节内容关系图

业务要点 1:测量的基准线与基准面

1.基准线

地球上的任何物体都受到地球自转产生的离心力和地心吸引力的作用，这两个力的合力称为重力。重力的作用线常称为铅垂线。铅垂线是测量工作的基准线，如图 1-5 所示。

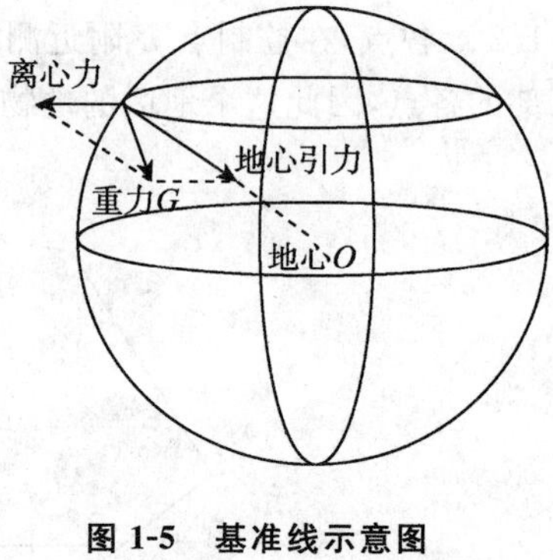

图 1-5　基准线示意图

2.基准面

测量工作是在地球表面进行的，用作测量的基准面应满足形状和大小既和地球比较吻合，又便于研究的要求。

地球的自然表面既有高山、丘陵，又有盆地、平原和海洋等，高低起伏，很不规则。最高的珠穆朗玛峰高出海水面 8844.43m，最低的马里亚纳海沟低于海水面 11022m，但是这样的起伏相对于平均半径 6371km 的地球而言还是微不足道的。而且，地球表面约 71％是海洋，因此，人们把被处于静止状态的平均海水面延伸穿过陆地、岛屿所包围的形体假想为地球的形状。

水在静止时的表面称为水准面。水准面同样受到地球重力的作用，是一个处处与重力方向垂直的连续曲面，并且是一个重力等位面，即物体沿该面运动时，重力不做功(如水在这个面上是不会流动的)。而水平面则是与水准面相切的平面。由于水面高低时刻在发生变化，因此水准面有无数多个。其中由静止的平均海水面并向大陆、岛屿延伸所形成的封闭曲面称为大地水准面。大地水准面是测量工作的基准面。由大地水准面所包围的地球形体称为大地体。

大地体与地球的自然形体是比较接近的，但是由于地球内部质量分布不均匀，致使铅垂线方向产生不规则变化，因此，大地水准面也是一个复杂的曲面，在这样一个复杂的曲面上进行数据处理是不可能的。为了研究方便，通常用一个非常接近大地体，并且可以用数学式表示的几何体来代替地球的形体，即地球椭球。地球椭球是一个椭圆绕其短轴旋转而形成的椭球体，因此地球椭球又称为旋转椭球。

业务要点 2：空间点位的表示方法

在测量工作中，地面点的空间位置需要用三个量来表示，即将地面点沿铅垂线方向投影到地球椭球面（或水平面）上，用地面点投影位置在地球椭球面上的坐标（两个量）和地面点到大地水准面的铅垂距离（高程）来表示地面点的空间位置。

1.常见坐标系

（1）大地坐标系　用大地经度 L、大地纬度 B 和大地高程 H 来表示空间点位。

1）经度 L：过地面任一点 P 的子午面与起始子午面间的夹角。L 的取值范围：0°～±180°，由起始子午面起，向东为正，称为东经，向西为负，称为西经。

2）纬度 B：过地面任一点 P 的法线与赤道面的夹角。B 的取值范围：0°～±90°，由赤道面起算，向北为正，称为北纬，向南为负，称为南纬。

3）大地高 H：P 点沿法线到椭球面的距离 PP'。由椭球面起算，向外大地高为正，向内为负。

我国的疆域位于赤道以北的东半球，所以各地的大地经度 L 和大地纬度 B 都是正值。

空间点位 P 的坐标（X，Y，H）如图 1-6 所示，其中：

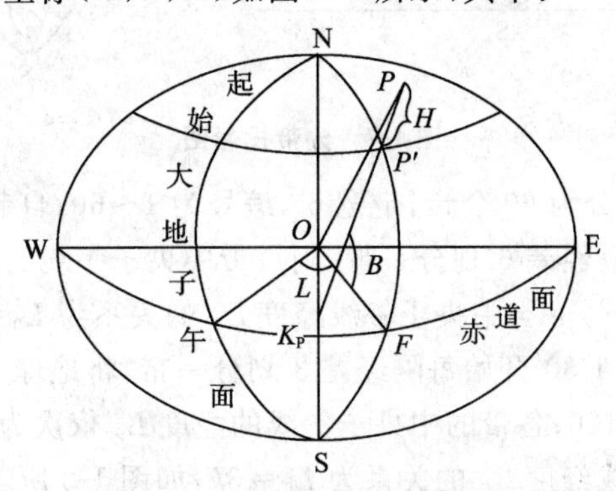

图 1-6　空间点位 P 的确定

X 表示 P 点 N(北)方向的坐标;Y 表示 P 点 E(东)方向的坐标;H 表示 P 点的高程。

(2)平面直角坐标　在小区域内进行测量工作,通常采用平面直角坐标。

1)平面直角坐标系:在没有国家控制点或不便于与国家控制点联测的小地区测量中,允许暂时建立独立坐标系以保证测绘工作的顺利开展。

2)测量坐标系与数学坐标系:测量工作中所采用的平面直角坐标系与数学中所介绍的相似,只是坐标轴互易。

(3)高斯一平面直角坐标系　如果测区范围较大,就不能再将地球表面当作平面看,但人们在规划、设计和施工中又习惯使用半面图来反映地面形态,而且在平面上进行计算和绘图要比在球面上方便。这样就产生了如何将球面上的物体转换到平面上的投影变换问题。在测量工作中,常采用高斯投影的方法来解决问题。

1)高斯投影的概念:在工程测量中,常将椭球坐标系按一定的数学法则,投影到平面上,成为平面直角坐标系。为满足工程测量及其他工程的应用,我国采用高斯一克吕格投影,简称高斯投影。

2)高斯投影分带:高斯投影保持了投影前后图形的等角条件,但除中央子午线投影后为一直线,且长度不变外,其他长度都产生变形,且离中央子午线愈远,变形愈大。必须对长度变形加以限制,限制的方法就是采用分带投影法,如图 1-7 所示。

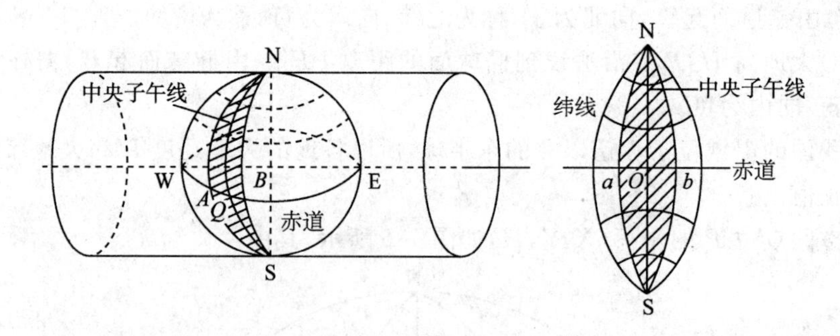

图 1-7　分带投影图

①6°带:将地球分为 60 个带,带宽 6°,编号为 1～60;自起始子午面(格林尼治)起,自西向东每隔经差 6°划分一带,则每带中央子午线的经度 L_0 依次为 3°,9°,15°,…,357°。带号 n 与中央子午线经度 L_0 的关系为 $L_0=6n-3$。

②3°带:自东经 1°30′开始每隔经差 3°划分一带,将地球共分为 120 个带,带宽为 3°,编号为 1～120;各带的中央子午线的经度 L_0 依次为 3°,6°,9°,…,360°,带号 k 与中央子午线经度 L_0 的关系为 $L_0=3k$,如图 1-8 所示。

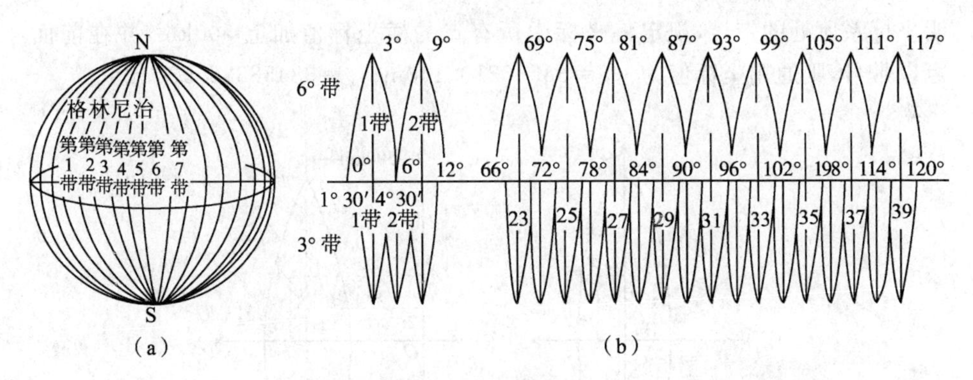

图 1-8　高斯分带图

我国经度：75°～135°；6°带带号：13～23 带；3°带带号：25～45 带。两者之间无重叠带号。不难看出，3°带的中央子午线经度有一半与 6°带中央子午线经度相同，另一半是 6°带子午线的经度。

3）高斯投影特性：高斯投影特性如下：

①投影后角度大小保持不变。

②投影后长度变形只与点的位置有关，而与方向无关。

③中央子午线投影后为一直线，且长度不变。

4）高斯平面直角坐标系：一带一个直角坐标系。中央子午线与赤道投影后为两条正交的直线，相交于 O 点，称为坐标原点，以每一带的中央子午线为纵坐标轴，用 x 表示，赤道以北为正，赤道以南为负；以赤道为横坐标轴，用 y 表示，中央子午线以东为正，以西为负。这样，各带就构成了独立的平面直角坐标系，称为高斯一克吕格平面直角坐标系，如图 1-9 所示。

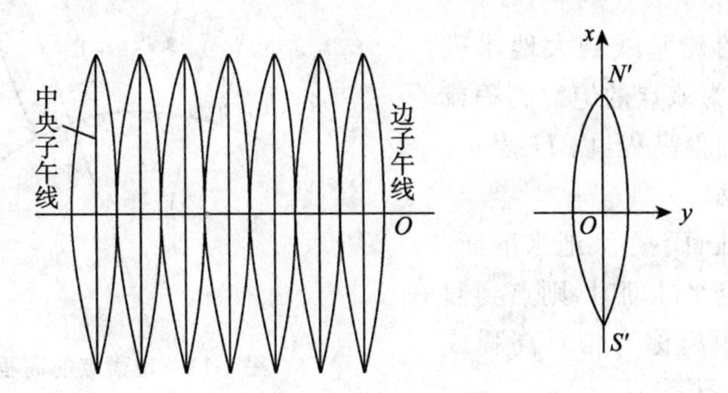

图 1-9　高斯一克吕格平面直角坐标

我国位于北半球，纵坐标均为正值，而横坐标则有正有负。

如图 1-10 所示，A 和 B 位于 3°带的第 38 带内，横坐标的自然值分别为：$y'_A=+36210.140\text{m}$，$y'_B=41613.070\text{m}$，为了避免横坐标出现负值和表

明坐标系所处的带号，规定将坐标中所有点的横坐标值加上 500km，并在前面冠以带号，则通用坐标值为：y_A＝38536210.140m；y_B＝38458386.930m。

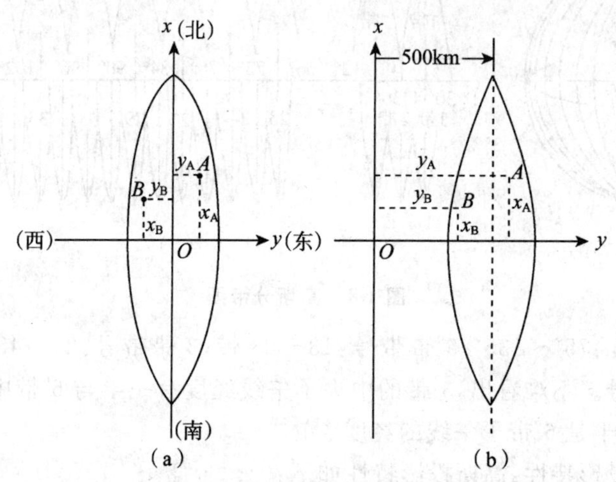

图 1-10 A、B 两点的坐标

2.高程系

为了确定地面点的空间位置，除了要确定其在基准面上的投影位置外，还应确定其沿投影方向到基准面的距离，即确定地面的高程。

1953～1979 年国家根据观测资料重新计算了黄海平均海水面，国家水准原点的高程为72.2604m，这是目前我国采用的高程基准。

地面点沿铅垂线到大地水准面的距离，称为该点的绝对高程或海拔、标高，简称高程，以 H 表示，如图 1-11 所示。

如果基准面不是大地水准面，而是任意假定水准面时，则点到假定水准面的距离称为相对高程或假定高程，用 H'表示。

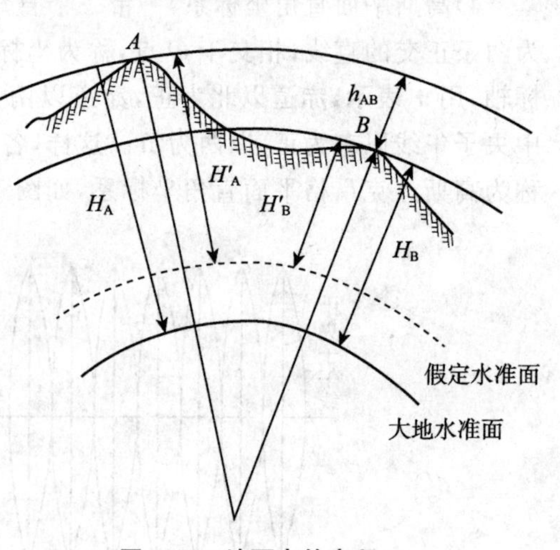

图 1-11 地面点的高程

高程值有正有负，在基准面以上的点，其高程值为正，反之为负。

相邻两点的高程之差称为高差，用 h 表示。图 1-11 中 A 点到 B 点的高差为：

$$h_{AB} = H_B - H_A = H'_B - H'_A \tag{1-1}$$

高差有正负之分，它反映相邻两点间的地面是上坡还是下坡，如果 h 为正，是上坡；h 为负，是下坡。

业务要点 3：确定地面点位的三要素

地面点的位置通常是用平面坐标和高程表示的，那么，要确定地面点的位置需要测量三个要素。

如图 1-12 所示，A、B 为两地面点，D_{OA}、D_{AB} 分别为 OA 和 AB 的水平距离；α 为直线 OA 与坐标纵轴北方向所夹的水平角（直线 OA 的方向即坐标方位角）；β 为直线 OA 与直线 AB 所夹的水平角。根据三角函数关系可得出 A、B 的直角坐标为：

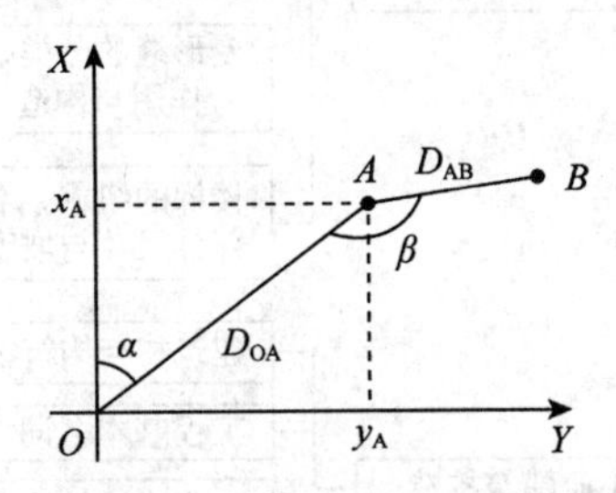

图 1-12　确定地面点的要素

$$X_A = D_{OA}\cos\alpha$$
$$Y_A = D_{OA}\sin\alpha \tag{1-2}$$

根据 A 点的平面位置和直线 AO 的方向，也可以用测定的水平角 β 和水平距离 D_{AB}，来表示 B 点相对于 A 点的平面位置。

当然，B 点的直角坐标也可以通过测定 D_{AB} 和 β，根据 A 点的直角坐标求得。

根据式(1-1)可知：

$$H_B = H_A + h_{AB} \tag{1-3}$$

地面点的高程则可通过测定该点与另一已知高程的地面点的高差求得。

由此可见，水平距离、水平角（方向）和高差是确定地面点位置的三个基本要素。

第三节　建筑基本构造

本节导图

本节主要介绍了建筑物的分类、民用建筑构造、工业建筑构造以及市政工程构造,其内容关系如图 1-13 所示。

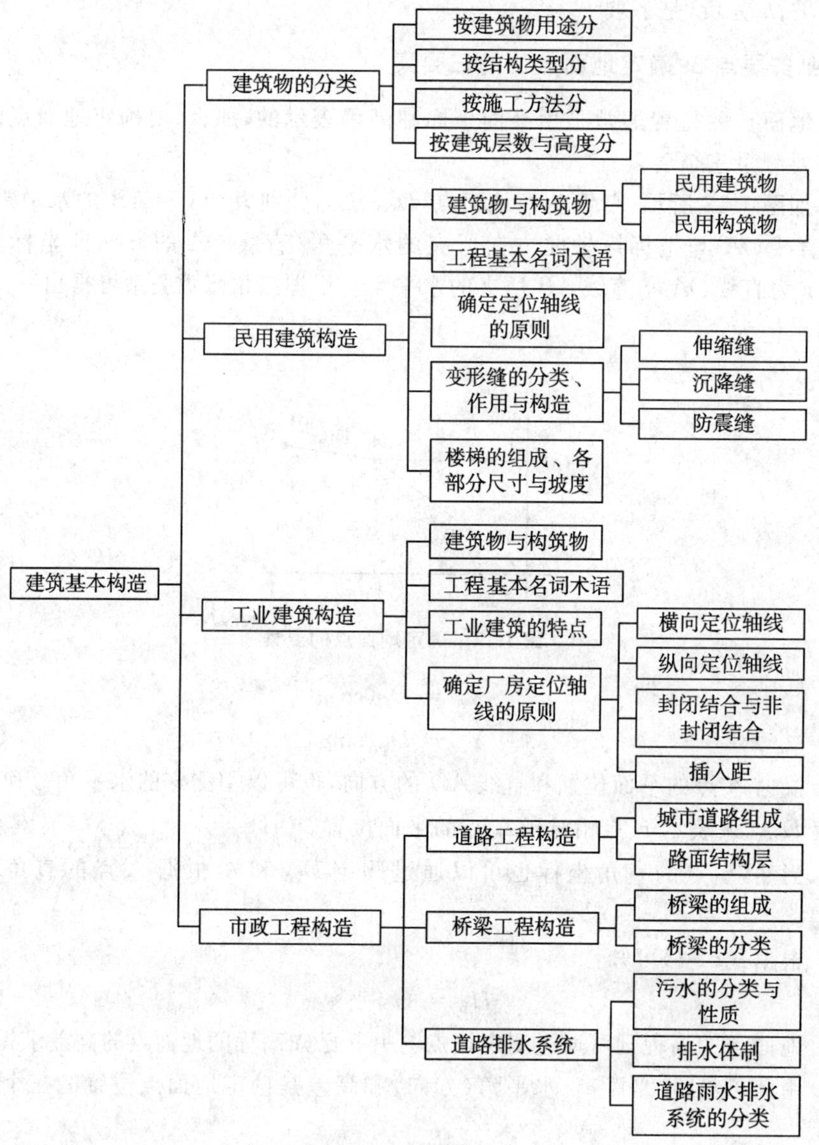

图 1-13　本节关系图

业务要点 1:建筑物的分类

1. 按建筑物用途分

1)民用建筑包括居住建筑和公共建筑两大部分。其中居住建筑主要包括住宅、宿舍、招待所等。公共建筑包括主要生活服务、文教卫生、托幼、科研、医疗、商业、行政办公、交通运输、广播通讯、体育、文艺、展览、园林小品、纪念等多种类型。

2)工业建筑包括主要生产用房、辅助生产用房和仓库等建筑。

3)农业建筑主要包括各类农业用房，如拖拉机站、种子仓库、粮仓、牲畜用房等。

2.按结构类型分

1)砌体结构。砌体结构的竖向承重构件为砌体，水平承重构件为钢筋混凝土楼板和屋顶板。

2)钢筋混凝土板墙结构。钢筋混凝土板墙结构的竖向承重构件为现浇和预制的钢筋混凝土板墙，水平承重构件为钢筋混凝土楼板和屋顶板。

3)钢筋混凝土框架结构。钢筋混凝土框架结构的承重构件为钢筋混凝土梁、板、柱组成的骨架；围护结构为非承重构件，它可以采用砖墙、加气混凝土块及预制板材等。

4)其他结构。除上述结构类型外，经常采用的还有砖木结构、钢结构、空间结构(网架、壳体)等。

3.按施工方法分

1)全现浇式。竖向承重构件和水平承重构件均采用现场浇筑的方式。

2)全装配式。竖向承重构件和水平承重构件均采用预制构件，现场浇筑节点的方式。

3)部分现浇、部分装配式。一般竖向承重构件采用现场砌筑、浇筑的墙体或柱子，水平承重构件大都采用预制装配式的楼板、楼梯。

4.按建筑层数与高度分

根据《民用建筑设计通则》GB 50352—2005 规定：

1)住宅建筑按层数分类。1～3 层属于低层住宅，4～6 层属于多层，7～9 层属于中高层建筑，10 层及 10 层以上为高层住宅。

2)高层民用建筑。除住宅建筑之外的民用建筑高度不大于 24m 者为单层和多层建筑，大于 24m 者为高层建筑(不包括建筑高度大于 24m 的单层公共建筑)。

3)超高层建筑。建筑高度超过 100m 的民用建筑为超高层建筑①。

业务要点 2:民用建筑构造

1.民用建筑物与构筑物

(1)民用建筑物　民用建筑物一般指直接供人们居住、工作、生活之用的建筑。

---

① 本条建筑层数和建筑高度计算应符合防火规范的有关规定。

一般的民用建筑主要由基础、墙和柱、楼地层、楼梯、屋顶和门窗等基本构件组成，如图 1-14 所示。

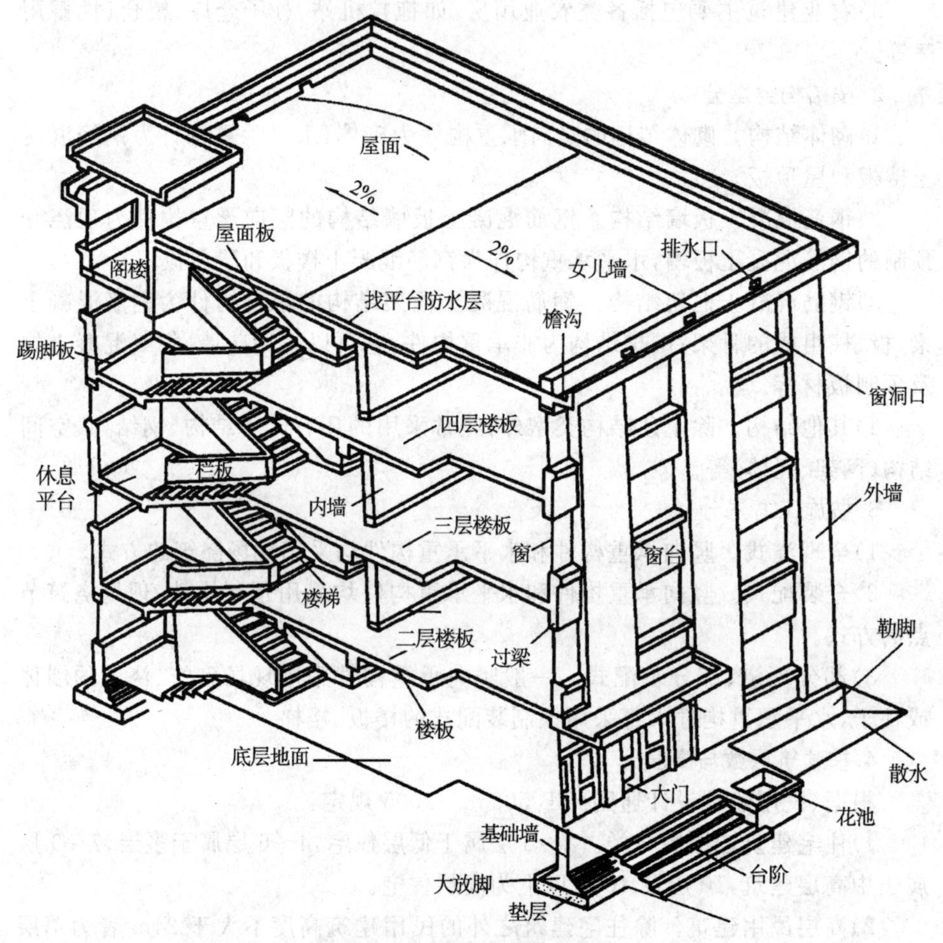

图 1-14　民用建筑的组成

1）基础。基础是位于建筑物最下部的承重构件，其作用是承受建筑物的全部荷载并将这些荷载传给地基。因此，基础必须具有足够的强度，并能抵御地下各种有害因素的侵蚀。

2）墙和柱。

①墙是建筑物的围护构件，有时也是承重构件。

a. 作为围护构件，外墙起着抵御自然界各种因素对室内侵袭的作用，内墙起着分隔建筑内部空间，避免各空间之间相互干扰的作用。

b. 作为承重构件，承受屋顶、楼板、楼梯等构件传来的荷载，并将这些荷载传给基础。

因此，要求墙体应分别具有足够的强度、稳定性，具有保温、隔热、隔声、防水、防火等功能，同时应具有耐久性和经济性。

②为了扩大空间，提高空间的灵活性，满足结构需要，有时用柱子代替墙体作建筑物的竖向承重构件，因此，柱应具有足够的强度和稳定性。

3)楼地层。楼地层是楼板层和地坪层的合称。

①楼板层是建筑物的水平承重构件，承受家具、设备、人体等荷载及自重，并将这些荷载传给墙或柱，同时对墙体起着水平支撑的作用。楼板层按房间层高将整幢建筑物沿水平方向分为若干部分。作为楼板层，要求其具有足够的强度、刚度和稳定性，还应具有隔声、防水等功能。

②地坪层是底层房间与土层相接触的部分，承受底层房间的荷载。要求其具有防潮、防水、保温等功能。

4)楼梯。楼梯是建筑物的垂直交通设施，供使用者上下楼层使用；在遇到火灾、地震等紧急情况时，供紧急疏散、运送物品使用。因此，要求楼梯具有足够的强度、通行能力，以及防火、防滑等功能。

在高层建筑中，除设置楼梯外，还应设有电梯。

5)屋顶。屋顶是建筑物顶部的外围护构件和承重构件。作为围护构件，它抵御着自然界中的雨、雪及太阳辐射等对建筑物顶层房间的影响；作为承重构件，它承受着建筑物顶部的荷载，并将这些荷载传给墙或柱。因此，屋顶应具有足够的强度、刚度，并具有防水、保温、隔热等性能。

6)门窗。

①门主要供交通出入、分隔和联系内外空间使用。

②窗的主要作用是采光和通风，同时具有分隔和围护作用。

门和窗均为非承重构件。根据建筑物所处环境，门窗应具有保温、隔热、隔声等功能。

建筑物除上述基本组成构件以外，还有许多其他构配件和设施，如阳台、雨篷、台阶、烟道、垃圾井等。

(2)民用构筑物　民用构筑物一般是指为建筑物配套服务的附属构筑物(如水塔、烟囱、管道支架等)。其组成部分一般均少于六部分，而且大多数不是直接被人们使用。

2.民用建筑工程的基本名词术语

为了做好民用建筑工程施工测量放线，测量员必须了解以下有关的名词术语：

(1)横向　横向是指建筑物的宽度方向。

(2)纵向　纵向是指建筑物的长度方向。

(3)横向轴线　横向轴线是指沿建筑物宽度方向设置的轴线，轴线编号从左向右用数字①、②、…表示。

(4)纵向轴线　沿建筑物长度方向设置的轴线，轴线编号从下向上用汉语拼音大写Ⓐ、Ⓑ、…表示。

(5)开间　开间是指两条横向定位轴线之距离。

(6)进深　进深是指两条纵向定位轴线之距离。

(7)层高　层高是指两层间楼地面至楼地面间的高差。

(8)净高　净高是指净空高度，即为层高减去地面厚、楼板厚和吊顶厚的高度。

(9)总高度　总高度是指室外地面至檐口顶部的总高差。

(10)建筑面积(单位为 m^2)　建筑面积是指建筑物外廓面积再乘以层数。建筑面积由使用面积、结构面积和交通面积组成。

(11)结构面积(单位为 m^2)　结构面积是指墙、柱所占的面积。

(12)交通面积(单位为 m^2)　交通面积是指走道、楼梯间等净面积。

(13)使用面积(单位为 m^2)　使用面积是指主要使用房间和辅助使用房间的净面积。

3.确定民用建筑定位轴线的原则

1)承重内墙顶层墙身的中线与平面定位轴线相重合。

2)承重外墙顶层墙身的内缘与平面定位轴线间的距离，一般为顶层承重外墙厚度的一半、半砖或半砖的倍数。

3)非承重外墙与平面定位轴线的联系，除可按承重布置外，还可使墙身内缘与平面定位轴线相重合。

4)带承重壁柱外墙的墙身内缘与平面定位轴线的距离，一般为半砖或半砖的倍数。为内壁柱时，可使墙身内缘与平面定位轴线相重合；为外壁柱时，可使墙身外缘与平面定位轴线相重合。

5)柱子的中线应通过定位轴线。

6)结构构件的端部应以定位轴线来定位。

在测量放线中，由于轴线多是通过柱中线，钢筋等影响视线。为此，在放线中多取距轴线一侧为1～2m的平行借线，以利通视。但在借线中，一定要坚持借线方向(向北或向南，向东或向西)和借线距离(最好为整米数)的规律性。

4.变形缝的分类、作用与构造

变形缝可分为伸缩缝、沉降缝和防震缝三种。

(1)伸缩缝　伸缩缝有解决温度变形的作用。当建筑物的长度大于或等于60m时，一般用伸缩缝分开，缝宽为20～30mm。其构造特点是仅在基础以上断开，基础不断开。

(2)沉降缝　沉降缝有解决沉降变形的作用。当建筑物的高度不同、荷载不同、结构类型不同或平面有明显变化处，应用沉降缝隔开。沉降缝应从基础垫层开始至建筑物顶部全部断开。缝宽为 70～120mm。

(3)防震缝　建造在地震区的建筑物，在需要设置伸缩缝或沉降缝时，一般均按防震缝考虑。其缝隙尺寸应不小于 120mm，或取建筑物总高度的 1/250。这种缝隙的基础也断开。

5.楼梯的组成、各部分尺寸与坡度

楼梯由楼梯段、休息平台、栏杆或栏板三部分组成。楼梯是建筑物中的上下通道，楼梯的各部分尺寸均应满足防火和疏散要求。

(1)楼梯段　楼梯段是由踏步组成的。踏步的水平面叫踏面，立面叫踢面。按步数规定，楼梯段步数最多为 18 步，最少为 3 步。楼梯段在单股人流通行时，宽度不应小于 850mm，供两股人流通行时，宽度不应小于 1100～1200mm。供疏散用的楼梯最小宽度为 1100mm。

(2)休息平台　休息平台可以缓解上下楼时的疲劳，起缓冲作用。休息平台的宽度应不小于楼梯段的宽度，这样才能保证正常通行。

(3)栏杆或栏板　栏杆或栏板的设置是为了保证上下楼行走安全。栏杆或栏板上应安装扶手，栏杆与栏板的高度，也应保证安全。除幼儿园等建筑中扶手高度较低或做成两道扶手外，其余均应在 900～1100mm 之间。

(4)楼梯的坡度　楼梯的坡度是指楼梯段的坡度。一般有两种确定方法：其一是斜面和水平面的倾斜角，其二是用斜面的高差与斜面在水平面上的投影长度之比。

楼梯的倾角 θ 一般在 $20°$～$45°$ 之间，也就是坡度 $i=1/2.75$～$1/1$ 之间。在公共建筑中，上下楼人数较多，坡度应该平缓，一般用 1/2 的坡度，即倾角 $\theta=26°34'$。住宅建筑中的楼梯，使用人数较少，坡度可以陡些，常用 1/1.5 的坡度，即倾角 $\theta=33°41'$。

楼梯的踢面与踏面的尺寸决定了楼梯的坡度。踢面与踏面的尺寸之和应为 450mm，或两个踢面与一个踏面的尺寸之和应为 620mm。踏面尺寸应考虑行走方便，一般不应小于 250mm(常用 300mm)。在每个楼梯段中踢面均比踏面多一个，这一点在放线工作中不可忽视。

业务要点 3：工业建筑构造

1.工业建筑物与构筑物

(1)工业建筑物　工业建筑物通常可以分为生产车间和辅助生产房屋。生产车间是指直接为生产工艺要求进行生产的工业建筑物；而辅助生产房屋则是指为生产服务的辅助生产用房、锅炉房、水泵房、仓库、办公、生活用房等。

单层工业厂房的结构支承方式基本上可分为承重墙结构与排架结构两类。当厂房跨度、高度、起重机荷载较小及地震烈度较低时采用承重墙结构；当厂房的跨度、高度、起重机荷载较大及地震烈度较高时，广泛采用钢筋混凝土排架承重结构。骨架结构由柱基础、柱、梁、屋架等组成，以承受各种荷载，这时，墙体在厂房中只起围护或分隔作用。这种体系由承重构件和围护构件两大部分组成，如图 1-15 所示。

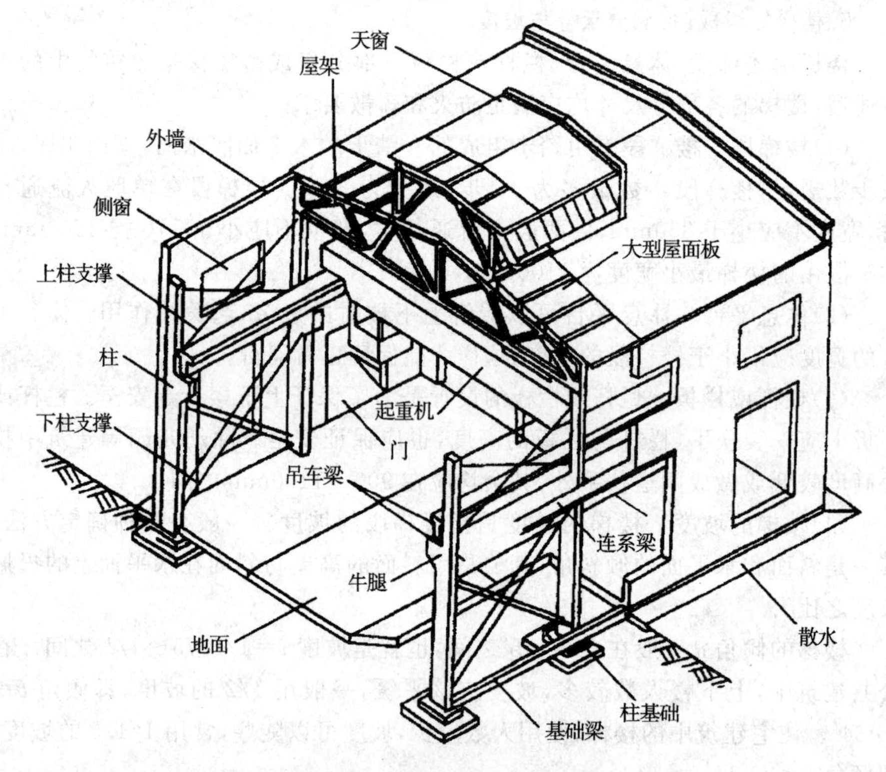

图 1-15　单层工业厂房的组成

1)承重构件。

①柱。排架柱是厂房结构的主要承重构件，它承受屋架、起重机梁、支撑、连系梁和外墙传来的荷载，并把这些荷载传给基础。

单层工业厂房的山墙面积大，所受风荷载也大，故在山墙中布设抗风柱，使墙面受到的风荷载一部分由抗风柱上端通过屋顶系统传到厂房纵向骨架上去，一部分由抗风柱直接传至基础。

②基础。基础承受柱子和基础梁传来的荷载，并将这些荷载传给地基。

③屋架。屋架是屋盖结构的主要承重构件，承受屋面板、天窗等屋盖上的

荷载,再将荷载传给柱子。

④屋面板。屋面板铺设在屋架、檩条或天窗架上,直接承受板上的各类荷载(包括屋面板自重、雪荷载、积灰荷载、施工检修荷载等),并将荷载传给屋架。

⑤起重机梁。起重机梁设置在柱子的牛腿上,其上装有起重机轨道,起重机沿着轨道行驶。起重机梁承受起重机的自重和起重、运行中的荷载(包括起重机的起重量、起重机起动或制动时所产生的纵向和横向制动力及冲击荷载等),并将这些荷载传给柱子。

⑥连系梁。连系梁是厂房纵向柱列的水平连系构件,用以增加厂房的纵向刚度,承受风荷载或上部墙体的荷载,并将荷载传给纵向柱列。

⑦基础梁。基础梁承受上部墙体的重量,并把这些荷载传给基础。

⑧支撑系统构件。支撑构件的作用是加强结构的空间整体刚度和稳定性。它主要传递水平风荷载及起重机产生的水平制动力。支撑构件设置在屋架之间的称为屋盖结构支撑系统,设置在纵向柱列之间的称为柱间支撑系统。

2)围护构件。

①屋面。屋面是厂房围护构件的主要部分,受自然条件的直接影响,故必须处理好屋面的防水、排水、保温、隔热等方面的问题。

②外墙。厂房外墙通常采用自承重墙形式,除承受自重及风荷载外,主要起防风、防雨、保温、隔热、遮阳等作用。

③门窗。门主要起交通作用,窗主要起采光和通风的作用。

④地面。地面需满足生产使用要求,能提供良好的劳动条件。

3)其他构件。

①起重机梯。当在起重机上设有驾驶室时,需设置供起重机驾驶员上下使用的梯子。

②隔断。隔断是为满足生产使用或便于生产管理、分隔空间设置的。

③走道板。走道板是为工人检修起重机和轨道而设置的。

④屋面检修梯。屋面检修梯是为检修屋面和消防人员设置的梯子。

此外,还有平台、作业梯、扶手、栏杆等。

(2)工业构筑物　工业构筑物一般指为建筑物配套服务的构造设施,如水塔、烟囱、各种管道支架、冷却塔、水池等。其组成部分一般均少于六部分,且不是直接为生产使用。

2.工业建筑工程的基本名词术语

为了做好工业建筑工程施工的测量放线,测量员必须了解以下有关名词术语:

(1)柱距　指单层工业厂房中两条横向轴线之间即两排柱子之间的距离,

通常柱距以 6m 为基准，有 6m、12m 和 18m 之分。

(2)跨度　跨度指单层工业厂房中两条纵向轴线之间的距离，跨度在 18m 以下时，取 3m 的倍数，即 9m、12m、15m 等，跨度在 18m 以上时，取 6m 的倍数，即 24m、30m、36m 等。

(3)厂房高度　单层工业厂房的高度是指柱顶高度和轨顶高度两部分。柱顶高度是从厂房地面至柱顶的高度，一般取 30mm 的倍数。轨顶高度是从厂房地面至吊车轨顶的高度，一般取 600mm 的倍数(包括有±200mm 的误差)。

3.工业建筑的特点

工业厂房是为生产服务的，在使用上必须满足工艺要求。工业建筑的特点大多数与生产因素有关，具体有以下几点：

1)工艺流程决定了厂房建筑的平面布置与形状。工艺流程是生产过程，是从原材料→半成品→成品的过程。因此，工业厂房柱距、跨度大，特别是联合车间，面积可达 10 万平方米。

2)生产设备和起重运输设备是决定厂房剖面图的关键。生产设备包括各种机床、水压机等，运输设备包括各类火车等，起重吊车一般在几吨至上百吨。

3)车间的性质决定了构造做法的不同。热加工车间以散热、除尘为主，冷加工车间应注意防寒、保温。

4)工业厂房的面积大、跨数多、构造复杂。如内排水、天窗采光及一些隔热、散热的结构与做法。

4.确定厂房定位轴线的原则

厂房的定位轴线与民用建筑定位轴线基本相同，也有纵向、横向之分。

(1)横向定位轴线　横向定位轴线决定主要承重构件的位置。其中有屋面板、吊车梁、连系梁、基础梁以及纵向支撑、外墙板等。这些构件又搭放在柱子或屋架上，因而柱距就是上述构件的长度。横向定位轴线与柱子的关系，除山墙端部排架柱及横向伸缩缝外柱以外，均与柱的中心线重合。山墙端部排架柱应从轴线向内侧偏移 500mm。横向变形缝处采用双柱，柱中均与定位轴线相距 500mm。横向定位轴线通过山墙的里皮(抗风柱的外皮)，形成封闭结合。

(2)纵向定位轴线　纵向定位轴线与屋架(屋面架)的跨度有关。同时与屋面板的宽度、块数及厂房内吊车的规格有关。纵向定位轴线在外纵墙处一般通过柱外皮即墙里皮(封闭结合处理)；纵向定位轴线在中列柱外通过柱中；纵向定位轴线在高低跨处，通过柱边的叫封闭结合，不通过柱边的叫非封闭结合。

(3)封闭结合与非封闭结合　纵向柱列的边柱外皮和墙的内缘，与纵向定位轴线相重合时，叫封闭结合。纵向柱列的边柱外缘和墙的内缘，与纵向定位轴线不相重合时，叫非封闭结合。轴线从柱边向内移动的尺寸叫联系尺寸。联系尺寸用“D”表示，其数值为150mm、250mm、500mm。

(4)插入距　为了安排变形缝的需要，在原有轴线间插入一段距离叫插入距。

封闭结合时，插入距(A)＝墙厚(B)＋缝隙(C)。非封闭结合时，插入距(A)＝墙厚(B)＋缝隙(C)＋联系尺寸(D)。关于插入距在纵向变形缝、横向变形缝处的应用，可参阅有关图形。

业务要点4：市政工程构造

1. 城市道路工程构造

(1)城市道路的组成　城市道路横断面图是道路中心线法线方向的剖面图。它是由车行道、绿化带、分隔带和人行道等几部分组成，地上有电力、电信等设施，地下有给水管、污水管、煤气管和地下电缆等公用设施，如图1-16所示。图中要表示出横断面各组成部分及其相互关系。

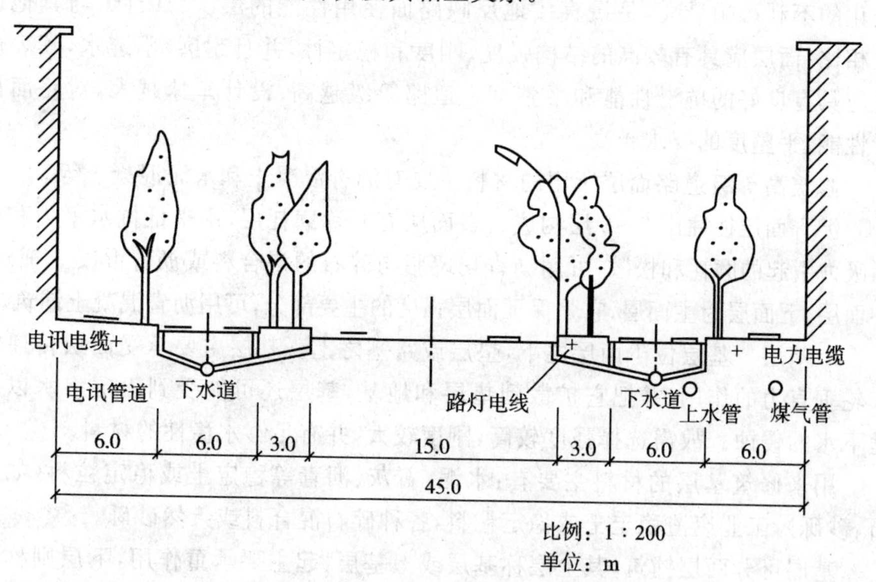

图1-16　城市道路横断面示意图

(2)城市道路路面结构层　路面结构层是指构成路面的各铺砌层，按其所处的层位和作用，主要分为面层、基层和垫层。

路面不但要承受车轮荷载的作用，而且要受到自然环境因素的影响。由于行车荷载和大气因素对路面的影响作用一般随深度而逐渐减弱，因而路面通常是多层结构，将品质好的材料铺设在应力较大的上层，品质较差的材料铺设在应力较小的下层，从而形成了路基之上采用不同种类和功能的材料分别铺设垫层、基层和面层的路面结构形式,如图1-17所示。

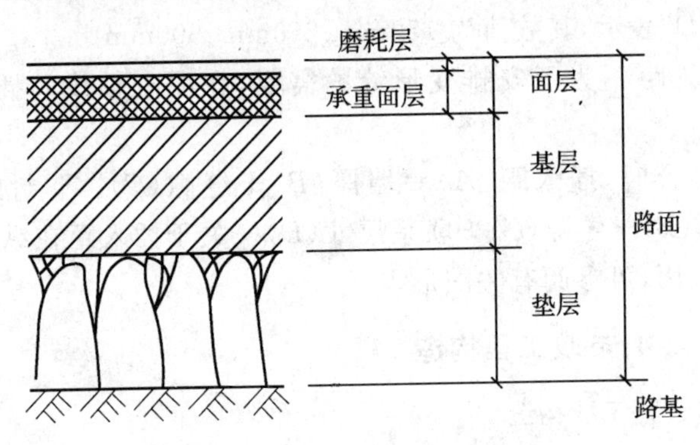

图1-17　路面结构层示意图

1)面层。面层位于整个路面结构的最上层。它直接承受行车荷载的垂直力、水平力以及车身后所产生的真空吸力的反复作用,同时,它受到降雨和气温变化的不利影响最大,是最直接地反映路面使用性能的层次。因此,与其他层次相比,面层应具有较高的结构强度、刚度和稳定性,并且耐磨、不透水,其表面还应具有良好的抗滑性能和平整度。道路等级越高、设计车速越大,对路面抗滑性能、平整度的要求越高。

修筑高等级道路面层所用的材料主要有沥青混凝土和水泥混凝土等。

沥青面层往往由2～3层构成。表面层有时称磨耗层,用来抵抗水平力和轮后吸力引起的磨耗和松散,可用沥青玛瑞脂与碎石的混合料或沥青混凝土铺筑。中面层、下面层为主面层,它是保证面层强度的主要部分,可用沥青混凝土铺筑。

2)基层。基层位于面层之下,垫层或路基之上。基层主要承受面层传递的车轮垂直力的作用,并把它扩散到垫层和地基,基层还可能受到面层渗水以及地下水的侵蚀。故需选择强度较高,刚度较大,并有足够水稳性的材料。

用来修筑基层的材料主要有:水泥、石灰、沥青等稳定土或稳定粒料(如碎石、砂砾),工业废渣稳定土或稳定粒料,各种碎石混合料或天然砂砾。

基层可分两层铺筑,其上层称基层或上基层,起主要承重作用,下层则称底基层,起次要承重作用。底基层材料的强度要求比基层略低些,可充分利用当地材料,以降低工程造价。

3)垫层。垫层是介于基层与地基之间的层次。并非所有的路面结构中都需要设置垫层,只有在地基处于不良状态,如潮湿地带、湿软土基、北方地区的冻胀土基等,才应该设置垫层,以排除路面、路基中滞留的自由水,确保路面结构处于干燥或中湿状态。

垫层主要起隔水(地下水、毛细水)、排水(渗入水)、隔温(防冻胀、翻浆)作用，并传递和扩散由基层传来的荷载应力，保证路基在容许应力范围内工作。

修筑垫层的材料，强度不一定很高，但隔温、隔水性要好，一般以就地取材为原则，选用粗砂、砂砾、碎石、煤渣、矿渣等松散颗粒材料，或采用水泥、石灰煤渣稳定的密实垫层。一些发达国家采用聚苯乙烯板作为隔温材料。

值得注意的是，如果选用松散颗粒透水性材料作垫层，其下应设置防淤、防污用的反滤层或反滤织物（如土工布等），以防止路基土挤入垫层而影响其工作性能。

2.桥梁工程构造

(1)桥梁的组成　桥梁是跨越河流、沟谷、其他道路、铁路等障碍物的建筑物。桥梁的组成复杂、桥型多样，结构体系、施工工艺、施工方法各异，各种桥型之间的构造差别也较大。桥梁结构一般由上部结构、下部结构和附属结构组成。

桥梁的基本组成如图 1-18 所示。

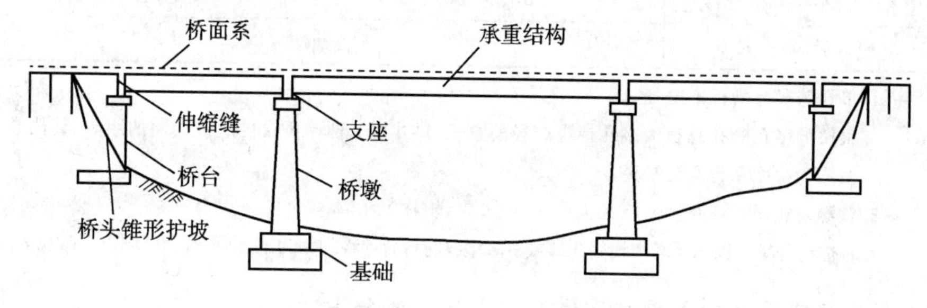

图 1-18　桥梁组成示意图

1)上部结构（又称跨桥结构）是桥梁跨越障碍的主要承载结构。上部结构包括承重结构和桥面系。承重结构是在线路遇到障碍（如河流、山谷或城市道路等）而中断时，跨越这类障碍的构件，用来承受车辆作用和自身荷载；桥面系通常由供车辆行驶的桥面铺装、防水和排水设施及桥上的伸缩缝、人行道、栏杆、灯柱、排水设施等构成。

2)下部结构由桥墩、桥台及墩台下部的基础组成。下部结构的作用是支撑上部结构，并将结构重力和车辆荷载等传给地基。在桥梁上部结构与下部结构之间一般设有支座。桥跨结构的荷载通过支座传递给桥墩、桥台，支座还要保证桥跨结构能产生一定的变位。

①桥墩。桥墩是指设置在中间桥跨的支撑体系，其作用是支撑桥跨结构。

②桥台。桥台是指设置在桥梁两端的支撑体系。桥台的一端与路堤相接并防止路堤滑塌，另一端则支撑桥跨上部结构的端部。为保护桥台和路堤填土，桥台两侧常做一些防护工程。

③基础。基础是指将桥梁全部荷载传至地基的结构，是桥梁的最下部。

3)附属结构。桥梁的附属结构一般包括桥头锥形护坡、护岸以及挡土墙等。桥头锥形护坡位于桥台侧墙,其作用是保证桥头填土稳定性的构筑物。护岸是抵御水流冲刷河岸的构筑物。挡土墙是抵抗桥头引道填土土压力的构筑物。

(2)桥梁的分类

1)按桥梁按长度和跨径大小可以将桥梁分为特大桥、大桥、中桥、小桥和涵洞,其具体划分标准见表1-1。

表1-1 桥梁按长度和跨径分类

桥涵分类	多孔跨径总长 L/m	单孔跨径 L_K/m
特大桥	$L>1000$	$L_K>150$
大桥	$100\leqslant L\leqslant 1000$	$40\leqslant L_K\leqslant 150$
中桥	$30<L<100$	$20\leqslant L_K<40$
小桥	$8\leqslant L\leqslant 30$	$5\leqslant L_K<20$
涵洞	—	$L_K<5$

注:1. 单孔跨径是指标准跨径。

2. 梁桥的多孔跨径总长为多孔标准跨径的总长,拱式桥为两岸桥台内起拱线间的距离,其他形式桥梁为桥面系行车道长度。

3. 管涵及箱涵不论跨径或跨径大小、孔数多少,均称为涵洞。

4. 标准跨径梁桥以两桥墩中线间距离或桥墩中线与台背前缘间距为准;拱式桥和涵洞以净跨径为准。

2)按桥梁的主要承重结构体系可以将桥梁分为:

①梁桥。除了特大跨度的桥梁外,梁桥是设计中优先考虑的结构体系。梁桥的主要受力构件是梁(板),在竖向荷载作用下梁体以承受弯矩为主而无水平推力,墩台以承受竖向压力为主。

常见的梁桥形式包括简支梁桥、连续梁桥和悬臂梁桥,如图1-19所示。

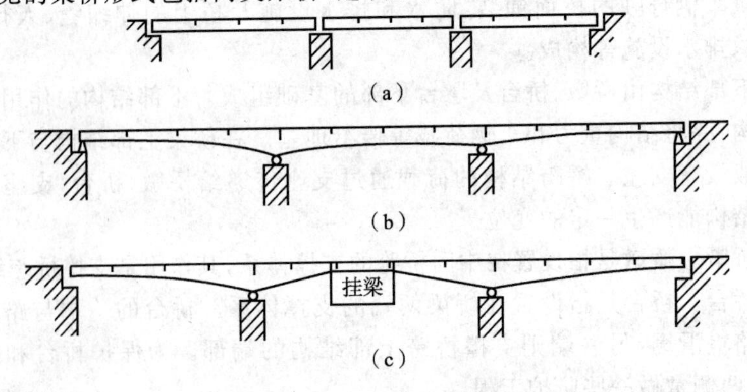

图1-19 梁桥基本体系

(a)简支梁桥 (b)连续梁桥 (c)悬臂梁桥

②拱桥。拱桥是我国较常见的一种桥梁形式,主要承重结构是拱圈或拱肋。这种结构在竖向荷载作用下,桥墩或桥台除要承受压力和弯矩外还要承受水平推力。同时,水平推力也将显著抵消荷载所引起的在拱圈(或拱肋)内的弯矩作用。因此,与同跨径的梁相比,拱的弯矩和变形要小得多,但其下部结构和地基必须承受住较大的水平推力,如图 1-20 所示。

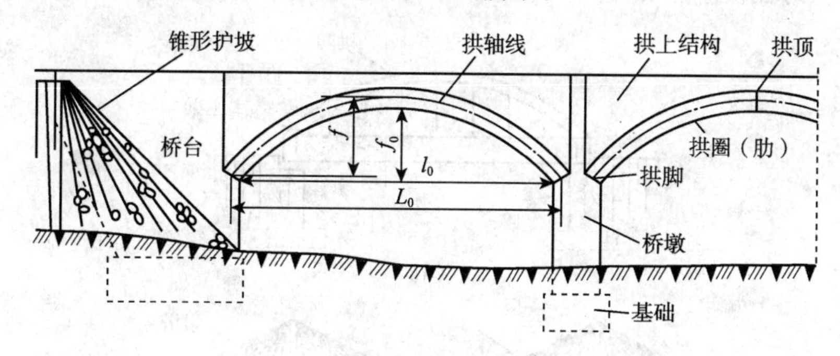

图 1-20　拱桥概貌

l_0—净跨径　L_0—计算跨径　f_0—净矢高　f—计算矢高

③吊桥。吊桥的主要承重构件是悬挂在两边塔架上的强大缆索,缆索锚固在桥台后面的锚碇上。在竖向荷载下,通过吊杆使缆索承受拉力,而塔架则要承受竖向力的作用,同时承受很大的水平拉力和弯矩,如图 1-21 所示。

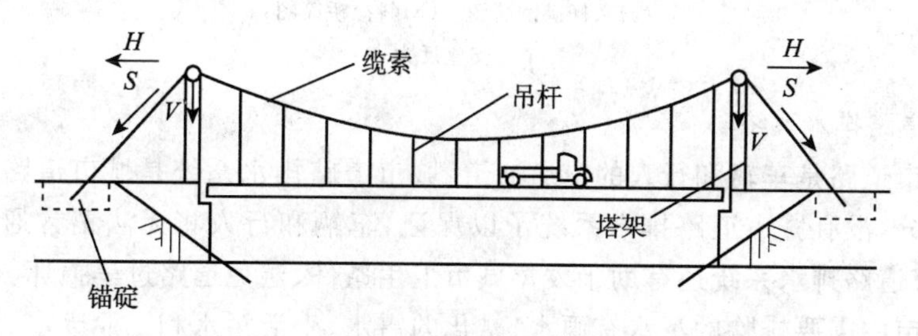

图 1-21　吊桥简图

H—水平拉力　V—竖向压力　S—索力

④刚架桥。刚架桥的主要承重结构是梁(板)和立柱(竖墙)结合在一起的钢架结构,桥梁的建筑高度较小、跨度较大。当在城市交通中遇到线路立体交叉时,可以有效降低线路标高来改善纵坡和减少路堤土方量,当需要跨越通航河流而桥面标高已确定时能增加桥下净空。

刚架桥的结构特点是上部结构和下部结构刚结成整体,在竖向荷载作用下,梁部主要受弯,柱脚则要承受弯矩、轴力和水平推力。刚架桥的形式主要有 T 形刚构桥、斜腿刚构桥、门式刚架桥。

⑤组合体系桥。组合体系桥是由梁、拱、吊索三种体系相组合而成的桥梁,

其中应用最多的是系杆拱桥和斜拉桥，如图 1-22(a)、(b)所示。系杆拱桥由拱圈、主梁和吊杆组成，其中拱圈和主梁是主要的承重结构，两者相互配合共同受力可减小水平推力，吊杆可减少梁中弯矩。斜拉桥由主梁、索塔和斜拉索组成，既发挥了高强材料的作用，又减小了主梁高度，使重量减轻而获得很大的跨越能力，其跨径仅次于吊桥。

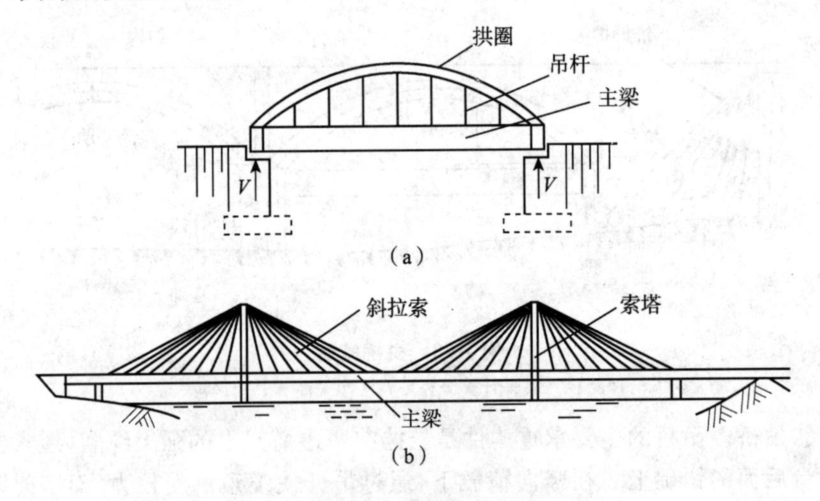

图 1-22　组合体系桥

(a)系杆拱桥简图　(b)斜拉桥简图

V—支座反力

3.道路排水系统

城市道路是车辆和行人的交通通道，城市道路排水系统是城市道路的重要组成部分，没有城市道路排水系统予以保证，车辆和行人将无法正常通行。此外，城市道路排水系统还有助于改善城市卫生条件、避免道路过早损坏。

城市中需要排除的污水有雨水、融化的雪水、生活污水和工业废水。

(1)污水的分类与性质

1)生活污水。生活污水是人们在日常生活中排出的废水。其主要由厨房、卫生间、浴室等排出。生活污水含有大量的有机物，同时还带有许多病原微生物，须经适当处理达到排放标准后方可排入水体和土壤。

2)工业废水。工业废水是工业生产过程中所产生的废水。工业废水的水质、水量随工业性质的不同有很大差别。根据它的被污染程度不同，可分为生产废水和生产污水两种。

①生产废水。生产废水指在生产过程中，未受到污染或受到轻微污染以及水温稍有升高的一类工业废水，这些工业废水经过简单处理或不处理就可以直接排入城市排水管网或自然水体。如冶金、建材等企业所排出的工业废水主要

以无机物为主,经简单处理后即可排放。

②生产污水。生产污水指被污染的工业废水,需要经过处理后方可排放。如食品加工、制革等企业的废水,含有大量的有机物;再如石油、化工、农药等企业的废水,除含有大量的有机物外,还含有无机物或有毒物质。

3)雨水、雪水。雨水、雪水又统称为降水,指地面上径流的雨水和冰雪融化水。降水在地面、屋面流过,带有城市中固有的污染物,如烟尘、有害气体等。一般是比较清洁的,但初期的雨水污染较重。雨水径流排除的特点是:时间集中、量大,以暴雨径流对人们的生命财产危害最大,同时对城市的交通影响甚大。所以应及时排入水体,以减小对城镇及企业安全的影响。

(2)排水体制

由于各种污水水质不同,我们可以用不同的管道系统来排除,将各种污水排除的方式称为排水体制。排水体制分为分流制和合流制。

1)分流制。分流制是指用两个或两个以上的管道系统来分别汇集生活污水、工业废水和降水的排水方式,如图1-23所示。排除生活污水、工业废水的系统称为污水排水系统,排除雨水的系统称雨水排水系统。

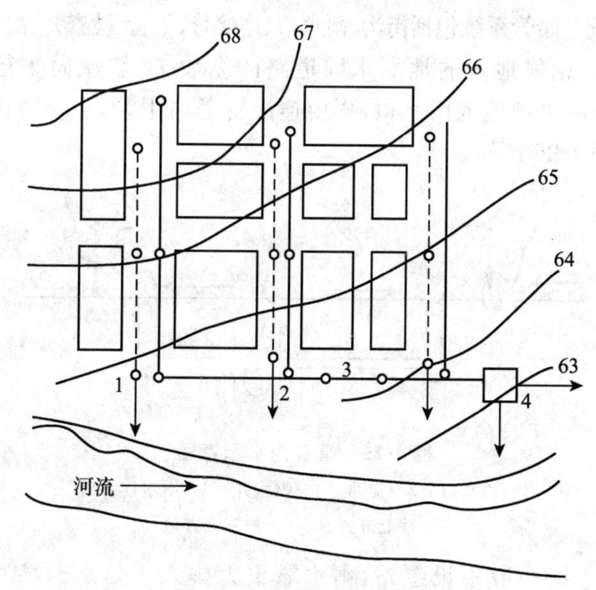

图1-23　分流制排水系统

分流制排水系统可以做到清、浊分流,有利于环境保护,降低污水处理厂的处理水量,便于污水的综合利用,但工程投资大、施工较困难。

2)合流制。合流制是指将生活污水、工业废水和雨水混合在同一个管渠内排出的排水方式。这种排水系统虽然工程投资较少、施工方便,但会使大量没有经过处理的污水和雨水一起直接排入水体或土壤,造成环境污染。

排入体制的应用应适合当地的自然条件、卫生要求、水质水量、地形条件、气候因素、水体情况及原有的排水设施、污水综合利用等条件。

(3)道路雨水排水系统的分类

根据构造特点的不同,城市道路雨、雪水排水系统可以分为以下几类。

1)明沟系统。在街坊出入口、人行过街等地方增设一些沟盖板、涵管等过水构筑物,使雨、雪水沿道路边沟排出。

纵向明沟可设在路面的一边或两边,也可以设在车行道的中间。在干旱少雨的地区可以将道路边的绿化带与排出雨、雪水的明沟结合起来,这样既保证了路面不积水又可以利用雨水进行绿化灌溉,如图 1-24 所示。

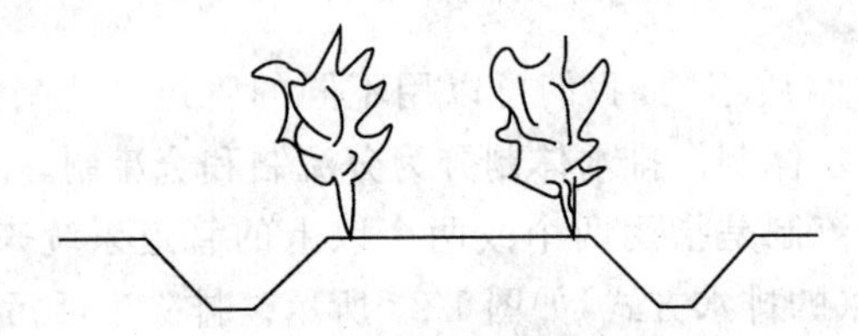

图 1-24　明沟排水示意图

2)暗管系统。暗管系统包括街沟、雨水口、连接管、干管、检查井、出水口等部分。

道路上及其相邻地区的地面水顺道路的纵坡、横坡流向车行道两侧的街沟,然后沿街沟的纵坡流入雨水口,再由连接管通向干管,最终排入附近的河滨或湖泊中,如图 1-25 所示。

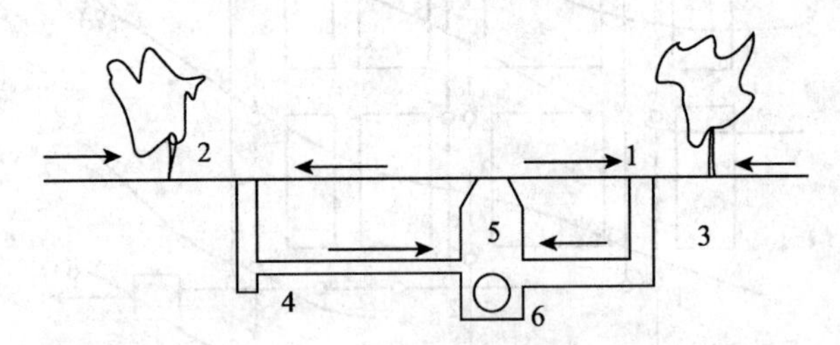

图 1-25　暗管排水示意图

1—雨水口　2—道路　3—收水井　4—雨水连接管

5—检查井井身　6—检查井井底

雨水排水系统一般不设泵站,雨水靠重力排入水体。但某些地区地势平坦、区域较大的城市如上海、天津等,因为水体的水位高于出水口,常需设置泵站抽升雨水。

3)混合系统。城市中排除雨水可用暗管,也可用明沟,在一个城市中,也不一定只采用单一排水系统来排除雨、雪水。明沟造价低,但对于建筑密度高、交通繁忙的地区,采用明沟需增加大量的桥涵费,并不一定经济,并影响交通和环境卫生,因此,这些地区可采用暗管系统。而在城镇的郊区,由于建筑密度小、交通稀疏,应首先采用明沟。在一个城市中,既采用暗管又采用明沟的排水系统就是混合系统。这种系统可以降低整个工程的造价,同时又不至于引起城市中心的交通不便和环境污染。

山区和丘陵地带的防洪沟应采用明沟。若采用暗管,由于地面坡度大、水流快,往往迅速越过暗管的雨水口,使暗管失去作用。另外,当洪流超过雨水管道的排水能力时,不能及时泄洪。

第四节　测设的基本工作

本节导图

本节主要介绍了水平距离的测设、水平角的测设、已知高程的测设、已知坡度直线的测设以及平面点位置的测设,其内容关系如图 1-26 所示。

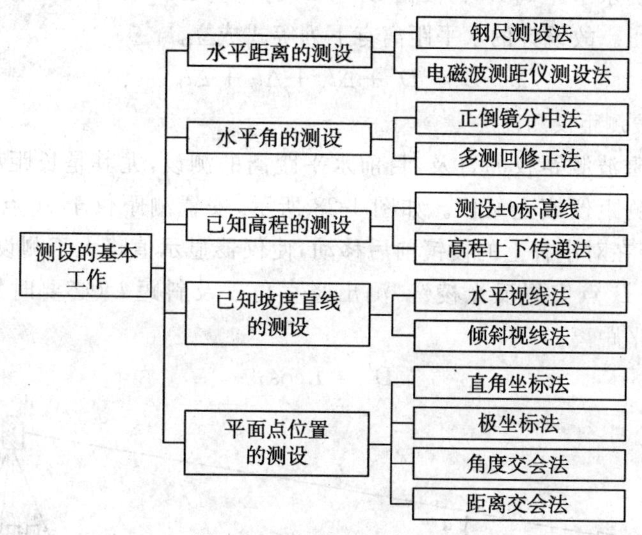

图 1-26　本节内容关系图

业务要点 1:水平距离的测设

所谓水平距离的测设就是指从地面一已知点开始,沿给定的方向,定出直线上另外一点,使得两点间的水平距离为给定的已知值。如,在施工现场,把房屋轴线的设计长度、道路、管线的中线在地面上标定出来以及按设计长度定出一系列点等。

1. 钢尺测设法

如图 1-27 所示,设 A 为地面上已知点,D 为设计的水平距离,要在地面上

沿给定 AB 方向上测设水平距离 D，以定出线段的另一端点 B。具体做法是从 A 点开始，沿 AB 方向用钢尺边定线边丈量，按设计长度 D 在地面上定出 B' 点的位置。若建筑场地不平整，丈量时可将钢尺一端抬高，使钢尺保持水平，用吊垂球的方法来投点。往返丈量 AB' 的距离，若相对误差在限差以内，取其平均值 D'，并将端点 B' 加以改正，求得 B 点的最后位置。改正数 $\Delta D=D-D'$。当 AD 为正时，向外改正；反之，向内改正。

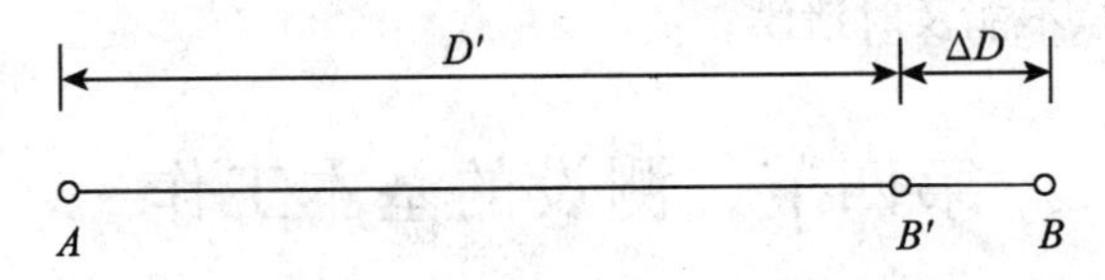

图 1-27　用钢尺测设水平距离

若测设精度要求较高，可在定出 B' 点后，用经过检定后的钢尺精确往返丈量 AB' 的距离，并加尺长改正 Δl_1 温度改正 Δl_t 和倾斜改正 Δl_h 二项改正数，求出 AB' 的精确水平距离 D'。根据 D' 与 D 的差值 $\Delta D=D-D'$，沿 AB 方向对 B' 点进行改正。故设计的水平距离有下列等式成立。

$$D = D' + \Delta l_1 + \Delta l_t + \Delta l_h \tag{1-4}$$

2. 电磁波测距仪测设法

由于电磁波测距仪的普及，目前水平距离的测设，尤其是长距离的测设多采用电磁波测距仪或全站仪。如图 1-28 所示，安置测距仪于 A 点。瞄准 AB 方向，指挥装在对中杆上的棱镜前后移动，使仪器显示值略大于测设的距离，定出 B' 点。在 B' 点安置反光棱镜，测出竖直角 α 及斜距 L（必要时加测气象改正），计算水平距离。

$$D' = L\cos\alpha \tag{1-5}$$

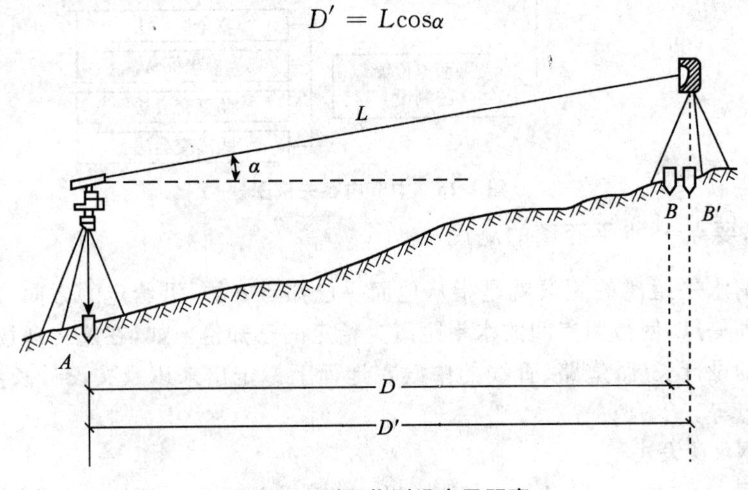

图 1-28　测距仪测设水平距离

求出D'与应测设的水平距离D之差$\Delta D=D-D'$。根据ΔD的符号在实地用钢尺沿测设方向将B'改正至B点，并用木桩标定其点位。为了检核，应将反光镜安置于B点，再实测AB距离，其不符值应在限差之内，否则应再次进行改正，直至符合限差为止。若用全站仪测设，仪器可直接显示水平距离，测设时，反光镜在已知方向上前后移动，使仪器显示值等于测设距离即可。

业务要点2：水平角的测设

水平角测设的任务是根据地面已存在的一个已知方向，将设计角度的另一个方向测设到地面上。测设水平角使用的仪器是经纬仪或全站仪。

1.正倒镜分中法

如图1-29所示，设地面上已有AB方向，要在A点以AB为起始方向，向右侧测设出设计的水平角β。将经纬仪（或全站仪）安置在A点后，其测设的具体工作步骤如下：

1）盘左瞄准B点，读取水平度盘读数为L_A，松开制动螺旋，顺时针转动仪器，当水平度盘读数约为$L_A+\beta$时，制动照准部，旋转水平微动螺旋，使水平度盘读数准确对准$L_A+\beta$，在视线方向上定出C'点。

2）倒转望远镜成盘右位置，瞄准B点，按与上述步骤相同的操作方法定出C''，取C'、C''的中点为C，则$\angle BAC$即为所测设的β角。

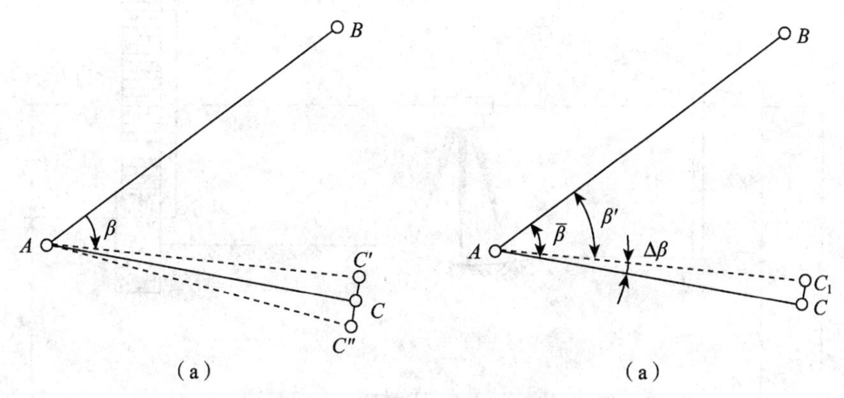

图1-29　水平角的测设方法

(a)正倒镜分中法　(b)多测回修正法

2.多测回修正法

先用正倒镜方法测设出β角定出C_1。然后用多测回法测量$\angle BAC_1$（一般2～3测回），设角度观测的平均值为β'，则其与设计角值卢的差$\Delta\beta=\beta'-\beta$（以秒为单位），如果AC_1的水平距离为D，则C_1点偏离正确点位C的距离为

$$CC_1=D\tan\Delta\beta \tag{1-6}$$

假若 D 为 123.456m，$\Delta\beta=-12''$，则 $CC_1=7.2$mm。因 $\Delta\beta<0$，说明测设的角度小于设计的角度，所以应对其进行调整。此时，可用小三角板，从 C_1 点起，沿垂直于 AC_1 方向的垂线向外量 7.2mm 定出 C 点，则$\angle BAC$ 即为最终测设的 β 角度。

业务要点 3：已知高程的测设

在施工放样中，经常要把设计的建筑物第一层地坪的高程（称±0 标高）及房屋其他各部位的设计高程在地面上标定出来，作为施工的依据。这项工作称为测设已知高程。

1. 测设±0 标高线

如图 1-30 所示，为了将某建筑物±0 标高线（其高程为 $H_{设}$）测设到现有建筑物墙上，现安置水准仪于水准点 R 与某现有建筑物 A 之间，水准点 R 上立水准尺，水准仪观测得后视读数 a，此时视线高程 $H_{视}$ 为：$H_{视}=H_R+a$。另一根水准尺由前尺手扶持使其紧贴建筑物墙 A 上，则该前视尺应读数 $b_{应}$ 为：$b_{应}=H_{视}-H_{设}$。因此操作时，前视尺上下移动，当水准仪在尺上的读数恰好等于 $b_{应}$ 时，紧靠尺底在建筑物墙上画一横线，此横线即为设计高程位置，即±0 标高线。为求醒目，再在横线下用红油漆画“$\overline{\blacktriangle}$”，并在横线上注明“±0 标高”。

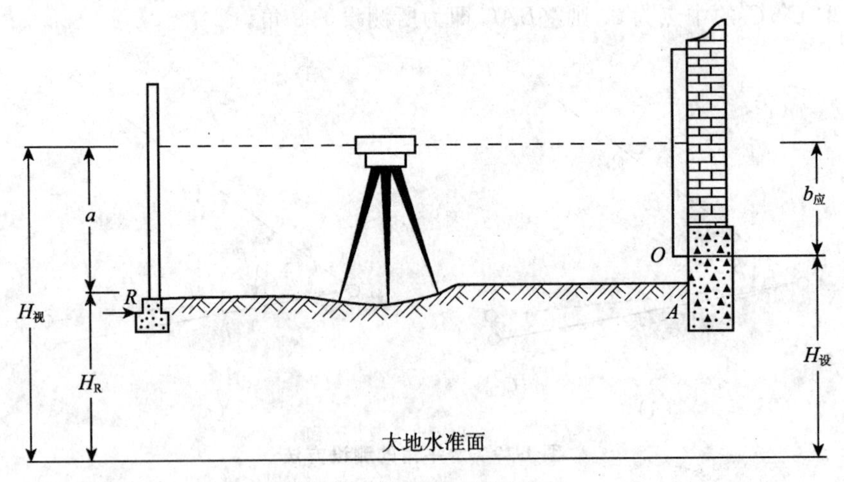

图 1-30　测设已知设计高程

2. 高程上下传递法

若待测设高程点，其设计高程与水准点的高程相差很大，如测设较深的基坑标高或测设高层建筑物的标高，只用标尺已无法放样，此时可借助钢尺，将地面水准点的高程传递到在坑底或高楼上所设置的临时水准点上，然后再根据临时水准点测设其他各点的设计高程。

如图 1-31 所示，是将地面水准点 A 的高程传递到基坑临时水准点 B 上。

在坑边木杆上悬挂经过检定的钢尺，零点在下端，并挂 10kg 重锤，为减少摆动，重锤放入盛废机油或水的桶内，在地面上和坑内分别安置水准仪，瞄准水准尺和钢尺读数(图 1-31 中 a、b、c 和 d 所示)，则：

$$H_B + b = H_A + a - (c - d) \tag{1-7}$$

即：

$$H_B = H_A + a - (c - d) - b \tag{1-8}$$

H_B 求出后，即可以临时水准点 B 为后视点，测设坑底其他各待测设高程点的设计高程。

如图 1-32 所示，是将地面水准点 A 的高程传递到高层建筑物上，方法与上述相仿，任一层上临时水准点 B_i 的高程为：

$$H_{B_i} = H_A + a + (c_i - d) - b_i \tag{1-9}$$

H_{B_i} 求出后，即可以临时水准点 B_i 为后视点，测设第 i 层高楼上其他各待测设高程点的设计高程。

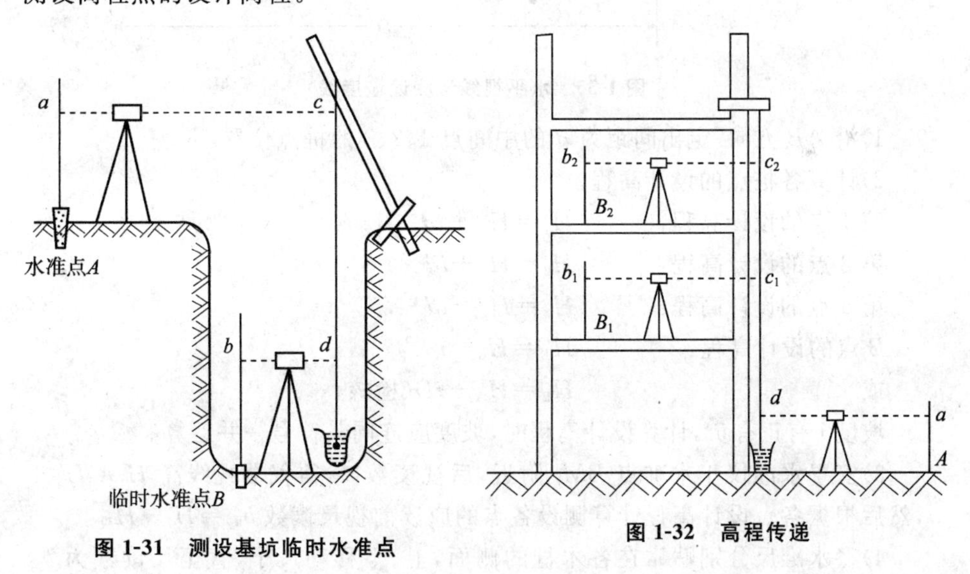

图 1-31　测设基坑临时水准点

图 1-32　高程传递

业务要点 4：已知坡度直线的测设

在平整场地、铺设上下水管道及修建道路等工程中，需要在地面上测设给定的坡度线。坡度线的测设是根据附近水准点的高程、设计坡度和坡度线端点的设计高程，用高程测设的方法将坡度线上各点的设计高程，标定在地面上。测设方法有水平视线法和倾斜视线法两种。

1. 水平视线法

如图 1-33 所示，A、B 为设计坡度线的两端点，其设计高程分别为 H_A 和

H_B，AB 设计坡度为 i，在 AB 方向上每隔距离 d 定一木桩，要求在木桩上标定出坡度为 i 的坡度线。施测方法如下。

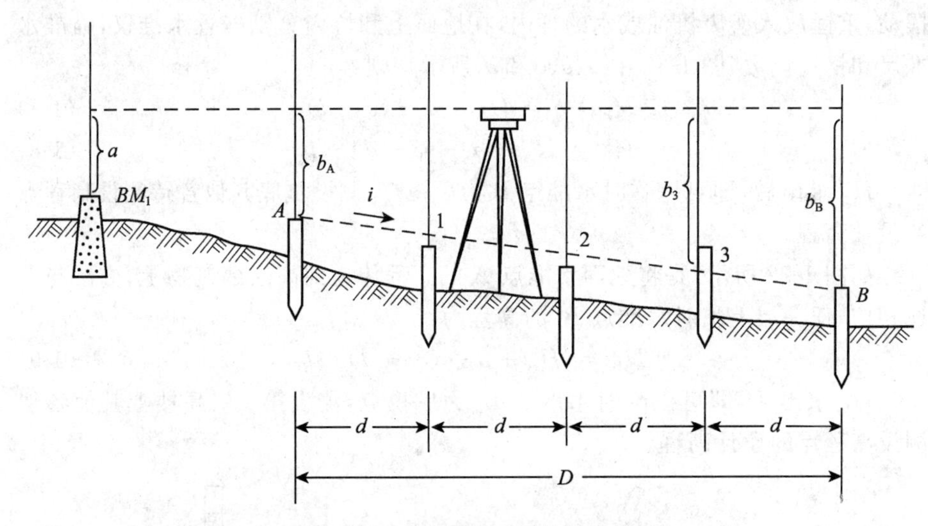

图 1-33　水平视线法测设坡度线

1)沿 AB 方向，定出间距为 d 的中间点 1、2、3 的桩点位置。

2)计算各桩点的设计高程。

第 1 点的设计高程：　$H_1 = H_A + id$

第 2 点的设计高程：　$H_2 = H_1 + id$

第 3 点的设计高程：　$H_3 = H_2 + id$

B 点的设计高程：　$H_B = H_3 + id$

或　$H_B = H_A + iD$(检核)

坡度 i 有正有负，计算设计高程时，坡度应连同其符号一并运算。

3)安置水准仪于水准点 BM_1 附近，后视读数口，得仪器视线高 $H_i = H_1 + a$，然后根据各点设计高程计算测设各点的应读前视尺读数 $b_{应} = H_i - H_{设}$。

4)将水准尺分别贴靠在各木桩的侧面，上、下移动尺子，直至尺读数为 $b_{应}$ 时，便可利用水准尺底面在木桩上画一横线，该线即在 AB 的坡度线上。或立尺于桩顶，读得前视读数 b，再根据 $b_{应}$ 与 b 之差，自桩顶向下画线。

2. 倾斜视线法

如图 1-34 所示，AB 为坡度线的两端点，其水平距离为 D，设 A 点的高程为 H_A，要沿 AB 方向测设一条坡度为 i 的坡度线，则先根据 A 点的高程、坡度 i_{AB} 及 A、B 两点间的距离计算 B 点的设计高程，即

$$H_B = H_A + i_{AB}D \tag{1-10}$$

再按测设已知高程的方法将 A、B 两点的高程测设在相应的木桩上。然后

将水准仪(当设计坡度较大时,可用经纬仪)安置在 A 点上,使基座上一个脚螺旋在 AB 方向上,其余两个脚螺旋的连线与 AB 方向垂直,量取仪器高 i,再转动 AB 方向上的脚螺旋和微倾螺旋,使十字丝的横丝对准 B 点水准尺上等于仪器高 i 处,此时,仪器的视线与设计坡度线平行。然后在 AB 方向的中间各点 1、2、3、4 的木桩侧面立尺,上、下移动水准尺,直至尺上读数等于仪器高 i 时,沿尺子底面在木桩上画一红线,则各桩上红线的连线就是设计坡度线。

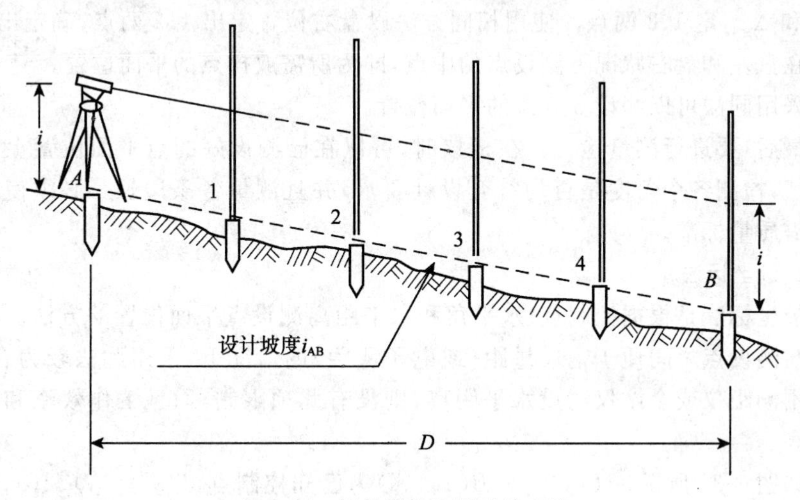

图 1-34　倾斜视线法测设坡度线

业务要点 5:平面点位置的测设

点的平面位置的测设是根据已经布设好的施工控制点的坐标和待测设点的坐标,反算出测设数据,即控制点和待测设点之间的水平距离和水平角,然后利用上述测设方法标定出设计点位。

测设点的平面位置方法包括直角坐标法、极坐标法、角度交会法和距离交会法。

1. 直角坐标法

直角坐标法是根据直角坐标的基本原理所形成的一种测设点位的工作方法。通常情况下,当建筑场地已建立有主轴线或建筑方格网时,采用直角坐标法来完成施工场地上的测设工作。

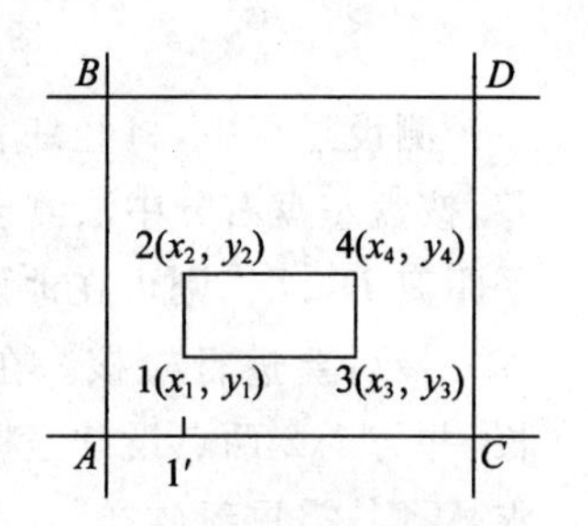

图 1-35　直角坐标法放样

如图 1-35 所示,A、B、C、D 为建筑方格网(或建筑基线)控制点,1、2、3、4 点为待测设建筑物轴线的交点,建筑方格网(或建筑基线)要分别平行或垂直于待测设建筑物的轴线。根据控制点的坐标和待测设点的坐标可以计算出两者之间的坐标增量。

首先应计算出 A 点与 1、2 点之间的坐标增量，即 $\Delta x_{A1}=x_1-x_A$，$\Delta y_{A1}=y_1-y_A$。然后即可在施工现场，利用方格网控制点进行实地放样工作。

测设 1、2 点平面位置时，首先在 A 点安置经纬仪，同时照准 C 点，沿此视线方向由 A 向 C 方向测设水平距离 Δy_{A1} 后确定出 $1'$ 点。再安置经纬仪于 $1'$ 点，盘左照准 C 点(或 A 点)，测设出 90°方向线，并且沿此方向分别测设出水平距离 Δx_{A1} 和 Δx_{12} 定 1、2 两点。使用相同方法以盘右位置定出 1、2 两点，确定出 1、2 两点在盘左和盘右状况下测设点的中点，即为所需放样点的平面位置。

采用同法可以测设 3、4 点的平面位置。

最后，要进行测量检核。在检核时，可以在已测设好的点平面位置上架设经纬仪，检测各个角度是否均符合设计要求，并且测量各条边长。必须使其达到所需质量标准。

2. 极坐标法

极坐标法是根据控制点、水平角和水平距离测设点平面位置的方法。在控制点与测设点之间便于钢尺量距(或电子测距)的情况下，采用此法较为合适，而利用测距仪或全站仪测设水平距离，则没有此项限制，而且工作效率和精度都较高。

如图 1-36 所示，$A(x_A,y_A)$、$B(x_B,y_B)$为已知控制点，$1(x_1,y_{A1})$、$2(x_2,y_2)$点为待测设点。根据已知点坐标和测设点坐标，用坐标反算方法计算出测设数据，即：D_1、D_2；$\beta_1=\alpha_{A1}-\alpha_{AB}$，$\beta_2=\alpha_{A2}-\alpha_{AB}$。

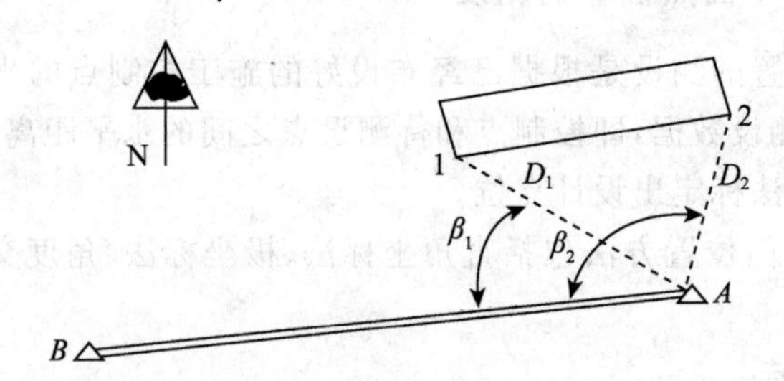

图 1-36　极坐标法测设点的平面位置

测设过程中，将经纬仪安置在 A 点，后视 B 点，取盘左位，并且置度盘为零，按盘左盘右分中法测设水平角 β_1、β_2，并定出 1、2 点方向，沿此方向测设出水平距离 D_1、D_2，则可在地面标定出设计点位 1,2 两点。

最后要进行检核。在检核时，可以采用丈量实地 1、2 两点之间的水平边长，并与 1、2 两点设计坐标反算出的水平边长进行比较。注意必须达到进度要求，否则，需重新放样。

若待测设点的精度要求较高，则可以利用上述的精确方法测设水平角和水平距离。

3. 角度交会法

角度交会法是分别在两个控制点上安置经纬仪，根据相应的水平角测设出相应的方向，同时根据两个方向交会定出点位平面位置的一种放样方法。该法适用于测设点距离控制点较远或量距有困难的情形。

如图 1-37 所示，首先，根据控制点 A、B 和测设点 1、2 的坐标，反算测设出数据 β_{A1}、β_{A2}、β_{B1}、β_{B1}，角度值。随后，将经纬仪安置在 A 点，并且瞄准 B 点，利用 β_{A1}、β_{A2} 角值按照盘左、盘右分中法，分别定出 $A1$、$A2$ 方向线，并且在其方向线上的 1，2 两点附近分别打上两个木桩（又称骑马桩），桩上钉小钉以标明此方向，同时用细线拉紧。然后，在 B 点安置经纬仪，采用同法定出 $B1$、$B2$ 方向线。根据 $A1$ 和 $B1$、$A2$ 和 $B2$ 的方向线可以分别交出 1、2 两点，即为所求待测设点的位置。

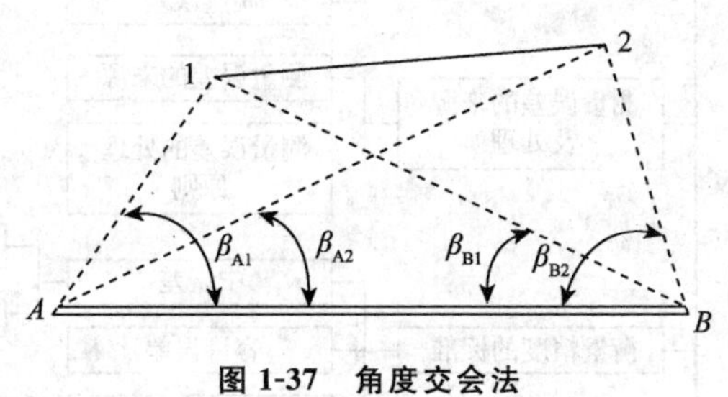

图 1-37　角度交会法

当然，也可以利用两台经纬仪分别在 A、B 两个控制点同时设站，在测设出方向线后标出 1、2 两点。

在检核时，可以采用丈量实地 1、2 两点之间的水平边长，与 1、2 两点设计坐标反算出的水平边长进行比较。

4. 距离交会法

距离交会法是指分别从两个控制点利用两段已知距离进行交会定点的方法。当建筑场地平坦并且便于量距时，采用此法较为方便。

如图 1-38 所示，A、B 为控制点，1 点为待测设点。首先，根据控制点和待测设点的坐标反算出测设数据 D_A 和 D_B，随后用钢尺从 A、B 两点分别测设两段水平距离 D_A 和 D_B，其交点即为所求 1 点的平面位置。

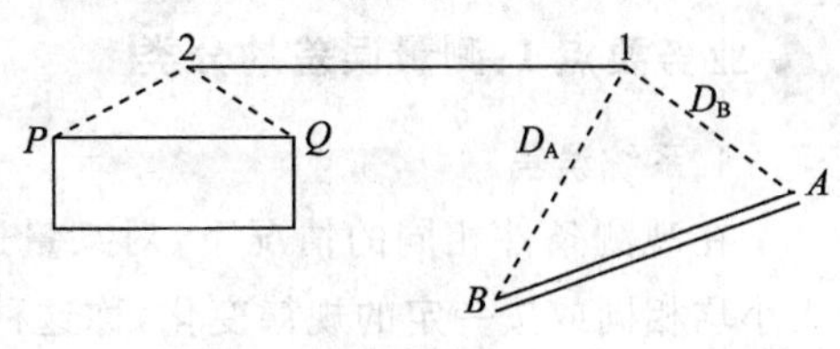

图 1-38　距离交会法

同样，2 点的位置可以由附近的地形点 P、Q 交会后求出。

检核时，可以实地丈量 1、2 两点之间的水平距离，并且与 1、2 两点设计坐标反算出的水平距离进行比较。

第五节　测量误差

本节导图

测量误差现象是一种客观存在，在测量过程中误差是不可避免的。为了保证测量结果达到一定的使用要求，需要对测量误差进行分析研究，分析误差产生的原因和规律特征，正确处理测量结果并对测量结果进行精度评定。本节主要介绍了：测量误差的分类、测量误差的来源及处理、衡量精度的标准、误差的传播定律以及观测值函数的误差，其内容关系如图1-39所示。

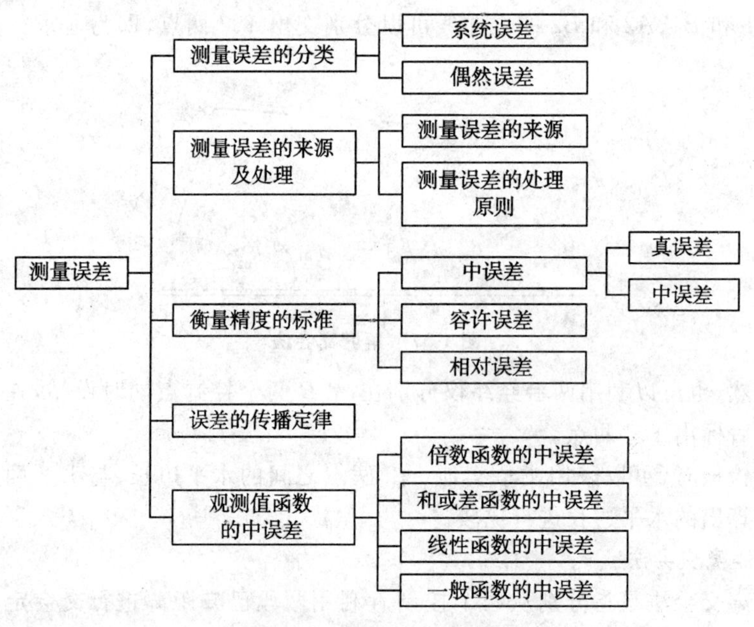

图1-39　本节内容关系图

业务要点1：测量误差的分类

1.系统误差

在观测条件相同的情况下，对某量进行一系列观测，若误差出现的符号和大小均相同或按一定的规律变化，称这种误差为系统误差。产生系统误差主要是由于测量仪器和工具的构造不完善或校正不准确。

系统误差具有积累性，这对测量结果会造成相应的影响，但是它们的符号和大小具有一定的规律。有的误差可以用计算的方法加以改正并消除，如，尺长误差和温度对尺长的影响；有的误差可以使用一定的观测方法加以消除，如，在水准测量中，用前后视距相等的方法消除。角影响，在经纬仪测角中，采取盘左、盘右观测值取中数的方法来消除视准差、支架差和竖盘指标差的影响；有的系统误差，如，经纬仪照准部水准管轴不垂直于竖轴的误差对水平角的影响，那么只能使用一对仪器进行精确校正，同时要在观测中采用仔细整平的方法将其影响减小到被允许的范围之内。

2.偶然误差

偶然误差（又称随机误差），是指在相同的观测条件下，对某量进行了 n 次观测，则误差出现的大小和符号均不一定。如用经纬仪测角时的照准误差，钢尺量距时的读数误差等，都属于偶然误差。

偶然误差，就其个别值而言，在观测前我们确实不能预知其出现的大小。但是，如果在一定的观测条件下，对某量进行多次观测，误差列却呈现出一定的规律性，称为统计规律。并且，随着观测次数的增加，偶然误差的规律性表现得更加明显。

偶然误差主要包括以下特征：

1）在一定的观测条件下，偶然误差的绝对值不会超过一定的限值。

说明偶然误差的“有界性”。它说明偶然误差的绝对值有个限值，如果超过这个限值，说明观测条件不正常或有粗差存在。

2）绝对值小的误差比绝对值大的误差出现的机会多（或概率大）。

反映了偶然误差的“密集性”，即越是靠近0，误差分布越密集。

3）绝对值相等的正、负误差出现的机会相等。

反映了偶然误差的对称性，即在各个区间内，正负误差个数相等或极为接近。

4）在相同条件下，同一量的等精度观测，其偶然误差的算术平均值，随着观测次数的无限增大而趋于零。

反映了偶然误差的“抵偿性”，它可由第三特性导出，即在大量的偶然误差中，正负误差有相互抵消的特征。

因此，当 n 无限增大时，偶然误差的算术平均值应趋于零。

业务要点2：测量误差的来源及处理

1.测量误差的来源

测量误差是不可避免的，其产生的原因主要有以下几个方面：

1）测量工作所使用的仪器，尽管经过了检验校正，但是还会存在残余误差，因此不可避免地会给观测值带来影响。

2）测量过程中，无论观测人员的操作如何认真仔细，但是由于人的感觉器官鉴别能力的限制，在进行仪器的安置、瞄准、读数等工作时都会产生一定的误差，同时观测者的技术水平、工作态度也会对观测结果产生不同的影响。

3)由于测量时外界自然条件，例如温度、湿度、风力等的变化，给观测值带来误差。

观测条件(即引起观测误差的主要因素)，是指观测者、观测仪器和观测时的外界条件。观测条件相同的各次观测，称为同精度观测；观测条件不同的各次观测，称为不同精度观测。

2.测量误差的处理原则

在测量工作中，由于观测值中的偶然误差不可避免，有了多余观测，观测值之间必然产生误差(不符值或闭合差)。根据差值的大小，可以评定测量的精度，差值如果大到一定程度，就认为观测值中有错误(不属于偶然误差)，称为误差超限，应予重测(返工)。差值如果不超限，则按偶然误差的规律来处理，称为闭合差的调整，以求得最可靠的数值。这项工作称为“测量平差”。

除此之外，在测量工作中还可能发生错误，如瞄错目标、读错读数、记错数据等。错误是由于观测者本身疏忽造成的，通常称为粗差。粗差不属于误差范畴，测量工作中是不允许的，它会影响测量成果的可靠性，测量时必须遵守测量规范，认真操作，随时检查，并进行结果校核。

业务要点3:衡量精度的标准

测量工作中所使用的仪器，均有其所能达到的精度指标。工程规范中，要用精度指标来提出对观测精度的要求。在提交观测成果时，要用精度指标来表明观测成果的可靠程度。因此，需要用一种合理的指标，来评定测量精度。测量中常用的精度指标有中误差、容许误差以及相对误差。

1.中误差

(1)真误差　设在相同的观测条件下对某量进行了 n 次观测，得一组观测值 $L_1, L_2, \cdots, L_n$，设其真值为 L，则可计算出真误差 $\Delta_1, \Delta_2, \cdots, \Delta_n$(在实际工作中观测的次数总是有限的)。

$$\Delta_i = L_i - L(i = 1,2,\cdots,n) \tag{1-11}$$

(2)中误差　中误差的定义公式如下：

$$m = \pm\sqrt{\frac{[\Delta\Delta]}{n}} \tag{1-12}$$

式(1-12)中真误差的平方和用$[\Delta\Delta]$表示。从式(1-12)可知，这组观测值中每个观测值都有相同的中误差，因此 m 又称为观测值中误差，以此作为衡量观测值精度的标准，中误差越小，观测值精度越高。

使用中误差评定观测值的精度时，需要注意以下几点：

1)只有等精度观测值才对应同一个误差分布，也才具有相同的中误差，同时要求观测个数应较多。

2)用式(1-12)计算的是观测值的中误差。由于是等精度观测，每个观测值的精度相同，中误差相等。

3)中误差数值前冠以“±”号，一方面表示为方根值，另一方面也体现了中误差所表示的精度实际上是误差的某个区间。

2.容许误差

容许误差又称极限误差，不仅能衡量观测值是否达到精度要求，还能判别观测值是否存在错误。由偶然误差第一特性知，在一定的观测条件下，偶然误差绝对值不会超过一定的限值。数理统计证明：在大量等精度观测的一组误差中，绝对值大于1倍中误差的偶然误差，出现的概率为32%；大于2倍中误差的偶然误差，出现的概率只有5%；大于3倍中误差的偶然误差，出现的概率仅占0.3%。在实际工作中，观测次数是有限的，所以采用3倍中误差作为偶然误差的容许误差，即：

$$\Delta_{容} = 3m \tag{1-13}$$

式中　m——观测值的中误差。

在测量规范中，对误差的要求更为严格，采用2倍中误差作为偶然误差的限差，即：

$$\Delta_{容} = 2m \tag{1-14}$$

在测量工作中，如果某观测值的误差超过了容许误差，就认为该观测值存在粗差，应舍去。

3.相对误差

真误差、中误差、容许误差都是表示误差本身的大小，称为绝对误差。对于衡量精度来说，有时用中误差很难判断观测结果的精度。例如，用钢尺丈量了200m和400m的两条直线，其中误差均为0.02m，因而用中误差反映不出哪个精度高些，此时，必须采用相对误差才能衡量两者之间精度的差别，计算公式如下：

$$K = \frac{|m|}{D} = \frac{1}{D/|m|} \tag{1-15}$$

例如上述

$$K_1 = \frac{0.02}{200} = \frac{1}{10000}$$

$$K_2 = \frac{0.02}{400} = \frac{1}{20000}$$

用相对误差来衡量二者的精度可以直观地看出，后者比前者的精度高。

相对误差不能用来衡量测角精度，因为测角误差与角度本身大小无关。

业务要点4：误差的传播定律

前面已经介绍了衡量一组等精度观测值的精度指标，指出在测量工作中，通常用中误差作为衡量指标。但是在实际工作中,某些未知量不可能或不方便直接进行观测,而需由另一些量的直接观测值根据一定的函数关系计算出来。例如,欲测定不在同一水平面上两点间的平距 D,可以用光电测距仪测量斜距 S,并且用经纬仪测量竖直角 α,以函数关系 $D=S\cos\alpha$ 来推算。显然,在此情况下,函数 D 的中误差与观测值 S 及 α 的中误差之间,必定有关系。阐述这种关系的定律,称为误差传播定律。

设有一般函数:

$$Z = F(x_1, x_2, \cdots, x_n) \tag{1-16}$$

式中 $x_1, x_2, \cdots, x_n$——可直接观测的未知量;

Z——不方便直接观测的未知量。

设 $x_i(i=1,2,\cdots,n)$ 的观测值为 l_i,其相应的真误差为 Δx_i。由于 Δx_i 的存在,使函数 Z 也产生相应的真误差 ΔZ。将式(1-16)取全微分:

$$dZ = \frac{\partial F}{\partial x_1}dx_1 + \frac{\partial F}{\partial x_2}dx_2 + \cdots\cdots + \frac{\partial F}{\partial x_n}dx_n \tag{1-17}$$

因误差 Δx_i 及 ΔZ 都很小,所以在上式中,可近似用 Δx_i 及 ΔZ 取代 dx_i 及 dZ,于是有:

$$\Delta Z = \frac{\partial F}{\partial x_1}\Delta x_1 + \frac{\partial F}{\partial x_2}\Delta x_2 + \cdots\cdots + \frac{\partial F}{\partial x_n}\Delta x_n \tag{1-18}$$

式中 $\frac{\partial F}{\partial x_i}$——函数 F 对第 i 个变量 x_i 的偏导数。

将 $x_i=l_i$ 代入各偏导数中,即为确定的常数,设:

$$\left(\frac{\partial F}{\partial x_i}\right)_{x_i=l_i} = f_i \tag{1-19}$$

则式(1-18)可写成:

$$\Delta Z = f_1\Delta x_1 + f_2\Delta x_2 + \cdots\cdots + f_n\Delta x_n \tag{1-20}$$

为求得函数和观测值之间的中误差关系式,设想对各 x_i 进行了 K 次观测,则可写出 K 个类似于式(1-20)的关系式:

$$\begin{cases} \Delta Z^{(1)} = f_1\Delta x_1^{(1)} + f_2\Delta x_2^{(1)} + \cdots\cdots + f_n\Delta x_n^{(1)} \\ \Delta Z^{(2)} = f_1\Delta x_1^{(2)} + f_2\Delta x_2^{(2)} + \cdots\cdots + f_n\Delta x_n^{(2)} \\ \cdots\cdots \\ \Delta Z^{(k)} = f_1\Delta x_1^{(k)} + f_2\Delta x_2^{(k)} + \cdots\cdots + f_n\Delta x_n^{(K)} \end{cases} \tag{1-21}$$

将以上各式分别取平方后再求和,得:

$$[\Delta Z^2] = f_1^2[\Delta x_1^2] + f_2^2[\Delta x_2^2] + \cdots\cdots f_n^2[\Delta x_n^2] + \sum_{\substack{i,j=1 \\ i\neq j}}^{n} f_i f_j[\Delta x_i \Delta x_j] \tag{1-22}$$

上式两端各除以 K：

$$\frac{[\Delta Z^2]}{K} = f_1^2\frac{[\Delta x_1^2]}{K} + f_2^2\frac{[\Delta x_2^2]}{K} + \cdots\cdots + f_n^2\frac{[\Delta x_n^2]}{K} + \sum_{\substack{i,j=1 \\ i\neq j}}^{n} f_i f_j \frac{[\Delta x_i \Delta x_j]}{K} \tag{1-23}$$

设对各 x_i 的观测值 l_i 为彼此独立的观测，则 $\Delta x_i \Delta x_j$ 当 $i \neq j$ 时也为偶然误差。根据偶然误差的抵偿性可知式(1-23)最后项当 $K \to \infty$ 时趋近于零，即：

$$\lim \frac{[\Delta x_i \Delta x_j]}{K} = 0 \tag{1-24}$$

所以式(1-23)可写为：

$$\lim_{K\to\infty}\frac{[\Delta Z^2]}{K} = \lim_{K\to\infty}\left(f_1^2\frac{[\Delta x_1^2]}{K} + f_2^2\frac{[\Delta x_2^2]}{K} + \cdots\cdots + f_n^2\frac{[\Delta x_n^2]}{K}\right) \tag{1-25}$$

根据中误差定义，上式可写成：

$$\sigma_Z^2 = f_1^2\sigma_1^2 + f_2^2\sigma_2^2 + \cdots\cdots + f_n^2\sigma_n^2 \tag{1-26}$$

当 K 为有限值时，可近似表示为：

$$m_Z^2 = f_1^2 m_1^2 + f_2^2 m_2^2 + \cdots\cdots + f_n^2 m_n^2 \tag{1-27}$$

即：

$$m_Z = \pm\sqrt{\left(\frac{\partial F}{\partial x_1}\right)^2 m_1^2 + \left(\frac{\partial F}{\partial x_2}\right)^2 m_2^2 + \cdots\cdots + \left(\frac{\partial F}{\partial x_n}\right)^2 m_n^2} \tag{1-28}$$

式(1-28)即为计算函数中误差估值的一般形式。应用式(1-28)时，必须注意：各观测值必须是相互独立的变量。当 l_i 为未知量 x_i 的直接观测值时，可认为各 l_i 之间满足相互独立的条件。

业务要点 5：观测值函数的中误差

在测量中不是所有的量都能直接观测的，有些量是要通过直接观测的结果，再经过一定的函数关系计算出来的。函数的形式很多，归纳起来有倍数函数的中误差、和或差函数的中误差、线性函数的中误差和一般函数的中误差。

1.倍数函数的中误差

设倍数函数的关系如下：

$$z = Kx \tag{1-29}$$

式中　K——常数；

x——未知量的直接观测值；

z——x 的函数。

则

$$m_z = K m_x \tag{1-30}$$

式中　m_z——函数值 z 的中误差；

m_x——观测值 x 的中误差。

2.和或差函数的中误差

设某一量 z 是独立观测值 x 和 y 的和或差，则有以下关系式：

$$z = x \pm y \tag{1-31}$$

及
$$m_z^2 = m_x^2 + m_y^2$$

即
$$m_z = \pm \sqrt{m_x^2 + m_y^2} \tag{1-32}$$

式中 m_x、m_y——独立观测值 x 和 y 的中误差；

m_z——独立观测值 x、y 和或差的函数 z 的中误差。

将公式(1-32)再进一步推广，若 z 为独立观测值 $x_1, x_2, \cdots, x_n$ 的和或差的函数，则 z 的中误差 m_z 为：

$$m_z = \pm \sqrt{m_1^2 + m_2^2 + \cdots + m_n^2} \tag{1-33}$$

3.线性函数的中误差

设有独立观测值 $x_1, x_2, \cdots, x_n$，它们的中误差分别为 $m_1, m_2, \cdots, m_n$，常数 $K_1, K_2, \cdots, K_n$，函数关系式如下：

$$z = K_1 x_1 \pm K_2 x_2 \pm \cdots \pm K_n x_n \tag{1-34}$$

z 的中误差按照倍数及和与差的中误差的公式可直接写为：

$$m_z = \pm \sqrt{K_1^2 m_1^2 + K_2^2 m_2^2 + \cdots + K_n^2 m_n^2} \tag{1-35}$$

求算术平均值时用下式：

$$x = \frac{[L]}{n} = \frac{L_1}{n} + \frac{L_2}{n} + \cdots + \frac{L_n}{n} \tag{1-36}$$

设 x 的中误差为 M，每次观测值 $L_i (i=1,2,\cdots,n)$ 的中误差为 m，则

$$M = \pm \sqrt{\frac{m^2}{n^2} + \frac{m^2}{n^2} + \cdots + \frac{m^2}{n^2}} = \pm \sqrt{\frac{nm^2}{n^2}} = \pm \frac{m}{\sqrt{n}} = \pm \sqrt{\frac{[vv]}{n(n-1)}} \tag{1-37}$$

由上式可知，增加观测次数是可以提高观测值的精度的。但是当观测次数增加到一定程度时，对精度的影响是微小的。所以一般情况下，观测次数应在 10 次以内。若仍达不到所需要的精度，就要选用更精密的仪器工具或是采用更为精确的测量方法。

4.一般函数的中误差

设有一般函数：

$$z = f(x_1, x_2, \cdots, x_n) \tag{1-38}$$

对式(1-38)进行全微分，得：

$$dz = \frac{\partial f}{\partial x_1} dx_1 + \frac{\partial f}{\partial x_2} dx_2 + \cdots + \frac{\partial f}{\partial x_n} dx_n \tag{1-39}$$

由此，把一般函数式变为线性的关系，可利用线性关系来求得观测值函数

的中误差。若 $x_1, x_2, \cdots, x_n$ 的中误差是 $m_1, m_2, \cdots, m_n$，z 的中误差为 m_z，则：

$$m_z^2 = \left(\frac{\partial f}{\partial x_1}\right)^2 m_1^2 + \left(\frac{\partial f}{\partial x_2}\right)^2 m_2^2 + \cdots + \left(\frac{\partial f}{\partial x_n}\right)^2 m_n^2 \tag{1-40}$$

在使用式(1-38)、式(1-39)和式(1-40)时应注意以下几点：

1)列函数式时，观测值必须是独立的、最简便的形式。

2)对函数式进行全微分时，是对每个观测值逐个求偏导数，将其他的观测值认为是常数。

3)若观测值中有以角度为单位的中误差，则把角度化成弧度。

第六节　施工测量管理

本节导图

本节主要介绍了施工测量班组管理、施工测量工作的管理制度、测量放线的技术管理、测量的安全管理以及施工测量质量控制管理，其内容关系如图 1-40 所示。

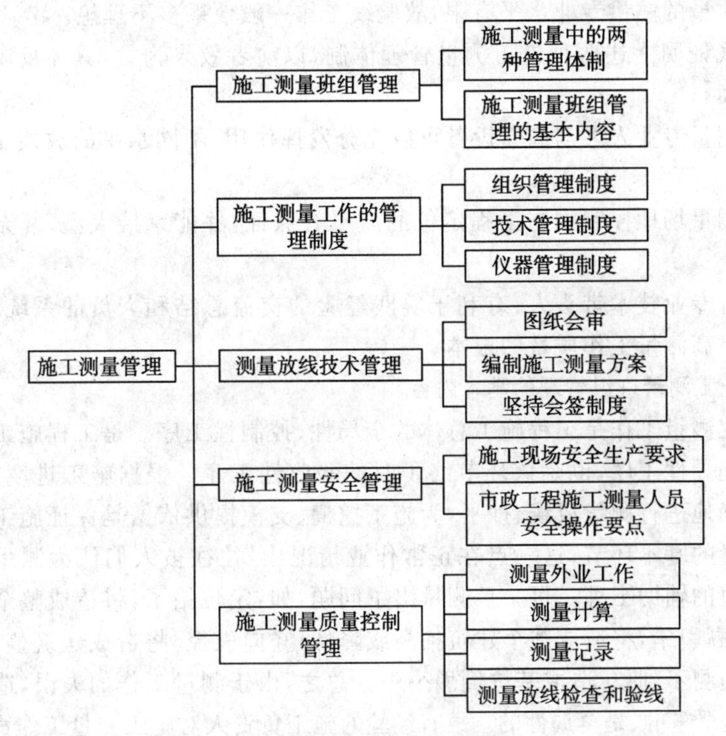

图 1-40　本节内容关系图

业务要点1:施工测量班组管理

1.施工测量中的两种管理体制

由于各工程公司规模与管理体制的不同,对施工测量的管理体系也不一样。一般规模较大的工程公司对施工测量尚较重视,多在公司技术质量部门设专业测量队,由工程测量专业工程师与测量技师组成,配备全站仪与精密水准仪等成套仪器,负责各项目部(工程处)工程的场地控制网的建立、工程定位及对各项目部(工程处)放线班组所放主要线位进行复测验线,此外还可担任变形与沉降等观测任务。项目部(工程处)设施工放线班组,由高级或中级放线工负责,配备一般经纬仪与水准仪,其任务是根据公司测量队所定的控制依据线位与标高,进行工程细部放线与抄平,直接为施工作业服务。另一种施工测量体制是工程公司的规模也不小,但对施工测量工作的重要性与技术难度认识不足,以精减上层为名而只是在项目部(工程处)设施工测量班组,由放线工组成,受项目工程师或土建技术员领导,测量班组的任务是从工程场地控制网的测设、工程定位及细部放线抄平全面负责,而验线工作多由质量部门负责,由于一般质检人员的测量专业水平有限,故验线工作一般效果多不理想。

实践证明上述两种施工测量管理体制,以前者效果为好,具体反映在以下三个方面:

1)测量专业人才与高新设备可以充分发挥作用,不同水平的放线工也能因材适用。

2)测量场地控制网与工程定位的质量有保证,并能承接大型、复杂工程测量任务。

3)有专业技术带头人,有利于实践经验的交流总结和人员的系统培训,这是不断提高测量工作质量的根本。

2.施工测量班组管理的基本内容

施工测量工作是工程施工总体的全局性、控制性工序。是工程施工各环节之初的先导性工序,也是该环节终了时的验收性工序。根据施工进度的需要,及时准确地进行测量放线、抄平,为施工挖槽、支模提供依据是保证施工进度和工程质量的基本环节,这一点在正常作业情况中,往往被人们认为测量工是不创造产值的辅助工种。可一旦测量出了问题,如:定位错了,将造成整个建筑物位移;标高引错,将造成整个建筑抬高或降低;竖向失控,将造成建筑整体倾斜;护坡桩监测不到位,造成基坑倒塌……。总之,由于测量工作的失误,造成的损失有时是严重的、是全局性的。故有经验的施工负责人对施工测量工作都较为重视,他们明白“测量出错,全局乱”的道理,因而选派业务精良、工作上认真负责的测量专业人员负责组建施工测量班组。其管理工作的基本内容有以下六项:

(1)认真贯彻全面质量管理方针,确保测量工作质量

1)进行全员质量教育,强化质量意识。主要是根据国家法令、规范、规程要求与《质量管理和质量保证标准》GB/T 19000—2008 规定,把好质量关,做到测量班组所交出的测量成果正确、精度合格,这是测量班组管理工作的核心,也是荣誉所在。要做到人人从内心理解:观测中产生误差是不可避免的,工作中出现错误也是难以杜绝的。因此能自觉地做到:作业前要严格审核起始依据的正确性,在作业中坚持测量、计算工作步步有校核的工作方法。以真正达到:错误在我手中发现并剔除,精度合格的成果由我手中交出,测量工作的质量由我保证。

2)充分做好准备工作,进行技术交底与学习有关规范。校核设计图纸、校测测量依据点位与数据、检定与检校仪器与钢尺,以取得正确的测量起始依据,这是准备工作的核心。要针对工程特点进行技术交底与学习有关规范、规章,以适应工程的需要。

3)制定测量方案,采取相应的质量保证措施。做好制定测量方案前的准备工作,制定好切实可行又能预控质量的测量方案;按工程实际进度要求,执行好测量方案,并根据工程现场情况,不断修改、完善测量方案;并针对工程需要,制定保证质量的相应措施。

4)安排工程阶段检查与工序管理。主要是建立班组内部自检、互检的工作制度与工程阶段检查制度,强化工序管理。

5)及时总结经验,不断完善班组管理制度与提高班组工作质量。主要是注意及时总结经验,累积资料,每天记好工作日志,做到班组生产与管理等工作均有原始记载,要记简要过程与经验教训,以发扬成绩,克服缺点,改进工作,使班组工作质量不断提高。

(2)班组的图纸与资料管理　设计图纸与洽商资料不但是测量的基本依据,而且是绘制竣工图的依据,并有一定的保密性。施工中设计图纸的修改与变更是正常的现象,为防止按过期的无效图纸放线与明确责任,一定要管好用好图纸资料。

1)做好图纸的审核、会审与签收工作。

2)做好日常的图纸借阅、收回与整理等日常工作,防止损坏与丢失。

3)按资料管理规程要求,及时做好归案工作。

4)日常的测量外业记录与内业计算资料,也必须按不同类别管好。

(3)班组的仪器设备管理　测量仪器设备价格昂贵,是测量工作必不可少的,其精度状况又是保证测量精度的基本条件。因此,管好用好测量仪器是班组管理中的重要内容。

1)做好定期检定工作。

2)在检定周期内,做好必要项目的检校工作,每台仪器要建有详细的技术档案。

3)班组内要设人专门管理,负责账物核实、仪器检定、检校与日常收发检查工作;高精度仪器要由专人使用与保养。

4)仪器应放在钢板柜中保存,并做好防潮、防火与防盗措施。

(4)班组的安全生产与场地控制桩的管理

1)班组内要有人专门管理安全生产,防止思想麻痹造成人身与仪器的安全事故。

2)场地内各种控制桩是整个测量工作的依据,除在现场采取妥善的保护措施外,要有专人经常巡视检查,防止车轧、人毁,并提请有关施工人员和施工队员共同给以保护。

(5)班组的政治思想与岗位责任管理

1)加强职业道德和文化技术培训,使班组成员素质不断提高,这是班组建设的根本。

2)建立岗位责任制,做到:事事有人管、人人有专责、办事有标准、工作有检查。使班组人人关心集体,团结配合全面做好各方工作。

(6)班组长的职责

1)以身作则全面做好班组工作,在执行"测量方案"中要有预见性,使施工测量工作紧密配合施工,主动为施工服务,发挥全局性、先导性作用。

2)发扬民主,调动全班组成员的积极性,使全班组人员树立群体意识,维护班组形象与企业声誉,把班组建成团结协作的先进集体,及时、高精度地测量数据,发挥全局性、保证性的作用。

3)严格要求全班组成员,认真负责做好每一项细小工作,争取少出差错,做到奖惩分明一视同仁,并使工作成绩与必要的奖励挂钩。

4)注意积累全组成员的经验与智慧,不断归纳、总结出有规律的、先进的作业方法,以不断提高全班组的作业水平,为企业做出更大贡献。

业务要点2:施工测量工作的管理制度

1.组织管理制度

1)测量管理机构设置及职责。

2)各级岗位责任制度及职责分工。

3)人员培训及考核制度。

2.技术管理制度

1)测量成果及资料管理制度。

2)自检复线及验线制度。

3)交接桩及护桩制度。

3.仪器管理制度

1)仪器定期检定、检校及维护保管制度。

2)仪器操作规程及安全操作制度。

业务要点3:测量放线的技术管理

1.图纸会审

图纸会审是施工技术管理中的一项重要程序。开工前,要由建设单位组织建设、设计、施工单位有关人员对图纸进行会审。通过会审把图纸中存在的问题(如尺寸不符、数据不清、新技术、新工艺、施工难度等)提出来,加以解决。因此,会审前要认真熟悉图纸和有关资料。会审记录要经参加方签字盖章,会审记录是具有设计变更性质的技术文件。

2.编制施工测量方案

在认真熟悉放线有关图纸的前提下,深入现场实地勘察,确定施测方案。方案内容包括施测依据,定位平面图,施测方法和顺序,精度要求,有关数据。有关数据应先进行内业计算,填写在定位图上,尽量避免在现场边测量边计算。

初测成果要进行复核,确认无误后,对测设的点位加以保护。

填写测量定位记录表,并由建设单位、施工单位施工技术负责人审核签字,加盖公章,归档保存。

在城市建设中,要经城市规划主管部门到现场对定位位置进行核验(称验线)后,方能施工。

3.坚持会签制度

在城市建设中,土方开挖前,施工平面图必须经有关部门会签后,方能开挖。已建城市中,地下各种隐蔽工程较多(如电力、通讯、煤气、给水、排水、光缆等),挖方过程中与这些隐蔽工程很可能相互碰撞,要事先经有关部门会签,摸清情况,采取措施,以避免发生问题。否则,对情况不清,急于施工,一旦隐蔽物被挖坏、挖断,不仅会造成经济损失,还有可能造成安全事故。

业务要点4:施工测量的安全管理

1.施工现场安全生产要求

施工测量人员在施工现场,虽比不上架子工、电工或爆破工遇到的险情多,但是测量工作的需要,使测量人员在安全隐患方面有“八多”。即:

(1)要去的地方多、观测环境变化多　测量工作从基坑到封顶,从室内结构到室外管线的各个施工角落均要放线,因此要去的地方多,且各测站上的观测环境变化多。

(2)接触的工种多、立体交叉作业多　测量人员从打护坡桩挖土到结构支模，从预留埋件的定位到室内外装饰设备的安装，需要接触的工种多，相互配合多，尤其是相互立体交叉作业多。

(3)在现场工作时间多、天气变化多　测量人员每天早晨上班要早，以检查线位桩点，下午下班要晚，以查清施工进度，安排明天的活茬，中午工地人少，正适合加班放线以满足下午施工的需要，所以施工测量人员在现场工作时间多；天气变化多也应尽量适应。

(4)测量仪器贵重，各种附件与斧锤、墨斗工具多、接触机电机会多　测量仪器怕摔砸，斧锤怕失手，线坠怕坠落，人员怕踩空跌落；现场电焊机、临时电线多。因此，钢尺与铝质水准尺触电机会多。

总之，测量人员在现场测量时，要精神集中观测与计算，而周围的环境却千变万化，上述的“八多”隐患均有造成人身或仪器损伤的可能。为此，测量人员必须在制定测量方案中，根据现场情况按“预防为主”的方针，在每个测量环节中落实安全生产的具体措施，并在现场中严格遵守安全规章，时时处处谨慎作业，既要做到测量成果好，更要人身仪器双安全。

2.市政工程施工测量人员安全操作要点

1)进入施工现场必须按规定配戴安全防护用品。

2)作业时必须避让机械，躲开坑、槽、井，选择安全的路线和地点。

3)上下沟槽、基坑应走安全梯或马道，在槽、基坑底作业前必须检查槽帮的稳定性，确认安全后再下槽、基坑作业。

4)高处作业必须走安全梯或马道，临边作业时必须采取防坠落的措施。

5)在社会道路上作业时必须遵守交通规则，并据现场情况采取防护、警示措施，避让车辆，必要时设专人监护。

6)进入井、深基坑(槽)及构筑物内作业时，应在地面进出口处设置专人监护。

7)机械运转时，不得在机械运转范围内作业。

8)测量作业钉桩前应检查锤头的牢固性，作业时与他人协调配合，不得正对他人抡锤。

9)需在河流、湖泊等水中测量作业前，必须先征得主管单位的同意，掌握水深、流速等情况，并据现场情况采取防溺水措施。

10)冬期施工不应在冰上进行作业，严冬期间需在冰上作业时，必须在作业前进行现场探测，充分掌握冰层厚度，确认安全后，方可在冰上作业。

业务要点5:施工测量质量控制管理

1.测量外业工作

1)测量作业原则:先整体后局部，高精度控制低精度。

2)测量外业操作应按照有关规范的技术要求进行。

3)测量外业工作作业依据必须正确可靠,并坚持测量作业步步有校核的工作方法。

4)平面测量放线、高程传递抄测工作必须闭合交圈。

5)钢尺量距应使用拉力器并进行拉力、尺长、温差改正。

2.测量计算

1)测量计算基本要求:方法科学、依据正确、计算有序、步步校核、结果可靠。

2)测量计算应在规定的表格上进行。在表格中抄录原始起算数据后,应换人校对,以免发生抄录错误。

3)计算过程中必须做到步步有校核。计算完成后,应换人进行检算,检核计算结果的正确性。

3.测量记录

1)测量记录基本要求:原始真实、内容完整、数字正确、字体工整。

2)测量记录应用铅笔填写在规定的表格上。

3)测量记录应当场及时填写清楚,不允许转抄,保持记录的原始真实性;采用电子仪器自动记录时,应打印出观测数据。

4.施工测量放线检查和验线

1)建筑工程测量放线工作必须严格遵守"三检"制和验线制度。

2)自检:测量外业工作完成后,必须进行自检,并填写自检记录。

3)复检:由项目测量负责人或质量检查员组织进行测量放线质量检查,发现不合格项立即改正以达到合格要求。

4)交接检:测量作业完成后,在移交给下道工序时,必须进行交接检查,并填写交接记录。

5)测量外业完成并经自检合格后,应及时填写《施工测量放线报验表》并报监理验线。

第七节　测量员岗位职责

本节导图

本节主要介绍了测量员基本准则,初级、中级和高级测量员的岗位要求,其内容关系如图1-41所示。

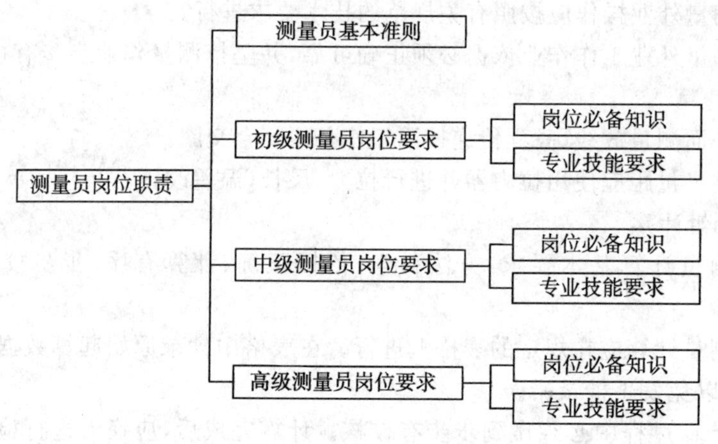

图 1-41　本节内容关系图

业务要点 1:测量员基本准则

1)遵守国家法律、法规和测量的有关规程与规范,为工程服务,保证质量,照图施工,按时完成任务的工作目的。

2)防止误差积累;保证建筑物整体与局部的正确性;确保测图精度,测量工作应遵循先整体、后局部,高精度控制低精度,先进行控制测量,后进行定位放线或测图的工作程序。

3)在测量之前,先审核原始数据(起始点的高程、坐标及设计图样等),外业观测和内业计算步步有校核。

4)遵循测量方法要简捷、精度要合理相称的工作原则。合理利用资源,仪器设备的配置要适当。

5)建筑物定位放线及重要的测量工作必须经自检、互检,合格后由有关单位(监理、规划部门或上级测绘部门等)验线的工作制度。

6)要发扬艰苦奋斗,不怕苦、不怕累,一丝不苟和认真负责的工作作风。

7)及时总结经验,具有开拓进取、与时俱进、努力学习先进技术、不断改进的工作精神。

业务要点 2:初级测量员岗位要求

1.岗位必备知识

1)识图的基本知识,看懂分部分项施工图,并能校核小型、简单建筑物平、立、剖面图的关系及尺寸。

2)房屋构造的基本知识,一般建筑工程施工程序及对测量放线的基本要求,本职业与有关职业之间的关系。

3)建筑施工测量的基本内容、程序及作用。

4)点的平面坐标(直角坐标、极坐标)、标高、长度、坡度、角度、面积和体积的计算方法,一般计算器的使用知识。

5)普通水准仪、普通经纬仪的基本性能、用途及保养知识。

6)水准测量的原理(仪高法和高差法)、基本测法、记录和闭合差的计算及调整。

7)测量误差的基本知识,测量记录、计算工作的基本要求。

8)本职业安全技术操作规程、施工验收规范和质量评定标准。

2.专业技能要求

1)测钎、标杆、水准尺、尺垫、各种卷尺及弹簧秤的使用及保养。

2)常用测量手势、信号和旗语配合测量默契。

3)用钢尺测量,测设水平距离及测设90°平面角。

4)安置普通水准仪(定平水准盒),一次精密定平,抄水平线,设水平桩和皮数杆,简单方法平整场地的施测和短距离水准点的引测,扶水准尺的要点和转点的选择。

5)安置普通经纬仪(对中、定平),标测直线,延长直线和竖向投测。

6)妥善保管、安全搬运测量仪器及测具。

7)打桩定点,埋设施工用半永久性测量标志,做桩位的点之记,设置龙门板、线坠吊线、撒灰线和弹墨线。

8)进行小型、简单建筑物的定位、放线。

业务要点3:中级测量员岗位要求

1.岗位必备知识

1)掌握制图的基本知识,看懂并审核较复杂的施工总平面图与有关测量放线施工图的关系及尺寸,大比例尺工程用地形图的判读及应用。

2)掌握测量内业计算的数学知识和函数型计算器的使用知识,对平面为多边形、圆弧形的复杂建(构)筑物四廓尺寸交圈进行校算,对平、立、剖面有关尺寸进行核对。

3)熟悉一般建筑结构、装修施工的程序、特点及对测量、放线工作的要求。

4)熟悉场地建筑坐标系与测量坐标系的换算,导线闭合差的计算及调整,直角坐标及极坐标的换算,角度交会法、距离交会法定位的计算。

5)熟悉钢尺测量、测设水平距离中的尺长、温度、拉力,垂曲和倾斜的改正计算,视距测法和计算。

6)熟悉普通水准仪的基本构造、轴线关系、检校原理和步骤。

7)掌握水平角与竖直角的测量原理,熟悉普通经纬仪的基本构造、轴线关系、检校原理和步骤,测角、设角和记录。

8)熟悉光电测距和激光仪器在建筑施工测量中的一般应用。

9)熟悉测量误差的来源、分类及性质，施工测量的各种限差，施测中对量距、水准、测角的精度要求，以及产生误差的主要原因和消除方法。

10)根据整体工程施工方案，布设场地平面控制网和标高控制网。

11)掌握沉降观测的基本知识和竣工平面图的测绘。

12)掌握一般工程施工测量放线方案编制知识。

13)掌握班组管理知识。

2.专业技能要求

1)熟练掌握普通水准仪和经纬仪的操作、检校。

2)根据施工需要进行水准点的引测、抄平和皮数杆的绘制，平整场地的施测、土方计算。

3)熟练应用经纬仪在两点投测方向点，应用直角坐标法、极坐标法和交会法测量或测设点位，圆曲线的计算与测设。

4)根据场地地形图或控制点进行场地布置和地下拆迁物的测定。

5)核算红线桩坐标与其边长、夹角是否对应，并实地进行校测。

6)根据红线桩或测量控制点，测设场地控制网或建筑主轴线。

7)根据红线桩、场地平面控制网、建筑主轴线或地物关系，进行建筑物定位、放线以及从基础至各施工层上的弹线。

8)进行民用建筑与工业建筑预制构件的吊装测量，多层建筑物、高层建(构)筑物的竖向控制及标高传递。

9)场地内部道路与各种地下、架空管的定线、纵断面测量和施工中的标高、坡度测设。

10)根据场地控制网或重新布测图根导线实测竣工平面图。

11)用普通水准仪进行沉降观测。

12)制定一般工程施工测量放线方案，并组织实施。

业务要点4:高级测量员岗位要求

1.岗位必备知识

1)看懂并能够审核复杂、大型或特殊工程(如超高层、钢结构、玻璃幕墙等)的施工总平面图和有关测量放线的施工图的关系及尺寸。

2)掌握工程测量的基本理论知识和施工管理知识。

3)掌握测量误差的基本理论知识。

4)熟悉精密水准仪、经纬仪的基本性能、构造和用法。

5)熟悉地形图测绘的方法和步骤。

6)能够在工程技术人员的指导下，进行场地方格网和小区控制网的布置、计算。

7)掌握建筑物变形观测的知识。

8)了解工程测量的先进技术与发展趋势。

9)了解预防和处理施工测量放线中质量和安全事故的方法。

2.专业技能要求

1)能够进行普通水准仪、经纬仪的一般维修。

2)熟练运用各种工程定位方法和校测方法。

3)能够进行场地方格网和小区控制网的测设,四等水准观测及记录。

4)应用精密水准仪、经纬仪进行沉降、位移等变形观测。

5)推广和应用施工测量的新技术、新设备。

6)参与编制较复杂工程的测量放线方案,并组织实施。

7)对初级、中级测量员进行示范操作,传授技能,解决本职业操作技术上的疑难问题。

第二章　水准测量

第一节　水准测量原理

本节导图

水准测量的原理主要是利用水准仪提供的水平视线，读取竖立在两个点上的水准尺的读数，通过计算求出地面上两点间的高差，随后根据已知点的高程计算出待定点的高程。本节主要介绍了水准测量原理以及转点和测站，其内容关系如图 2-1 所示。

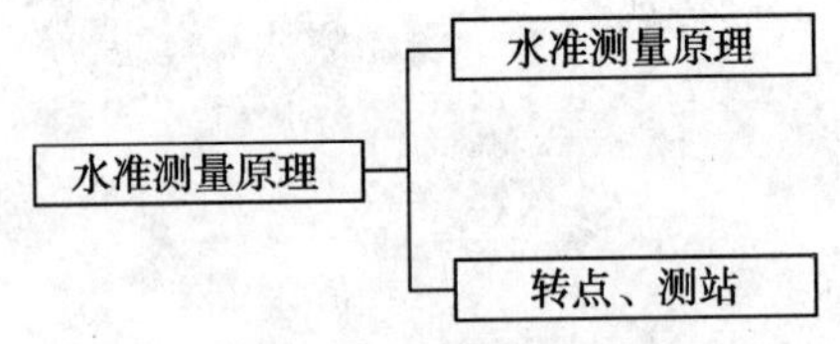

图 2-1　本节内容关系图

业务要点 1：水准测量原理

如图 2-2 所示，已知 A 点高程 H_A，欲测定 B 点的高程 H_B，那么可在 A、B 两点的中间安置一台水准仪，同时分别在 A、B 两点上各竖立一根水准尺，通过

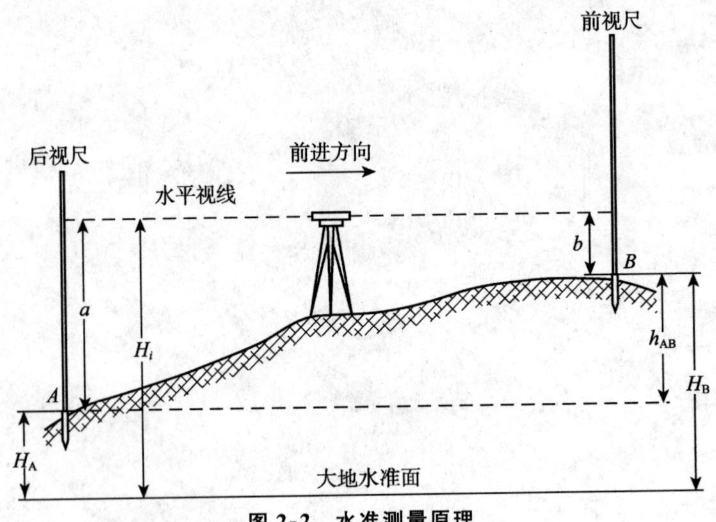

图 2-2　水准测量原理

水准仪的望远镜分别读取水平视线在 A、B 两点上的水准尺读数。若前进方向是由 A 点到 B 点，那么规定 A 为后视点，其水准尺读数 a 称为后视读数；B 为前视点，其水准尺读数 B 称为前视读数。根据几何学中平行线的性质可知，A 点到 B 点的高差或 B 点相对于 A 点的高差为：

$$h_{AB} = a - b \tag{2-1}$$

由式(2-1)可知，地面上两点之间的高差等于后视读数减去前视读数。若后视读数 a 大于前视读数 b 时，h_{AB} 值为正，说明 B 点高于 A 点；反之，则 A 点高于 B 点，h_{AB} 为负值。

待定点 B 的高程为：

$$H_B = H_A + h_{AB} \tag{2-2}$$

由视线高计算 B 点高程的方法，在各种工程测量中已被广泛应用。由图2-1可知，A 点的高程加上后视读数等于水准仪的视线高程，简称视线高，设为 H_i，即：

$$H_i = H_A + a \tag{2-3}$$

则 B 点的高程等于视线高减去前视读数，即：

$$H_B = H_i - b = (H_A + a) - b \tag{2-4}$$

式(2-4)尤其适用于根据一个后视点的高程同时测定多个前视点的高程的工作。如图 2-3 所示，当架设一次水准仪要测量多个前视点 B_1，B_2，…，B_n 点的高程时，那么将水准仪架设在适当的位置，对准后视点 A，读取中丝读数 a，按式

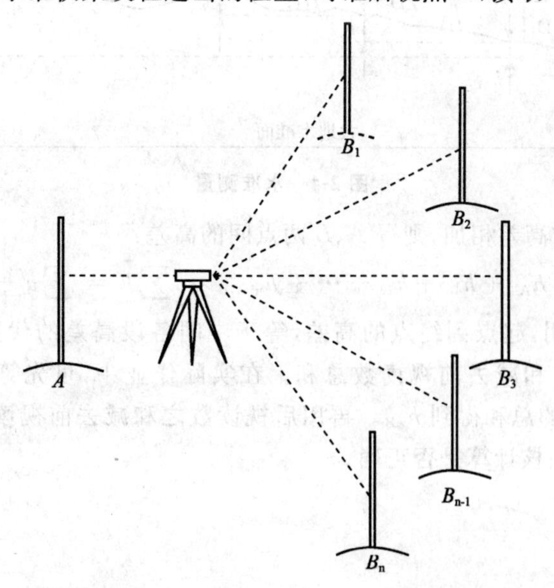

图 2-3　用视线高程法计算 B_i 点高程

(2-3)计算出视线高 $H_i = H_A + a$,之后用水准仪照准竖立在 $B_1, B_2, \cdots, B_n$ 点上的水准尺,同时分别读取中丝读数为 $b_1, b_2, \cdots, b_n$,那么可按式(2-4)分别计算 $B_1, B_2, \cdots, B_n$ 点的高程。

业务要点 2:转点、测站

如果 A、B 两点相距较远或高差较大,安置一次仪器无法测得其高差时,就需要在两点间加设若干个临时的立尺点,作为传递高程的过渡点(称为转点),并依次连续地测出各相邻点间的高差 $h_{A1}, h_{12}, h_{23}, \cdots, h_{n-1,B}$ 才能求得 A、B 两点间的高差 h_{AB}。如图 2-3 所示,$ZD_1, ZD_2, ZD_3, \cdots, ZD_{n-1}$ 点为转点,各个测站的高差为:

$$h_{A1} = a_1 - b_1$$
$$h_{12} = a_2 - b_2$$
$$h_{23} = a_3 - b_3$$
$$\cdots$$
$$h_{n-1,B} = a_n - b_n$$

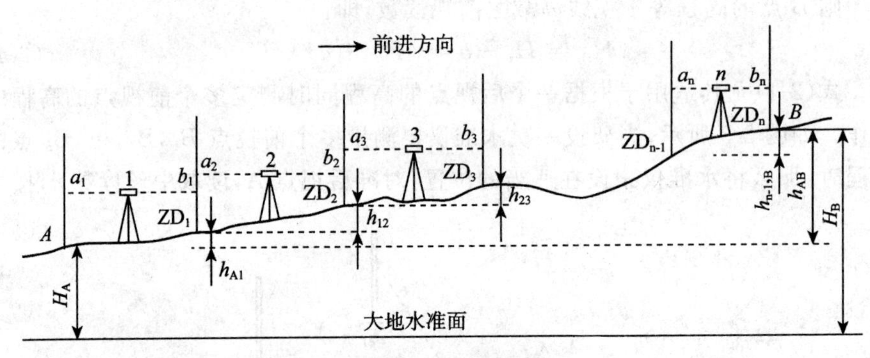

图 2-4 水准测量

将以上各站高差相加,则得 A、B 两点间的高差:

$$h_{AB} = h_{A1} + h_{12} + h_{23} + \cdots + h_{n-1,B} = \sum h = \sum a - \sum b \quad (2\text{-}5)$$

式(2-5)表明,起点到终点的高差,等于中间各段高差的代数和,也等于各测站后视读数总和减去前视读数总和。在实际作业中,可先算出各测站的高差,然后取它们的总和得到 h_{AB}。再用后视读数之和减去前视读数之和计算出高差 h_{AB},据此检核计算是否正确。

第二节　水准测量仪器与工具

本节导图

水准测量仪器主要是水准仪，是一种能提供一条水平线，用以测量高差的精密光学仪器。水准测量工具主要有水准尺和尺垫。本节主要介绍了水准仪的类型、DS_3 级微倾式水准仪、精密水准仪、自动安平水准仪、电子水准仪以及水准尺及附件，其内容关系如图 2-5 所示。

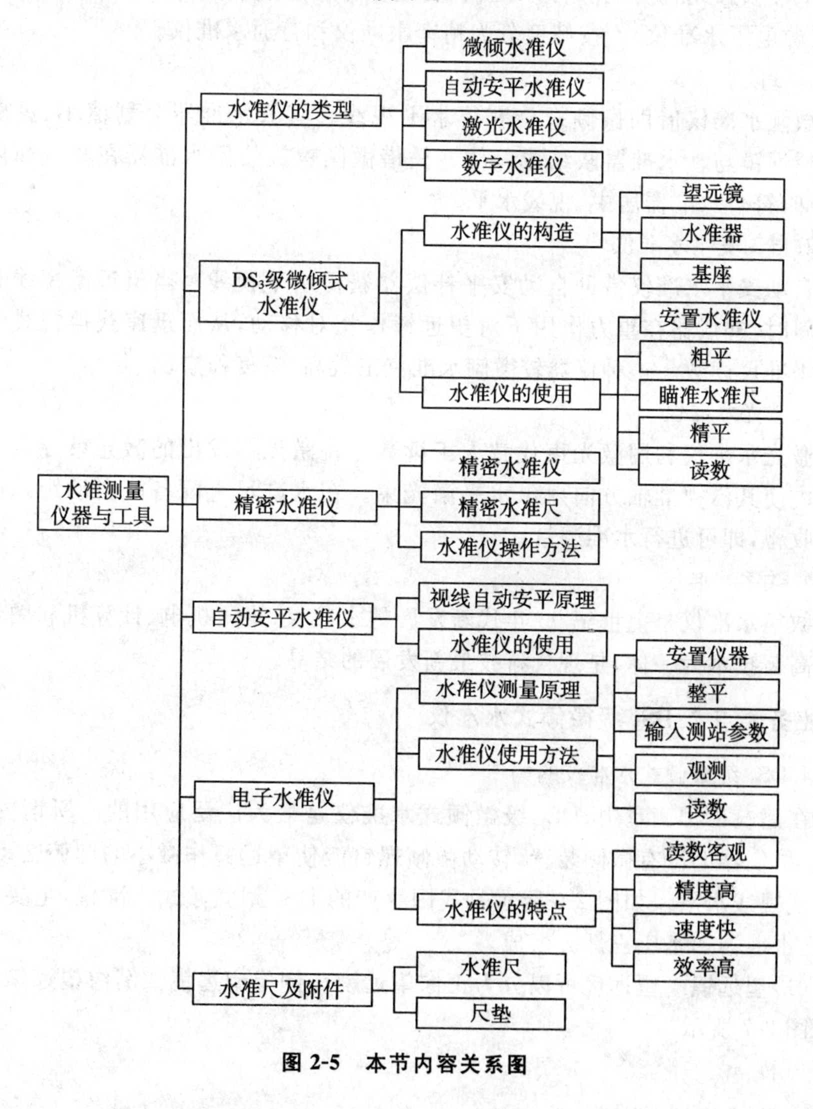

图 2-5　本节内容关系图

业务要点 1:水准仪的类型

我国按精度指标将水准仪分为 DS_{05}、DS_1、DS_3 等型号,D 和 S 分别是“大地测量”和“水准仪”汉语拼音的首字母,字母后的数字 05、1、3 等指用该类型水准仪进行水准测量时平均每 1km 往、返测高差中数的偶然中误差值,分别不超过 ±0.5mm、±1.0mm、±3.0mm。其中 DS_{05}、DS_1 为精密水准仪,主要用于国家一、二等精密水准测量和精密工程测量;DS_3 主要用于国家三、四等水准测量和常规工程测量。

水准仪按结构分为微倾水准仪、自动安平水准仪、激光水准仪和数字水准仪(又称电子水准仪)。按精度分为精密水准仪和普通水准仪。

1. 微倾水准仪

微倾水准仪借助微倾螺旋获得水平视线。其管水准器分划值小、灵敏度高。望远镜与管水准器联结成一体。凭借微倾螺旋使管水准器在竖直面内微作俯仰,符合水准器居中,视线水平。

2. 自动安平水准仪

自动安平水准仪借助自动安平补偿器获得水平视线。当望远镜视线有微量倾斜时,补偿器在重力作用下对望远镜作相对移动,从而迅速获得视线水平时的水准尺读数。这种仪器较微倾水准仪工效高、精度稳定。

3. 激光水准仪

激光水准仪利用激光束代替人工读数。将激光器发出的激光束导入望远镜筒内使其沿视准轴方向射出水平激光束。在水准尺上配备能自动跟踪的光电接收靶,即可进行水准测量。

4. 数字水准仪

数字水准仪是上世纪 90 年代新发展的水准仪,集光机电、计算机和图像处理等高新技术为一体,是现代科技最新发展的结晶。

业务要点 2:DS_3 级微倾式水准仪

1. DS_3 级微倾式水准仪的构造

在建筑工程测量中,DS_3 级微倾式水准仪是最为广泛应用的。所谓“微倾式”是指仪器上设有微倾装置,转动微倾螺钉能使望远镜作微小的仰俯变动,用以实现视线水平。如图 2-6 所示是我国生产的 DS_3 型微倾式水准仪,主要由望远镜、水准器和基座三部分组成。

(1)望远镜　望远镜可以分为正像望远镜和倒像望远镜。倒像望远镜的构造如图 2-7 所示。

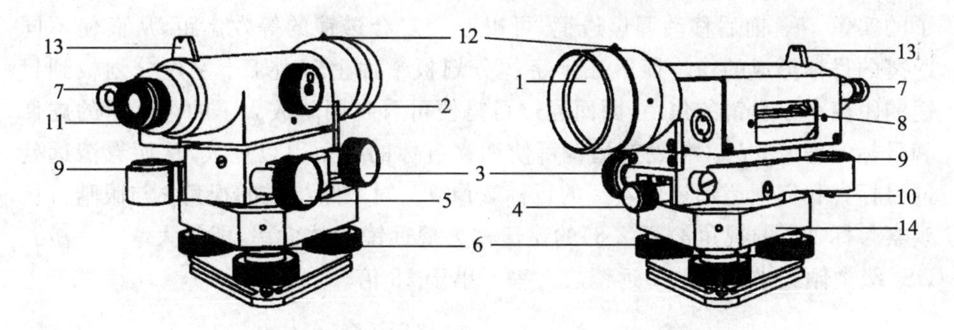

图 2-6　DS_3 型微倾式水准仪

1—物镜　2—对光螺旋　3—微动螺旋　4—制动螺旋　5—微倾螺旋
6—脚螺旋　7—符合水准器放大镜　8—水准管　9—圆水准器
10—圆水准器校正螺旋　11—目镜　12—准星　13—照门　14—基座

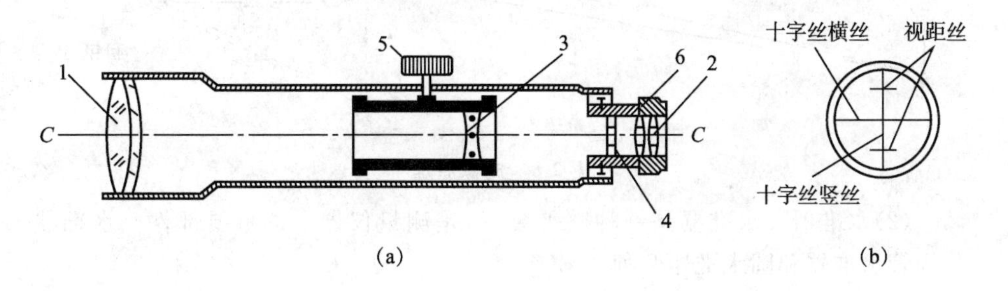

图 2-7　望远镜的结构

(a)望远镜构造图　(b)十字丝
1—物镜　2—目镜　3—物镜调焦透镜
4—十字丝分划板　5—物镜调焦螺旋　6—目镜调焦螺旋

望远镜的作用是照准和看清目标，并能截取水准尺上的读数。图 2-7(a)为望远镜的剖视图，它主要由物镜、目镜、调焦透镜(为凹透镜)和十字丝分划板等组成。十字丝分划板为一圆形平板玻璃，上面刻有相互垂直的细线。竖的一根称为竖丝，横的一根长线称为中丝。竖丝用以照准目标，中丝用以截取水准尺上的读数；在中丝的上、下等距处还有两根短横丝，称为视距丝，专用于距离测量，如图 2-7(b)所示。十字丝分划板装在十字丝环上，再用螺钉固定在望远镜筒内。

十字丝交点与物镜光心的连线 CC 称为视准轴，如图 2-7(a)所示，简称视线。当视准轴处于水平位置时，通过十字丝交点看出去的视线就是水准测量原理中提及的水平视线。

图 2-8 是望远镜的成像原理图，由几何光学理论知道，目标 AB 发出的光线通过由物镜和调焦透镜组成的复合透镜时，发生折射，形成一个倒立而缩小

了的实像 ab。前后移动调焦透镜,可以改变复合透镜的等效焦距,从而使不同距离的目标形成的像均能落在十字丝分划板平面上。由于十字丝分划板到目镜的距离小于目镜的焦距,因而通过目镜便可看到同时放大了的十字丝的虚像和目标的虚像 $a'b'$。借助望远镜可使观察目标的视角得以放大,从而看清远处的目标。我们把望远镜内看到的目标影像 $a'b'$ 对眼睛构成的视角 β 与眼睛直接观察目标 AB 的视角 α(图 2-8)的比值称为望远镜的放大率,即放大率 $V=\beta/\alpha$。DS_3 级微倾式水准仪的望远镜放大率不小于 28 倍。

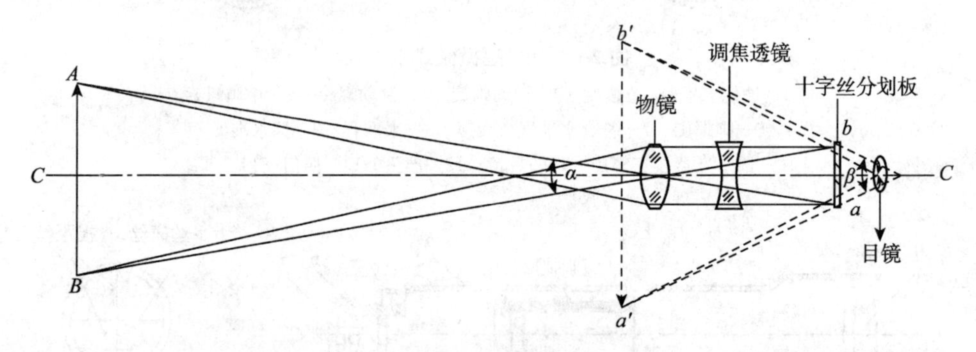

图 2-8　成像原理

(2)水准器　水准器是一种整平装置,是测量仪器上的重要部件。水准器分为管水准器和圆水准器两种。

1)管水准器。管水准器又称水准管,是内装液体并留有气泡的密封的玻璃管。首先把管的内壁纵向磨成圆弧形,然后在管内灌装酒精或乙醚的混合液体,最后加热融封形成气泡(图 2-9)。管的内壁圆弧上分划的对称中点为水准管的零点,对称于中心点的两侧刻有若干间隔为 2mm 的分划线。通过水准管零点所作水准管圆弧的纵切线称水准管轴。当气泡的中心点与零点重合时,称气泡居中,水准管轴此时处于水平状态。若气泡不居中,则水准管轴处于倾斜位置。

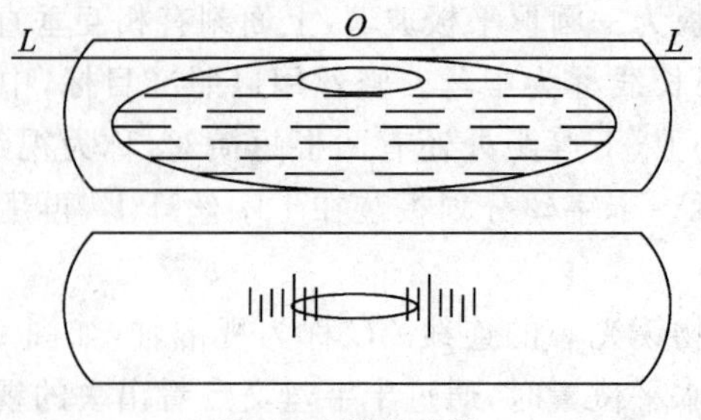

图 2-9　管水准器

水准管上相邻两个间隔线间的弧长所对应的圆心角称为水准管的分划值 τ,即:

$$\tau = \frac{2}{R}\rho'' \tag{2-6}$$

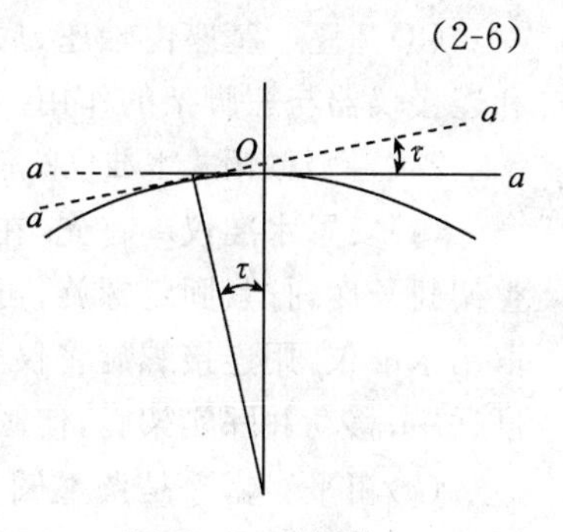

图 2-10　分划值

式中　τ——分划值($''$)；

ρ''——弧度的秒值，206265″；

R——水准管圆弧半径(mm)。

根据几何关系可以看出，分划值是气泡移动一格水准管轴所变动的角值(图 2-10)。

水准管的分划值与水准管的半径成反比例关系，分划值愈小，视线置平的精度就愈高，DS_3 型水准仪的分划值约为 20″/2mm。另外，水准管的置平精度还与水准管的研磨质量、液体性质及气泡的长度有关。受这些因素的综合影响，水准管轴将发生移动。移动水准管气泡 0.1 格时，相应的水准管轴所变动的角值称为水准管的灵敏度。气泡移动所导致的水准管轴变动的角值愈小，水准管的灵敏度就愈高。

为了提高气泡居中的精度和速度，在水准管的上面安装符合棱镜系统，通过棱镜的折光作用，将气泡两端各半个的影像反射到一起且反映在仪器的显微窗口中。若两端气泡的影像符合，表示气泡居中。因此这种水准器称为符合水准器，是微倾式水准仪上普遍采用的水准器。如图 2-11(a)所示表明气泡不居中，需要转动微倾螺旋使符合气泡居中。图 2-11(b)所示表明气泡已经居中，不需要转动微倾螺旋。

2)圆水准器。顶面内壁被磨成球面，刻有圆分划圈，通过圆圈中心作球面的法线。容器内盛装乙醚类液体，且形成圆气泡(图 2-12)。容器顶盖中央刻有小圈，小圈的中心是圆水准器的零点。通过零点的球面法线是圆水准器轴，当圆水准器气泡居中时，圆水准器轴处于铅垂位置。圆水准器的分划值，是顶盖球面上 2mm 弧长所对应的圆心角值，水准仪上圆水准器的圆心角值约为 8′。

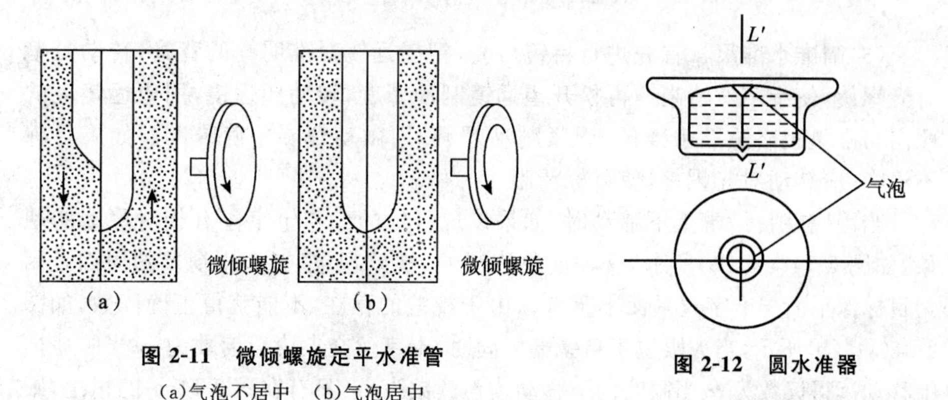

图 2-11　微倾螺旋定平水准管

(a)气泡不居中　(b)气泡居中

图 2-12　圆水准器

(3)基座　基座由轴座、底板、三角压板以及三个脚螺旋组成，起支撑仪器和连接仪器与三脚架的作用。转动三个脚螺旋可使水准器气泡居中。

2.DS_3 级微倾式水准仪的使用

(1)安置水准仪　首先，在测站上松开三脚架的固定螺旋，按需要的高度调整架腿长度，拧紧固定螺旋，再张开三脚架且使架头大致水平，然后从仪器箱中取出水准仪，用连接螺旋将仪器固定在三脚架头上。检查、调节脚螺旋，使其高度适中；移动并踩实架腿，使圆水准器气泡不紧靠圆水准器的内壁。

(2)粗平　粗平是调整圆水准器，使其气泡居中，以便达到仪器竖轴铅直，这时称仪器粗略水平。具体操作是要转动脚螺旋使气泡居中，如图 2-13 所示。图 2-13(a)气泡未居中，而位于 a 处。第 1 步，按图上箭头所指方向，两手相对转动脚螺①、②，使气泡移到通过水准器零点作①、②脚螺旋连线的垂线上，如图中垂直的虚线位置。第 2 步，用左手转动脚螺旋③，使气泡居中。掌握规律：左手大拇指移动方向与气泡移动方向一致。

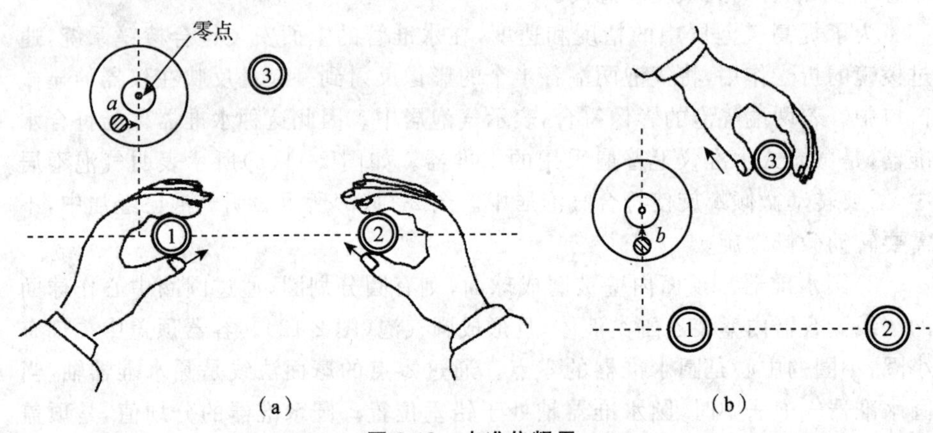

图 2-13　水准仪粗平

(a)粗平第 1 步　(b)粗平第 2 步

(3)瞄准水准尺　首先进行目镜对光，把望远镜对准明亮的背景，转动目镜对光螺旋，使十字丝清晰。再松开望远镜制动螺旋，转动望远镜，用望远镜上的照门与准星粗略瞄准水准尺，固紧制动螺旋，用微动螺旋精确瞄准。如果目标不清晰，应转动对光螺旋，使目标清晰。

当眼睛在目镜端上下移动时，如果发现目标的像与十字丝有相对移动的现象，如图 2-14(a)、(b)所示，这种现象称视差(视差现象)。产生视差的原因是因为目标像平面与十字丝平面不重合。由于视差的存在，不能获得正确读数，如图 2-14(a)、(b)所示，当人眼位于目镜端中间时，十字丝交点读得读数为 a；当眼略向上移动读得读数为 b；当眼略向下移动读得读数为 c。只有在图 2-14(c)的情况，眼睛上下移动读得读数均为 a。因此，瞄准目标时存在的视差必须加以消除。

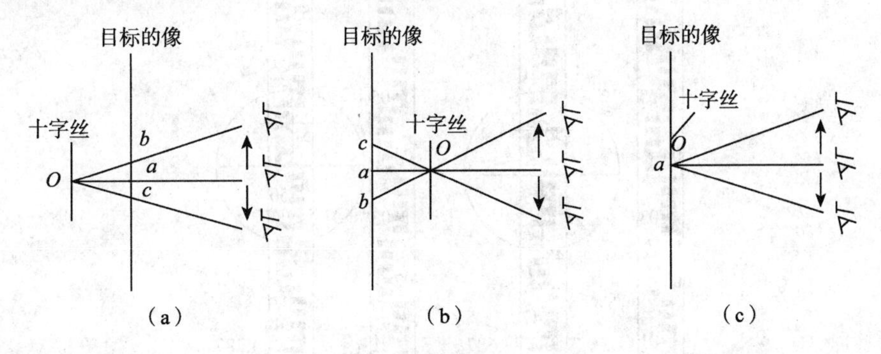

图 2-14　视差现象

(a)存在视差(目标像在后)　(b)存在视差(目标像在前)　(c)目标像与十字丝重合

消除视差的方法：首先把目镜对光螺旋调好，然后瞄准目标反复调节对光螺旋，同时眼睛上下移动观察，直至读数不发生变化时为止。此时目标像与十字丝在同一平面，这时读取的读数才是无视差的正确读数。如果换另一人观测，由于各人眼睛的明视距离不同，可能需要重新再调一下目镜对光螺旋，一般情况是目镜对光螺旋调好后就不必在消除视差时反复调节。

(4)精平　精平即精确整平，就是旋转微倾螺旋使水准管气泡居中。精平的操作方法是：眼睛观察气泡观察窗内的管水准气泡影像，右手转动微倾螺旋，使气泡两端的影像完全吻合。两侧气泡影像的移动方向与微倾螺旋的转动方向的关系，如图 2-15 所示。

(5)读数　水准管气泡居中后，用十字丝的横丝在水准尺上读数。记住读数总是从小到大读取。如图 2-16(a)所示，系正像望远镜中的尺像，从小到大应读 1.334m，数字上的红点数表示米数，毫米数估读得到。

如图 2-16(b)所示，系倒像望远镜中的尺像，从小到大应读 1.560m。

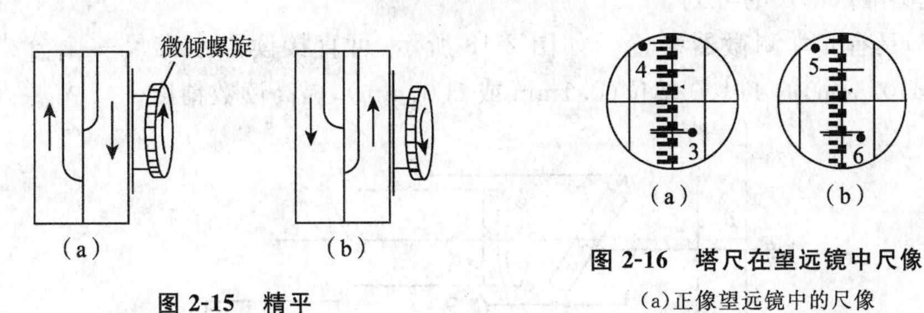

图 2-15　精平

图 2-16　塔尺在望远镜中尺像

(a)正像望远镜中的尺像

(b)倒像望远镜中的尺像

图 2-17 为双面水准尺，图 2-17(a)水准尺零点为 4.687m，图 2-17(b)水准尺零点为 4.787m。图 2-17(a)读数应为 4.983m，图 2-17(b)读数应为 5.101m。

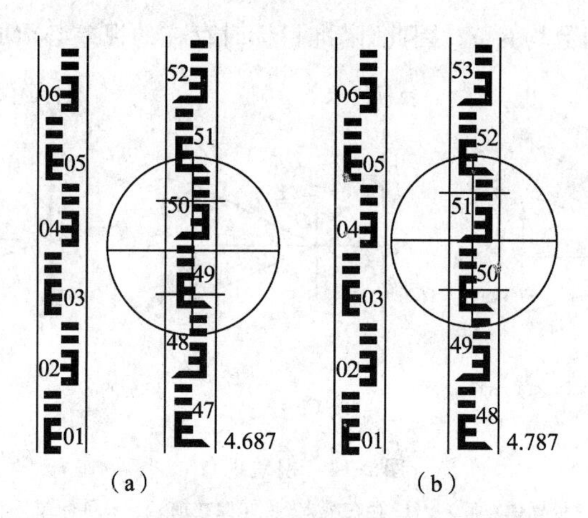

图 2-17　红黑双面水准尺

(a)1 号尺　(b)2 号尺

业务要点 3:精密水准仪

精密水准仪主要用于国家一、二等水准测量和高精度的工程测量，其种类也很多，如国产的 DS_1 型微倾式水准仪，进口的瑞士威特厂的 N3 微倾式水准仪等。

1.精密水准仪

精密水准仪与一般水准仪比较，其特点是能够精密地整平视线和精确地读取读数。为此，在结构上应满足：

(1)水准器具有较高的灵敏度　如 DS_1 水准仪的管水准器 τ 值为 $10''/2mm$。

(2)望远镜具有良好的光学性能　如 DS_1 水准仪望远镜的放大倍数为 38 倍，望远镜的有效孔径为 47mm，视场亮度较高。十字丝的中丝刻成楔形，能较精确地瞄准水准尺的分划。

(3)具有光学测微器装置　如图 2-18 所示，可直接读取水准尺一个分格(1cm 或 0.5cm)的 1/100 单位(0.1mm 或 0.05mm)，提高读数精度。

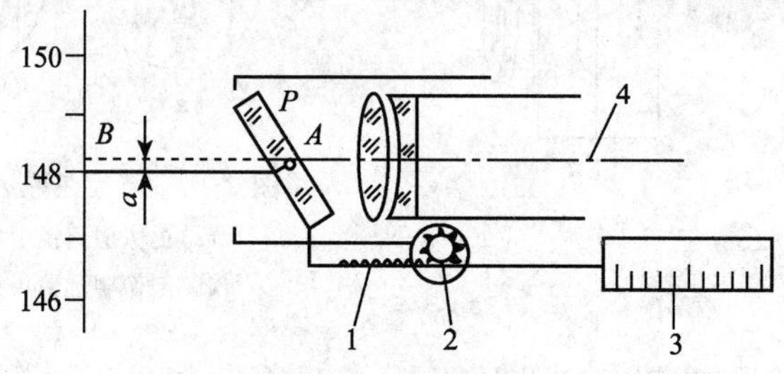

图 2-18　光学测微器装置

1—传动杆　2—测微轮　3—测微分划尺　4—视准轴

(4)视准轴与水准轴之间的联系相对稳定　精密水准仪均采用钢构件，并且密封起来，受温度变化影响小。精密光学水准仪的测微装置主要由平行玻璃板、测微尺、传动杆、测微螺旋和测微读数系统组成，如图 2-18 所示。平行玻璃板装在物镜前面，它通过有齿条的传动杆与测微尺及测微螺旋连接。测微尺上刻 100 个分划，在另设的固定棱镜上刻有指标线，可通过目镜旁的微测读数显微镜进行读数。当转动测微螺旋时，传动杆推动平行玻璃板前后倾斜，此时视线通过平行玻璃板产生平行移动，移动的数值可由测微尺读数反映出来。当视线上下移动为 5mm(或 1cm)时，测微尺恰好移动 100 格，即测微尺最小格值为 0.05mm(或 0.1mm)。

2.精密水准尺

精密水准仪必须配有精密水准尺。这种尺一般是在木质尺身的槽内，安有一根因瓦合金带，带上标有刻划，数字注在木尺上，如图 2-19 所示。精密水准尺的分划有 1cm 和 0.5cm 两种，它须与精密水准仪配套使用。精密水准尺上的分划注记形式一般有以下两种：

1)尺身上刻有左右两排分划，右边为基本分划，左边为辅助分划。基本分划的注记从零开始，辅助分划的注记从某一常数 K 开始，K 称为基辅差。

2)尺身上两排均为基本划分，其最小分划为 10mm，但彼此错开 5mm。尺身一侧注记米数，另一种侧注记分米数。尺身标有大、小三角形，小三角形表示 1/2 分米处，大三角形表示分米的起始线。这种水准尺上的注记数字比实际长度增大了一倍，即 5cm 注记为 1dm。因此使用这种水准尺进行测量时，要将观测高差除以 2 才是实际高差。

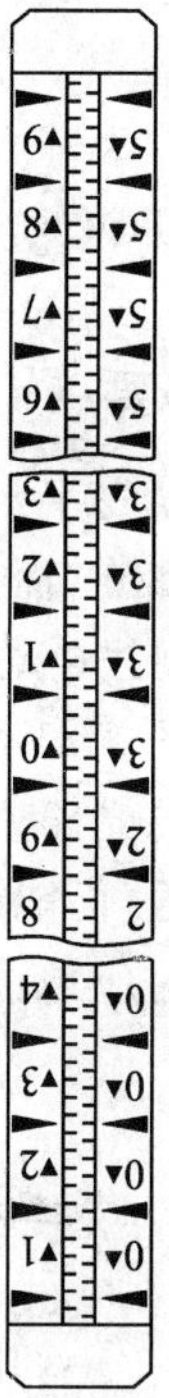

图 2-19　精密水准尺

3.精密水准仪的操作方法

精密水准仪的操作方法与一般水准仪基本相同，只是读数方法有些差异。在水准仪精平后，十字丝中丝往往不恰好对准水准尺上某一整分划线，这时就要转动测微轮使视线上、下平行移动，十字丝的楔形丝正好夹住一个整分划线，如图 2-20 所示，被夹住的分划线读数为 1.97m。此时视线上下平移的距离则由测微器读数窗中读出，其读数为 1.50mm。所以水准尺的全读数为 1.97m＋0.00150m＝1.97150m。实际读数为全部读数的一半，即 1.97150m/2＝0.98575m。

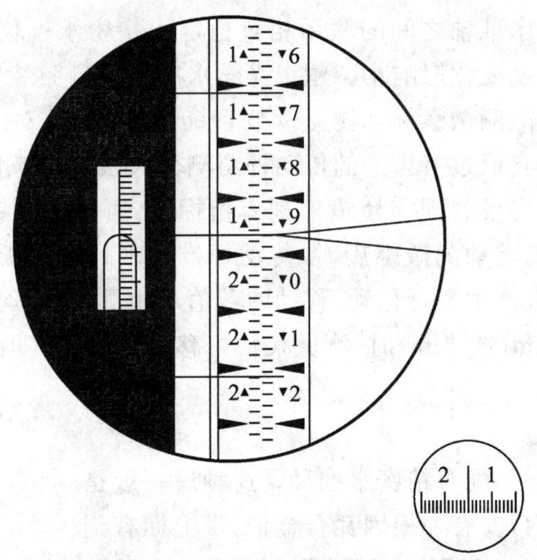

图 2-20　DS_1 型水准仪读数视场

业务要点 4:自动安平水准仪

自动安平水准仪与微倾式水准仪的不同在于:自动安平水准仪没有水准管和微倾螺旋,而是在望远镜的光学系统中装置了补偿器。

1.视线自动安平原理

如图 2-21 所示,当圆水准器气泡居中后,视准轴仍存在一个微小倾角 α,在望远镜的光路上放置一补偿器,使通过物镜光心的水平光线经过补偿器后偏转一个 β 角,仍能通过十字丝交点,这样十字丝交点上读出的水准尺读数,即为视线水平时应该读出的水准尺读数。

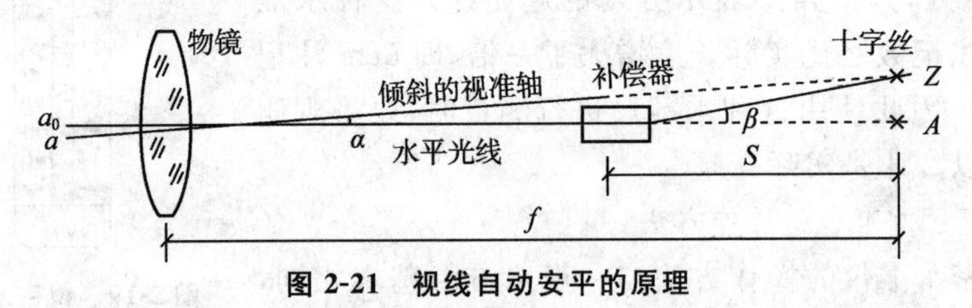

图 2-21　视线自动安平的原理

由于无需精平,能迅速自动安平仪器,这样可以缩短水准测量的观测时间,因此可减少施工场地地面的微小震动、松软土地的仪器下沉以及大风吹刮等原因引起的视线微小倾斜的影响,从而提高了水准测量的观测精度。

2.自动安平水准仪的使用

使用自动安平水准仪时,首先将圆水准器气泡居中,然后瞄准水准尺,等待 2～4s 后,即可进行读数。有的自动安平水准仪配有一个补偿器检查按钮,每次读数前按一下该按钮,确认补偿器能正常作用再读数。

业务要点 5:电子水准仪

电子水准仪的出现,为水准测量自动化、数字化开辟了新的途径。电子水准仪利用电子图像处理技术来获得测站高程和距离,并能自动记录,仪器内置测量软件包,功能包括测站高程连续计算、测点高程计算、路线水准平差、高程网平差及断面计算,多次测量平均值及测量精度等。

1.电子水准仪测量原理

电子水准仪是利用近代电子工程学原理由传感器识别条形码水准尺上的条形码分画,经信息转换处理获得观测值,并以数字形式显示在显示窗口上或存储在处理器内。仪器带自动安平补偿器,补偿范围为±12′。与仪器配套的水准尺为条纹编码尺——玻璃纤维塑料或钢尺。与电子水准仪相匹配的分画形式为条纹码。观测时,经自动调焦和自动整平后,水准尺条纹码分画影像映射到分光镜上,并将它分为两部分,一部分是可见光,通过十字丝和目镜,供照准用;另一部分是红外光射向探测器,并将望远镜接收到的光图像信息转换成电影像信号,并传输给信息处理器,与机内原有的关于水准尺的条纹码本源信息进行相关处理,于是就得出水准尺上水平视线处的读数。使用电子水准仪测量既方便又准确,实现了水准测量自动化。

2.电子水准仪使用方法

(1)安置仪器　电子水准仪的安置同光学水准仪。

(2)整平　旋动脚螺旋使圆水准盒气泡居中。

(3)输入测站参数　输入测站高程。

(4)观测　将望远镜对准条纹水准尺,按仪器上的测量键。

(5)读数　直接从显示窗中读取高差和高程,此外还可获取距离等其他数据。

3.电子水准仪的特点

(1)读数客观　不存在误差、误记问题,没有人为读数误差。

(2)精度高　视线高和视距读数都是采用大量条码分划图像经处理后取平均得出来的,因此消弱了标尺分划误差的影响,多数仪器都有进行多次读数取平均的功能,可以消弱外界的影响。

(3)速度快　由于省去了报数、听记、现场计算的时间以及人为出错的重测数量,测量时间与传统仪器相比可以节省1/3左右。

(4)效率高　只需调焦和按键就可以自动读数,减轻了劳动强度。视距还能自动记录、检核、处理并能输入电子计算机进行后处理,可实现内外业一体化。

业务要点 6:水准尺及附件

1.水准尺

水准尺,即水准测量时使用的标尺,通常用优质木材和铝材制成。水准尺分为杆式尺和塔尺两种,如图2-22所示。杆式尺的尺长为 3m,尺的两面均为“cm”分划,一面分划为黑白相间,称为黑面尺,尺底从零开始起算,每分米有数字注记。另一面红白相间,称为红面尺,形式与黑面尺大致相同,但尺底从 4.687m 或 4.787m 起算。在视线高度不变的条件下,读取红黑面的读数,其差值为常数,水准测量时以此检查读数正确性。尺的侧面通常装有扶手和圆水准器。杆式尺多用于三、四等水准测量。塔尺全长 5m,分为三节,可以伸缩。尺面分划为1m 或 0.5m,也分红黑两面,其注字与杆式尺相同。优点是便于携带,但由于接头处易影响尺长精度,故多用于等外水准测量。

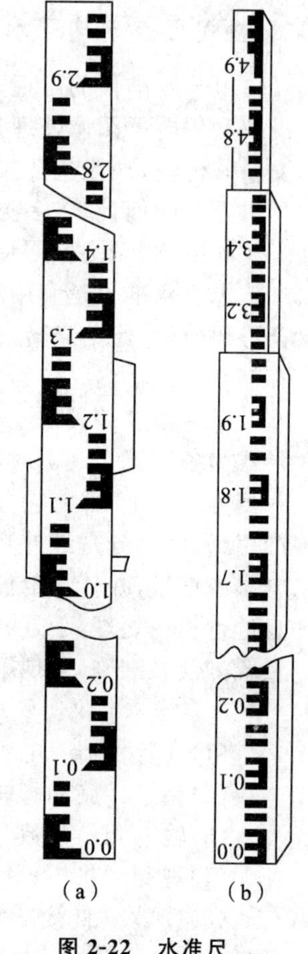

图 2-22 水准尺
(a)杆式尺 (b)塔尺

2.尺垫

尺垫一般为三角形,用生铁铸成,中央有一突出的半圆球,水准尺立于半圆球顶部;下端有三个尖脚可以插入土中。尺垫通常用于转点上,在使用时应踩稳固,如图 2-23 所示。

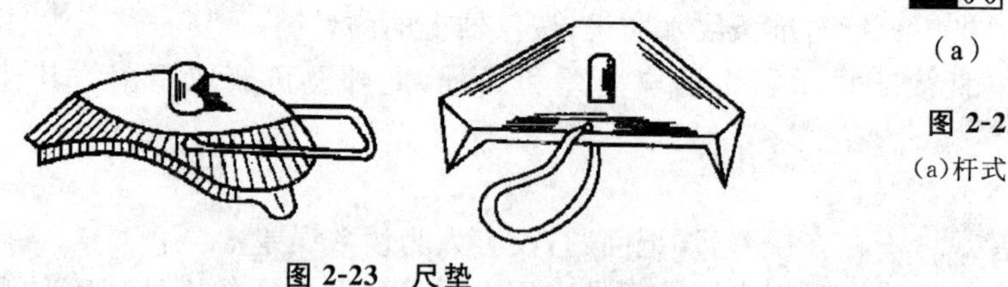

图 2-23 尺垫

第三节 水准测量的外业与内业计算

本节导图

水准测量工作总的说来包括水准测量的外业、水准测量的检核和水准测量的内业。本节主要介绍了水准测量的外业施测、检核以及内业计算方法,其内容关系如图 2-24 所示。

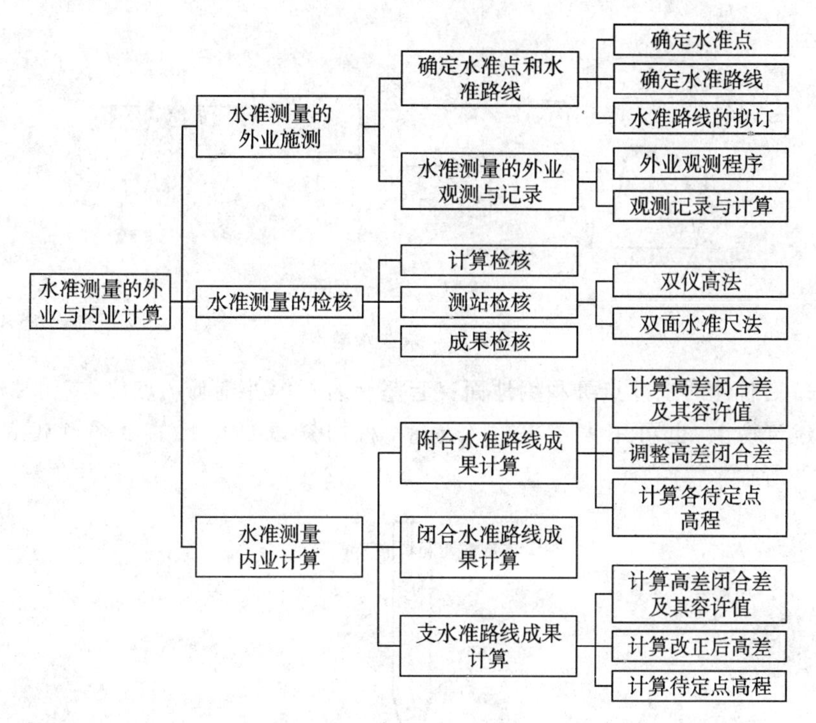

图 2-24　本节内容关系图

业务要点 1:水准测量的外业施测

1. 确定水准点和水准路线

(1)确定水准点　采用水准测量方法,测定的高程达到一定精度的高程控制点,称为水准点(通常简记为 BM)。已具有确切可靠高程值的水准点为已知水准点,没有高程值的待测水准点为未知水准点。水准测量通常是从某一已知水准点开始,按一定水准路线,引测其他点的高程。

水准点可分为永久性和临时性两类:

1)永久性水准点一般用混凝土或石料制成,顶部嵌入半球状金属标志,半球状标志顶点表示水准点的点位,如图 2-25(a)所示,埋深到地面冻结线以下。有的永久性水准点用金属标志,埋设于坚固建筑物的墙上,称为墙上水准点,如图 2-25(b)所示。建筑工地上的永久性水准点一般用混凝土制成,顶部嵌入半球状金属标志,如图 2-25(c)所示。

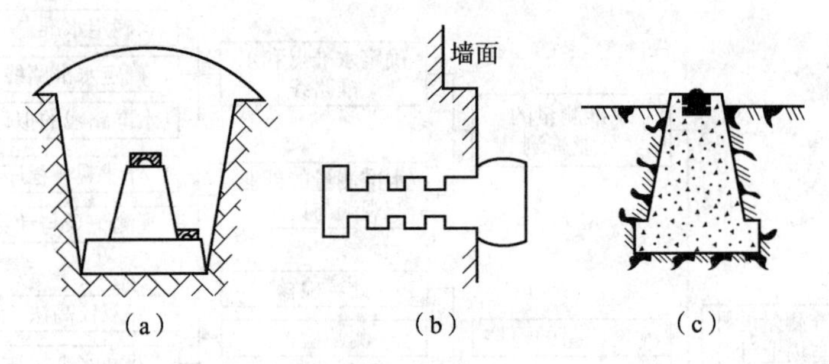

图 2-25 永久水准点

2)临时性的水准点可利用地面突起坚硬岩石等处刻画出点位，或用油漆标记在建筑物上，也可用大木桩打入地下，桩面钉以半球状的金属圆帽钉，如图 2-26所示。

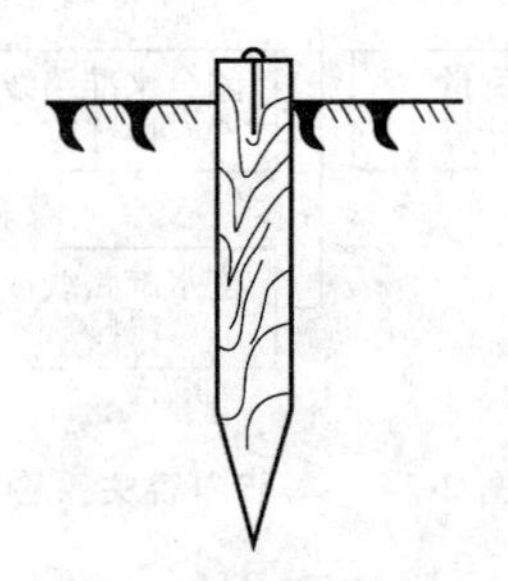

图 2-26 临时水准点

水准点应布设在稳固、便于保存和引测的地方。埋设水准点后，为便于日后寻找与使用，应绘出水准点与周围固定地物的关系略图，称为点之记。点之记略图式样如图 2-27 所示。

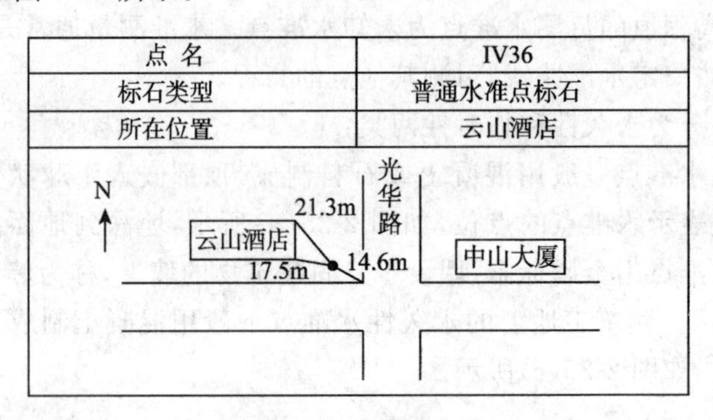

点 名	IV36
标石类型	普通水准点标石
所在位置	云山酒店

图 2-27 水准点点之记

(2)确定水准路线　在水准点之间进行水准测量所经过的路线，称为水准路线。相邻两水准点间的水准测量路线，称为一个测段。通常一条水准路线中包含有多个测段，一个测段中包含有多个测站。一个测段中各站高差之和为该测段的起点至终点之高差，各测段高差之和为水准路线的起点至终点之高差。水准仪至水准尺之间的视线长度可通过视距丝读数求得，上丝读数与下丝读数之差再乘以 100 即为视线长度。一个测站的前、后视线长度之和为该站的水准路线长，一个测段中各站水准路线长之和为该测段水准路线的长度，一条水准路线中各测段水准路线长之和为该条水准路线。

按照已知水准点的分布情况和实际需要，在普通工程测量中，水准路线一般布设为附合水准路线、闭合水准路线和支水准路线，其形式如图 2-28 所示。

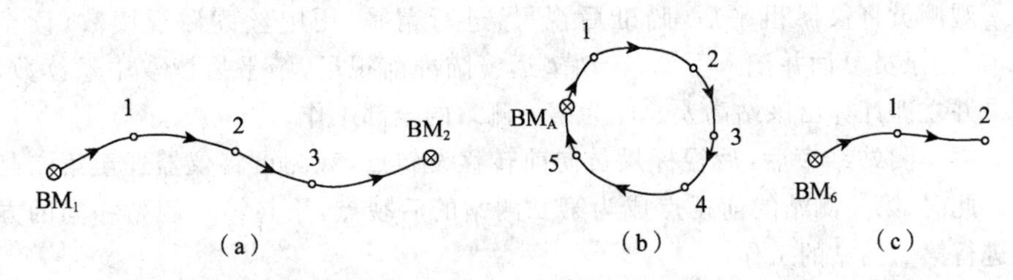

图 2-28　水准路线

从一个已知水准点出发，经过各待测水准点进行水准测量，最后附合到另一已知水准点，所构成的水准路线，称为附合水准路线，如图 2-28(a)所示。理论上，附合水准路线的各点间高差的代数和，应等于两个已知水准点间的高差，即 $\sum h_{理}=H_{终}-H_{始}$。

从一个已知水准点出发，经过各待测水准点进行水准测量，最后闭合到原出发点的环形路线，称为闭合水准路线，如图 2-28(b)所示。理论上，闭合水准路线的各点间高差的代数和应等于零，即 $\sum h_{理}=0$。

从一个已知水准点出发，经过各待测水准点进行水准测量，既不闭合又不附合到已知水准点的路线，称为支水准路线，如图 2-28(c)所示。支水准路线要进行往、返观测，以便检核。理论上，往测高差总和与返测高差总和应大小相等、符号相反，即 $\sum h_{往}=-\sum h_{返}$。

(3)水准路线的拟订　首先对测区情况进行调查研究，搜集和分析测区已有的水准测量资料，施测人员亲自到现场踏勘，了解测区现状，核对已有水准点是否保存完好。在此基础上，根据具体任务要求，拟订出比较合理的路线布设方案。如果测区的面积较大，则应先在地形图上进行图上设计。拟订水准路线时，应以高一等级的水准点为起始点，依据规范要求，较为均匀地布设各水准点的位置。最后，还应绘制出水准路线布设示意图，图上标出水准点的位置、水准路线，注明水准点的编号和水准路线的等级。此外，还应编制施测计划，其中包括人员编制、仪器设备、经费预算及作业进度表等。

拟订好水准路线后，现场选定水准点位置并埋设水准标石，之后进行水准测量外业观测。

2.水准测量的外业观测与记录

(1)外业观测程序　将水准尺立于已知水准点上作为后视，在施测路线前进方向上的适合位置，放尺垫作为转点，在尺垫上竖立水准尺作为前视，将水准仪安置在与后视、前视尺距离大致相等的地方，前、后视线长度最长不应超过 100m。

观测员将仪器粗平后，瞄准后视尺，进行精平，用中丝读后视读数(读至mm)，记录员复诵并记入手簿；转动望远镜瞄准前视尺，精平后读取中丝读数，记录并立即计算出该站高差。此为第一测站的全部工作。

第一测站结束后，后视标尺员向前转移设转点，观测员将仪器迁至第二测站。此时，第一测站的前视点成为第二测站的后视点，用与第一测站相同的方法进行第二测站的工作。

依次沿水准路线方向施测，至全部路线观测完为止。

(2)观测记录与计算　由 BM_A 至 BM_B 测段的水准测量外业观测如图 2-29 所示，BM_A 为已知水准点，其高程为 132.715m，BM_B 为待测水准点，观测的记录和计算见表 2-1。

对于记录表中每一页所计算的高差和高程要利用式(2-5)进行计算检核。

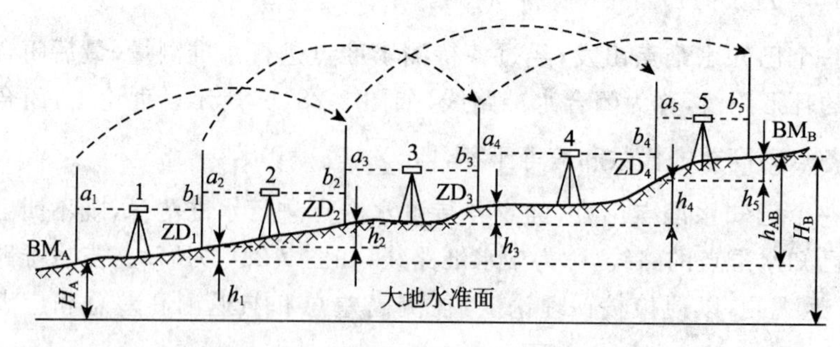

图 2-29　水准测量一个测段的观测

表 2-1　普通水准测量记录手表

测站	点号	后视读数/m	前视读数/m	高差/m	高程/m	备注
1	BM_A	1.946			132.715	BM_A为已知水准点
				0.964		
	ZD_1	2.034	0.982			
2				0.821		
	ZD_2	2.201	1.213			
3				0.325		
	ZD_3	1.998	1.876			
4				−0.326		
	ZD_4	1.327	2.324			
5				−1.279		
	BM_B		2.651		133.220	
计算校核	Σ	9.551	9.046	0.505	0.505	
		0.505				

业务要点 2:水准测量的检核

水准测量外业观测的连续性很强,若在一个测站的观测中存在错误,则整个水准路线的测量成果都会受到影响。为保证观测的精度和计算的准确性,在水准测量过程中必须进行检核。

1.计算检核

计算检核的目的是及时检核记录手簿中的高差和高程计算是否有错误。式(2-5)可用于观测记录中的计算检核,后视读数总和与前视读数总和之差值、高差总和、终点高程与起点高程之差值,这三个数值相等,说明计算正确,否则,计算有错误。

2.测站检核

计算检核只能发现和纠正记录手簿中计算工作的错误,不能发现因观测、读数、记录错误而导致的高差错误。为保证每个测站观测高差的正确性,应进行测站检核。测站检核的方法有双仪高法和双面水准尺法。

(1)双仪高法　双仪高法也称变动仪器高法,在同一测站上用不同仪器高度测两次高差,相互进行比较。测得第 1 次高差后,改变仪器高度 10cm 以上,重新安置水准仪,再测一次高差。两次测得高差之差不得超过容许值(等外水准为 8mm),符合要求后,取其平均值作为最后结果,否则需重测。

(2)双面水准尺法　双面水准尺法需要有红黑双面的水准尺,水准仪安置的高度不变,先读后视尺与前视尺的黑面读数,求得两点高差,然后再读前后视红面尺读数,由红黑双面读数求得高差进行比较。但应注意,配对尺使用的双面尺,红面起点,一根是 4.687m,一根是 4.787m。因此,计算高差时,如果 4.687 为后视尺,4.787 为前视尺,因此后尺起点数小 0.1m,则红面读数求得高差应加0.1m。如果4.787为后视尺，4.687为前视尺，后尺读数大0.1m，则红面读数求得高差应减去0.1m，即：

$$黑面求得高差 = 红面求得高差 \pm 0.1m \quad (2\text{-}7)$$

（后视尺为4.687，取"+"号，后视尺为4.787，取"-"号）

红黑双面求得高差不得超过容许值，四等水准不得超过5mm，等外水准可放宽至8mm。

3.成果检核

测站检核只能检核一个测站上是否存在错误或误差超限，不能发现仪器误差、估读误差、转点位置变动、外界条件影响等导致的错误或误差超限。这些误差的影响虽然在一个测站上反映不明显，但随着测站数的增多，就会使误差积累，影响整个路线成果的精度。因此为了正确评定一条水准路线的测量成果精度，应该进行整个水准路线的成果检核。检核的方法是：将路线的观测高差值与路线的理论高差值相比较，用其差值的大小来评定路线成果的精度是否合格。

观测高差值与理论高差值之差，称为高差闭合差，通常用f_h表示，若高差闭合差值在容许限差之内，表示路线观测结果精度合格，否则应返工重测。进行成果检核时，高差闭合差的计算因水准路线形式的不同而略有不同。

1)附合水准路线：

$$f_h = \sum h_{测} - \sum h_{理} = \sum h_{测} - (H_{终} - H_{始}) \quad (2\text{-}8)$$

2)闭合水准路线：

$$f_h = \sum h_{测} - \sum h_{理} = \sum h_{测} - 0 = \sum h_{测} \quad (2\text{-}9)$$

支水准路线本身没有检核条件，通过往、返测高差来进行路线成果检核，因此

$$f_h = \sum h_{往} - \sum h_{返} \quad (2\text{-}10)$$

工程测量规范中，对不同等级水准测量的高差闭合差都规定了一个限差，用于检核水准路线观测成果的精度，具体要求见表2-2。

表2-2 水准测量的高差闭合差限差

等级	每千米高差全中误差/mm	路线长度/km	水准仪型号	水准尺	观测次数	往返较差、附合或环线闭合差	
						平底/mm	山地/mm
二等	2	—	DS_1	铟瓦	往返各一次	$4\sqrt{L}$	—
三等	6	≤50	DS_1	铟瓦	往一次	$12\sqrt{L}$	$4\sqrt{n}$
			DS_3	双面	往返各一次		
四等	10	≤16	DS_3	双面	往一次	$20\sqrt{L}$	$6\sqrt{n}$

续表

等级	每千米高差全中误差/mm	路线长度/km	水准仪型号	水准尺	观测次数	往返较差、附合或环线闭合差	
						平底/mm	山地/mm
五等	15	—	DS_3	单面	往一次	$30\sqrt{L}$	—
图根	20	≤5	DS_3	单面	往一次	$40\sqrt{L}$	$12\sqrt{n}$

注：L 为水准路线长度，以 km 为单位；n 为测站数，当每 1km 测站数多于 15 站时，用山地的公式计算高差闭合差。

业务要点 3：水准测量内业计算

水准测量外业实测工作结束后，先检查记录手簿，再计算各测段的高差，经检核无误后，绘制观测成果略图，进行水准测量的内业工作。受仪器、观测及外界环境等因素的影响，水准测量的观测总会存在有误差。路线总的误差反映在高差闭合差的值上。水准测量成果计算的目的就是，按照一定的原则，把高差闭合差分配到各测段实测高差中去(在数学意义上消除各段测量误差)，得到各段改正后的高差，从而推得未知点的高程。

1. 附合水准路线成果计算

按图根水准测量要求施测某附合水准路线，从水准点 BM_A 开始，经过 1、2、3 待测点之后，附合到另一水准点 BM_B 上，各测段高差、测站数、路线长及 BM_A 和 BM_B 的高程如图 2-30 所示，图中箭头表示水准测量进行方向。现以该附合水准路线为例，介绍成果计算步骤。

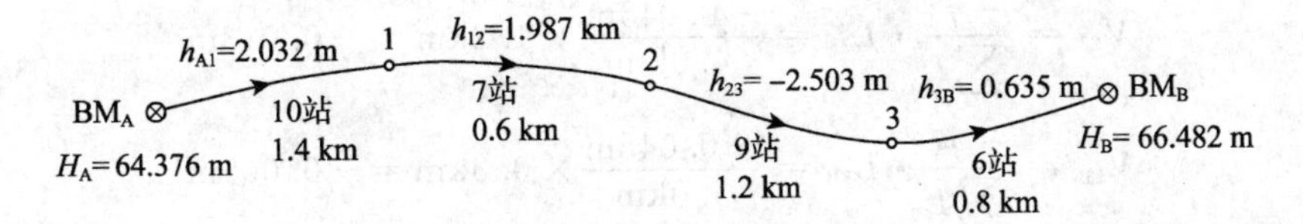

图 2-30　附合水准路线略图

(1)计算高差闭合差及其容许值　根据式(2-8)可得：

$$f_{\mathrm{h}}=\sum h_{测}-(H_{终}-H_{始})=(h_{A1}+h_{12}+h_{23}+h_{3B})-(H_B-H_A)$$

$$=2.151\mathrm{m}-(66.482-64.376)\mathrm{m}=+0.045\mathrm{m}$$

因每千米测站数小于 15 站，所以用平地的公式计算高差闭合差的容许值。该水准路线总长为 4km，故：

$$f_{\mathrm{h容}}=\pm 40\sqrt{4.0}\mathrm{mm}=\pm 80\mathrm{mm}$$

$|f_{\mathrm{h}}|<|f_{\mathrm{h容}}|$，精度符合要求，可以进行闭合差调整。

(2)调整高差闭合差　根据误差理论，高差闭合差调整的原则和方法是：将

闭合差 f_h 以相反的符号，按与测段长度（或测站数）成正比例的原则进行分配，改正到各相应测段的高差上。公式表达为：

按测段长度：
$$V_i = \frac{-f_h}{\sum L} \cdot L_i \tag{2-11a}$$

按测站数：
$$V_i = \frac{-f_h}{\sum n} \cdot n_i \tag{2-11b}$$

式中 V_i——第 i 测段的高差改正数；

$\sum L$——路线总长度；

L_i——第 i 测段的长度；

$\sum n$——路线总站数；

n_i——第 i 测段的测站数。

各测段实测高差加上相应的改正数，得改正后高差，即：

$$h_{i改} = h_{i测} + V_i \tag{2-12}$$

式中 $h_{i改}$——第 i 测段改正后高差；

$h_{i测}$——第 i 测段实测高差。

按上述调整原则，各测段的改正数分别为：

$$V_{A1} = \frac{-f_h}{\sum L} \cdot L_{A1} = \frac{-0.045\text{m}}{4.0\text{km}} \times 1.4\text{km} = -0.016\text{m}$$

$$V_{12} = \frac{-f_h}{\sum L} \cdot L_{12} = \frac{-0.045\text{m}}{4.0\text{km}} \times 0.6\text{km} = -0.007\text{m}$$

$$V_{23} = \frac{-f_h}{\sum L} \cdot L_{23} = \frac{-0.045\text{m}}{4.0\text{km}} \times 1.2\text{km} = -0.013\text{m}$$

$$V_{3B} = \frac{-f_h}{\sum L} \cdot L_{3B} = \frac{-0.045\text{m}}{4.0\text{km}} \times 0.8\text{km} = -0.009\text{m}$$

水准路线各测段的改正数之和应与高差闭合差大小相等、符号相反，计算出改正数后还应进行检核：$\sum V_i = -f_h$。本例中 $\sum V_i = -0.045\text{m} = -f_h$。

各测段改正后高差为：

$$h_{A1改} = 2.032\text{m} + (-0.016\text{m}) = 2.016\text{m}$$

$$h_{12改} = 1.987\text{m} + (-0.007\text{m}) = 1.980\text{m}$$

$$h_{23改} = -2.503\text{m} + (-0.013\text{m}) = -2.516\text{m}$$

$$h_{3B改} = 0.635\text{m} + (-0.009\text{m}) = 0.626\text{m}$$

改正后各测段高差的代数和应等于路线高差的理论值，即 $\sum h_{改} = \sum h_{理}$，以此作为检核。本例中 $\sum h_{改} = 2.106\text{m} = H_B - H_A = \sum h_{理}$。

(3)计算各待定点高程　根据起始水准点 BM_A 的高程和各段改正后高差，

按顺序逐点推算各待定点高程。

$$H_1 = H_A + H_{A1改} = 64.376\text{m} + 2.016\text{m} = 66.392\text{m}$$

$$H_2 = H_1 + H_{12改} = 66.392\ \text{m} + 1.980\text{m} = 68.372\text{m}$$

$$H_3 = H_2 + H_{23改} = 68.372\text{m} + (-2.516\text{m}) = 65.856\text{m}$$

最后还应推算至终点 BM_B 的高程，进行检核。

$$H_B = H_3 + h_{3B改} = 65.856\text{m} + 0.626\text{m} = 66.482\text{m}$$

推算值与已知值相等，说明计算无误。

上述计算过程最好采用表格形式完成，见表 2-3。

表 2-3　水准测量成果计算表

测段编号	点号	距离/m	实测高度/m	改正数/m	改正后高差/m	高程/m	备注
1	BM_A	1.4	2.023	−0.016	2.016	65.376	
2	1	0.6	1.987	−0.007	1.980	66.392	
3	23	1.2	−2.503	−0.013	−2.516	66.372	
4	3	0.8	0.635	−0.009	0.626	68.856	
	BM_B					66.482	
∑		4.0	2.151	−0.045	2.106		
辅助计算	$f_h=\sum h_{测}-(H_B-H_A)=2.151-(66.482-64.376)=+0.045\text{m}$ $f_{h容}=\pm 40\sqrt{L}=\pm 40\sqrt{4.0}=\pm 80\text{mm}$　$\lvert f_h\rvert < \lvert f_{h容}\rvert$，精度合格						

首先按顺序将各点号、测段长度（或测站数）、实测高差及水准点的已知高程填入表 2-3 相应栏内，然后从左到右逐列计算，有关高差闭合差的计算部分填在辅助计算栏。

2. 闭合水准路线成果计算

闭合水准路线成果计算的步骤，与附合水准路线成果计算步骤完全相同。图 2-31 为按图根水准测量要求施测的一闭合水准路线示意略图，其计算结果见表 2-4。

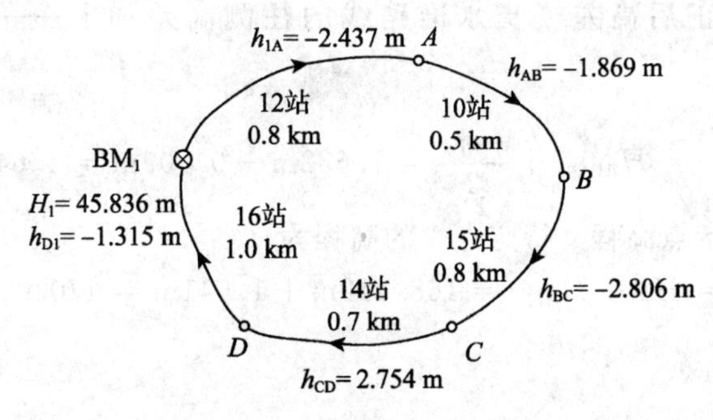

图 2-31　闭合水准路线略图

表 2-4　水准测量成果计算表

测段编号	点号	测站数	实测高度/m	改正数/m	改正后高差/m	高程/m	备注
	BM_1					45.836	
1		12	−2.437	0.011	−2.426		
	A					43.550	
2		10	−1.869	0.009	−1.860		
	B					41.370	
3		15	2.806	0.014	2.820		
	C					44.370	
4		14	2.754	0.013	2.767		
	D					47.137	
5		16	−1.315	0.014	−1.301		
	BM_1					45.736	
∑		67	−0.061	0.061	0		
辅助计算	$f_h=\sum h_{测}-\sum h_{库}-\sum h_{测}-0=\sum h_{测}=-0.061m$ $f_{h容}=\pm12\sqrt{n}=\pm12\sqrt{67}=\pm98mm$　$\lvert f_h\rvert<\lvert f_{h容}\rvert$						

注：因每 1km 测站数超过 15 站，所以用山地的公式计算高差闭合差的容许值，并按式(2-11*b*)计算改正数。

3．支水准路线成果计算

图 2-32 为按图根水准测量要求施测的一条支水准路线示意略图，已知水准点 *A* 的高程为 168.412m，往、返测站各为 16 站，其成果计算步骤为：

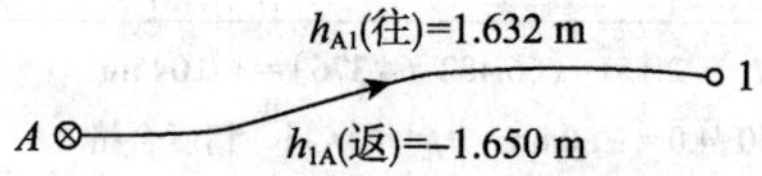

h_{A1}(往)=1.632 m

A　1

h_{1A}(返)=−1.650 m

图 2-32　支水准路线略图

(1)计算高差闭合差及其容许值　根据式(2-10)可得：

$$f_h=\sum h_{往}+\sum h_{返}=1.632m+(-1.650m)=-0.018m$$

高差闭合差的容许值：

$$f_{h容}=\pm12\sqrt{16}mm=\pm48mm$$

$|f_h|<|f_{h容}|$，精度合格。

(2)计算改正后高差　支水准路线的往测高差加上$\frac{-f_h}{2}$，为改正后高差，即：

$$H_{A1改}=H_{A1(往)}+\frac{-f_h}{2}=1.632m+0.009m=1.641m$$

(3)计算待定点高程　待定点 1 的高程为：

$$H_1=H_A+H_{A1改}=168.412m+1.641m=170.053m$$

第四节　水准仪的检验、校正与检修

本节导图

由于在长期使用中，水准仪受到震动与碰撞，使得出厂时检验与校正好的轴线之间的几何关系发生变化。因此，在进行水准测量之前，应对水准仪进行检验与校正。本节主要介绍了水准仪主要轴线应满足的条件、圆水准器的检验与校正、十字丝中丝的检验与校正、视准轴的检验与校正以及水准仪常见故障的检修，其内容关系如图 2-33 所示。

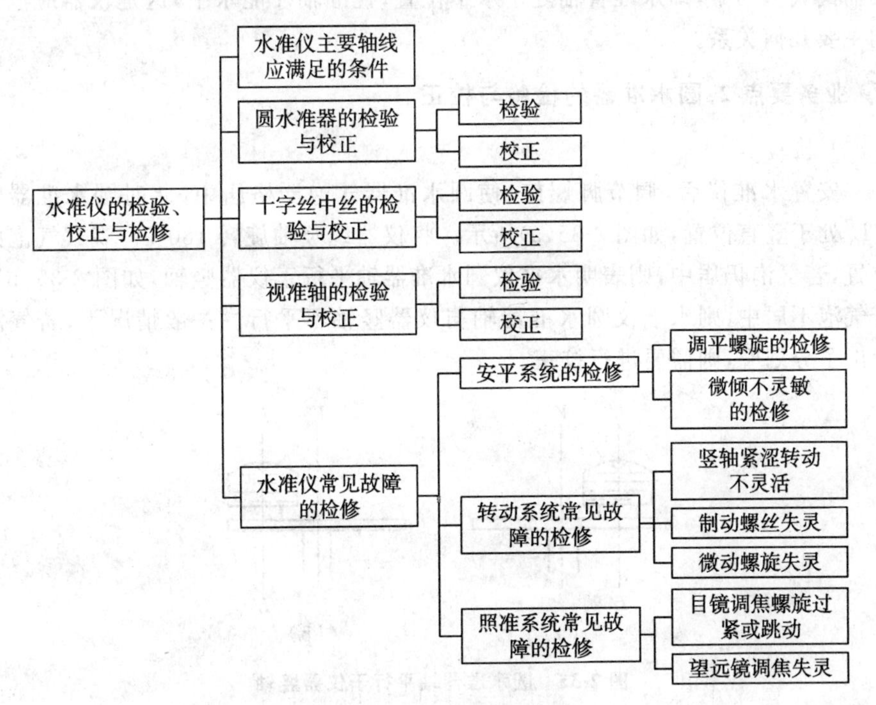

图 2-33　本节内容关系图

业务要点 1：水准仪主要轴线应满足的条件

如图 2-34 所示，DS_3 型微倾式水准仪的主要轴线有：视准轴 CC、水准管轴 LL、竖轴 VV、圆水准器轴 $L'L'$。

根据水准测量原理，水准仪必须提供一条水平视线，才能正确测得两点间的高差。为此，水准仪的主要轴线应满足一定的几何关系。

1）圆水准器轴 $L'L'$ 平行于竖轴 VV。

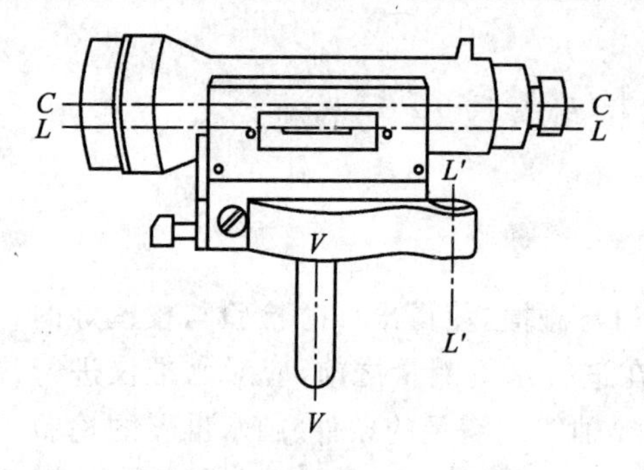

图 2-34 水准仪的主要轴线

2)十字丝中丝(横丝)垂直于竖轴。

3)视准轴 CC 平行于水准管轴 LL。

当水准仪已粗平,即圆水准器轴处于铅垂位置,若仪器满足关系 1)时,则竖轴也铅垂。若仪器上部绕竖轴旋转,水准管轴在任何方向上都容易调成水平位置;若此时中丝也处于水平位置,即满足关系 2),则中丝在尺上读数才能较精确。水准仪只有满足关系 3)时,当管水准器的气泡居中,即水准管轴处于水平位置,视准轴才能水平,这是仪器应满足的主要几何关系。

业务要点 2:圆水准器的检验与校正

1.检验

安置水准仪后,调节脚螺旋,使圆水准器气泡严格居中,此时圆水准器轴 $L'L'$ 处于竖直位置,如图 2-35(a)所示。将仪器绕竖轴旋转 180°后,观察气泡的位置,若气泡仍居中,则表明水准仪圆水准器轴平行于仪器竖轴,如图 2-35(b);若气泡不居中,则水准仪圆水准器轴与仪器竖轴不平行。一般情况下,若气泡偏出了分划圈,则需要进行校正。

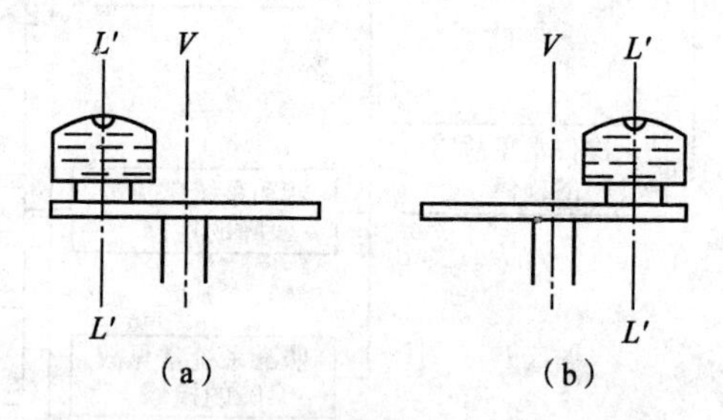

图 2-35 圆水准器轴平行于仪器竖轴

2.校正

水准仪圆水准器轴与仪器竖轴若不平行,则存在一个夹角 δ,如图 2-36(a)所示,将仪器绕竖轴旋转 180°后,圆水准器轴不竖直,偏离竖直位置的角值为 2δ,如图 2-36(b)所示。校正时,先松开圆水准器下方固定螺丝,再用校正针调整三个校正螺丝,如图 2-37 所示,使气泡退回偏移量的一半,此时,圆水准器轴已平行于竖轴,如图 2-36(c)所示。再调节脚螺旋使圆水准器气泡居中,则圆水准器轴与竖轴同时铅垂,如图 2-36(d)所示。校正后,注意拧紧固定螺丝。

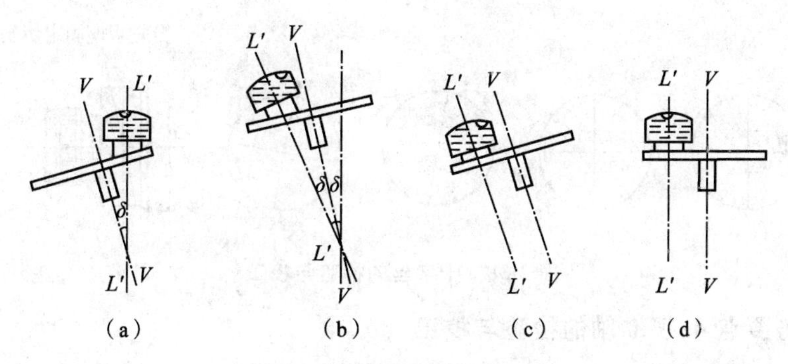

图 2-36　圆水准器轴的校正

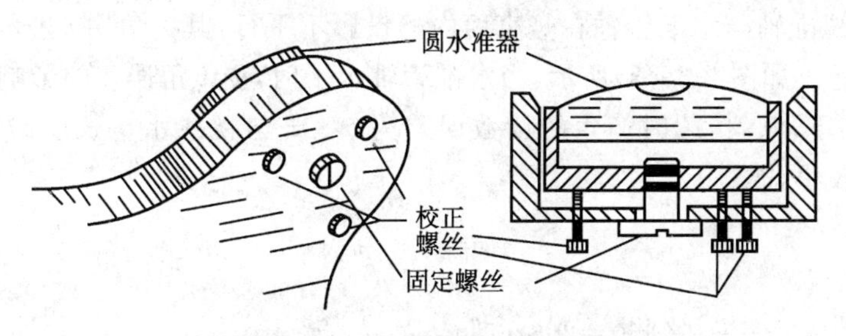

图 2-37　圆水准器的校正螺丝

业务要点 3:十字丝中丝的检验与校正

1. 检验

安置好水准仪,将十字丝中丝(横丝)的一端瞄准一目标点 M,如图 2-38(a)、(c)所示。然后固定制动螺旋,转动微动螺旋使望远镜在水平方向缓慢移动,同时在望远镜内观察点目标对中丝的相对运动。目标点由中丝一端移动到另一端,如果未偏离中丝,如图 2-38(b)所示,表明仪器满足此几何关系。如果目标逐渐偏离中丝,如图 2-38(d)所示,则水准仪此关系不满足,需要校正。

2. 校正

欲使中丝垂直于竖轴,只需要转动十字丝板的位置,转动量是目标点偏离中丝的距离的二分之一。校正方法因十字丝板装置而异。如图 2-38(e)所示的形式,先稍旋松分划板座固定螺丝,再旋转目镜座,使中丝垂直于竖轴,最后旋紧固定螺丝。有的水准仪,需要旋下目镜保护罩,用螺丝刀松开十字丝分划板座的固定螺丝,拨正十字丝分划板座。

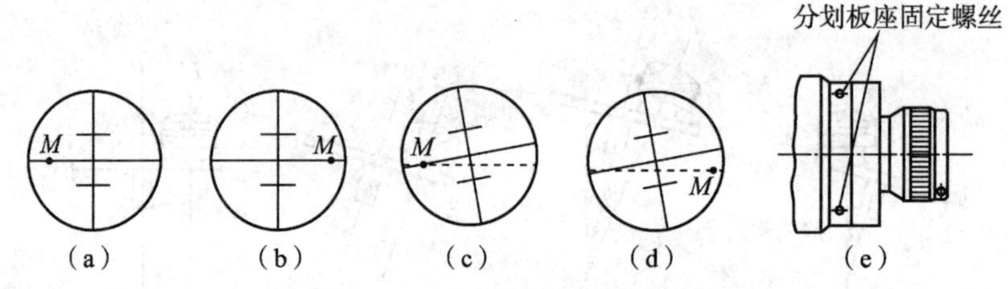

图 2-38　十字丝的检验与校正

业务要点 4:视准轴的检验与校正

1.检验

如果视准轴与水准管轴在竖直面内的投影不平行,其夹角用 i 表示,通常称为 i 角误差。如图 2-39(a)所示,当水准管轴水平时,受 i 角误差的影响,视准轴向上(或向下)倾斜,此时产生的读数误差为 x。x 与视线水平长度 D 成正比。由于 i 角较小,故:

$$x = D \times \frac{i''}{\rho''} \tag{2-13}$$

式中 ρ''——$\frac{180^\circ}{\pi} \times 360 = 206265''$

1)在较平坦的场地上选择相距约为 80m 的 A、B 两点,在 A、B 两点放尺垫或打木桩,用皮尺量出 AB 的中点 C,如图 2-39(b)所示。

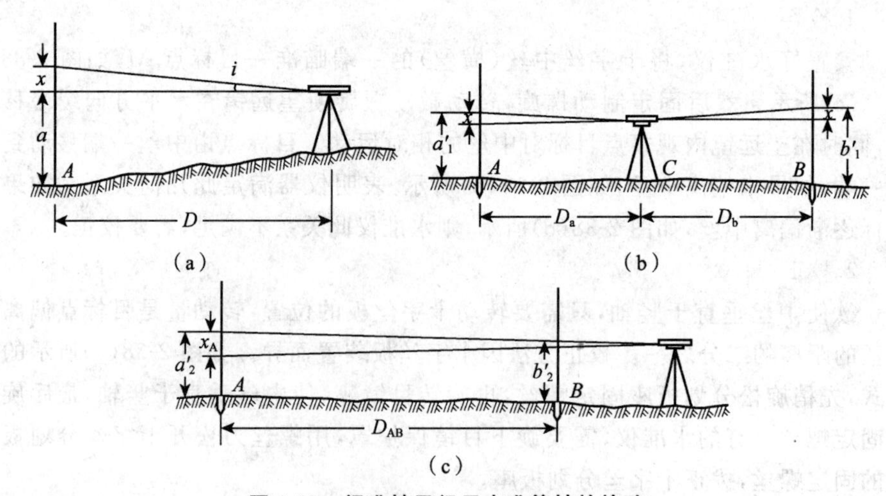

图 2-39　视准轴平行于水准管轴的检验

2)将水准仪安置在 C 点,测量出 A、B 两点的高差 h_{AB}。由于前、后视距相等,因此 i 角对前、后视读数产生的误差 x 相等。因此测量出的高差 h_{AB} 不受 i 角误差影响,即 $h'_{AB} = a'_1 - b'_1 = (a'_1 - x) - (b'_1 - x)$。为了提高高差 h_{AB} 的准确性,采用变动仪器高法或双面法,测量两次 A、B 两点的高差。当两次高差之差不大于 3mm 时,取平均值作为 A、B 两点的正确高差 h_{AB}。

3)将水准仪安置到距一点较近处,如图 2-39(c)所示,仪器与 B 点近尺的视距应稍大于仪器的最短视距。A、B 两尺子读数分别为 a'_2、b'_2,$h'_{AB}=a'_2-b'_2$。若 $h_{AB}=h'_{AB}$,则视准轴平行于水准管轴。否则存在 i 角误差,其值为:

$$i=\frac{\left|h_{AB}-h'_{AB}\right|}{D_{AB}}\rho'' \tag{2-14}$$

按照测量规范要求,DS_3 型水准仪 $i>20''$时,必须校正。

2. 校正

如图 2-39(c),由于与近尺点视距很短,i 角误差对读数 b'_2 影响很小,可以忽略,b'_2 可视为视线水平时正确读数。而仪器距 A 点较远,i 角误差对远尺上读数的影响较大。校正时首先计算视线水平时远尺的正确读数 a_2,即 $a_2=h_{AB}+b'_2$。然后保持望远镜不动,转动微倾螺旋,使仪器在远尺读数为 a_2。此时视准轴处于水平状态,而水准管气泡必然不居中,再用校正针拨动位于目镜端的水准管上、下两个校正螺钉(图 2-40),使气泡的两个半影像闭合。校正时,先松开左、右两个螺钉,再松紧上、下螺钉。校正后,必须再进行高差检测,将测得的高差与正确高差比较。

上述每一项检验与校正都要反复进行,直至达到要求为止。

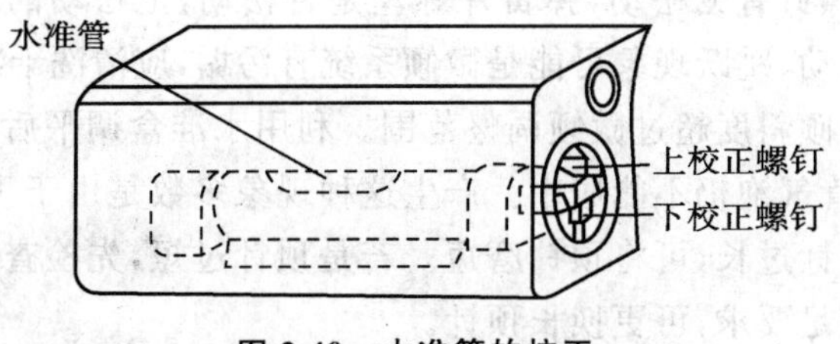

图 2-40　水准管的校正

业务要点 5:水准仪常见故障的检修

1. 安平系统的检修

(1)调平螺旋的检修　基座调平螺旋转动不正常,有过松过紧、晃动、卡滞等现象,一般是因螺母松动,螺母与螺杆之间有损伤、变形、锈蚀所致。若螺母松动,将螺母压紧即可排除;晃动一般是因螺纹磨损间隙过大或损坏所致,可更换新件;过紧、卡滞是因污垢锈蚀造成的,经拆卸清洗可排除。

(2)微倾不灵敏的检修

1)微倾不灵敏,在调平时,水准管气泡不能随微倾螺旋移动量做相应的移动。主要是微倾顶针不灵敏所致,图 2-41 是微倾调平示意图。

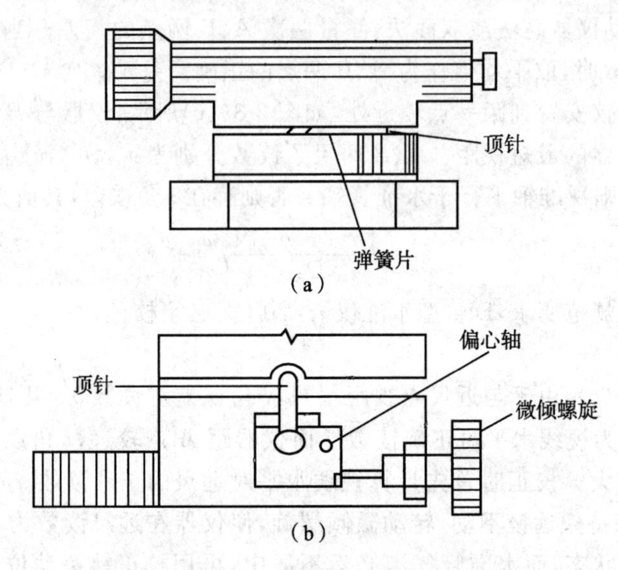

(a)

(b)

图 2-41 微倾系统示意图

旋转微倾手轮，使手轮顶针移动，促使杠杆绕偏心轴旋转，微倾顶针抬高或降低，视准轴上转或下转。若顶针不灵活，进一步将手轮拆下、检查并清洗干净。

2)长水准管气泡不稳定。调平后气泡有时会自动偏离，应检查水准管是否安置稳固，校正螺钉有无松动，弹簧片螺丝是否松动，把松动的螺钉螺丝拧紧。若微倾顶针有晃动、跳跃现象可能是微倾系统有污垢，应清洗干净。

3)水准管轴倾斜度超过微倾调整范围。利用水准盒调平后，即便微倾螺旋调到极限，水准管气泡仍不能居中。产生这种现象多数是由于顶针过短或过长所致。如果是顶针过长，可将顶针磨短。若是顶针过短，先检查顶针是否倾斜，扶正后仍不能满足要求，可更换长顶针。

2.转动系统常见故障的检修

(1)竖轴紧涩转动不灵活　此故障可能是竖轴销键过紧或轴套间有污垢所致。先检查基座上的竖轴销键螺丝松紧是否适度，若过紧可适当放松(但不要拧得太松、否则会造成照准部与基座脱离)。也可把竖轴取出清洗干净，加油润滑。

(2)制动螺丝失灵　制动螺丝旋紧仍不能起到制动作用，其原因是制动顶杆因磨损而顶不紧制动瓦，或是制动圈、制动瓦缺油或有油污，前者是属顶杆短所致，应换新件；后者可通过清洗、加油解决。

(3)微动螺旋失灵　拧紧制动螺丝后，转动微倾螺旋，望远镜不做水平微动。若微动螺旋过松或晃动，可调紧压环。若转动时不能起推进作用，可能是螺杆与螺母之间没有固定好，或螺纹磨损严重；若不能朝后退，可能是弹簧失灵所致，应拆开检修。另外，制动瓦与轴套粘结，也能约束微动螺旋活动，应拆洗干净。

3.照准系统常见故障的检修

(1)目镜调焦螺旋过紧或跳动　在目镜调焦时，如发现过紧现象，多是因螺纹中沾有灰尘或油污所致，若螺纹有缺损而引起跳动，可将目镜调焦螺旋取下，拆下其屈光度环，用汽油将油污清洗干净，加油即可。

(2)望远镜调焦失灵　产生这种现象的原因，主要是调焦手轮的转动齿轮和调焦透镜的齿条接触不好，或调焦齿条松动所致。可将调焦手轮拆下，把齿条固定好，使齿轮和齿条吻合好。

仪器检修是一项细致工作，需要安静的环境和操作空间。使用的工具要与修理的对象相匹配，工具不合适，不仅不易修好故障，还易损零部件。初学者宜在专业人员指导下进行，各种型号的仪器构造不尽相同，尤其对光路系统情况不清时，不要轻易拆动。仪器出厂时是经过精密检校的，修理一般不易达到原装标准。

第五节　水准测量误差分析

本节导图

测量工作中由于仪器、工具、人、外界条件等因素的影响，使得测量成果中都带有误差。为了保证测量成果的精度，在测量过程中应杜绝错误，并且提出水准测量中要注意的一些事项，从而采取一定的措施有效消除和减小误差的影响。

本节主要介绍了仪器误差、观测误差以及外界环境影响带来的误差，其内容关系如图 2-42 所示。

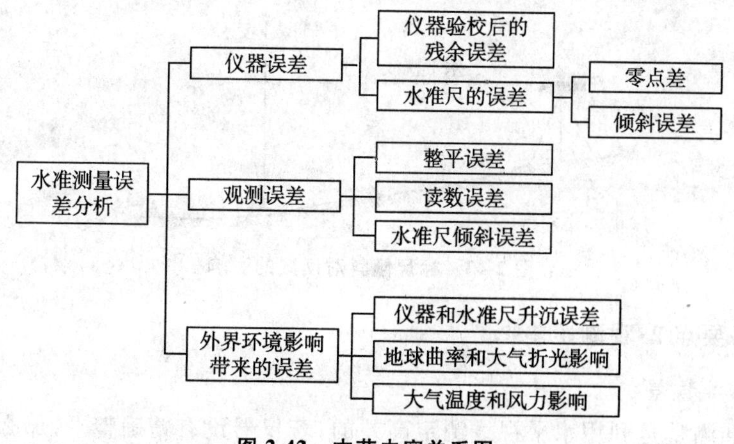

图 2-42　本节内容关系图

业务要点 1:仪器误差

1. 仪器验校后的残余误差

仪器误差的主要来源是望远镜的视准轴与水准管轴不平行而产生的 i 角误差。按照规范规定,DS_3 水准仪的 i 角大于 20″才需要校正,水准仪虽经检验校正,但是不能彻底消除 i 角,若要消除或减弱 i 角对高差的影响,必须在观测时使仪器至前、后视水准尺的距离相等。在水准测量的每一站观测中,前、后视水准尺的距离相等不容易做到,所以规范规定,对于四等水准测量,一站的前、后视距差应不大于 5m,前、后视距累积差应不大于 10m。

2. 水准尺的误差

由于标尺本身的原因和使用不当所引起的读数误差称为标尺误差。水准标尺本身的误差主要包括分划误差、尺面弯曲误差、尺长误差等。规范规定,对于区格式木制水准标尺,米间隔平均真长与名义长之差不应大于 0.5mm,所以在使用前必须对水准标尺进行检验,符合要求方可使用。

(1)水准标尺零点差　由于使用、磨损等原因,水准标尺的底面与其分划零点不完全一致,其差值称为标尺零点差。对于一个测段的测站数为偶数段的水准路线,标尺零点差的影响可自行抵消;若为奇数站,所测高差中将含有该误差的影响。

(2)水准标尺倾斜误差　如图 2-43 所示,水准测量时,若水准标尺前、后倾斜,从水准仪的望远镜视场中不会察觉。在倾斜标尺上的读数总是比正确的标尺读数大,且视线高度愈大,误差就愈大。为减少水准标尺竖立不直产生的读数误差,可使用安装有圆水准器的水准标尺,并注意在测量工作中认真把扶水准标尺,使标尺竖直。

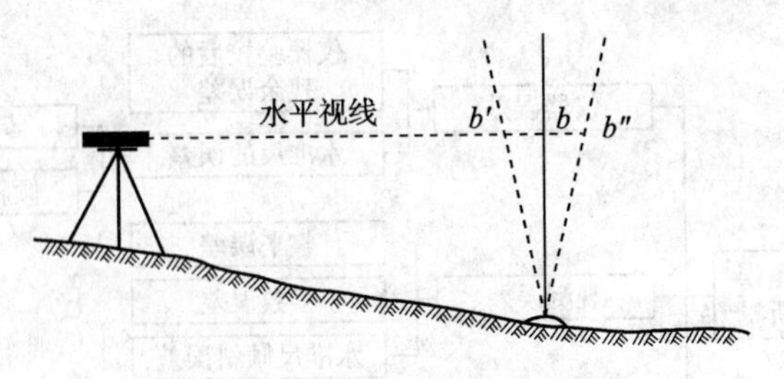

图 2-43　标尺倾斜对读数的影响

业务要点 2:观测误差

1. 整平误差

水准测量是利用水平视线测定高差的,若仪器没有精确整平,那么倾斜的视线将使水准尺读数产生误差:

$$\Delta = \frac{i}{\rho}D \tag{2-15}$$

由图 2-44 可知，设水准管的分划值为 20″，若气泡偏离半格（即 $i=10''$），则当距离为 50m 时，$\Delta=2.4$mm；当距离为 100m 时，$\Delta=4.8$mm，误差随距离的增大而相应增大。所以，在读数前，必须使附合水准气泡精确吻合。

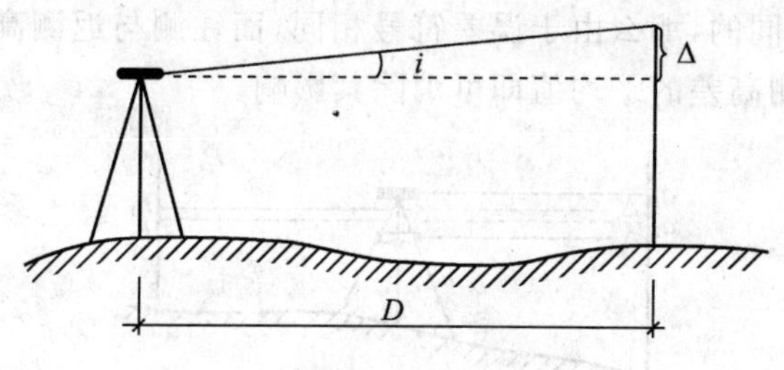

图 2-44　整平误差对读数的影响

2. 读数误差

读数误差产生的原因包括以下两项：十字丝视差和估读误差（估读毫米数不准确）。

十字丝视差可通过重新调节目镜和物镜调焦螺旋加以消除。估读误差与望远镜的放大率和视距长度有关，所以各等级水准测量所用仪器的望远镜放大率和最大视距都有相应规定，视距愈长，读数误差愈大，普通水准测量中，要求望远镜放大率在 20 倍以上，视线长不超过 150m。

3. 水准尺倾斜误差

水准尺倾斜将使尺上的读数增大，且视线离地面越高，读取的数据误差就越大。

业务要点 3：外界环境影响带来的误差

1. 仪器和水准尺升沉误差

如图 2-45 所示，在水准测量时，仪器、水准尺的重量和土壤的弹性会使仪器以及尺垫下沉或上升，因而导致读数减小或增大而引起观测误差。

1）仪器下沉（或上升）的速度与时间成正比。如图 2-45（a）所示，从读取后视读数 a_1 到读取前视读数 b_1 时，仪器下沉了 Δ，则有：

$$h_1 = a_1 - (b_1 + \Delta) \tag{2-16}$$

为了减弱此项误差产生的影响，可在同一测站进行第二次观测，并且第二次观测应先读前视读数 b_2，然后再读后视读数 a_2。则：

$$h_2 = (a_2 + \Delta) - b_2 \tag{2-17}$$

取两次高差的平均值，即：

$$h=\frac{h_1+h_2}{2}=\frac{(a_1-b_1)+(a_2-b_2)}{2} \tag{2-18}$$

取两次高差的平均值可消减仪器下沉对高差的影响。通常称上述操作为“后、前、前、后”的观测程序。

2)水准尺下沉(或上升)引起的误差。如图 2-45(b)所示,若往测与返测水准尺下沉量是相同的,那么由于误差符号相同,而往测与返测高差符号相反,所以,取往测和返测高差的平均值即可消除其影响。

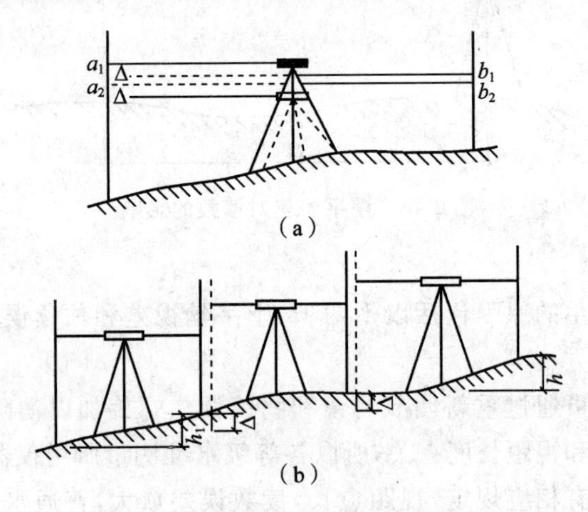

图 2-45　仪器和水准尺升沉误差的影响

(a)仪器下沉　(b)尺子下沉

2.地球曲率和大气折光的影响

在水准测量时,用水平面代替大地水准面在水准尺上读数而产生误差,也就是地球曲率对测量高差产生的影响,常用 c 表示,可按式(2-19)计算:

$$c=\frac{D^2}{2R} \tag{2-19}$$

式中　D——水准仪到水准尺的距离;

　　　R——地球的近似半径,其值为 6371km。

由于地面大气密度的不均匀,视线通过不同密度的大气时会产生折射,使得水准仪本应水平的视线成为一条曲线,对测量高差产生影响,常用 γ 表示,可按式(2-20)计算:

$$\gamma=-\frac{1}{7}\times\frac{D^2}{2R} \tag{2-20}$$

地球曲率和大气折光对测量高差的综合影响为:

$$f=c+\gamma \tag{2-21}$$

即：
$$f = c + \gamma = \frac{D^2}{2R} - \frac{1}{7} \times \frac{D^2}{2R} = 0.43 \times \frac{D^2}{R}$$

在测量时，采用前、后视距离相等的方法，通过高差计算可消除或减弱二者的综合影响。

3.大气温度和风力的影响

温度的变化不仅引起大气折光的变化，而且当烈日照射水准管时，由于受热不匀，气泡会向温度高的方向移动。因此，在进行水准测量时要撑伞遮阳，以免阳光直射。另外，大风可使水准尺竖立不稳，水准仪难以置平，此时应尽可能停止测量。

第三章　角度测量

第一节　经纬仪角度测量原理

本节导图

本节主要介绍了水平角测量原理以及竖直角测量原理，其内容关系如图3-1所示。

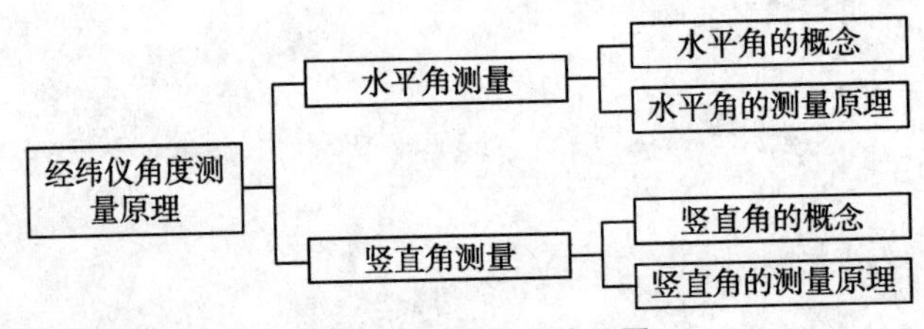

图3-1　本节内容关系图

业务要点1：水平角测量原理

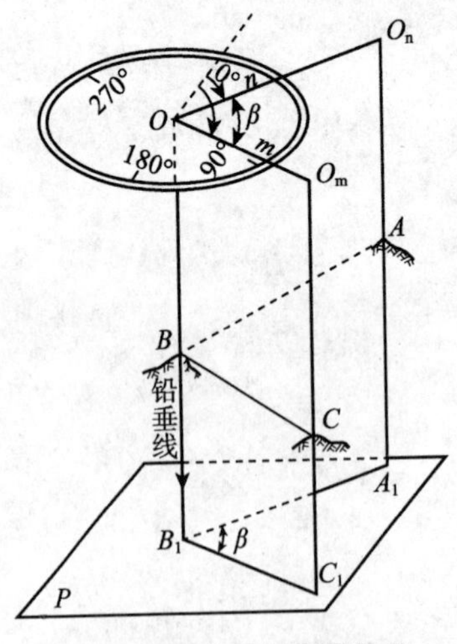

图3-2　水平角测量原理

1.水平角的概念

水平角是指地面上一点到两个目标点的方向线垂直投影到水平面上的夹角。如图3-2所示，设A、B、C是三个位于地面上不同高程的任意点，B_1A_1、B_1C_1为空间直线BA、BC在水平面上的投影，B_1A_1与B_1C_1的夹角β即为地面点B上由BA、BC两方向线所构成的水平角。

2.水平角的测量原理

在测量水平角β时，可以先设想在过B点的上方水平地安置一个带有顺时针刻画、标注的圆盘，称为水平度盘，并使其圆心O在过B点的铅垂线上，直线BC、BA在水平度盘上的投影为O_m、O_n；这时，若能读出O_m、O_n在水平度盘上的读数m和n，水平角β就等于m减n，可用公式表示为：

$$\beta = 右侧目标读数\ m - 左侧目标读数\ n \tag{3-1}$$

综上所述，用于测量水平角的仪器，必须有一个能安置水平、同时能使其中心处于过测站点铅垂线上的水平度盘；此外，必须有一套能精确读取度盘读数的读数装置；还应该有一套不仅能上下转动成竖直面，还能绕铅垂线水平转动的望远镜，以便精确照准方向、高度、远近不同的目标。

水平角的取值范围为 0°～360°。

业务要点 2：竖直角测量原理

1．竖直角的概念

竖直角是指在同一竖直面内，测站点到目标点的视线与水平线之间的夹角。如图 3-3 所示，视线 AB 与水平线 AB' 的夹角 α 为 AB 方向线的竖直角。其角值从水平线算起，向上为正，称为仰角；向下为负，称为俯角。其范围为 0°～±90°。

2．竖直角的测量原理

视线与测站点天顶方向之间的夹角称为天顶距。图 3-3 中以 Z 表示，其数值为 0°～180°，均为正值。很显然，同一目标的竖直角 α 和天顶距 Z 之间的关系如下：

$$\alpha = 90° - Z \qquad (3\text{-}2)$$

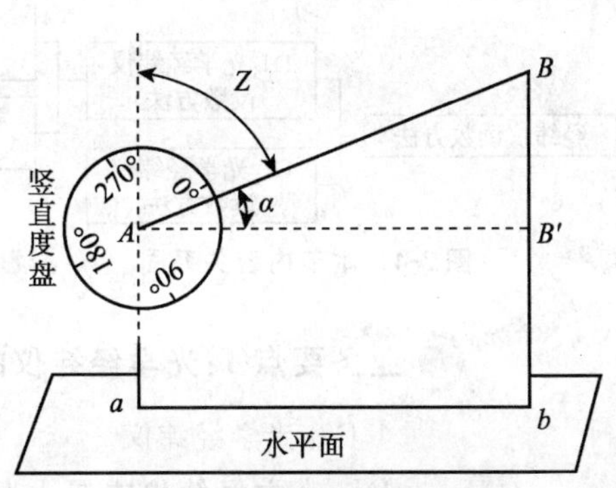

图 3-3　竖直角的测量原理

为了观测天顶距或竖直角，在经纬仪上必须装置一个带有刻画和注记的竖直圆盘，即竖直度盘，该度盘中心安装在望远镜的旋转轴上，同时随望远镜一起上下转动；竖直度盘的读数指标线与竖盘指标水准管相连，若该水准管气泡居中时，指标线处于某一固定位置。显然，照准轴水平时的度盘读数与照准目标时度盘读数之差，即是所求的竖直角 α。

第二节　光学经纬仪的构造与使用

本节导图

光学经纬仪是根据上述测角原理设计并且制造的一种测角仪器。根据测角精度的不同，我国的光学经纬仪系列可分为 DJ_{07}、DJ_1、DJ_2、DJ_6、DJ_{20}、DJ_{30} 等几个等级。D和J分别为“大地测量”和“经纬仪”两个汉语拼音的首字母,角标的数字代表仪器的精度指标,即测回水平方向的观测中误差,单位为秒(″)。

本节主要介绍了光学经纬仪的构造与功能、操作顺序以及读数方法,其内容关系如图3-4所示。

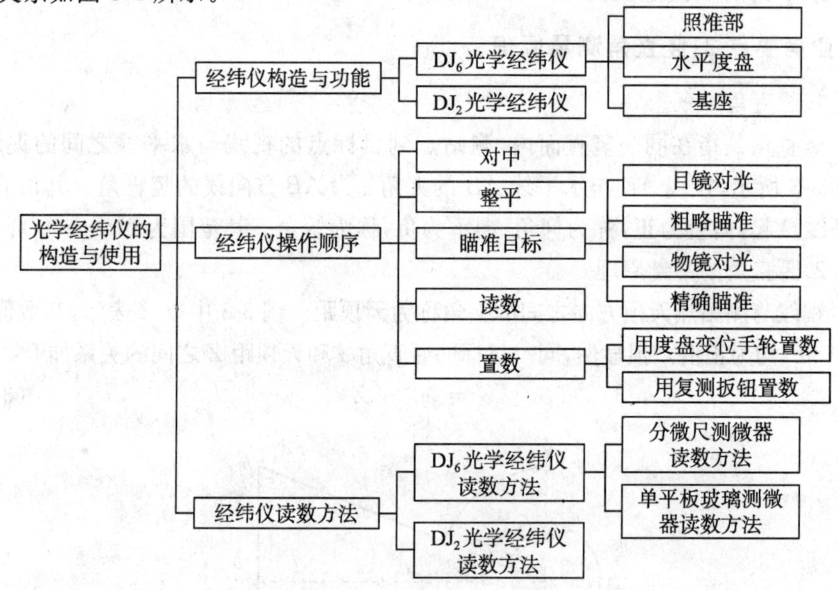

图3-4 本节内容关系图

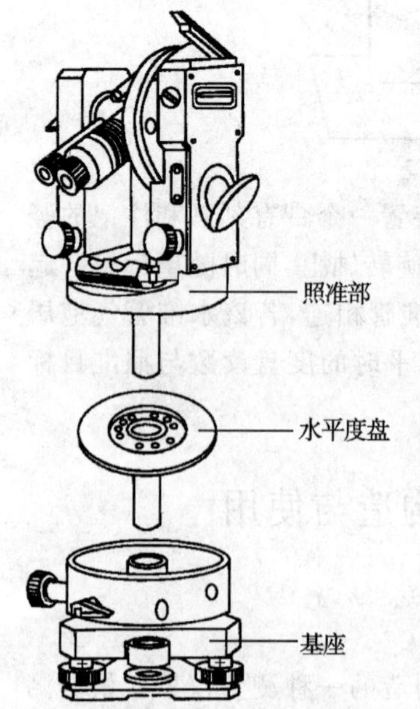

图3-5 DJ_6光学经纬仪构造

业务要点1:光学经纬仪的构造与功能

1. DJ_6光学经纬仪

DJ_6光学经纬仪主要由照准部、水平度盘、基座三大部分组成,如图3-5所示。DJ_6光学经纬仪的全部构造,如图3-6所示。

(1)照准部　照准部分由望远镜、读数显微镜、横轴、竖直度盘、竖盘指标水准管、U形支架、照准部水准管、光学对中器、光路系统及竖轴等组成。照准部分可在水平面内转动,并由水平动螺旋和水平微动螺旋控制。

1)望远镜。望远镜的作用是瞄准目标。经纬仪的望远镜和横轴固连在一起,安置在U形支架上。横轴可在U形支架上转动,同时望远镜也随之上下转动。控制望远镜上下转动的是望远镜制动螺旋和微动螺旋。

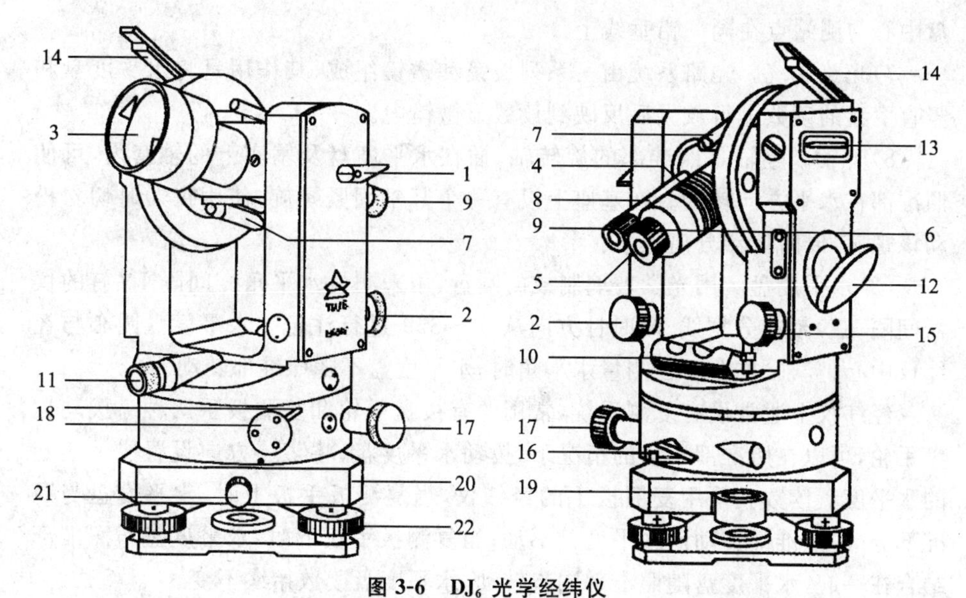

图 3-6　DJ_6 光学经纬仪

1—望远镜制动螺旋　2—望远镜微动螺旋　3—物镜　4—物镜调焦螺旋　5—目镜
6—目镜调焦螺旋　7—光学瞄准器　8—度盘读数显微镜　9—度盘读数显微镜调焦螺旋
10—照准部管水准器　11—光学对中器　12—度盘照明反光镜　13—竖盘指标管水准器
14—竖盘指标管水准器观察反射镜　15—竖盘指标水准器微动螺旋　16—水平方向制动螺旋
17—水平方向微动螺旋　18—水平度盘变换螺旋与保护卡　19—基座圆水准器
20—基座　21—轴套固定螺旋　22—脚螺旋

有的经纬仪从望远镜内看到的是倒像,有的是正像,使用时要加以区别。

2)读数显微镜。读数显微镜与望远镜并列在一起,用于精确读出水平度盘和竖直度盘的读数。

3)竖直度盘。竖直度盘的作用是测竖直角,它是用光学玻璃制成的圆盘,边缘有精密的刻划和注记。竖直度盘装在横轴的一端,与横轴固连,并随望远镜一起上下转动。

4)竖盘指标水准管。在竖直度盘同侧的支架上设有竖盘指标水准管,用以指示竖盘指标的正确位置。支架上还设有竖盘指标水准管微动螺旋,以调节水准管气泡居中。在竖盘指标水准管上方,还装有竖盘指标水准管反光镜,以方便观察水准管气泡的居中情况。

有的经纬仪不设竖盘指标水准管,而是设有竖盘指标自动补偿装置。目前,光学经纬仪普遍采用竖盘自动归零装置来代替竖盘指标水准管。

5)照准部水准管。照准部水准管是用来指示水平度盘是否水平的装置。转动脚螺旋,可使照准部水准管气泡居中,表示仪器已整平,水平度盘处于水平位置。

6)光学对中器。多数经纬仪都设有光学对中器,用于精确对中,使水平度盘中心与测站点在同一铅垂线上。

7)光路系统。光路系统由一系列棱镜和透镜组成,其作用是将水平度盘和竖直度盘的读数进行放大后反映到读数显微镜内。

8)竖轴。竖轴是照准部的旋转轴,插在水平度盘及基座上的轴套内,可使照准部在水平方向转动。在基座上设有一个竖轴固紧螺旋,使用仪器时切勿松动该螺旋,以防仪器分离坠落。

(2)水平度盘　用光学玻璃制成的圆盘,用来测量水平角。间隔1°(有的仪器间隔30′)刻有分划线,顺时针方向从0°～359°进行注记。水平度盘圆心与经纬仪中心(竖轴)重合。在测量水平角时,水平度盘不随照准部转动。

经纬仪上通常设有复测系统,常用的有拨盘手轮和复测扳手两种。拨动拨盘手轮,可以在照准部不动的情况下,拨动水平度盘,将某一方向设置成一固定的水平度盘读数。采用复测扳手的经纬仪,当复测扳手扳上时,水平度盘与照准部分离,照准部转动而水平度盘不动;当复测扳手扳下时,水平度盘与照准部结合在一起,水平度盘随照准部同步转动,水平度盘读数始终不变。

(3)基座　用来支撑整个仪器,并借助中心螺旋使经纬仪与三角脚架结合。基座上有三个脚螺旋和一个圆水准器,用来粗略整平仪器。经纬仪照准部通过竖轴内轴与基座连接,当轴座固定螺丝旋紧时,照准部被固定在基座上,同时可绕竖轴转动。

2.DJ_2 光学经纬仪

DJ_2 级光学经纬仪的构造与 DJ_6 级基本相同,如图3-7所示。由于 DJ_2 光

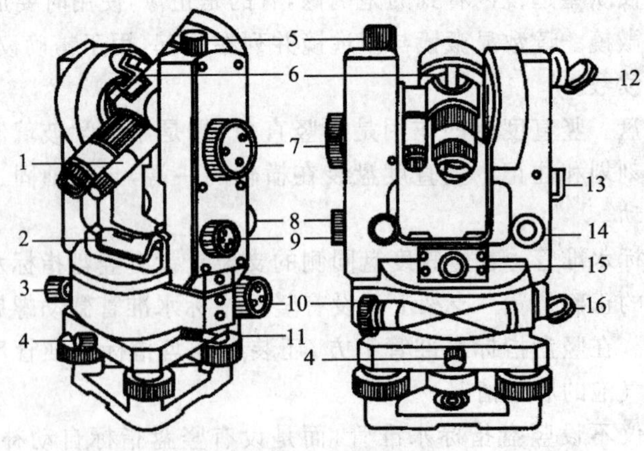

图3-7　DJ_2 光学经纬仪

1—读数显微镜　2—照准部水准管　3—照准部制动螺旋　4—座轴固定螺旋　5—望远镜制动螺旋　6—光学瞄准仪　7—测微手轮　8—望远镜微动螺旋　9—换象手轮　10—照准部微动螺旋　11—水平度盘变换手轮　12—竖盘照明镜　13—竖盘指标水准管观察镜　14—竖盘指示水准管微动螺旋　15—光学对中器　16—水平度盘照明镜

学经纬仪望远镜的放大倍数较大，照准部水准管的灵敏度较高，度盘格值较小，较 DJ_6 级经纬仪在测量上更精确一些。常用于三、四等三角测量、精密导线测量以及精密工程测量中。DJ_2 级与 DJ_6 级光学经纬仪的主要区别在于读数设备和读数方法。

DJ_2 光学经纬仪的读数装置主要有双光楔光学测微器和双板玻璃测微器两种，读数方法都是符合读数法。此处主要介绍双光楔光学测微器。

双光楔光学测微器读数设备包括度盘、光学测微器和读数显微镜三部分。这种读数装置通过一系列的光学部件的作用，将度盘直径两端分划线的影像同时反映到读数显微镜内。其中正字注记为正像，倒字注记为倒像，度盘分划值为 20′，如图 3-8 所示。度盘影像左侧小窗中间的横线为测微尺影像，中间的横线为测微尺读数指标线，测微尺左侧注记数字单位为分(′)，右侧注记数字为整 10″，最小为 1″。与 DJ_6 级经纬仪不同的是，DJ_2 在读数显微镜中不能同时看到水平度盘和垂直度盘的影像，也不共用同一个显示窗，要用换像手轮和各自的反光镜进行度盘影像的转换。

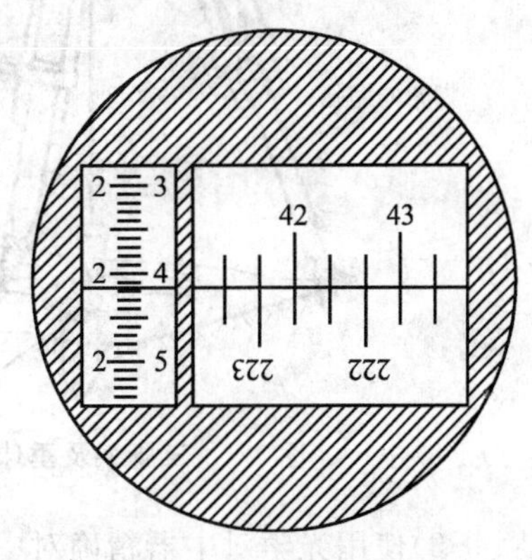

图 3-8　DJ_2 级光学经纬仪读数窗

业务要点 2：光学经纬仪的操作顺序

使用经纬仪时，先在测站点上打开三脚架，调节三脚架的高度，使其与观测者身高相适宜，目估使三脚架头大致水平，再将经纬仪安放在架头上，用中心连接螺旋连紧。三脚架的架腿与地面约呈 75°角，并要踩实，以防仪器处于不稳定状态。

1. 对中

对中的目的是使仪器度盘中心与测站在同一铅垂线上，其步骤如下：

1)将三脚架张开，拉出伸缩腿，把紧固螺栓旋紧，架在测站上，使其高度适中，架头大致水平，在连接螺旋下方挂一垂球，两手握住脚架移动(保持架头大致水平)，使垂球尖基本对准测站，将三脚架三腿踩紧，使其稳定。

2)装上经纬仪，旋上连接螺旋，检查对中情况，如果相差不大(1～2cm)，稍松开连接螺旋，双手扶基座，在架头上移动仪器，使垂球尖精确对准测站点，挂垂球的线长要调节合适，如图 3-9 所示。正确使用垂球线调节板，并使垂球尽量接近测站点，利于垂球对中误差一般应小于 3mm。如果没有挂垂球线调节板或者丢失，可用其他较结实的细绳，按图 3-10 的打结方法，则垂球线也可拉长或缩短。

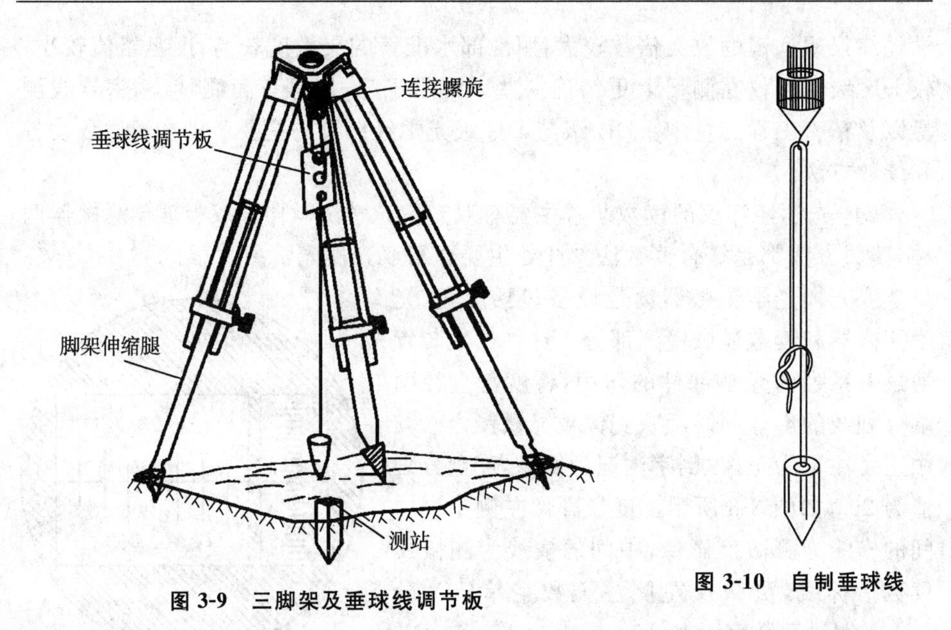

图 3-9　三脚架及垂球线调节板

图 3-10　自制垂球线

3)使用光学对中器精确对中,具体步骤包括:

①悬挂垂球对中。

②仪器应粗略整平,调脚螺旋使圆水准器的气泡居中。用光学对中器对准地面时,仪器的竖轴必须竖直。由于如图 3-11(a)所示仪器未粗平,光学对中器的镜筒是倾斜的,此时无法精确对中,只有当粗平后,才可使用光学对中器精确对中,如图 3-11(b)所示。

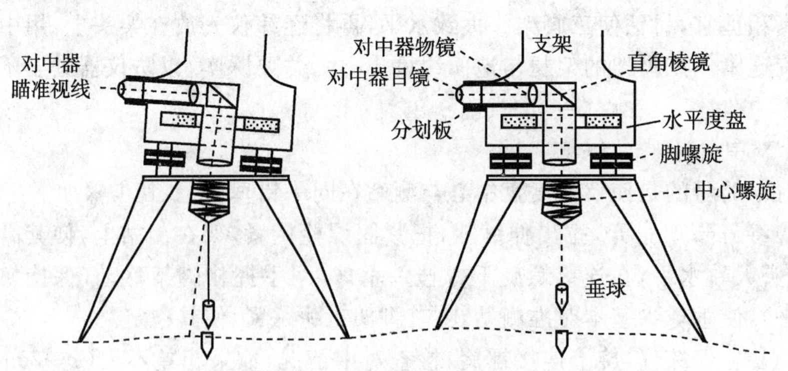

图 3-11　光学对中器精确对中

(a)未粗平　(b)粗平后

③当旋转光学对中器的目镜使分划板的刻划圈清晰时,再推进或拉出对中器的目镜管,使地面点标志成像清晰。稍微松开中心连接螺旋,在架头上平移仪器(尽量做到不转动仪器),直到地面标志中心与刻划圆圈中心重合,最后旋

紧连接螺旋。检查圆水准器是否居中，然后再检查对中情况，反复进行调整，从而保证对中误差不超过 1mm。

2.整平

整平仪器的目的是使水平度盘处于水平位置，通过转动脚螺旋使照准部水准管气泡居中来实现。其具体操作如下：

1)如图 3-12(a)所示，旋转照准部，使水准管平行于任意两个脚螺旋 1、2 的连线，两手以相反方向同时旋转这两个脚螺旋，使水准管气泡居中。要注意气泡移动的方向与左手大拇指移动方向一致。

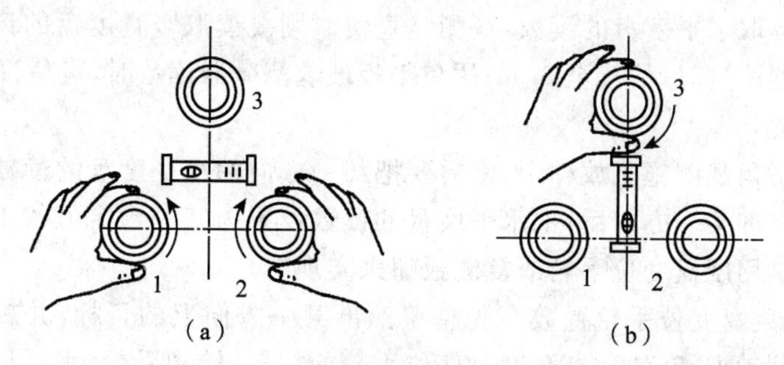

图 3-12　整平

2)将照准部旋转 90°，转动脚螺旋 3，使水准管气泡居中，如图 3-12(b)所示。

3)按以上步骤重复操作，直至水准管在任何位置，气泡偏离中央都不超过一格。

3.瞄准目标

观测水平角时，照准标志一般是标杆或测钎，且应尽量照准标志的基部。当标志较粗时可用十字丝的单丝平分，如图 3-13(a)所示；当标志较细时可用十字丝的双丝夹住，如图 3-13(b)所示。竖直角观测时应用十字丝交点照准标志的顶端或某一指定部位。瞄准的步骤如下：

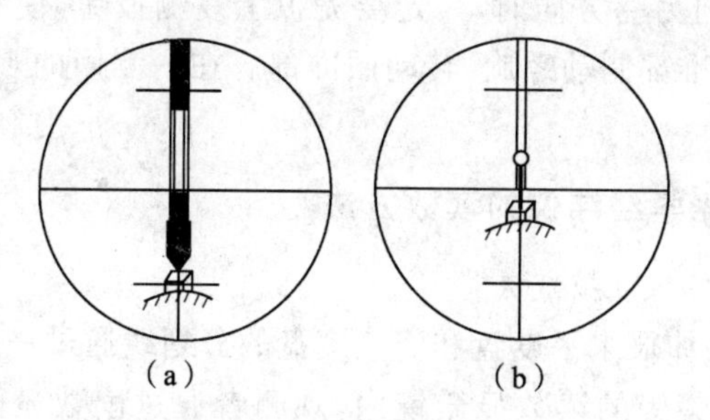

图 3-13　瞄准目标

(1)目镜对光　松开照准部制动螺旋与望远镜制动螺旋，将望远镜对向明亮背景，转动目镜，使十字丝成像清晰。

(2)粗略瞄准　在水平方向上转动照准部,在竖直方向上转动望远镜,通过望远镜上方的粗瞄器(缺口、准星等)大致对准目标,然后旋紧各制动螺旋。

(3)物镜对光　转动物镜对光螺旋,使目标成像清晰,并消除视差。

(4)精确瞄准　转动照准部微动螺旋和望远镜微动螺旋,使十字丝精确对准目标。

4.读数

读数前应了解所用仪器采用的是哪种读数方法。打开照明反光镜,转动读数显微镜目镜,使读数窗成像清晰,然后按相应的读数方法进行读数。观测水平角时要读取水平度盘的读数,观测竖直角时则要读取竖直度盘的读数。用分微尺测微器读数时,估读至0.1′;用单平板玻璃测微器读数时,可估读至5″。

5.置数

在水平角观测施工放样中,常需要把某一方向的水平度盘的读数设为一预定数值。照准某一方向后,把水平度盘的读数设置为某一预定值的工作称为置数。置数是用度盘变位手轮或复测扳钮来实现的。

(1)用度盘变位手轮置数　先精确照准某一方向上的目标,并旋紧照准部及望远镜制动螺旋,然后打开度盘变位手轮的护罩,转动手轮,水平度盘随之转动,从读数显微镜内会看到水平度盘的读数发生变化。当水平度盘读数转到预定值时,停止转动,再用度盘变位手轮的护罩把手轮遮住,以免无意间再触动手轮,至此置数便完成。这种方法是“先瞄准,后置数”。

(2)用复测扳钮置数　先将复测扳钮扳上,使水平度盘与照准部分离,转动照准部,这时从读数显微镜内会看到水平度盘的读数发生变化,当水平度盘读数转到预定值时,扳下复测扳钮,使水平度盘与照准部联合,然后转动照准部,准确瞄准某一方向上的目标,旋紧照准部及望远镜制动螺旋,至此置数完成。这种方法是“先置数,后瞄准”。

当照准部转向另一方向时,一定要先扳上复测扳钮,使水平度盘与照准部分离后,再松开照准部制动螺旋,转动照准部。在一测回的观测过程中,严禁再扳下复测扳钮。

业务要点3:光学经纬仪的读数方法

1.DJ_6光学经纬仪读数方法

DJ_6级光学经纬仪水平度盘和竖直度盘的分划线通过一系列的棱镜和透镜作用,成像于望远镜旁的读数显微镜内,观测者通过读数显微镜读取读数。由于测微器装置不同,DJ_6级光学经纬仪的读数方法可分为下列两种类型。

(1)分微尺测微器读数方法　图3-14是从读数显微镜内看到的度盘分划线和分微尺的影像,上部是水平度盘读数窗,下部是竖直度盘读数窗。度盘分划线从 0°～360°每度一格，并注有数字。度盘上 1°的间隔放大在分微尺上分为 60 小格，每小格为 1′，不足 1′的小数可估读；每 10 小格加以注记，注记数值为 0、1、2、…、6，显然，分微尺上注记的数值为 10 的倍数。

读数时，先调节度盘照明反光镜的开张角度，使读数显微镜视场内亮度适中，再转动读数显微镜目镜，使度盘和分微尺的分划线清晰，然后读出位于分微尺 0～6 之间的度盘分划线的注记度数；再以该分划线为指标，按从小到大的顺序读出该分划线在分微尺上的分数(估读至 0.1′)，两者相加即得度盘读数。如图 3-14 所示，图中水平度盘读数为 144°03.5′，即 144°03′30″；竖盘读数为 271°51.6′，即 271°51′36″。

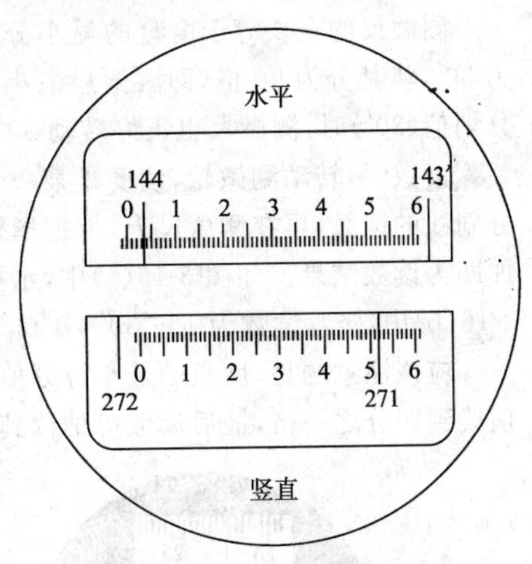

图 3-14　分微尺测微器读数窗

(2)单平板玻璃测微器读数方法

单平板玻璃测微器主要由平板玻璃、测微尺、连接机构和测微盘组成。转动测微轮时，使平行玻璃板倾斜和测微尺移动，借助其对光线的折射作用，使度盘影像相对于指标线产生移动，所移角值的大小反映在测微尺上。如图 3-15(a)所示。当平板玻璃底面垂直于度盘影像入射方向时，测微尺上单指标线在 15′处。度盘上的双指标线在 106°＋a 的位置，度盘读数应为 106°＋a＋15′。转动测微轮，带动平板玻璃倾斜，度盘影像产生平移，当度盘影像平移量为 a 时，则 106°分划线恰好被夹在双指标线中间，如图 3-15(b)所示。由于测微尺和平板玻璃同步转动，a 的大小反映在测微尺上，测微尺上单指标线所指读数即为 15′＋a。

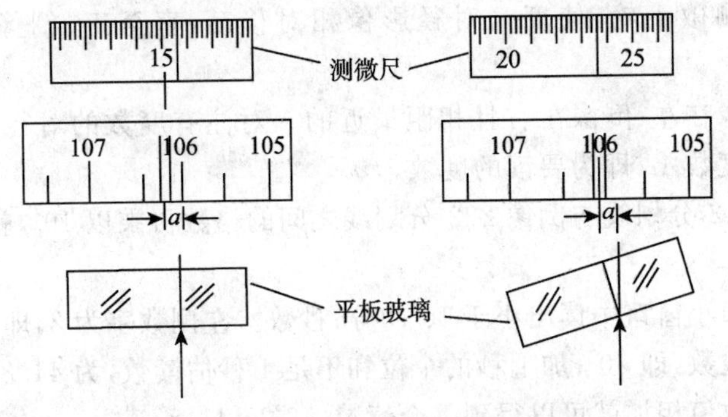

图 3-15　单平板玻璃测微器读数原理

测微尺和平板玻璃同步转动，单平板玻璃测微器读数窗可以形成如图 3-16 所示的影象。下面的窗格为水平度盘影象；中间的窗格为竖直度盘影象；上面较小的窗格为测微尺影象。

测微尺的全长等于度盘的最小分划。度盘分划值为 30′，测微尺的量程也为 30′，将其分为 90 格，即测微尺最小分划值为 20″，当度盘分划影象移动一个分划值(30′)时，测微尺也正好转动 30′。

读数时，转动测微轮，使度盘某一分划线夹在双指标线中央，先读出该度盘分划线的读数，再在测微尺上，依据指标线读出不足一格分划值的余数，两者相加即为读数结果。如图 3-16(a)中，水平度盘读数为 59°＋22′10″＝59°22′10″；图 3-16(b)中，竖盘读数为 106°30′＋1′05″＝106°31′05″。

应该注意的是，度盘的最小分划值为 30′，测微器最小分划值为 20″，一般能估读到四分之一格，最后读数可估读到 5″。

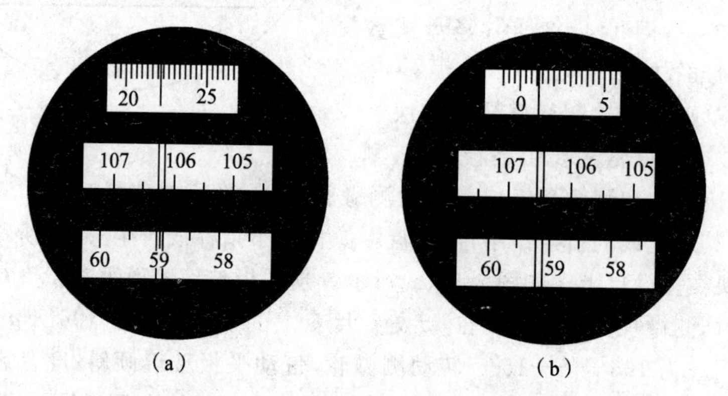

图 3-16　单平板玻璃测微器读数窗

2. DJ_2 光学经纬仪读数方法

如图 3-8 所示的读数窗，具体读数方法如下：

1)转动测微手轮，使度盘对径影像相对移动，直至正、倒像分划线精密重合。

2)按正像在左、倒像在右且相距最近的一对注有度数的对径分划进行，正像分划所注度数 42°即为要读的度数。

3)正像 42°分划线与倒像 222°分划线之间的格数再乘以 10′，就是整十分的数值，即 20′。

4)在旁边小窗口中读出小于 10′的分、秒数。左侧数字为 2，即 2′；右侧数字 4，为秒的十位数，即 40″，加上秒的个位和不足 1 秒估读数，为 41.8″。

将以上数值相加就可以得到整个读数：42°22′41.8″。

第三节　角度的测量方法

本节导图

本节主要介绍了水平角的测量方法以及竖直角的测量方法，其内容关系如图 3-17 所示。

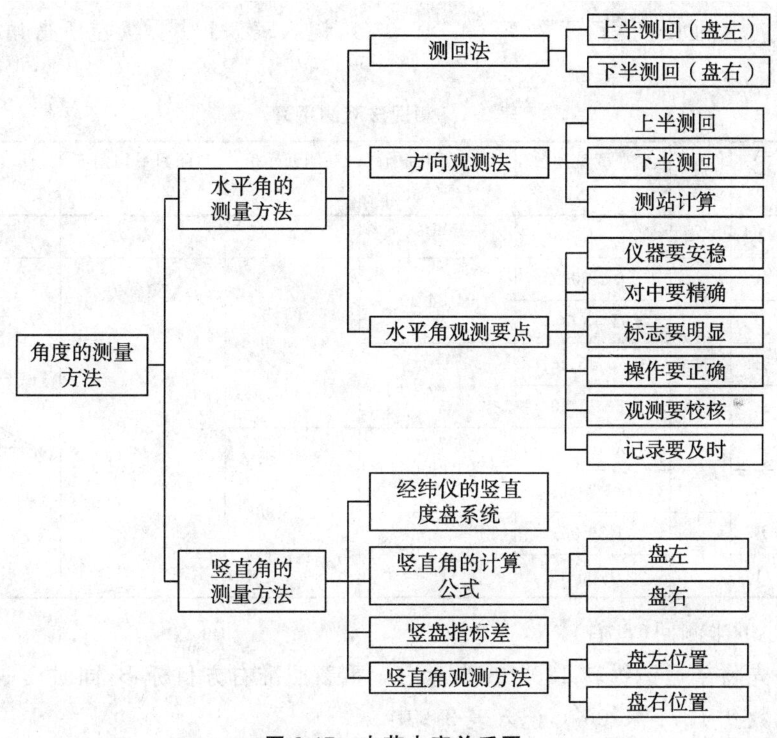

图 3-17　本节内容关系图

业务要点 1：水平角的测量方法

观测水平角的方法，应根据测量工作要求的精度、使用的仪器、观测目标的多少而定。其主要包括测回法和方向观测法。

1. 测回法

测回法适用于观测只有两个方向的单角。如图 3-18所示，预测 OA、OB 两方向之间的水平角，在角顶 O 安放仪器，在 A、B 处分别设立观测标志，可依照下列步骤观测。

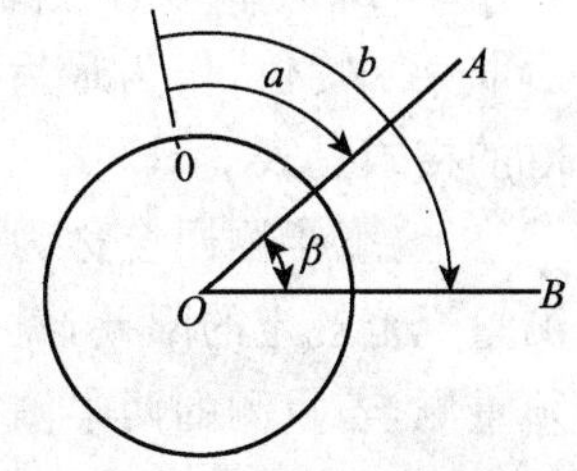

图 3-18　测回法基本原理

(1)上半测回(盘左)

1)在 O 点处将仪器对中整平后，首先以盘左使用望远镜上的粗瞄器，粗略照准左方目标 A；旋紧照准部以及望远镜的制动螺旋，然后用照准部以及望远镜的微动螺旋精确照准目标 A，并且需要注意消除视差和尽可能照准目标的底部；利用水平度盘变换手轮将水平度盘读数置于稍大于 0°处，同时读取该方向上的水平读数 $a_{左}$(0°12′00″)，记入表 3-1 中。

2)松开照准部以及望远镜的制动螺旋，依照顺时针方向转动照准部，粗略照准右方目标 B，然后旋紧两制动螺旋，用两微动螺旋精确照准目标 B，同时读取该方向上的水平度盘读数 $b_{左}$(91°45′00″)，记入表 3-1 中。盘左所得角值 $\beta_{左}=b_{左}-a_{左}$。

表 3-1　测回法观测手薄

测站	测点	盘位	水平度盘读数(° ′ ″)	半测回平角值(° ′ ″)	一测回角值(° ′ ″)	各测回平均角值(° ′ ″)	备注
1	2	3	4	5	6		7
O	A	左	0 12 00	91 33 00	91 33 08	91 33 06	
	B		91 45 00				
	B	右	271 45 06	91 33 16			
	A		180 11 50				
	A	左	90 06 12	91 33 06	91 33 03		
	B		181 39 18				
	B	右	1 39 06	91 33 00			
	A		270 06 06				

(2)下半测回(盘右)

1)先将望远镜纵转 180°，改为盘右。重新照准右方目标 B，同时读取水平度盘读数 $b_{右}$(271°45′06″)，记入表 3-1 中。

2)再按照顺时针或逆时针方向转动照准部，照准左方目标 A，读取水平度盘读数 $a_{右}$(180°11′50″)，那么盘右所得角值 $\beta_{右}=b_{右}-a_{右}$。

两个半测回角值之差不超过规定限值时，取盘左盘右所得角值的平均值 $\beta_{平}=(\beta_{左}-\beta_{右})/2$，即为一测回的角值。根据测角精度的要求，可以测多个测回，然后取其平均值，作为最后成果。观测结果应及时记入手簿，同时进行计算。手簿的格式见表 3-1。

上、下半测回合称为一个测回。上、下两个半测回所得角值差，要满足有关测量规范规定的限差，对于 DJ_6 级经纬仪，限差一般为 40″。假若超限，那么必须重测，若重测的两半测回角值之差仍然超限，但是两次的平均角值十分接近，那么说明这是由于仪器误差造成的。取盘左、盘右角值的平均值时，仪器误差可以得到抵消，所以，各测回所得的平均角值是正确的。

计算角值时始终应以右边方向的读数减去左边方向的读数：假若右方向读数小于左方向读数，那么右方向读数应先加 360°然后再减左方向读数。

当水平角需观测多个测回时，为了减少度盘刻度不均匀的误差，每个测回的起始方向都要改变度盘的位置，要按照其测回数 n 将水平度盘读数改变 $180°/n$，然后再开始下一个测回的观测。若欲测两个测回，第一个测回时，水平度盘起始读数配置在稍大于 0°处，第二个测回开始时配置读数在稍大于 90°处。

2.方向观测法

方向观测法又称全圆测回法，当在一个测站上需观测三个或三个以上方向时，通常采用方向观测法(两个方向也可采用)。它的直接观测结果是各个方向相对于起始方向的水平角值，又称方向值。相邻方向的方向值之差，就是各相邻方向间的水平角值。

如图 3-19 所示，设在 O 点有 OA、OB、OC、OD 四个方向，具体操作步骤如下：

(1)上半测回

1)在 O 点安置好仪器，先盘左瞄准起始方向 A 点，设置水平度盘读数，稍大于 0°，读数并且记入表 3-2 中。

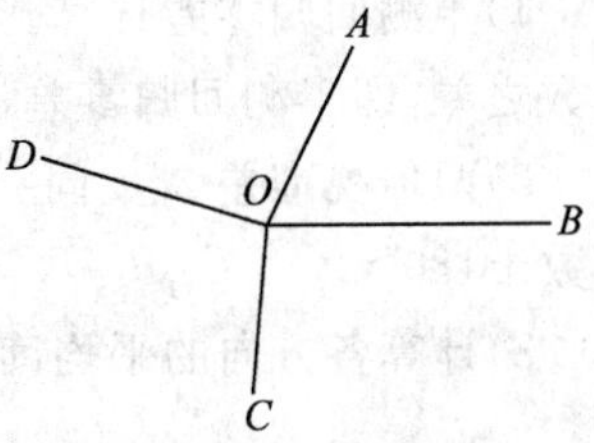

图 3-19　方向观测法基本原理

表 3-2　方向法观测手簿

测站	测点	水平盘读数		2c	平均读数 (° ′ ″)	归零后方向值 (° ′ ″)	各测回归零方向值的平均值 (° ′ ″)	备注
		盘左 (° ′ ″)	盘右 (° ′ ″)					
1	2	3	4	5	6	7	8	9
O					(00 15 03)			
	A	00 15 00	180 15 12	−12	00 15 06	0 00 03		
	B	41 54 54	221 52 00	−6	41 51 57	41 36 54		
	C	111 43 18	291 43 30	−12	111 43 24	111 28 21		
	D	253 36 06	73 36 12	−6	253 36 09	253 21 06	0 00 01	
	A	00 14 54	180 15 06	−12	00 15 00		41 36 51	
					(90 03 33)		111 28 15	
	A	90 03 30	270 03 36	−6	90 03 33	0 00 00	253 21 03	
	B	131 40 18	311 40 24	−6	131 40 21	41 36 48		
	C	201 31 36	21 21 48	−12	201 31 42	111 28 09		
	D	343 24 30	163 24 36	−6	343 24 33	253 21 00		
	A	90 03 30	270 03 36	−6	90 03 33			

2)按照顺时针方向依次瞄准 B、C、D 各点，分别读取各读数，最后再瞄准 A 读数，称为归零。以上读数均记入表 3-2 第 3 栏，两次瞄准起始方向 A 的读数差称为归零差。

(2)下半测回

1)倒转望远镜改为盘右，瞄准起始方向 A 点，读取水平度盘读数，记入表 3-2中。

2)按照逆时针方向依次瞄准 D、C、B、A，分别读取水平度盘读数记入表中，下半测回各读数记入表 3-2 第 4 栏。

以上分别为上、下半测回，构成一个测回。

(3)测站计算

1)半测回归零差计算。计算表 3-2 第 3 栏和第 4 栏中起始方向 A 的两次读数之差，即半测回归零差，查看其是否符合规范规定要求。

2)两倍视准差 $2c$。同一方向上盘左、盘右读数之差 $2c$＝盘左读数－(盘右读数±180°)。

3)计算各方向的平均读数，将计算结果填入表 3-2 第 6 栏。

$$平均读数 = \frac{1}{2}[盘左读数 + (盘右读数 \pm 180°)] \tag{3-3}$$

4)计算归零后的方向值。各方向的平均读数减去括号内起始方向的平均读数后得各方向归零后的方向值，并且填入表 3-2 第 7 栏。

5)计算各测回归零后方向值的平均值。各测回归零后同一方向值之差符合规范要求之后，取其平均值作为该方向最后结果，填入表 3-2 第 8 栏。

6)计算各方向之间的水平角值。将表 3-2 第 8 栏中相邻两方向值相减即得水平角值。

为了有效避免错误以及保证测角的精度，对以上各部分的计算的限差，规范规定见表 3-3。

表 3-3　方向观测法技术要求

等级	仪器精度等级	光学测微器两次重合读数之差(″)	半测回归零差(″)	一测回内 2C 互差(″)	同一方向值各测回较差(″)
四等及以上	1″级仪器	1	6	9	6
	2″级仪器	3	8	13	9
一级及以下	2″级仪器	—	12	18	12
	6″级仪器	—	18	—	24

3.水平角观测要点

(1)仪器要安稳　三脚架连接螺旋要旋紧，三脚架尖要插入土中或地面缝隙，仪器由箱中取出放在三脚架首上，要立即旋紧连接螺旋。仪器安好后，手不得扶或摸三脚架，人要保持在仪器近旁，更要注意仪器上方有无落物，强阳光下要打伞。

(2)对中要精确　边越短越要精确，通常不应大于1mm。

(3)标志要明显　边较长时要用三脚架吊线坠，边短时可直立红铅笔。

(4)操作要正确　要用十字双线夹准目标或单线平分目标，并注意消除视差，使用离合器仪器时要注意按钮的开关位置，使用变位器仪器时，要注意旋钮的出入情况，读数时要认清度盘与测微器上的注字情况。

(5)观测要校核　在测角、设角、延长直线、竖向投测等观测中，均应盘左盘右观测取其平均值，这样校核的好处是：

1)能提高观测精度。

2)能发现观测中的错误。

3)能抵消仪器 $CC \perp HH$、$HH \perp VV$ 的误差，但不能抵消 $LL \perp VV$ 的误差，为解决此项误差应采取等偏定平的方法安置仪器。

4)在使用 DJ_6 级光学经纬仪时，能抵消度盘偏心差。

(6)记录要及时　每照准一个目标、读完一个观测值，要立即做正式记录，避免遗漏或次序颠倒。

业务要点2：竖直角的测量方法

竖直角与水平角一样，其角值也是度盘上两个方向的读数差，所不同的是两个方向中有一个方向是水平方向。由于经纬仪构造设定，当视线水平时，其竖盘读数均为一个固定的值，0°、90°、180°、270°四个数值中的一个。所以，在观测竖角时，只需观测目标点一个方向，同时读取竖盘读数变化，可算得目标的竖直角度。

1.经纬仪的竖直度盘系统

光学经纬仪的竖直度盘由光学玻璃刻画而成，安装在望远镜水平轴的一端，随同望远镜一同做竖直方向的旋转。度盘的刻画为0°～360°，标注则有按顺时针和逆时针刻画的两种形式。如图3-20所示，为按逆时针注记的一种竖直度盘。

竖直度盘指标水准管与指标相连，望远镜转动，指标不动。若调节竖直度盘指标水准管微动螺旋，水准管的气泡居中，指标也随之移动而居正确位置。若望远镜视准轴水平并且取盘左位置时，竖直度盘指标指示的读数为90°，如图3-20(a)所示；若望远镜视准轴水平并且取盘右位置时，竖直度盘指标指示的读数为270°，如图3-20(b)所示。

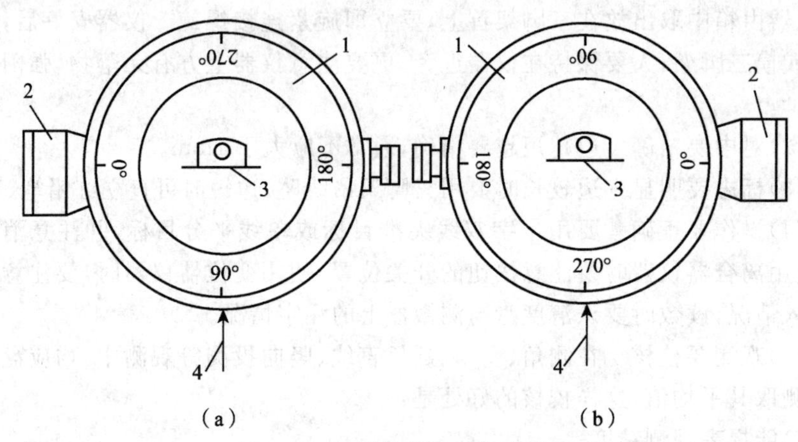

图 3-20 经纬仪竖直度盘的刻度

(a)取盘左位置 (b)取盘右位置

1—竖直度盘 2—日镜 3—水准管 4—读数指标

2.竖直角的计算公式

现以全圆顺时针类型的经纬仪为例,如图 3-21 所示。设 α_L 为盘左时观测的竖直角,α_R 为盘右时观测的竖直角,L 为盘左时观测点的竖盘读数,R 为盘右时观测点的竖盘读数。

(1)盘左 把望远镜大致置水平位置,这时竖盘读数值约为 90°,这个读数称为始读数。慢慢仰起望远镜物镜,如图 3-21 所示,观测竖盘读数随之减小,竖直角为仰角,角值应为正值。竖直角计算公式为:

$$\alpha_L = 90° - L \tag{3-4}$$

同样,当视线逐渐下俯时,竖盘读数随之增加,竖直角为俯角,角值为负数,竖直角计算公式仍为上式。

(2)盘右 如图 3-21 所示,视线逐渐抬高,竖盘读数增大,竖直角为正值。竖直角的计算公式为:

$$\alpha_R = R - 270° \tag{3-5}$$

视线为俯角时,随着视线逐渐下俯,竖盘读数减小,竖直角为负值。竖直角计算公式仍为上式。

若仪器处于盘左状态,抬高望远镜的物镜时,竖盘读数 L 增大,说明竖盘按全圆逆时针注记。此时竖直角计算公式为:

$$\left.\begin{aligned}\alpha_L &= 90° - L\\ \alpha_R &= R - 270°\end{aligned}\right\} \tag{3-6}$$

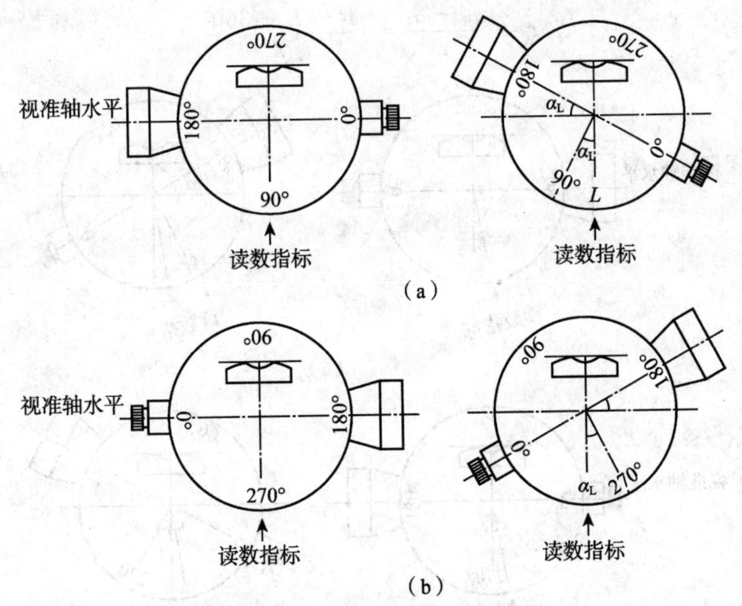

图 3-21　竖盘读数与竖直角计算

(a)盘左　(b)盘右

3. 竖盘指标差

上述竖直角的计算公式是竖盘指标线处在正确位置时导出的。即当视线水平，竖盘指标水准管气泡居中时，竖盘指标线所指读数应为 90°或 270°。但当指标偏离正确位置时，这个指标线所指的读数就不是正好指在 90°或 270°，而是增大或减少一个 x 角值，此 x 角值称为竖盘指标差，也就是竖盘指标位置不正确所引起的读数误差。当竖盘指标线的偏移方向与竖盘注记增加方向一致时，x 为正值，反之 x 为负值。

以顺时针注记为例，由于指标差的存在，如图 3-22 所示，以盘左位置瞄准目标，转动竖盘指标水准管微动螺旋使水准管气泡居中，测得竖盘读数为 L，它与正确的竖直角 α 的关系是：

$$\alpha = 90° - L + x = \alpha_L + x \tag{3-7}$$

以盘右位置按同法测得竖盘读数为 R，它与正确的竖角口的关系是：

$$\alpha = R - 270° - x = \alpha_R - x \tag{3-8}$$

将(3-7)式加(3-8)式得：

$$\alpha = \frac{\alpha_L + \alpha_R}{2} = \frac{R - L - 180°}{2} \tag{3-9}$$

由此可知，在测量竖角时，用盘左、盘右两个位置观测取其平均值作为最后结果，可以消除竖盘指标差的影响。

若将式(3-7)减式(3-8)即得指标差计算公式：

$$x=\frac{\alpha_{R}-\alpha_{L}}{2}=\frac{R+L-360^{\circ}}{2} \tag{3-10}$$

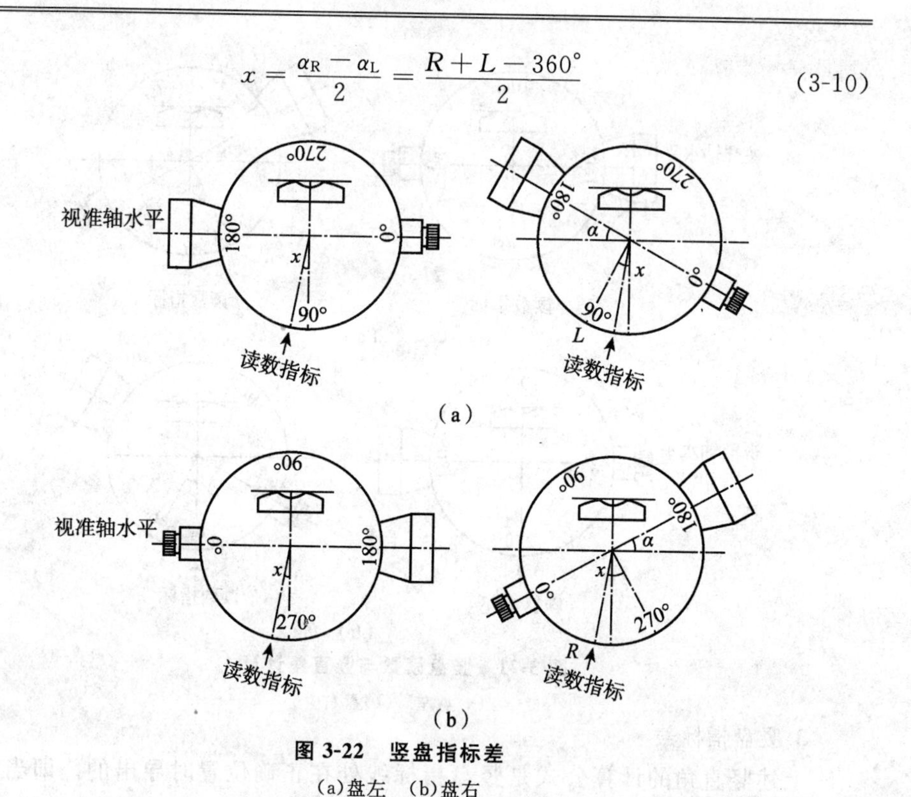

图 3-22　竖盘指标差

(a)盘左　(b)盘右

4.竖直角观测方法

在测站上安置仪器,并按下述步骤进行竖直角的测定:

(1)盘左位置　瞄准目标后,用十字丝横丝切准目标的固定位置,旋转竖盘指标水准管微动螺旋,使水准管气泡居中或使气泡影像符合(自动归零型仪器无需此项操作,但有补偿器开关的仪器必须打开补偿器的开关)。读取竖盘读数 L,并记入竖直角观测记录表中,见表 3-4。利用竖角计算公式,计算出盘左时的竖直角,上述观测称为上半测回观测。

表 3-4　竖直角观测记录表

测站	目标	盘位	竖盘读数 (° ′ ″)	半测回竖直角 (° ′ ″)	指标差 (″)	一测回竖直角 (° ′ ″)	备　注
O	M	左	93　22　06	−3　22　06	−21	−3　22　27	270 180　0 90 盘左
		右	266　37　12	−3　22　48			
	N	左	79　12　36	+10　47　24	−18	+10　47　06	
		右	280　46　48	+10　46　48			

(2)盘右位置　仍照准原目标,调节竖盘指标水准管微动螺旋,使水准管气

泡居中(自动归零型仪器无须此项操作,但有补偿器开关的仪器必须打开补偿器的开关)。读取竖盘读数值 R,并记入记录表中。利用竖角计算公式,计算出盘右时的竖角,称为下半测回观测。

上、下半测回合称一测回。为了消除仪器的误差,提高测量的精度,应取盘左、盘右结果的平均值作为竖直角值。

竖盘指标差属于仪器本身的误差,一般情况下,竖盘指标差的变化很小,可视为定值,如果观测各目标时计算的竖盘指标差变动较大,说明观测质量较差。通常规定 DJ_6 级经纬仪竖盘指标差的变动范围应不超过 $\pm 25''$,DJ_2 级经纬仪竖盘指标差的变动范围应不超过 $\pm 15''$。超过该值则应检查测量是否错误或仪器是否需要校正。

第四节　经纬仪的检验与校正

本节导图

测量规范要求,在正式作业之前要首先对经纬仪进行检验与校正,使其满足作业要求。在经纬仪进行检验校正前,要先进行一般的检视。本节主要介绍了经纬仪上主要轴线应满足的条件、照准部水准管轴 LL 垂直于竖轴 VV、十字丝竖丝垂直于横轴 HH、视准轴 CC 垂直于横轴 HH、横轴 HH 垂直于竖轴 VV、光学对中器的视线与竖轴旋转中心线重合以及竖盘指标差,其内容关系如图 3-23 所示。

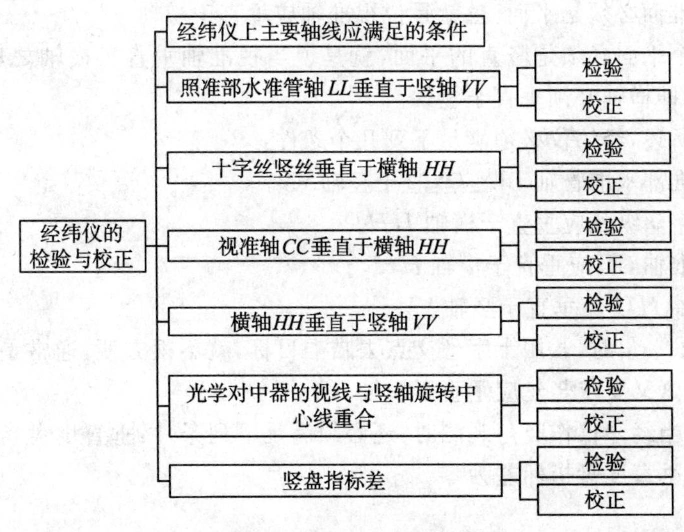

图 3-23　本节内容关系图

业务要点1:经纬仪上主要轴线应满足的条件

为了确保水平角观测达到规定的精度,经纬仪的主要部件之间(也就是主要轴线和平面之间)必须满足水平角观测所提出的要求。如图3-24所示,经纬仪的主要轴线有仪器的旋转轴VV(简称竖轴)、望远镜的旋转轴HH(简称横轴)、望远镜的视准轴CC以及照准部水准管轴LL。根据水平角观测的要求,经纬仪应满足以下条件:

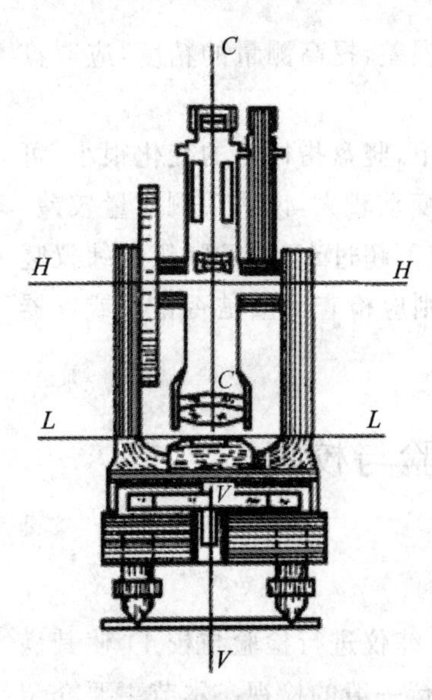

图3-24 经纬仪的几条轴线

1)竖轴必须竖直。

2)水平度盘必须水平,其分划中心应在竖轴上。

3)望远镜上下转动时,视准轴形成的视准面必须是竖直平面。

仪器厂装配仪器时,要求水平度盘与竖轴为相互垂直的关系,其分划中心在竖轴延长线上,因此,只要竖轴竖直,水平度盘就成水平。由于竖轴的竖直是利用照准部的水准管气泡居中(即水准轴水平)来实现的。因此,上述的1)、2)两项要求亦可改为照准部水准轴应与竖轴垂直。

视准面必须竖直的要求,实质上是由以下两个条件组成的:

1)视准面必须是平面,也就是说视准轴应垂直于横轴。

2)这个平面必须是竖直的平面,就是说当视准轴垂直于横轴之后,横轴又必须水平,即横轴必须垂直于竖轴。

综上所述,经纬仪必须满足下列几个条件:

1)照准部水准管轴LL应垂直于竖轴VV。

2)十字丝纵丝应垂直于横轴HH。

3)视准轴CC应垂直于横轴HH。

4)横轴HH应垂直于竖轴VV。

观测水平角时,若用十字丝交点去瞄准目标,就不很方便,通常是用竖丝去瞄准目标,这又要求竖丝应垂直于横轴。

另外,当经纬仪作竖角观测时,还必须满足下列条件:垂直度盘指标水准器轴水平时,垂直度盘指标差为零。

业务要点 2:照准部水准管轴 *LL* 垂直于竖轴 *VV*

1. 检验

先将仪器粗略整平后,使水准管平行于其中的两个脚螺旋,同时采用两个脚螺旋使水准管气泡精确居中,这时水准管轴 *LL* 已居于水平位置,若两者不相垂直,则竖轴 *VV* 不在铅垂位置。然后将照准部旋转 180°,因为它是绕竖轴旋转的,竖轴位置不动,则水准管轴偏移水平位置,气泡也不再居中,则此条件不满足,需要校正。若照准部旋转 180°后,气泡仍然居中,那么两者相互垂直条件满足。

2. 校正

如图 3-25(a)所示,设水准管轴与竖轴不垂直,倾斜了 α 角,当水准管气泡居中时,竖轴与铅垂线的夹角为 α。将仪器绕竖轴旋转 180°后,竖轴位置不变,而水准管轴与水平线的夹角为 2α,如图 3-25(b)所示。校正时,先相对旋转这两个脚螺旋,使气泡向中心移动偏离值的一半,如图 3-25(c)所示,此时竖轴处于竖直位置。然后用校正针拨动水准管一端的校正螺钉,使气泡居中,如图 3-25(d)所示,此时水准管轴处于水平位置。此项检验与校正比较精细,应反复进行,直至照准部旋转到任何位置,气泡偏离零点不超过半格为止。

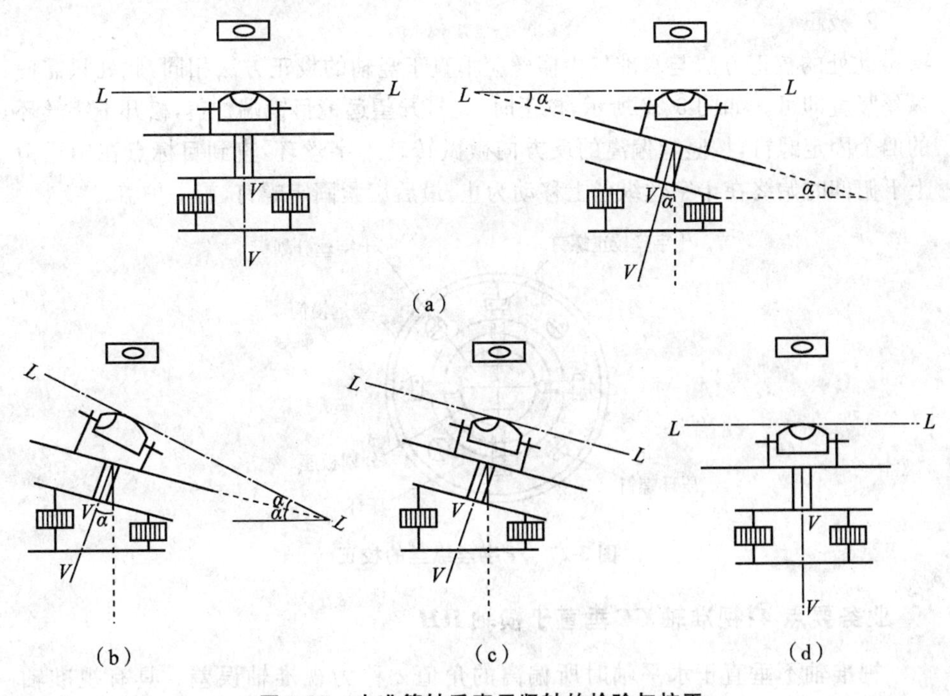

图 3-25 水准管轴垂直于竖轴的检验与校正

业务要点3:十字丝竖丝垂直于横轴 *HH*

1.检验

整平仪器后,用十字丝竖丝的一端照准一个小而清晰的目标点,拧紧水平制动螺旋和望远镜制动螺旋,然后使用望远镜的微动螺旋使目标点移动到竖丝的另一端,如图3-26所示。若目标点此时仍位于竖丝上,那么此条件满足,否则需要校正。或者在墙壁上挂一细垂线,用望远镜竖丝瞄准垂线,若竖丝与垂线重合,那么符合条件,否则需要校正。

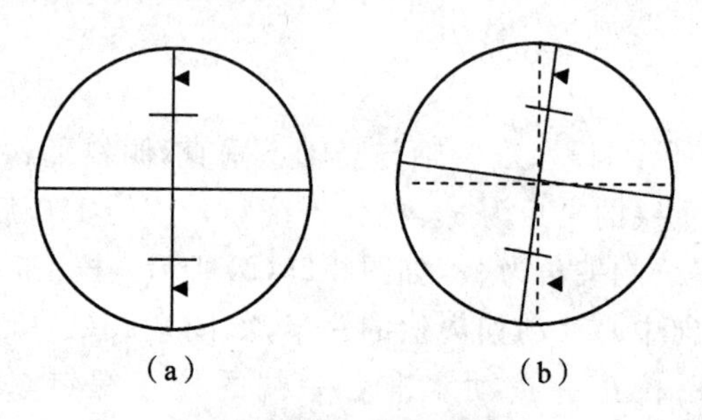

图3-26 十字丝检验

(a)符合条件 (b)需要校正

2.校正

此处的校正方法与水准仪中横丝应垂直于竖轴的校正方法相同,此处只需使纵丝竖直即可。如图3-27所示,校正时,先打开望远镜目镜端护盖,松开十字丝环的四个固定螺钉,按竖丝偏离的反方向微微转动十字丝环,直到目标点在望远镜上下俯仰时始终在十字丝纵丝上移动为止,最后旋紧固定螺钉,旋上护盖。

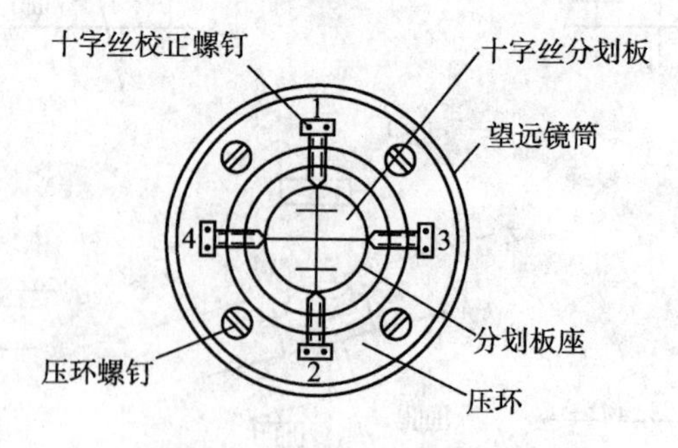

图3-27 十字丝纵丝的校正

业务要点4:视准轴 *CC* 垂直于横轴 *HH*

视准轴不垂直于水平轴时所偏离的角值 c 称为视准轴误差。具有视准轴误差的望远镜绕水平轴旋转时,视准轴将扫过一个圆锥面,而并非只是一个平面。如此观测同一竖直面内不同高度的点，水平度盘的读数将不相同，从而产生测角误差。通常认为这个误差是由于十字丝交点在望远镜筒内的位置不正确而产生的，因此其检验与校正方法如下：

1. 检验

视准轴误差的检验方法有盘左盘右读数法和四分之一法两种，此处具体介绍的检验方法为四分之一法。

1）在平坦地面上，选择相距约 100m 的 A、B 两点，在 AB 连线中点 O 处安置经纬仪，如图 3-28 所示，并在 A 点设置一瞄准标志，在 B 点横放一根刻有毫米分划的直尺，使直尺垂直于视线 OB，A 点的标志、B 点横放的直尺应与仪器大致同高。

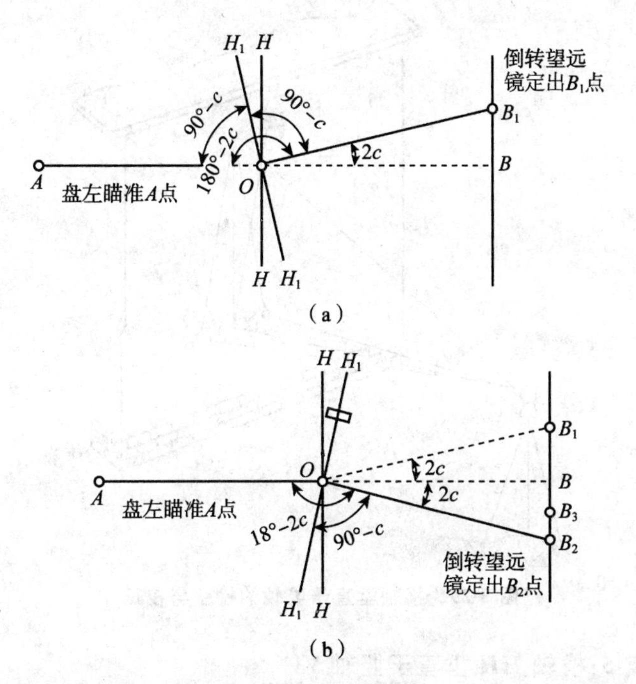

图 3-28　视准轴误差的检验(四分之一法)

2）用盘左位置瞄准 A 点，制动照准部，然后纵转望远镜，在 B 点尺上读得 B_1，如图 3-28(a)所示。

3）用盘右位置再瞄准 A 点，制动照准部，然后纵转望远镜，再在 B 点尺上读得 B_2，如图 3-28(b)所示。

如果 B_1 与 B_2 两读数相同，说明视准轴垂直于横轴。如果 B_1 与 B_2 两读数不相同，由图 3-28(b)可知，$\angle B_1OB_2=4c$，由此算得

$$视准误差\ c=\frac{1}{4}\times\frac{B_1B_2}{D}\rho \tag{3-11}$$

式中　D——O 到 B 点的水平距离(m)；

B_1B_2——B_1 与 B_2 的读数差值(m)；

ρ——1 弧度秒值，$\rho=206265''$。

对于 DJ_6 型经纬仪，如果 $c>60''$，则需要校正。

2. 校正

校正时，在直尺上定出一点 B_3，使 $B_2B_3=B_1B_2/4$，OB_3 便与横轴垂直。打开望远镜目镜端护盖，如图 3-29 所示，用校正针先松十字丝上、下的十字丝校正螺钉，再拨动左右两个十字丝校正螺钉，一松一紧，左右移动十字丝分划板，直至十字丝交点对准 B_3。此项检验与校正也需反复进行。

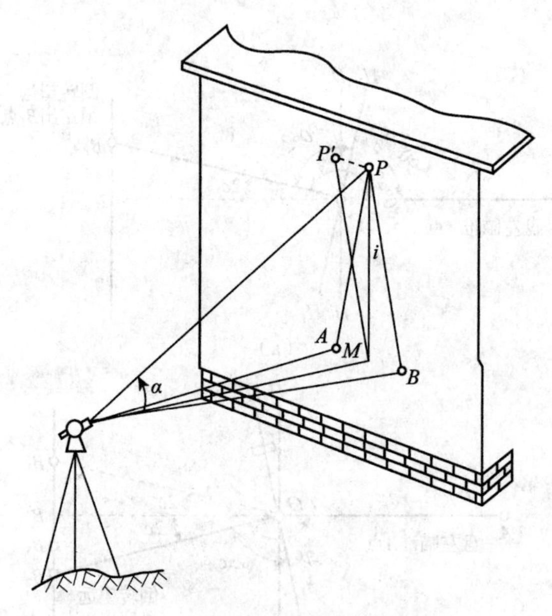

图 3-29　横轴垂直于竖轴的检验与校正

业务要点 5：横轴 HH 垂直于竖轴 VV

若横轴不垂直于竖轴，则仪器整平后竖轴虽已竖直，横轴并不水平，因而视准轴绕倾斜的横轴旋转所形成的轨迹是一个倾斜面。这样，当瞄准同一铅垂面内高度不同的目标点时，水平度盘的读数并不相同，从而产生测角误差，影响测角精度，因此必须进行检验与校正。

1. 检验

1)在距一垂直墙面 20～30m 处，安置经纬仪，整平仪器，如图 3-29 所示。

2)盘左位置，瞄准墙面上高处一明显目标 P，仰角宜在 30°左右。

3)固定照准部，将望远镜置于水平位置，根据十字丝交点在墙上定出一

点 A。

4)倒转望远镜成盘右位置,瞄准 P 点,固定照准部,再将望远镜置于水平位置,定出点 B。

如果 A、B 两点重合,说明横轴是水平的,横轴垂直于竖轴;否则,需要校正。

2.校正

1)在墙上定出 A、B 两点连线的中点 M,仍以盘右位置转动水平微动螺旋,照准 M 点,转动望远镜,仰视 P 点,这时十字丝交点必然偏离 P 点,设其为 P' 点。

2)打开仪器支架的护盖,松开望远镜横轴的校正螺钉,转动偏心轴承,升高或降低横轴的一端,使十字丝交点准确照准 P 点,最后拧紧校正螺钉。

此项检验与校正也需反复进行。

业务要点 6:光学对中器的视线与竖轴旋转中心线重合

1.检验

将仪器架好后,在地面上铺一白纸,并且在纸上标出视线的位置点,之后将照准部平转 180°,接着再标出视线的位置点,此时若两点重合,那么条件满足,否则需要校正。

2.校正

不同厂家生产的仪器,校正的部位也不尽相同,有的是校正光学对中器的望远镜分划板,有的则校正直角棱镜。由于检验时所得前后两点之差是由二倍误差造成的,因此在标出两点的中间位置后,校正有关的螺旋,使视线落在中间点上即可。光学对中器分划板的校正与望远镜分划板的校正方法相同。直角棱镜的校正装置位于两支架的中间,校正直角棱镜的方向和位置需反复进行,直至达到满足为止。

业务要点 7:竖盘指标差

1.检验

检验竖盘指标差的方法是用盘左、盘右照准同一目标并且读得其读数 L 和 R 后,按照指标差的计算公式来计算其值,当不符合其限差时则需校正。

2.校正

保持盘右照准原来的目标不变,此时的正确读数应为 $R-x$。用指标水准管微动螺旋将竖盘读数安置在 $R-x$ 的位置上,这时水准管气泡必不再居中,调节指标水准管校正螺旋,同时使气泡居中即可。有竖盘指标自动补偿器的仪器应校正竖盘自动补偿装置。

竖盘指标差应该反复进行几次,直到误差处于容许的范围以内,并且满足条件为止。

第五节　角度测量误差分析

本节导图

同水准测量一样，角度测量中也存在许多误差，其中水平角测量的误差比较复杂，误差主要来源主要有仪器误差、观测误差和外界条件的影响误差，其内容关系如图 3-30 所示。

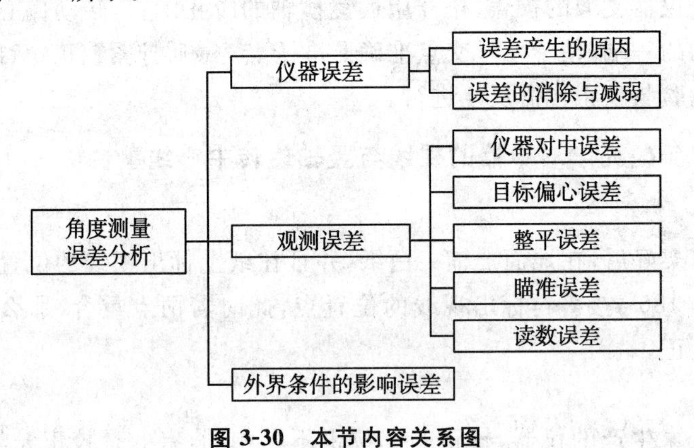

图 3-30　本节内容关系图

业务要点 1：仪器误差

1. 误差产生的原因

仪器误差是指仪器不能满足设计理论要求而产生的误差。产生误差的原因有：

1)由于仪器制造和加工不完善而引起的误差，如度盘刻划不均匀，水平度盘中心和仪器竖轴不重合而引起度盘偏心误差。

2)由于仪器检校不完善而引起的误差，如望远镜视准轴不垂直于水平轴、水平轴不垂直于竖轴、水准管轴不垂直于竖轴等。

2. 误差的消除与减弱

消除或减弱上述误差的具体方法如下：

1)采用盘左、盘右观测取平均值的方法，可以消除视准轴不垂直于水平轴、水平轴不垂直于竖轴和水平度盘偏心差的影响。

2)采用在各测回间变换度盘位置观测，取各测回平均值的方法，可以减弱由于水平度盘刻划不均匀给测角带来的影响。

3)仪器竖轴倾斜引起的水平角测量误差，无法采用一定的观测方法来消除。因此，在经纬仪使用之前应严格检校，确保水准管轴垂直于竖轴；同时，在观测过程中，应特别注意仪器的严格整平。

业务要点 2:观测误差

1.仪器对中误差

在安置仪器时，由于对中不准确，使仪器中心与测站点不在同一铅垂线上所产生的误差，称为对中误差。如图 3-31 所示，A、B 为两目标点，O 为测站点，O'为仪器中心，OO'的长度称为测站偏心距，用 e 表示，其方向与 OA 之间的夹角 θ 称为偏心角。β 为正确角值，β'为观测角值，由对中误差引起的角度误差 $\Delta\beta$ 为

$$\Delta\beta = \beta - \beta' = \delta_1 + \delta_2 \qquad (3\text{-}12)$$

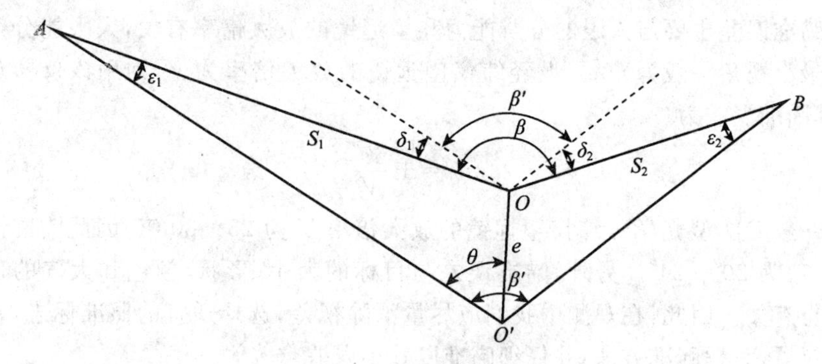

图 3-31　仪器对中误差

对中误差引起的角度误差不能通过观测方法消除，所以观测水平角时应仔细对中，当边长较短或两目标与仪器接近在一条直线上时，要特别注意仪器的对中，避免引起较大的误差。一般规定对中误差不超过 3mm。

2.目标偏心误差

水平角观测时，常用测钎、测杆或觇牌等立于目标点上作为观测标志，当观测标志倾斜或没有立在目标点的中心时，将产生目标偏心误差。如图 3-32 所示，O 为测站，A 为地面目标点，AA 为测杆，测杆长度为 l，倾斜角度为 α，则目

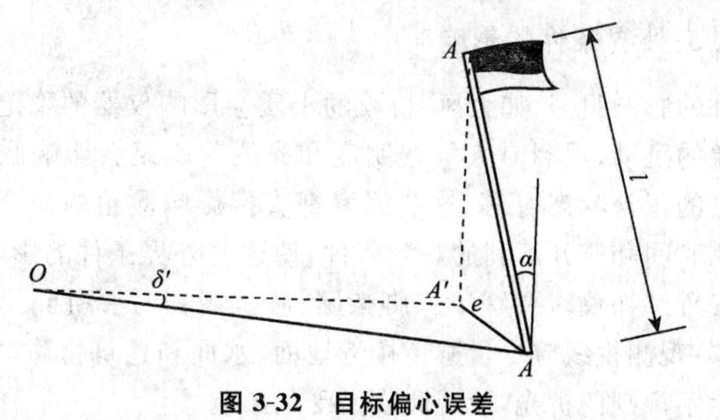

图 3-32　目标偏心误差

标偏心距为 e。为了减小目标偏心差，瞄准测杆时，测杆应立直，并尽可能瞄准测杆的底部。当目标较近，又不能瞄准目标的底部时，可采用悬吊垂线或选用专用觇牌作为目标。

3.整平误差

整平误差是指安置仪器时竖轴不竖直产生的误差。在同一测站，竖轴倾斜的方向不变，其对水平角观测的影响与视线倾斜角有关，倾角越大，影响也越大。因此，如前所述，应注意水准管轴与竖轴垂直的检校和使用中的整平。一般规定，在观测过程中，水准管偏离零点不得超过一格。

4.瞄准误差

瞄准误差主要与人眼的分辨能力和望远镜的放大倍率有关，人眼能分辨两点的最小视角一般为 60″。设经纬仪望远镜的放大倍率为 V，则用该仪器观测时，其瞄准误差为

$$m_V = \pm \frac{60''}{V} \tag{3-13}$$

一般 DJ_6 型光学经纬仪望远镜的放大倍率 V 为 25～30 倍，因此瞄准误差 m_V 一般为 20″～24″。另外，瞄准误差与目标的大小、形状、颜色和大气的透明度等也有关。因此，在观测中我们应尽量消除视差，选择适宜的照准标志，熟练操作仪器，掌握瞄准方法，并仔细瞄准以减小误差。

5.读数误差

读数误差主要来自仪器的读数设备，同时也与照明情况和观测者的经验有关。对于 DJ_6 型光学经纬仪，用分微尺测微器读数，一般估读误差不超过分微尺最小分划的 1/10，即不超过 ±6″。如果反光镜进光情况不佳，读数显微镜调焦不好，以及观测者的操作不熟练，则估读的误差可能会超过上述数值。因此，读数时必须仔细调节读数显微镜，使度盘与测微尺影像清晰，也要仔细调整反光镜，使影像亮度适中，然后再仔细读数。使用测微轮时，一定要使度盘分划线位于双指标线正中央。

业务要点 3:外界条件的影响

外界条件的影响很多，如大风、松软的土质会影响仪器的稳定；地面的辐射热会引起物象的跳动；观测时大气透明度和光线的不足会影响瞄准精度；温度变化影响仪器的正常状态等等，这些因素都直接影响测角的精度。因此，要选择有利的观测时间和避开不利的观测条件，使这些外界条件的影响降低到较小的程度。如安置经纬仪时要踩实三脚架腿；晴天观测时要打测伞，以防止阳光直接照射仪器；观测视线应尽量避免接近地面、水面和建筑物等，以防止物象跳动和光线产生不规则的折光，使观测成果受到影响。

第四章　距离测量与直线定向

第一节　钢尺量距

本节导图

钢尺量距方法是直接利用具有标准长度的钢尺测量地面两点间的距离，又称为距离丈量。钢尺量距方法虽然简单，但是易受地形限制，通常较适合于平坦地区进行短距离量距，距离较长时其测量工作繁重。本节主要介绍了钢尺测量工具、钢尺的一般量距、精密量距以及钢尺量距的误差分析，其内容关系如图4-1所示。

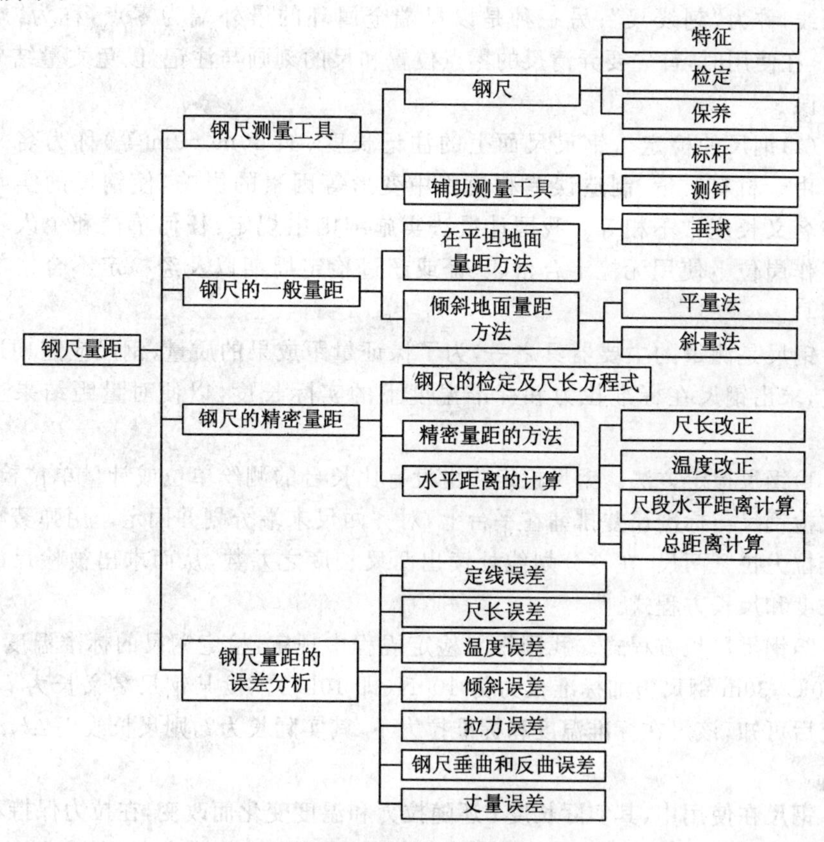

图4-1　本节内容关系图

业务要点 1:钢尺测量工具

1.钢尺

(1)钢尺的特征　钢尺是由钢材制成的,形状与皮尺类似,卷入圆形金属盒内,所以又称"钢卷尺",如图 4-2 所示。其尺长包括 20m、30m 和 50m 几种,厚度约为 0.4mm,最小刻画到毫米(有的只在尺的端部一分米内,刻画到毫米,其余尺段则刻画到厘米),在分米和米的分划处,标有数字。钢尺抗拉强度高,因此使用时不易伸缩,所以量距精度要求较高时,需用钢尺丈量。

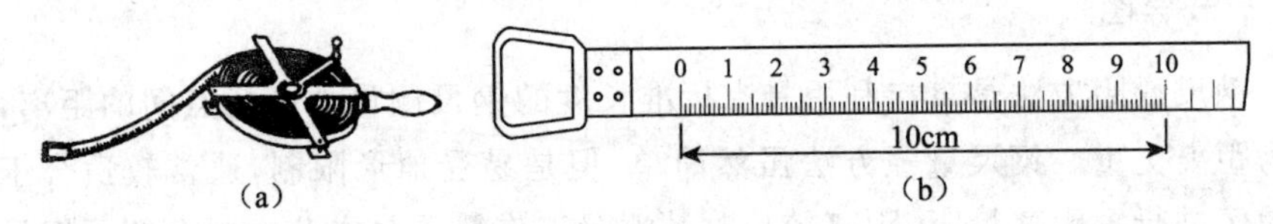

图 4-2　钢尺及其分划

无论是皮尺还是钢尺,尺的零点位置有两种:一种是在尺的端部刻有零点分划线,称为"刻线尺";另一种是以尺端金属环的最外端为零点,称为"端点尺"。在使用时,首先要弄清尺的零点位置和尺的刻画与注记,以免丈量结果出现错误。

(2)钢尺的检定　钢尺尺面上的注记长度(如 30m、50m 等)称为名义长度。由于材料质量、制造误差和使用中变形等因素的影响,使钢尺的实际长度与名义长度常不相等。我国计量法实施细则中规定:任何单位和个人不准在工作岗位上使用无检定合格印、证或超过检定周期以及经检定不合格的计量器具。

钢尺是测量的主要器具之一,为了保证量距成果的质量,钢尺应定期进行检定,求出钢尺在标准拉力和标准温度下的实际长度,以便对量距结果进行改正。

1)钢尺检定方法。钢尺检定应由设有比长台的测绘单位或计量单位检定,将被检钢尺与标准尺并排铺在平台上,对齐两尺末端分划并固定。用弹簧秤加标准拉力拉紧两尺,在零分划线处读出两尺长度之差数,从而求出被检尺的实际长度和尺长方程式。

2)钢尺尺长方程式。我国钢尺检定规程中规定:检定钢尺的标准温度(t_0)为 20℃,30m 钢尺施加标准拉力为 100N(即 10kg)。设某钢尺名义长为 l_0,经检定后可知,该尺在标准温度和标准拉力下,其实际长为 l,则尺长改正 Δl,$\Delta l=l-l_0$。

钢尺在使用中,其实际长度 l 还随拉力和温度变化而改变,在拉力保持不变时,钢尺实际长度 l 是温度 t 的函数,描述钢尺在标准拉力条件下,实际长度 l

随温度 t 而变化的函数关系式，称钢尺尺长方程式，其一般形式为：

$$l_t = l_0 + \Delta l + \alpha(t - t_0)l_0 \tag{4-1}$$

式中　l_t——钢尺在温度为 t 时的实际长度；

l_0——钢尺的名义长度；

Δl——钢尺的尺长改正，即钢尺在温度 t_0 时的实际长度与名义长度之差；

α——钢尺的线膨胀系数，即钢尺当温度变化 1℃时其 1m 长度的变化量，其值一般为 $1.15\times10^{-5}\sim1.25\times10^{-5}$；

t——钢尺使用时的温度(℃)；

t_0——钢尺检定时的温度(20℃)。

(3)钢尺的保养

1)防折：钢尺性脆易折，遇有扭结打环，应解开再拉，收尺不得逆转。

2)防踩：使用时不得踩尺面，特别是在地面不平时。

3)防轧：钢尺严禁车轧。

4)防潮：钢尺受潮易锈，遇水后要用干布擦净，较长时间不使用时应涂油存放。

5)防电：防止电焊接触尺身。

6)保护尺面：使用时尺身尽量不拖地擦行以保护尺面，特别是尺面是喷涂的尺子。

2.辅助测量工具

(1)标杆　标杆又称为花杆，多由直径 3～4cm 的木杆或铝合金制成，一般为 2～4m，杆身涂有红白相间的 20cm 色段，以便于远处清晰可见；杆底部装有铁脚，以便插在地面上或对准点位，用以标定直线点位或作为照准标志，如图 4-3 所示。

图 4-3　标杆

(2)测钎　测钎是由铁条制成，长为 30～40cm，直径为 3～6mm，每 6 根或 11 根用铁环穿起作为一组，便于携带，以防丢失。测钎的一端磨尖，以便插入土中，用以标志量距的点位，并计算已量过的整尺段数。因其形如尖针，因此又称为“测针”，如图 4-4 所示。

(3)垂球　垂球是由钢或铁制成的金属锤，上大下尖，呈倒圆锥形，通常重量为 0.05～0.5kg 不等，上端系有细绳，常悬于由标杆组成的垂球架上，悬吊后，垂球尖与细绳在同一垂线上。垂球是测量工作中投影对点或检验物体是否铅垂的器具，也常用于斜坡上丈量水平距离，如图 4-5 所示。

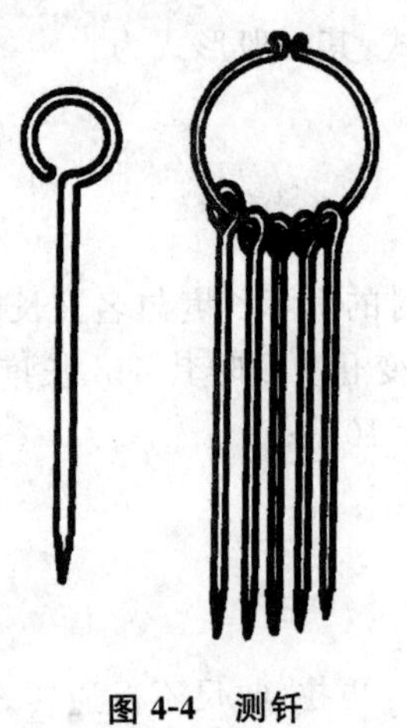

图 4-4　测钎

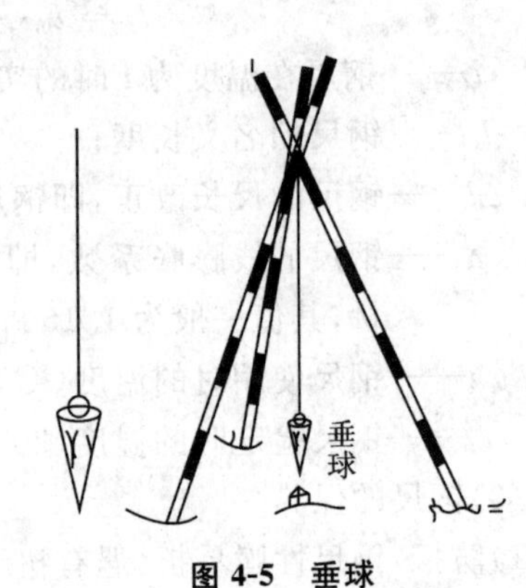

图 4-5　垂球

业务要点 2:钢尺的一般量距

1.在平坦地面量距方法

要丈量平坦地面上 A、B 两点间的距离，其做法是：先在标定好的 A、B 两点立标杆，进行直线定线，如图 4-6 所示，然后进行丈量。丈量时后尺手拿尺的零端，前尺手拿尺的末端，两尺手蹲下，后尺手把零点对准 A 点，喊"预备"，前尺手把尺边近靠定线标志钎，两人同时拉紧尺子，当尺拉稳后，后尺手喊"好"，前尺手对准尺的终点刻划将一测钎竖直插在地面上，如图 4-6 所示。这样就量完了第一尺段。

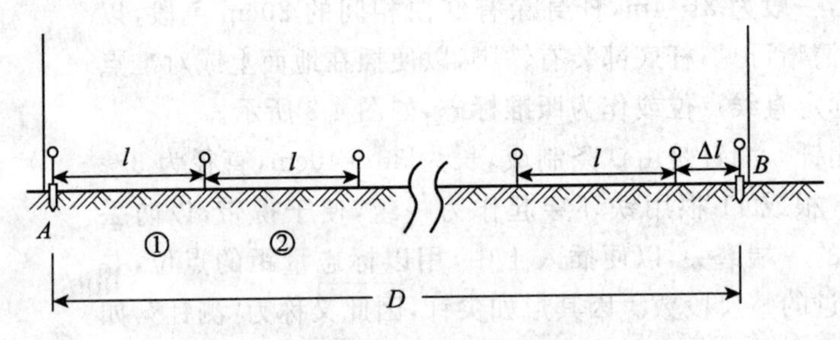

图 4-6　距离丈量示意图

用同样的方法，继续向前量第二、第三、…、第 n 尺段。量完每一尺段时，后尺手必须将插在地面上的测钎拔出收好，用来计算量过的整尺段数。最后量不足一整尺段的距离 Δl，如图 4-6 所示，当丈量到 B 点时，由前尺手用尺上某整刻划线对准终点 B，后尺手在尺的零端读数至 mm，量出零尺段长度 Δl。

上述过程称为往测，往测的距离 D 用下式计算：

$$D = nl + \Delta l \tag{4-2}$$

式中　l——整尺段的长度；

n——丈量的整尺段数；

Δl——零尺段长度。

接着再调转尺头用以上方法，从 B 至 A 进行返测，直至 A 点为止。然后再依据式(4-2)计算出返测的距离。一般往返各丈量一次称为一测回，在符合精度要求时，取往返距离的平均值作为丈量结果。量距记录表见表 4-1。

表 4-1　一般钢尺量距记录手簿表

测线		观测度			精　度	平均值	备　注
		整尺段	非整尺段	总长			
AB	往	3×30	7.309	97.309	1/2500	97.328	
	返	3×30	7.347	97.347			

2.倾斜地面量距方法

(1)平量法　如图 4-7 所示，若地面起伏不平，可将钢尺拉平丈量。丈量由 A 向 B 进行，后尺手将尺的零端对准 A 点，前尺手将尺抬高，并且目估使尺水平，用垂球尖将尺段的某一分划投影于 AB 方向线的地面上，再插以测钎进行标定，并记下此分划读数。依次进行，丈量 AB 的水平距离。一直量到终点 B。则 AB 两点间的平距 D 为：

$$D = L_1 + L_2 + \cdots + L_n \tag{4-3}$$

$L_i(i=1、2、\cdots、n)$可以是整尺长，当地面坡度较大时，也可以是不足一整尺的长度。

如果地面倾斜较大，将钢尺整尺拉平有困难时，可将一尺段分成几段来平量。

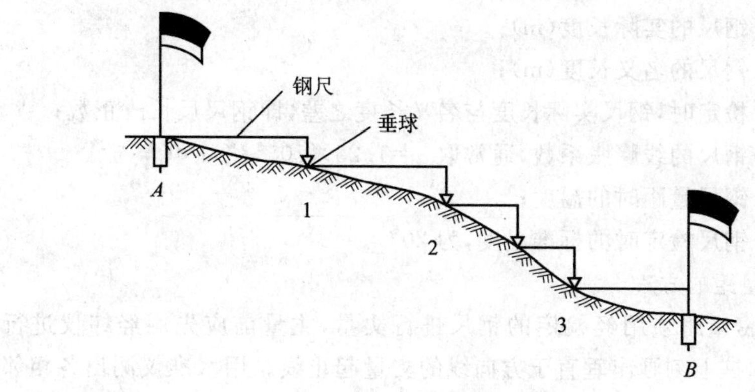

图 4-7　平量法

(2)斜量法　当倾斜地面的坡度比较均匀时，如图 4-8 所示，可沿斜面直接丈量出 AB 的倾斜距离 D'，测出地面倾斜角 α 或 AB 两点间的高差 h，计算 AB 的水平距离 D：

$$D = D'\cos\alpha \tag{4-4}$$

$$D = \sqrt{D'^2 - h^2} \tag{4-5}$$

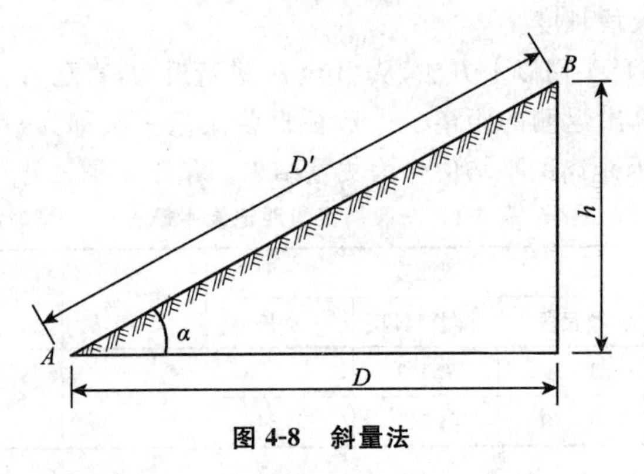

图 4-8 斜量法

业务要点 3:钢尺的精密量距

用一般方法量距,量距精度只能达到 1/1000～1/5000,当量距精度要求更高时,必须采用精密的方法进行丈量。

1.钢尺的检定及尺长方程式

由于钢尺的钢材质量、制造工艺以及丈量时温度和拉力等因素影响,往往使其实际长度不等于它所标称的名义长度。若用其测量距离,将会产生尺长、温度或拉力误差。因此,丈量之前必须对钢尺进行检定,得出钢尺在标准拉力和标准温度下(20℃)的实际长度,通过检定,给出钢尺的尺长方程式:

$$l = l_0 + \Delta l + \alpha \cdot l_0(t - t_0) \tag{4-6}$$

式中 l——钢尺的实际长度(m);

l_0——钢尺的名义长度(m);

Δl——检定时,钢尺实际长度与名义长度之差,即钢尺尺长改正数;

α——钢尺的线膨胀系数,通常取 $\alpha=1.25\times10^{-5}$/℃;

t——钢尺量距时的温度;

t_0——钢尺检定时的标准温度,为 20℃。

2.精密量距的方法

钢尺精密量距须用经检定的钢尺进行丈量,丈量前应先用经纬仪进行定线,并在各木桩上刻画出垂直于方向线的丈量起止线。用水准仪测出各相邻木桩桩顶之间的高差;用钢尺丈量相邻桩顶距离时,应使用弹簧秤施以与钢尺检定时一致的标准拉力(30m 钢尺,标准拉力值一般为 10kg;50m 钢尺为 15kg);精确记录每一尺段丈量时的环境温度,估读至 0.5℃;读取钢尺读数,先读毫米和厘米数,然后把钢尺松开再读分米和米数,估读至 0.5mm。每尺段要移动钢尺位置丈量三次，三次测得结果的较差一般不应超过 2～3mm，否则需重新测量。如在允许范围内，取三次结果的平均值，作为该尺段的观测结果。

按上述方法，从起点丈量每尺段至终点为往测，往测完毕后应立即返测。

3. 水平距离的计算

首先需对每一尺段长度进行尺长改正和温度改正，计算出每尺段的实际倾斜距离；根据各相邻木桩桩顶之间的高差，计算出每尺段的实际水平距离；最后计算全长并评定精度。

（1）尺长改正　在尺长方程式中，钢尺的整个尺长 l_0 的尺长改正数为 Δl（即钢尺实际长度与名义长度的差值），则每量 1m 的尺长改正数为$\frac{\Delta l}{l_0}$，量取任意长度 z 的尺长改正数 Δl_d 为：

$$\Delta l_d = \frac{\Delta l}{l_0} \times l \tag{4-7}$$

（2）温度改正　由于丈量时的温度 t 与标准温度 t_0 不相同，引起钢尺的缩胀，对量取长度 l 的影响为该段长度的温度改正数 Δl_t：

$$\Delta l_t = \alpha(t - t_0) l \tag{4-8}$$

对每一尺段 l 进行尺长改正和温度改正后，即得到该段的实际倾斜距离 d'：

$$d' = l + \Delta l_d + \Delta l_t \tag{4-9}$$

（3）尺段水平距离计算　将实际倾斜距离 d'，利用测得的桩顶之间的高差，按式(4-2)计算，得到该尺段的实际水平距离 d 为：

$$d = \sqrt{d'^2 - h^2}$$

（4）总距离计算　总距离等于各尺段实际水平距离之和，即：

$$D = d_1 + d_2 + \cdots + d_n = \sum d_i \tag{4-10}$$

用式(4-11)计算往、返丈量的相对误差，对量距精度进行评定。如果相对误差在限差范围之内，则取往、返丈量实际水平距离的平均值作为最后结果。如超限，必须重测。

$$K = \frac{|\Delta D|}{D_{平均}} = \frac{1}{\frac{D_{平均}}{|\Delta D|}} \tag{4-11}$$

业务要点 4：钢尺量距的误差分析

影响钢尺量距精度的误差有很多，其中主要有以下几个方面：

1. 定线误差

由于直线定线不准，使得钢尺所量各尺段偏离直线方向而形成折线，由此

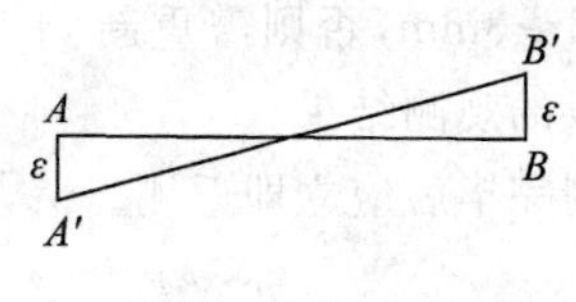

图 4-9　定线误差

产生的量距误差，称为定线误差。如图 4-9 所示，AB 为直线的正确位置，$A'B'$ 为钢尺位置，致使量距结果偏大。设定线误差为 ε，由此引起的一个尺段 l 的量距误差 $\Delta\varepsilon$ 为：

$$\Delta\varepsilon = \sqrt{l^2-(2\varepsilon)^2}-l=-\frac{2\varepsilon^2}{l} \tag{4-12}$$

当 l 为 30m 时，若要求 $\Delta\varepsilon \leqslant \pm 3$mm，则应使定线误差 ε 小于 0.21m，这样采用目估定线是容易达到的。精密量距时必须用经纬仪定线，可使 ε 值和 $\Delta\varepsilon$ 值更小。

2.尺长误差

钢尺名义长度与实际长度往往不一致，使得丈量结果中必然包含尺长误差。尺长误差具有系统累积性，其与所量距离成正比。因此钢尺必须经过检定以求得尺长误差改正数。精密量距时，钢尺虽经过检定并在丈量结果中加入了尺长改正，但一般钢尺尺长检定方法只能达到±0.5mm 左右的精度，因此，尺长误差仍然存在。一般量距时，可不进行尺长改正；当尺长改正数大于尺长 1/10000 时，则应进行尺长改正。

3.温度误差

根据钢尺的温度改正数公式 $\Delta l_t=\alpha l(t-t_0)$，可以计算出，30m 的钢尺，温度变化 8℃，由此产生的量距误差为 1/10000。在一般量距中，当丈量温度与标准温度之差小于±8℃时，可不考虑钢尺的温度误差。

使用温度计量测的是空气中温度，而不是尺身温度，尤其是夏天阳光暴晒下，尺身温度和空气中温度相差超过 5℃。为减小这一误差的影响，量距工作宜选择在阴天进行，并设法测定钢尺尺身的温度。

4.倾斜误差

钢尺一般量距中，由于钢尺不水平所产生的量距误差称为倾斜误差。这一误差会导致量距结果偏大。设用 30m 钢尺，当目估钢尺水平的误差为 40cm 时，根据式(4-8)可计算出，由此产生的量距误差为 3mm。

对于一般量距可不考虑此影响。精密量距时，根据两点之间的高差，计算水平距离。

5.拉力误差

钢尺长度随拉力的增大而变长，当量距时施加的拉力与检定时的拉力不相等时，钢尺的长度就会变化，而产生拉力误差。拉力变化所产生的长度误差 Δp 为：

$$\Delta p=\frac{l\cdot\delta p}{E\cdot A} \tag{4-13}$$

式中　l——钢尺长；

δp——拉力误差；

E——钢的弹性模量，通常取 $2\times106\text{kg/cm}^2$；

A——钢尺的截面积。

设 30m 的钢尺，截面积为 0.04cm^2，则可以算出，拉力误差 δp 为 $0.038\Delta p\text{mm}$。欲使 Δp 不大于±1mm，拉力误差则不得超过 2.6kg。在一般量距中，当拉力误差不超过 2.6kg 时，可忽略其影响。精密量距时，使用弹簧秤控制标准拉力，Δp 很小，Δp 则可忽略不计。

6.钢尺垂曲和反曲误差

钢尺悬空丈量时，中间受重力影响而下垂，称为垂曲；钢尺沿地面丈量时，由于地面凸起使钢尺上凸，称为反曲。钢尺的垂曲和反曲都会产生量距误差，使丈量结果偏大。因此量距时应将钢尺拉平丈量。

7.丈量误差

钢尺丈量误差包括对点误差、插测钎的误差、读数误差等。这些误差有正有负，在量距成果中可相互抵消一部分，但无法完全消除，仍是量距工作的主要误差来源，丈量时应认真对待，仔细操作，尽量减小丈量本身的误差。

第二节　视距测量

本节导图

视距测量是利用经纬仪或水准仪望远镜中的视距丝装置以及刻有厘米分划的视距标尺，根据光学和三角学原理测定两点间的水平距离和高差的一种方法。该方法受地形的限制，但是测距精度较低，通常相对误差为 1/300～1/200，适用于低精度近距离测量。本节主要介绍了视距测量原理及公式、观测与计算、注意事项以及视距测量的误差分析，其内容关系如图 4-10 所示。

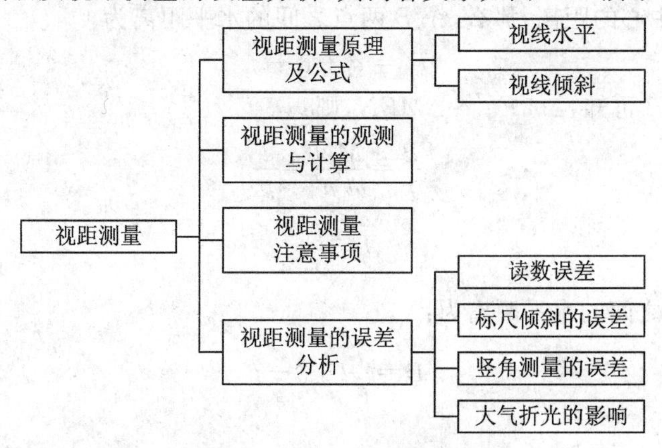

图 4-10　本节内容关系图

业务要点1:视距测量原理及公式

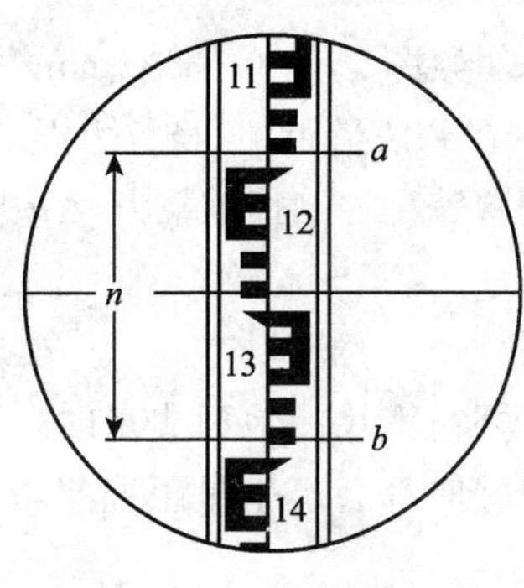

图4-11 视距丝

在经纬仪、水准仪等仪器的望远镜十字丝分划板上,有两条平行于横丝同时与横丝等距的短丝,称为视距丝,又称上下丝,利用视距丝、视距尺和竖盘可以进行视距测量,如图4-11所示。

1.视线水平

如图4-12所示,预测地面A、B两点之间的水平距离和高差,可安置经纬仪于A点,并在B点上竖立视距尺;调整仪器使望远镜视线水平,且瞄准B点所立的视距尺,此时水平视线与视距尺垂直。

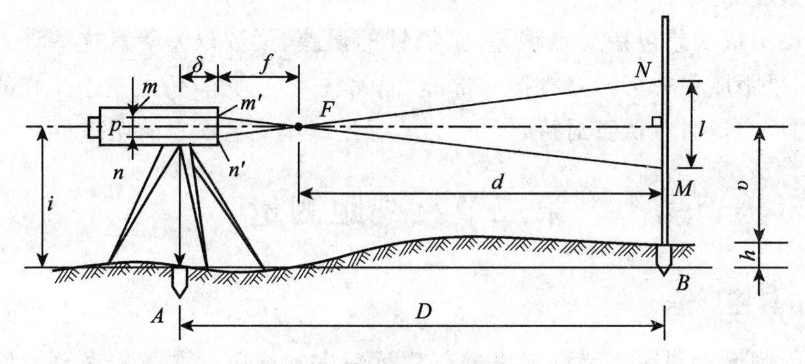

图4-12 视线水平时视距原理

根据成像原理,从视距丝m、n发出的平行于望远镜视准轴的光线,经过m'、n'和物镜焦点F后,分别截于视距尺上的M、N处,M和N间的长度称为尺间隔,用l表示。设P为两视距丝在分划板上的间距,f为物镜焦距,δ为物镜至仪器旋转中心的距离,那么,A、B两点之间的水平距离为

$$D = d + \delta + f \tag{4-14}$$

由图4-12可知,$\Delta m'Fn' \sim \Delta MFN$,则:

$$\frac{d}{f}=\frac{MN}{m'n'}=\frac{l}{p}$$

$$d=\frac{f}{p}l$$

故A、B之间的水平距离为:

$$D=\frac{f}{p}l+\delta+f$$

令$K=\dfrac{f}{p}$,$C=\delta+f$,则

$$D = Kl + C \tag{4-15}$$

式中　K——视距乘常数，通常为 100；

C——视距加常数，外对光望远镜的 C 一般为 0.3m，内对光望远镜 $C \approx 0$。

DJ_6 光学经纬仪的望远镜为内对光式，因此：

$$D = Kl \tag{4-16}$$

由图 4-12 还可看出，当仪器安置高度为 i，望远镜中丝在视距尺上的读数为 v 时，A、B 两点之间的高差为：

$$h = i - v \tag{4-17}$$

2. 视线倾斜

当地面上 A、B 两点的高差较大时，要使视线倾斜一个竖直角 α，才能在标尺上进行视距读数，此时视线不垂直于视距尺，不能采用上述公式计算水平距离和高差。

如图 4-13 所示，假设将标尺以中丝读数 l 这一点为中心，转动一个 α 角，使标尺仍与视准轴保持垂直，这时上、下视距丝的读数分别为 b' 和 a'，视距间隔 $n' = a' - b'$，则倾斜距离为：

$$D' = Kn' = K(a' - b') \tag{4-18}$$

化为水平距离：

$$D = D'\cos\alpha = Kn'\cos\alpha \tag{4-19}$$

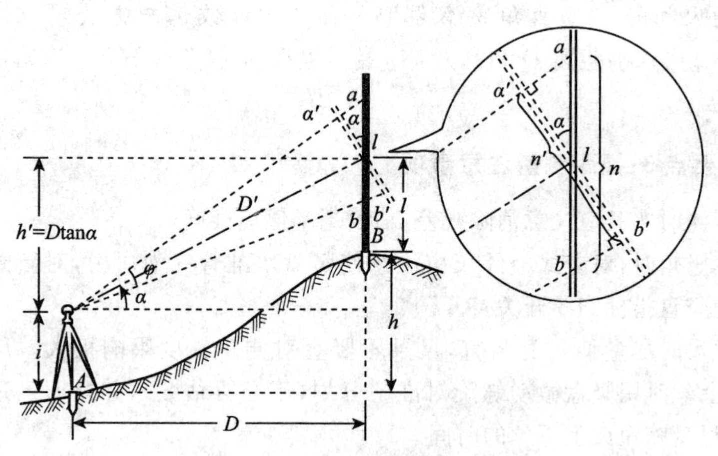

图 4-13　视线倾斜时的视距测量

由于通过视距丝两条光线的夹角 φ 很小，因此 $\angle aa'l$ 和 $\angle bb'l$ 可近似看作直角，则有：

$$n' = n\cos\alpha \tag{4-20}$$

将式(4-20)代入式(4-19)，可得视准轴倾斜时水平距离的计算公式，如下：

$$D = Kn\cos^2\alpha \tag{4-21}$$

同理，由图 4-13 可知，A、B 两点之间的高差为：

$$h = h' + i - l = D\tan\alpha + i - l = \frac{1}{2}Kn\sin^2\alpha + i - l \tag{4-22}$$

式中 α——垂直角；

i——仪器高；

l——中丝读数。

业务要点 2：视距测量的观测与计算

1）如图 4-13 所示，将经纬仪安置于 A 点，量取仪器高 i，并且在 B 点竖立视距尺。

2）用盘左或盘右，转动照准部瞄准 B 点的视距尺，分别读取上、中、下三丝在标尺上的读数 b、l、a，计算出视距间隔 $n=a-b$。在实际视距测量操作过程中，为了便于计算，在读取视距时，可以使下丝或上丝对准尺上一个整分米处，直接在尺上读出尺间隔 n，或者在瞄准读中丝时，使中丝读数 l 等于仪器高 i。

3）转动竖盘指标水准管微动螺旋，使竖盘指标水准管气泡居中，读取竖盘读数，并且计算出竖直角 α。

4）将上述观测得出的数据分别记入视距测量手簿表中相应的栏内。然后根据视距尺间隔 n、竖直角 α、仪器高 i 和中丝读数 l，根据公式(4-21)和式(4-22)计算出水平距离 D 和高差 h。最后根据 A 点高程 H_A 计算出待测点 B 的高程 H_B。

业务要点 3：视距测量注意事项

1）观测时尤其应注意消除视差，估读毫米值应准确。

2）读竖角时，对老式经纬仪应注意使竖盘水准管气泡居中，对新式经纬仪应注意把竖盘指标归零开关打开。

3）立尺时尽量使尺身竖直，尺子不竖直对测距精度影响极大。尺子要立稳，观测上丝时用竖盘微动螺旋对准整分划(不必再估数)，并立即迅速读取下丝读数，尽量缩短读上下丝的时间。

4）为了减少大气折光及气流波动的影响，视线要离地面 0.5m 以上，尤其是在烈日下或夏天作业时更应注意。

业务要点 4：视距测量的误差分析

视距测量误差的主要原因包括：视距丝在标尺上的读数误差、标尺不竖直的误差、竖角观测误差以及大气折光的影响。

1. 读数误差

由上、下丝读数之差求得尺间隔，计算距离时用尺间隔乘 100，所以读数误差将扩大 100 倍影响所测的距离。即读数误差为 1mm，影响距离误差为 0.1m。所以在标尺读数时，必须消除视差，读数要十分仔细。另外，立尺者不能使标尺完全稳定，因此要求上、下丝最好能同时读取，为此建议观测上丝时，用竖盘微动螺旋对准整分划，立即读取下丝读数。测量边长不能过长或过远，望远镜内看尺子分划变小，读数误差就会增大。

2. 标尺倾斜的误差

当坡地测量时，标尺向前倾斜时所读尺间隔，比标尺竖直时小，反之，当标尺向后倾斜时所读尺间隔，比标尺竖直时大。但是在平地时，标尺前倾或后倾都使尺间隔读数增大。设标尺竖直时所读尺间隔为 l，标尺倾斜时所读尺间隔为 l'，倾斜标尺与竖直标尺夹角为 δ，推导 l' 与 l 之差 Δl 的公式如下：

$$\Delta l = \pm \frac{l' \cdot \delta}{\rho''} \tan\alpha \tag{4-23}$$

从表 4-2 可以看出：随标尺倾斜 δ 的增大，尺间隔的误差 Δl 也随着增大；在标尺同一倾斜的情况下，测量竖角增加，尺间隔的误差 Δl 也迅速增加。所以，在山区进行视距测量时，误差会很大。

表 4-2　标尺倾斜在不同竖角下产生尺间隔的误差 Δl(l′=1m)

δ / Δl / α	1°	2°	3°	4°	5°
5°	2mm	3mm	5mm	6mm	7mm
10°	3mm	6mm	9mm	12mm	15mm
20°	6mm	13mm	19mm	25mm	32mm

3. 竖角测量的误差

1)竖角测量的误差对水平距的影响。

已知
$$D = Kl\cos^2\alpha$$

对上式两边取微分
$$dD = 2Kl\cos\alpha\sin\alpha \frac{d\alpha}{\rho''}$$

$$\frac{dD}{D} = 2\tan\alpha \frac{d\alpha}{\rho''}$$

设 $d\alpha = \pm 1'$，当山区作业最大 $\alpha = 45°$，则：

$$\frac{dD}{D} = 2 \times 1 \times \frac{60''}{206265''} = \frac{1}{1719} \tag{4-24}$$

2)竖角测量的误差对高差的影响。

已知
$$h = D\tan\alpha = \frac{1}{2}Kl\sin 2\alpha$$

对上式两边取微分 $dh=Kl\cos2\alpha\dfrac{d\alpha}{\rho''}$

当 $d\alpha=\pm1'$，并以 dh 最大来考虑，即 $\alpha=0°$，代入上式得

$$dh=100\times1\times\frac{60''}{206265''}=0.03\text{m} \tag{4-25}$$

从式(4-24)与式(4-25)看出：竖角测量的误差对距离影响不大，对高差影响较大，每百米高差误差为 3cm。

根据分析和实验数据证明，视距测量的精度通常约为 1/300。

4.大气折光的影响

由于大气折射作用，读数时视线由直线变为曲线，从而使测距产生误差，而且视线越靠近地面，折光的影响越明显。因此，视距测量时应尽可能使视线距离地面 1m 以上。

第三节　光电测距

本节导图

光电测量是用仪器发射并接受电磁波，通过测量电磁波在待测距离上往返传播的时间结算出距离。此方法测程远，精度高，适用于精度高的远距离测量和近距离的细部测量。本节主要介绍了光电测距原理、光电测距仪的结构性能和操作与使用、光电测距的注意事项以及光电测距仪的误差，其内容关系如图 4-14 所示。

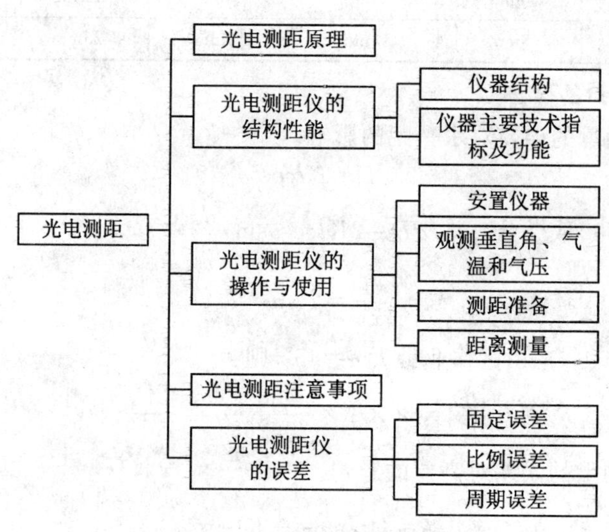

图 4-14　本节内容关系图

业务要点1:光电测距原理

光电测距仪根据测定时间 t 的方式,可以分为直接测定时间的脉冲测距法和间接测定时间的相位测距法。高精度的测距仪,通常采用相位式。

相位式光电测距仪的测距原理是:由光源发出的光通过调制器后,成为光强随高频信号变化的调制光。通过测量调制光在待测距离上往返传播的相位差 Φ 来解算距离。

相位法测距相当于用"光尺"代替钢尺量距,而 $\lambda/2$ 为光尺长度。

相位式测距仪中,相位计只能测出相位差的尾数 ΔN,测不出整周期数 N,因此对大于光尺的距离无法测定。为了扩大测程,应选择较长的光尺。为了解决扩大测程与保证精度的矛盾,短程测距仪上一般采用两个调制频率,即两种光尺。

业务要点2:光电测距仪的结构性能

1.光电测距仪结构

主机通过连接器安置在经纬仪上部,经纬仪可以是普通光学经纬仪,也可以是电子经纬仪。利用光轴调节螺旋,可使主机的发射接受器光轴与经纬仪视准轴位于同一竖直面内。另外,测距仪横轴到经纬仪横轴的高度与觇牌中心到反射棱镜高度一致,从而使经纬仪瞄准觇牌中心的视线与测距仪瞄准反射棱镜中心的视线保持平行,配合主机测距的反射棱镜,根据距离远近,可选用单棱镜(1500m 内)或三棱镜(2500m 内),棱镜安置在三脚架上,根据光学对中器和长水准管进行对中整平,如图 4-15 所示。

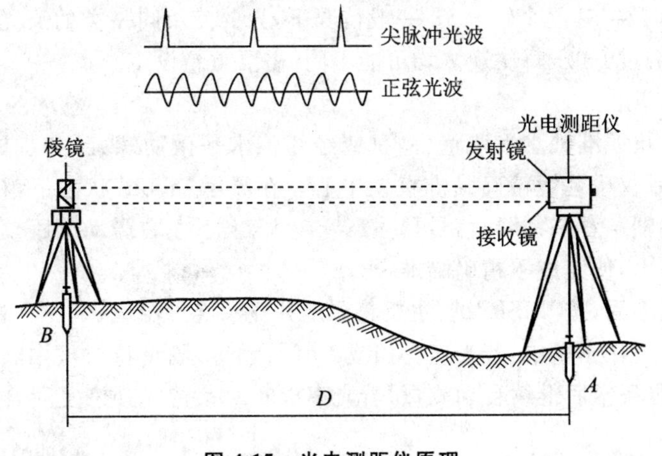

图 4-15　光电测距仪原理

2.仪器主要技术指标及功能

短程红外光电测距仪的最大测程为2500m,测距精度可达±$(3mm+2\times10^{-6}\times D)$(其中$D$为所测距离),最小读数为1mm。仪器设有自动光强调节装置,在复杂环境下测量时也可人工调节光强;可输入温度、气压和棱镜常数自动对结果进行改正;可输入垂直角自动计算出水平距离和高差;可通过距离预置进行定线放样;若输入测站坐标和高程,可自动计算观测点的坐标和高程。测距方式有正常测量和跟踪测量,其中正常测量所需时间为3s,还能显示数次测量的平均值;跟踪测量所需时间为0.8s,每隔一定时间间隔自动重复测距。

业务要点3:光电测距仪的操作与使用

1.安置仪器

先在测站上安置好经纬仪,对中、整平后,将测距仪主机安装在经纬仪支架上,用连接器固定螺栓锁紧,将电池插入主机底部、扣紧。在目标点安置反射棱镜,对中、整平,并使镜面朝向主机。

2.观测垂直角、气温和气压

用经纬仪十字横丝照准觇板中心,测出垂直角α。同时,观测和记录温度和气压计上的读数。观测垂直角、气温和气压,目的是对测距仪测量出的斜距进行倾斜改正、温度改正和气压改正,以得到正确的水平距离。

3.测距准备

按电源开关键"PWR"开机,主机自检并显示原设定的温度、气压和棱镜常数值,自检通过后将显示"good"。

若修正原设定值,可按"TPC"键后输入温度、气压值或棱镜常数(一般通过"ENT"键和数字键逐个输入)。一般情况下,只要使用同一类的反光镜,棱镜常数不变,而温度、气压每次观测均可能不同,需要重新设定。

4.距离测量

调节主机照准轴水平调整手轮(或经纬仪水平微动螺旋)和主机俯仰微动螺旋,使测距仪望远镜精确瞄准棱镜中心。在显示"good"状态下,精确瞄准也可根据蜂鸣器声音来判断,信号越强声音越大,上下左右微动测距仪,使蜂鸣器的声音为最大,便完成了精确瞄准,出现"*"。

精确瞄准后,按"MSR"键,主机将测定并显示经过温度、气压和棱镜常数改正后的斜距。在测量中,若光速受挡或大气抖动等,测量将暂被中断,此时"*"消失,待光强正常后继续自动测量;若光束中断30s,待光强恢复后,再按"MSR"键重测。

斜距到平距的改算,一般在现场用测距仪进行,方法是:按"V/H"键后输入垂直角值,再按"SHV"键显示水平距离。连续按"SHV"键可依次显示斜距、平距和高差。

业务要点 4:光电测距的注意事项

1)由于气象条件对光电测距影响较大,因此微风的阴天是观测的良好时机。

2)测线应尽量离开地面障碍物 1.3m 以上,且应避免通过发热体和较宽水面的上空。

3)测线应避开强电磁场干扰的地方(例如测线不宜接近变压器、高压线等)。

4)镜站的后面不应有反光镜和其他强光源等背景的干扰。

5)要严防阳光及其他强光直射接收物镜,避免光线经镜头聚焦进入机内,将部分元件烧坏,阳光下作业应撑伞保护仪器。

业务要点 5:光电测距仪的误差

1.固定误差

固定误差与被测距离无关,主要包括仪器对中误差、仪器加常数测定误差及测相误差。

2.比例误差

比例误差与被测距离成正比,其主要包括:

1)大气折射率的误差,在测线一端或两端测定的气象因素不能完全代表整个测线上平均气象因素。

2)调制光频率测定误差,调制光频率决定测尺的长度。

3.周期误差

由于送到仪器内部数字检相器不仅有测距信号,还有仪器内部的窜扰信号,而测距信号的相位随距离值在 0°～360°内变化。因而合成信号的相位误差大小也以测尺为周期而变化,故称周期误差。

第四节　直线定向

本节导图

在测量过程中常需要确定两点平面位置的相对关系,而此时不仅要测得两点间的距离,还需知道这条直线的方向,才能确定两点间的相对位置,在测量过程中,一条直线的方向是根据某一标准方向线确定的,确定直线与标准方向线之间夹角关系的工作称为直线定向。本节主要介绍了基本方向的种类、直线方向的表示方法以及罗盘仪的构造与使用,其内容关系如图 4-16 所示。

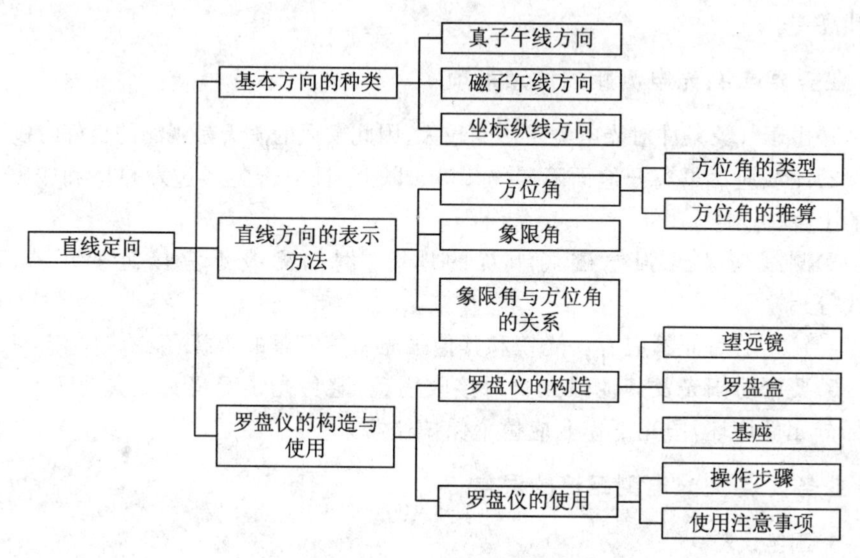

图 4-16　本节内容关系图

业务要点 1:基本方向的种类

确定一条直线的方向称为直线定向。进行直线定向首先要选定一个标准方向作为直线定向的依据,在测量中常以真子午线、磁子午线和坐标纵线方向作为基本方向。其中,真子午线的方向用天文测量的方法测定,或用陀螺经纬仪方法测定。磁子午线可用罗盘仪测定。

1.真子午线方向

通过地球表面某点,指向地球南、北极的方向线,称为该点的真子午线方向。真子午线方向是通过天文测量的方法或用陀螺经纬仪测定的,如图 4-17(a)所示。

2.磁子午线方向

磁针在地面某点自由静止时所指的方向,就是该点的磁子午线方向,磁子午线方向可用罗盘仪测定。由于地球的南、北两磁极与地球南、北极不一致(磁北极约在北极 74°、西经 110°附近;磁南极约在南纬 69°、东经 114°附近),因此,地面上任意点的磁子午线方向与真子午线方向也不一致,二者间的夹角称为磁偏角。地面上点的位置不同,其磁偏角也是不同的。以真子午线为标准,磁子午线北端偏向真子午线以东称为东偏,规定其方向为“+”;反之,若磁子午线北端偏向真子午线以西称为西偏,规定其方向为“-”,如图 4-17(a)所示。

3.坐标纵线方向

测量平面直角坐标系中的坐标纵轴(x 轴)方向线,称为该点的坐标纵线方向,如图 4-17(b)所示。

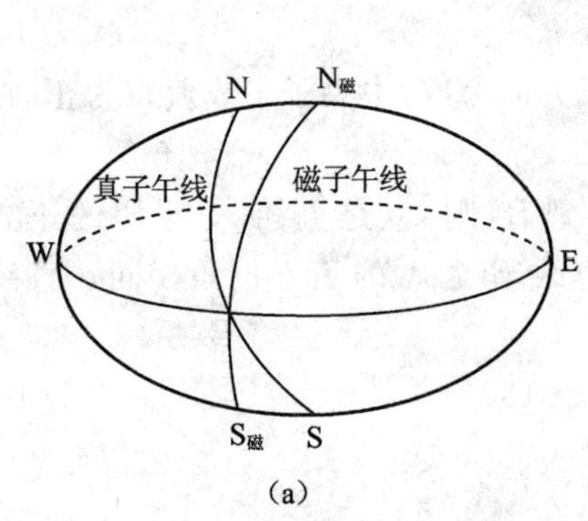

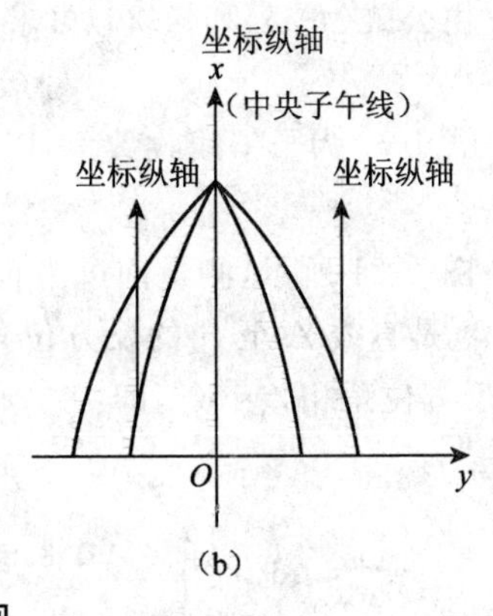

图 4-17　标准方向

(a)真子午线方向和磁子午线方向　　(b)坐标纵线方向

业务要点 2:直线方向的表示方法

直线方向经常采用该直线的方位角或象限角来表示。

1. 方位角

(1)方位角的类型　如图 4-18 所示,从标准方向的北端起,顺时针方向量到直线的水平角,称为该直线的方位角。在上述定义中,标准方向选的是真子午线方向,则称为真方位角,用 A 表示;标准方向选的是磁子午线方向,则称为磁方位角,用 A_{m} 表示;标准方向选的是坐标纵轴方向,则称为坐标方位角,用 α 表示。方位角的角值范围在 0°～360°之间。

同一条直线的真方位角与磁方位角之间的关系,如图 4-19 所示,即:

$$A = A_{\mathrm{m}} + \delta \tag{4-26}$$

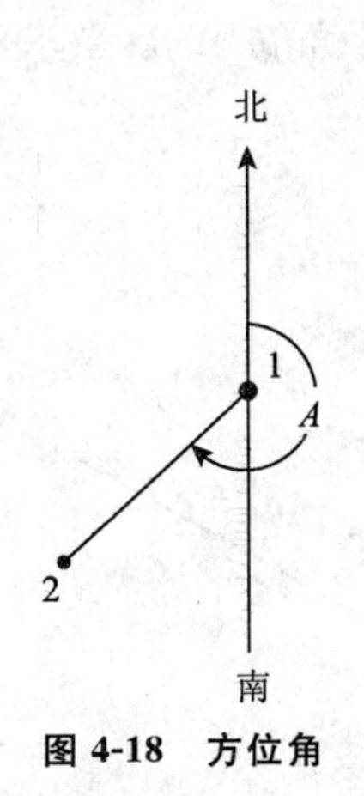

图 4-18　方位角

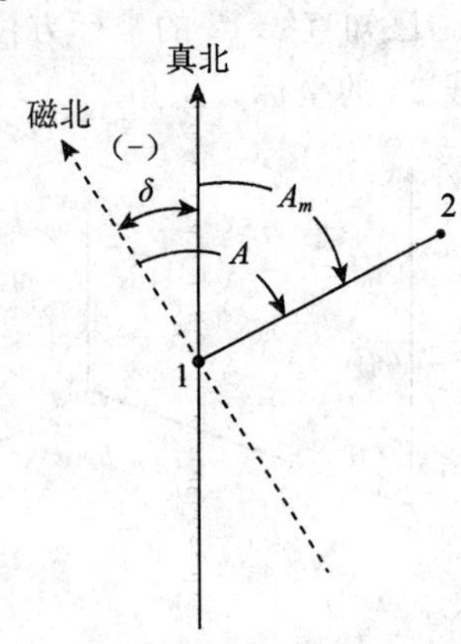

图 4-19　真方位角与磁方位角

真方位角与坐标方位角之间的关系,如图 4-20 所示,即:

$$A = \alpha + \gamma \tag{4-27}$$

由公式(4-25)和(4-26)可求得坐标方位角与磁方位角之间的关系，即：

$$\alpha = A_m + \delta - \gamma \tag{4-28}$$

式中，γ为子午线收敛角，以真子午线方向为准，中央子午线偏东为正，偏西为负。

图 4-21 所示，测量前进方向是由 A 到 B，则 α_{AB}是直线 A 至 B 的正方位角；α_{BA}是直线 A 至 B 的反方位角，也是直线 B 至 A 的正方位角。同一直线的正、反方位角相差 180°，即：

$$\alpha_{BA} = \alpha_{AB} \pm 180° \tag{4-29}$$

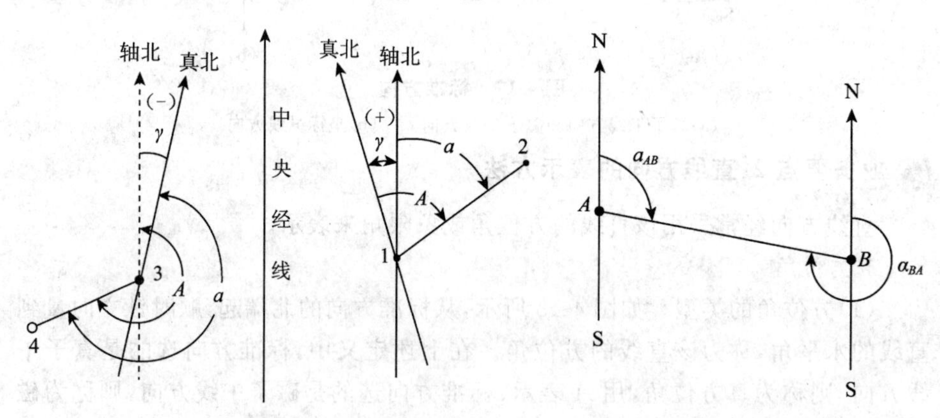

图 4-20　真方位角与坐标方位角　　**图 4-21　正方位角与反方位角**

(2)方位角的推算　在实际工作中并不需要测定每条直线的坐标方位角，而是通过与已知坐标方位角的直线联测后，推算出各直线的坐标方位角。如图 4-22 所示，已知直线 12 的坐标方位角 α_{12}，观测了水平角 β_2 和 β_3，要求推算直线 23 和直线 34 的坐标方位角。

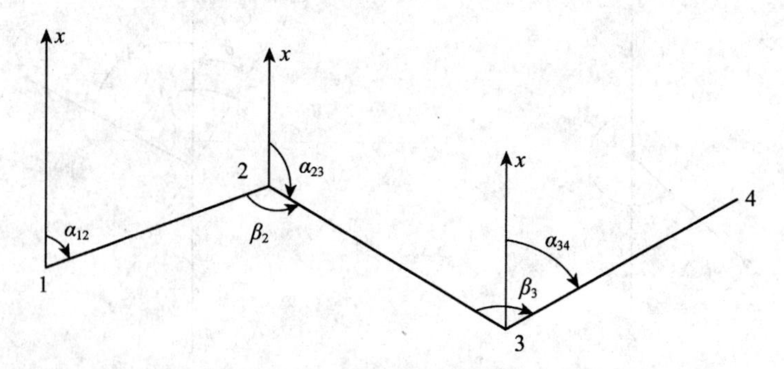

图 4-22　坐标方位角的推算

由图 4-22 可以看出：

$$\alpha_{23} = \alpha_{21} - \beta_2 = \alpha_{12} + 180° - \beta_2$$

$$\alpha_{34}=\alpha_{32}+\beta_3=\alpha_{23}+180^\circ+\beta_3$$

因此，在推算路线前进方向的右侧，该转折角称为右角；如果在左侧，称为左角。从而可归纳出推算坐标方位角的一般公式为：

$$\alpha_{前}=\alpha_{后}+180^\circ+\beta_{左} \tag{4-30}$$

$$\alpha_{前}=\alpha_{后}+180^\circ-\beta_{右} \tag{4-31}$$

式中　$\alpha_{前}$——前一条边的坐标方位角；

　　　$\alpha_{后}$——后一条边的坐标方位角。

计算中，如果 $\alpha>360^\circ$，应自动减去 360°；如果 $\alpha<0^\circ$，则自动加上 360°。

2.象限角

从标准方向的北端或南端起，顺时针或逆时针方向量算到直线的锐角，称为该直线的象限角，通常用 R 表示，其角值从 $0^\circ\sim90^\circ$。图 4-23 中直线 OA 象限角 R_{OA}，是由标准方向北端起顺时针量算。直线 OB 象限角 R_{OB}，是由标准方向南端起逆时针量算。直线 OC 象限角 R_{OC}，是由标准方向南端起顺时针量算。直线 OD 象限角 R_{OD}，是由标准方向北端起逆时针量算。当用象限角表示直线方向时，除了要写象限的角值之外，还需清楚注明直线所在的象限名称，例如 OA 的象限角 40° 应写成 $NE40^\circ$，OC 的象限角 50°，应写成 $SW50^\circ$。

3.象限角与方位角的关系

坐标方位角和象限角是表示直线方向的两种方法。由图 4-24 可以看出坐标方位角与象限角之间的换算关系，换算结果见表 4-3。

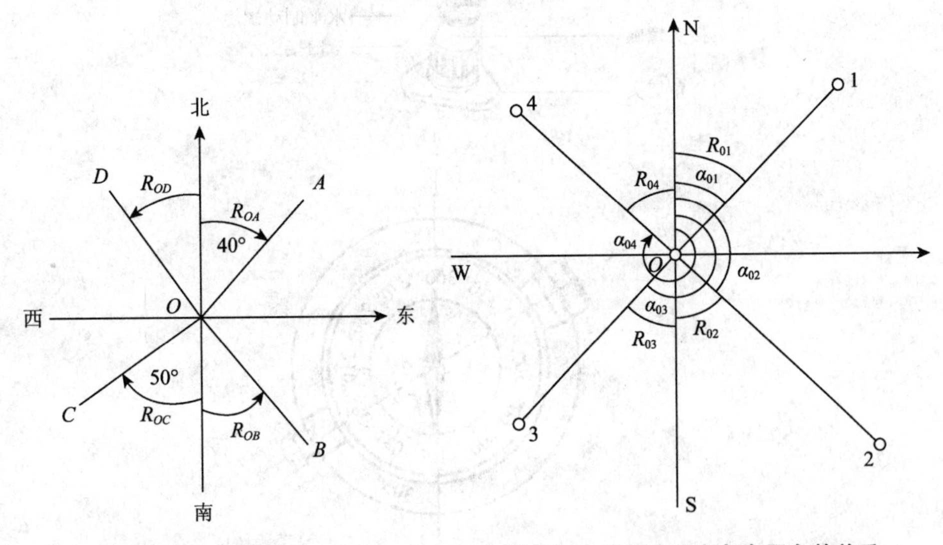

图 4-23　象限角　　　　图 4-24　坐标方位角与象限角的关系

表 4-3　坐标方位角和象限角间的换算关系表

象　限	角　度	
	坐标方位角	象限角
第一象限	$\alpha_{01}=R_{01}$	$R_{01}=\alpha_{01}$
第二象限	$\alpha_{02}=180°-R_{02}$	$R_{02}=180°-\alpha_{02}$
第三象限	$\alpha_{03}=180°+R_{03}$	$R_{03}=\alpha_{03}-180°$
第四象限	$\alpha_{04}=360°-R_{04}$	$R_{04}=360°-\alpha_{04}$

业务要点 3:罗盘仪的构造与使用

1.罗盘仪的构造

罗盘仪是利用磁针测定直线磁方位角与磁象限角的仪器。其主要由望远镜、罗盘盒和基座三部分组成,如图 4-25 所示。

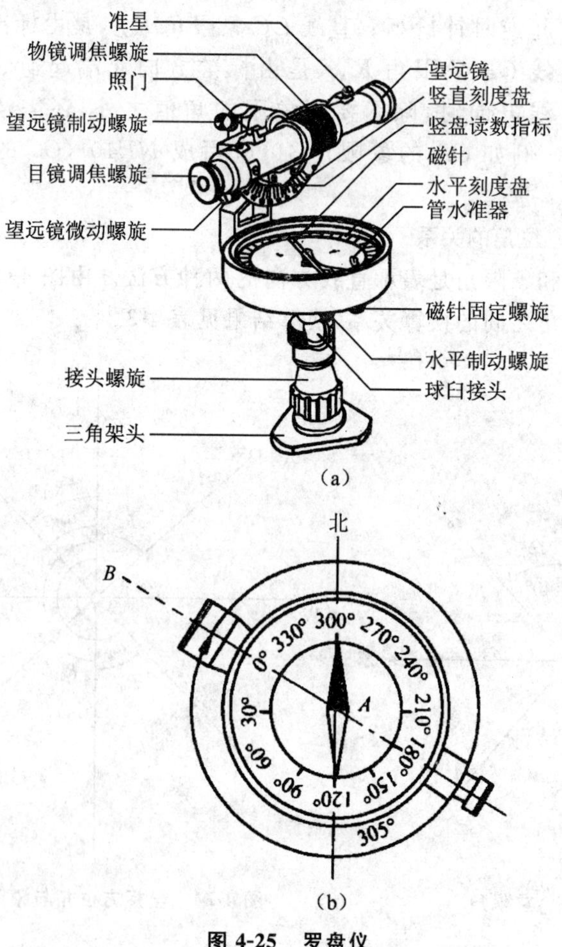

图 4-25　罗盘仪

(1)望远镜　罗盘仪的望远镜多为外对光式的望远镜，当物镜调焦螺旋转动时，物镜筒前后移动以使目标的像落在十字丝面上。

(2)罗盘盒　罗盘盒中有磁针和刻度盘。

1)磁针。磁针为一菱形磁铁，安放在度盘中心的顶针上，可以灵活转动。为了减少顶针的磨损，在不使用时，可采用固定螺旋使磁针脱离顶针而顶压在度盘的玻璃盖下。为了使磁针平衡，磁针的南端缠有铜丝。

2)刻度盘。刻度最小分划为1°或30′，平均每10°做一注记，注记的形式包括方位式与象限式两种。方位式度盘从0°起逆时针方向注记到360°，可用它直接测定磁方位角，称为方位罗盘仪。象限式度盘从0°直径两端起，对称地分别向左、向右各注记到90°，并且注明北(N)、南(S)、东(E)、西(W)，可用它直接测定直线的磁象限角，称为象限罗盘仪。

(3)基座　基座是一种球臼结构，松开球臼接头螺旋，摆动罗盘盒使水准器气泡居中，再旋紧球臼连接螺旋，度盘处于水平位置。

2.罗盘仪的使用

(1)操作步骤

1)对中。把仪器安置在直线的起点，并且对中。挂上垂球，移动脚架对中，对中精度不宜超过1cm。

2)整平。左手握住罗盘盒，右手稍松开安平连接定螺旋，如图4-25(a)所示，左手握住罗盘盒，稍加摆动罗盘盒，仔细地观察罗盘盒内的两个水准管的气泡，使它们同时居中，右手立即紧固安平连接螺旋。

3)照准和读数。松开磁针的固定螺旋，用望远镜照准直线的终点，待磁针静止后，读磁针北端的读数，即为该直线的磁方位角。如图4-25(b)所示的磁方位角为305°。为了尽可能提高读数的精度和消除磁针的偏心差，还应读磁针南端读数，磁针南端读数±180°后，再与北端读数取平均值，即为该直线的磁方位角。

(2)使用注意事项

1)应避免在影响磁针的场所使用罗盘仪(如在高压线下，铁路上，铁栅栏、铁丝网旁边)，另外，观测者身上携带的手机、小刀，也会对磁针产生一定影响。

2)罗盘仪刻度盘分划一般为1°，应估读至15′。

3)为了避免磁针偏心差的影响，除了要读磁针北端读数外，还应读磁针南端读数。

4)由于罗盘仪望远镜视准轴与度盘0～180°直径不能完全在同一竖直面，其夹角称为罗差，每台罗盘仪的罗差通常是不同的，因此，不同罗盘仪所测量的磁方位角结果也不相同。为了统一测量成果，可用下面的方法求得罗盘仪的罗差改正数：

①使用几台罗盘仪测量同一条直线时，每台罗盘仪测得磁方位角不同，例如，第 1 台罗盘仪测得该直线方位为 α_1，第 2 台测得方位角为 α_2，第 3 台测得方位角为 α_3，……。

②以其中一台罗盘仪的测得磁方位为标准，例如，假定以第 1 台罗盘仪测得磁方位角 α_1 为标准，则第 2 台罗盘仪所测得方位角应加改正数为 $(\alpha_1-\alpha_2)$，第 3 台罗盘仪所测得方位角应加改正数为 $(\alpha_1-\alpha_3)$，其余以此类推。

5)罗盘仪迁站和使用结束时，一定要把磁针固定好，避免磁针随意摆动而造成磁针与顶针的损坏。

第五章　小地区控制测量

第一节　控制测量概述

本节导图

由控制点组成的几何图形称为控制网，控制网根据其功能分为平面控制网和高程控制网。测定控制点平面位置的工作，称为平面控制测量；测定控制点高程的工作，称为高程控制测量。平面控制测量和高程控制测量统称为控制测量。本节主要介绍了控制测量的形式、控制网的布设原则以及国家控制网和区域控制网，其内容关系如图 5-1 所示。

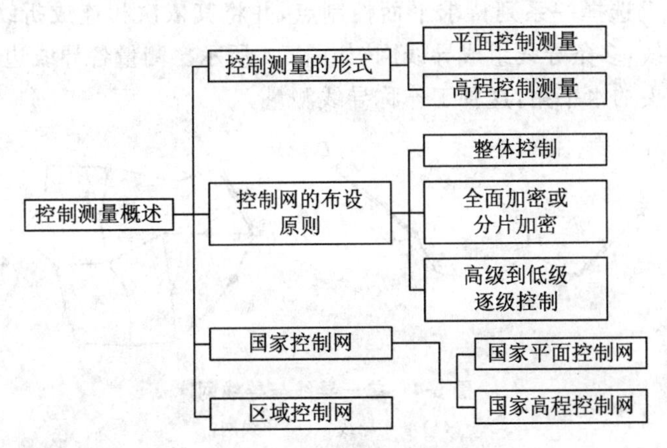

图 5-1　本节内容关系图

业务要点 1：控制测量的形式

1. 平面控制测量

平面控制测量是指测定控制点平面位置(x,y)的工作。平面控制网根据观测方式方法来划分，可以分为三角网、三边网、边角网、导线网、GPS 平面网等。

三角网是指在地面上选择一系列待求平面控制点，并将其连接成连续的三角形，从而构成三角形网，如图 5-2 所示。

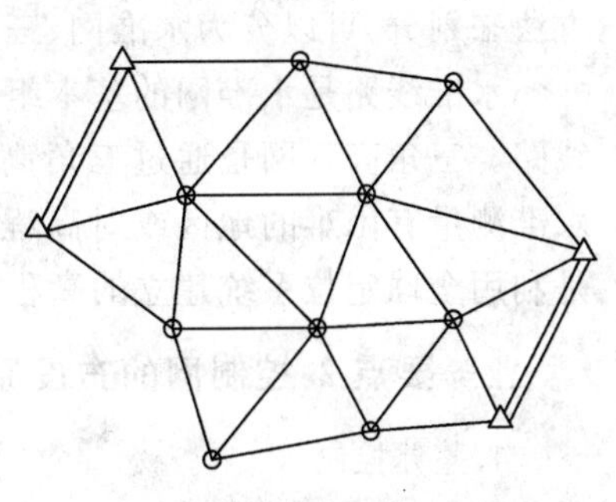

图 5-2　三角网

当三角形是沿直线展开时，称为三角锁；三角形附合到一条高级边，观测三角形内角及连接角，此图形为线形锁，如图 5-3 所示。

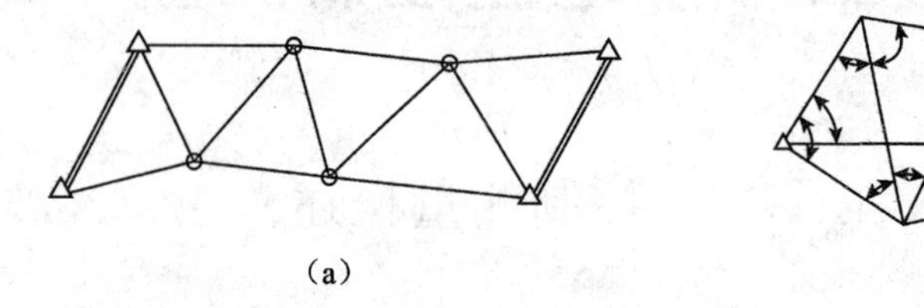

图 5-3　三角锁与线形锁

(a)三角锁　(b)线形锁

若不测三角形内角，而测定各三角形的边长，则此时的控制网称为三边网或测边网。控制网中测量角度与测量边长相结合，测量部分角度、部分边长，此时的控制网称为边角组合网（简称边角网）。利用全球定位系统（GPS）建立的控制网称 GPS 控制网。

在地面上选择一系列待求平面控制点，并将其依次相连成折线形式，这些折线称为导线，多条导线组成导线网，如图 5-4 所示。测量各导线边的边长及相邻导线边所夹的水平角，这种工作称导线测量。

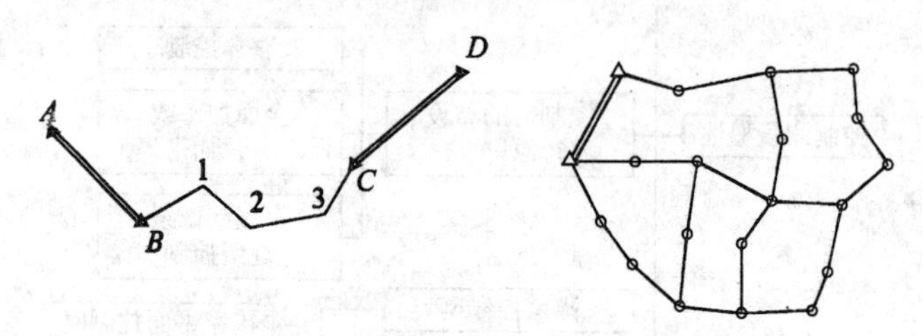

图 5-4　单一导线与导线网

(a)单一导线　(b)导线网

2. 高程控制测量

高程控制测量是指测定控制点高程（H）的工作。根据高程控制网的观测方法来划分，可以分为水准网、三角高程网以及 GPS 高程网等。

水准线路是水准网的基本组成单元，其主要包括闭合水准线路和附合水准线路。三角高程网是通过三角高程测量建立的，主要用于地形起伏较大、直接水准测量有困难的地区或对高程控制要求不高的工程项目。GPS 高程控制网是利用全球定位系统建立的高程控制网。

业务要点 2：控制网的布设原则

1. 整体控制

整体控制，即最高一级控制网能控制整个测区，例如，国家控制网用一等锁环控制整个国土；对于区域网，最高一级控制网必须能控制整个测区。

2.全面加密或分片加密

全面加密，就是指在最高一级控制网下布置全面网加密，例如国家控制网的一等锁环内用二等全面三角网加密。而分片加密，就是急用部分先加密，不一定全面布网。

3.高级到低级逐级控制

高级到低级逐级控制就是用精度高一级控制网去控制精度低一级控制网，控制层级数主要取决于测区的大小、碎部测量的精度要求、工程规模及其精度要求。目前，城市平面控制网分为一、二、三、四等，一、二、三级和图根级控制网。根据测区情况和仪器设备条件，将平面控制网和高程控制网分开独立布设，也可以将其合并为一个统一的控制网——三维控制网。

业务要点3:国家控制网

国家控制网是指在全国范围内建立的高程控制网和平面控制网。它是全国各种比例尺测图的基本控制，也为研究地球的形状和大小，了解地壳水平形变和垂直形变的大小及趋势，为地震预测提供形变信息等服务。

1.国家平面控制网

我国的国家平面控制网是采用逐级控制、分级布设的原则，分一、二、三、四等方法建立起来的。主要由三角测量法布设，如图5-5所示。在西部困难地区采用精密导线测量法，如图5-6所示。目前我国正采用GPS控制测量逐步取代三角测量。

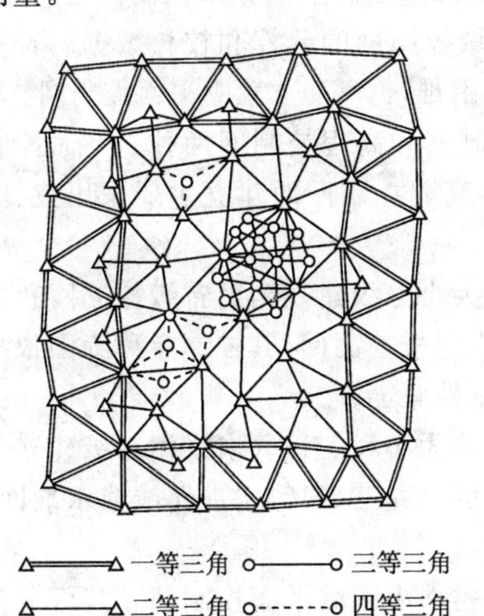

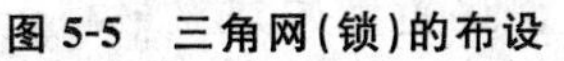

图5-5　三角网（锁）的布设

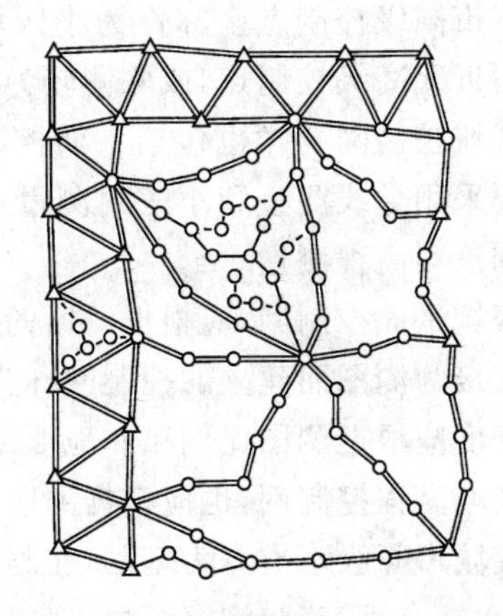

图5-6　导线网的布设

国家平面控制网的常规布设方法有两种:用于三角测量的三角网和用于导线测量的导线网。按其精度分成一、二、三、四等。其中一等网精度最高,逐级降低;而控制点的密度,则是一等网最小,逐级增大。

一等三角网一般称为一等三角锁,它是全国范围内,沿经纬线方向布设的,是国家平面控制网的骨干,它除了用于扩展低级平面控制网的基础之外,还为测量学科研究地球的形状和大小提供精确数据;二等三角网布设于一等三角锁环内,是国家平面控制网的全面基础;三、四等网是二等网的进一步加密,以满足测图和各项工程建设的需要。

2.国家高程控制网

在全国领土范围内,由一系列按国家统一规范测定高程的水准点构成的网称为国家水准网(水准点上设有固定标志,以便长期保存,为国家各项建设和科学研究提供高程资料)。国家水准网按逐级控制、分级布设的原则分为一、二、三、四等,其中一、二等水准测量称为精密水准测量。三、四等水准网是国家高程控制点的进一步加密,主要是为测绘地形图和各种工程建设提供高程起算数据。三、四等水准路线应在高等级水准点之间,并尽可能交叉,构成闭合环。

业务要点4:区域控制网

在小于 $10km^2$ 的范围内建立起来的控制网,称为小区域控制网。在此范围内,水准面可视为水平面,采用平面直角坐标系,不需要将测量成果归算到高斯平面上。小区域平面控制网应尽可能与国家控制网或城市控制网之间联测,将国家或城市高级控制点坐标作为小区域控制网的起算和校核数据。若测区内或测区附近无高级控制点,或联测较为困难,也可建立独立平面控制网。

小区域控制网同样也包括平面控制网和高程控制网两种。平面控制网的建立主要采用导线测量和小三角测量,高程控制网的建立主要采用三、四等水准测量和三角高程测量。

小区域平面控制网,应根据测区的大小分级建立测区首级控制网和图根控制网。直接为测图而建立的控制网称为图根控制网,其控制点称为图根点。图根点的密度应根据测图比例尺和地形条件而定。

小区域高程控制网,也应根据测区的大小和工程要求采用分级建立。一般以国家或城市等级水准点为基础,在测区建立三、四等水准路线或水准网,再以三、四等水准点为基础,测定图根点高程。

用于工程的平面控制测量,通常是建立小区域平面控制网。其可根据工程的需要和测区面积的大小采取分级建立。测区范围内建立最高一级的控制网,称为首级控制网;最低一级的即直接为测图而建立的控制网,称为图根控制网。

首级控制与图根控制的关系见表5-1。

表5-1　首级控制与图根控制的关系

测区面积/km^2	首级控制	图根控制
1～10	一级小三角或一级导线	两级图根
0.5～2	二级小三角或二级导线	两级图根
0.5以下	图根控制	—

公路工程平面控制网，通常采用导线测量的方法，其等级依次为三、四等和一、二、三级导线，其等级的确定应符合表5-2的规定。

表5-2　公路工程平面控制测量等级

等级	公路路线控制测量	桥梁桥位控制测量	隧洞洞外控制测量
二等三角	—	＞5000m特大桥	＞6000m特长隧道
三等三角(导线)	—	2000～5000m特大桥	4000～6000m特长隧道
四等三角(导线)	—	1000～2000m特大桥	2000～4000m特长隧道
一级小三角(导线)	高速公路、一级公路	500～1000m特大桥	1000～2000m特长隧道
二级小三角(导线)	二级及二级以下公路	＜500m大中桥	＜1000m特长隧道
三级导线	三级及三级以下公路	—	—

直接用于测图的控制点，称为图根控制点。图根点的密度取决于地形条件和测图比例尺，见表5-3。

表5-3　图根点的密度

测图比例尺	1∶500	1∶1000	1∶2000	1∶5000
图根点密度/(点/km^2)	150	50	15	5

第二节　导线测量

本节导图

导线测量是建立局部地区平面控制网的常用方法。根据测量任务在测区内选定若干控制点，组成的多边形或折线称导线，这些点称为导线点。观测导线变长及夹角等测量称为导线测量。工作本节主要介绍了导线的布设形式、导线测量的外业工作以及导线测量的内业计算，其内容关系如图5-7所示。

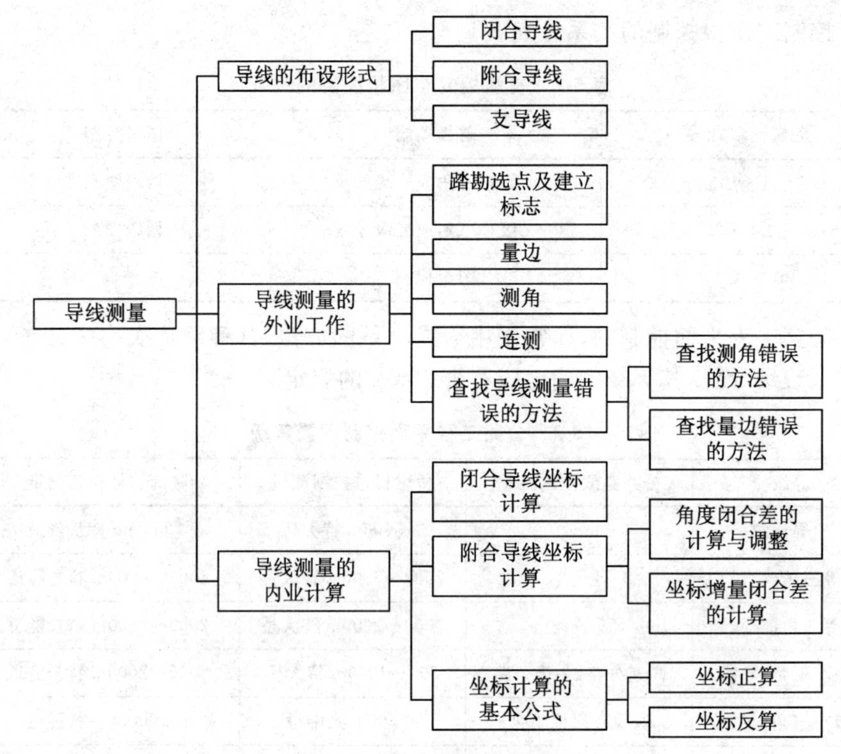

图 5-7 本节内容关系图

业务要点 1:导线的布设形式

根据测区情况和要求不同,导线可分为以下三种布设形式:

1. 闭合导线

如图 5-8 所示,从一个已知点出发,经过若干导线点,最后又回到原已知点,这样的导线称为闭合导线。其图形为一闭合多边形,此种导线可以对观测结果进行检核,多用于较宽阔的独立地区作为首级控制。

2. 附合导线

如图 5-9 所示,从一个高级控制点出发,经过若干个导线点,最后附合到另外一个高级控制点上,这样的导线称为附合导线。多用于带状地区作为首级控制,也广泛用于公路、铁路、水利等工程的勘测和施工。

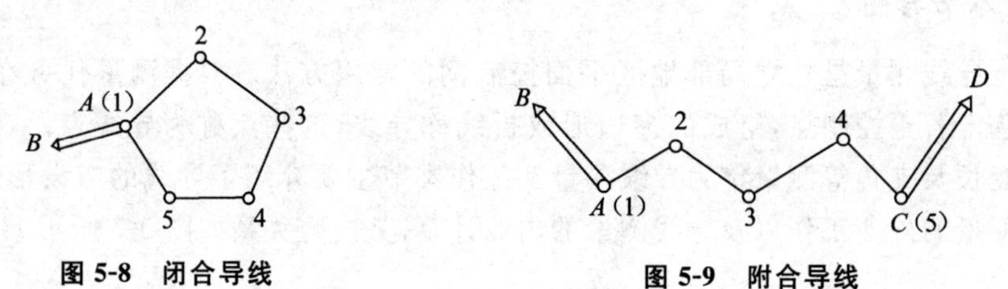

图 5-8 闭合导线　　图 5-9 附合导线

3.支导线

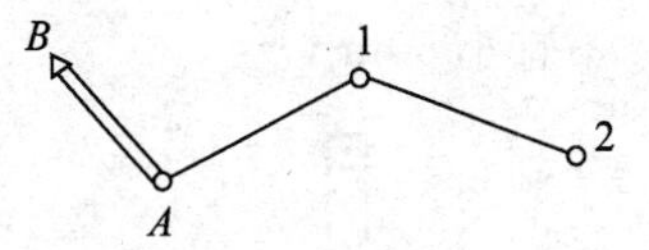

图 5-10　支导线

如图 5-10 所示，从一个控制点出发，经过若干导线点后，既不闭合也不附合到另外已知控制点上，这样的导线称为支导线。支导线没有校核条件，差错不易发现，故支导线点的个数不宜多于两个，一般用做加密点用。

各级导线的技术要求见表 5-4。

表 5-4　导线测量主要技术要求

导线等级	导线长度/m	平均边长/m	测角中误差/(″)	测距中误差/mm	测距相对中误差	测回数			位角闭合差/(″)	导线全长相对闭合差
						DJ_1	DJ_2	DJ_6		
三等	14000	3000	±1.8	20	1/150000	6	10	—	$3.6\sqrt{n}$	≤1/55000
四等	9000	1500	±2.5	18	1/80000	4	6	—	$5\sqrt{n}$	≤1/35000
一级	4000	500	±5	15	1/30000	—	2	4	$10\sqrt{n}$	≤1/15000
二级	2400	250	±8	15	1/14000	—	1	3	$16\sqrt{n}$	≤1/10000
三级	1200	100	±12	15	1/7000	—	1	2	$24\sqrt{n}$	≤1/5000
图根	M	—	±30	—	1/3000	—	—	1	$60\sqrt{n}$	≤1/2000

注：1. 表中 n 为测站数。

2. 表中 M 为测图比例尺的分母。

3. 当测区测图的最大比例尺为 1∶1000，一、二、三级导线的导线长度、平均边长可适当放长，但最大长度不应大于表中规定相应长度的 2 倍。

业务要点 2：导线测量的外业工作

导线测量的工作分外业和内业。其中外业工作一般包括：选点、测角以及量边；而内业工作则是根据外业的观测成果经过计算，最后求得各导线点的平面直角坐标。

1.踏勘选点及建立标志

在踏勘选点之前，首先应调查收集测区已有的地形图以及高一级控制点的成果资料，然后再到现场进行踏勘，了解测区的状况和寻找已知点。根据已知控制点的分布、测区地形条件和测图以及工程要求等具体情况，同时在测区原有地形图上拟定导线的布设方案，最后到实地去踏勘、核对和修改，落实点位和建立标志。

在选点时应注意以下几点：

1）邻点间应保证通视良好，以便于测角和量距。

2）点位应选择土质坚实、便于安置仪器和保存标志的地方。

3）视野要开阔，以便于施测碎部。

4）导线各边的长度应大致相等，除有特殊情况以外，应不大于 350m，同时不宜小 50m。

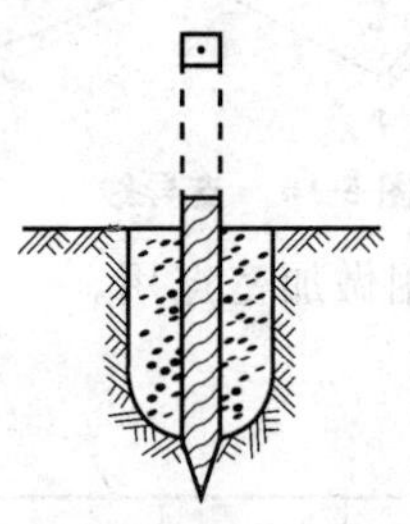

图 5-11　临时性导线点

5)导线点应有足够的密度,同时分布均匀,以便控制整个测区。在导线点选定之后,应在点位上埋设标志。根据实地条件,临时性标志可在点位上打一个大木桩,并且在桩的四周浇上混凝土,桩顶钉一个小钉,如图 5-11 所示;也可在水泥地面上用红漆划一圈,在圈内打一个水泥钉或点一个小点。若导线点需要长时间保存,应埋设混凝土桩,桩顶嵌入带"十"字的金属标志,作为永久性标志,如图 5-12 所示。导线点应按顺序将其统一编号。为了方便寻找,应量出导线点与其附近固定而明显的地物点的距离,并且绘制草图,标注尺寸,称为"点之记",如图 5-13 所示。

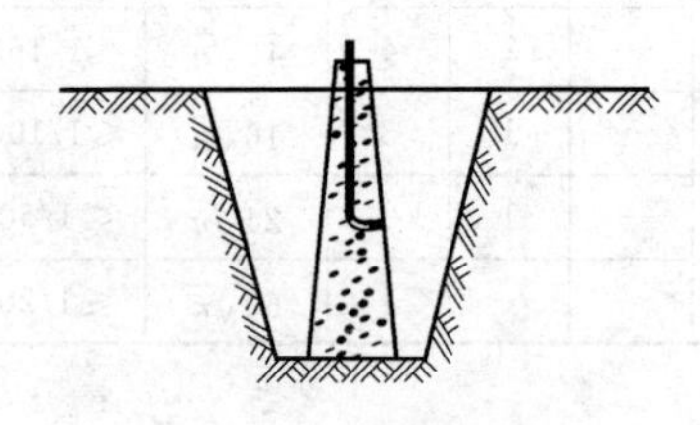

图 5-12　永久性导线点

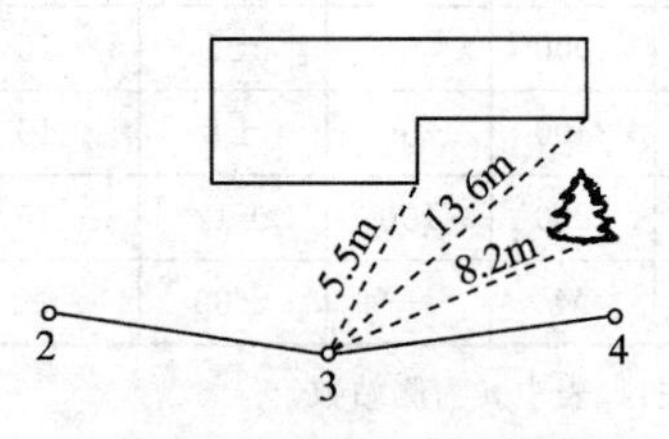

图 5-13　点之记

2.量边

导线量边通常用钢尺或高精卷尺直接丈量,条件允许最好用光电测距仪直接测量。

在使用钢尺量距时,应用已检定过的 30m 或 50m 钢尺。对于一、二、三级导线,应该按照钢尺量距的精密方法进行丈量,对于图根导线用一般方法往返丈量或同一方向丈量两次,并且取其平均值。其丈量结果要满足表 5-4 的要求。

3.测角

测角方法主要采用测回法,每个角的观测次数与导线等级、使用的仪器均有关。对于图根导线,一般用 DJ_6 级光学经纬仪观测一个测回。若盘左、盘右所测得的角值较差不超过 40″,则取其平均值。

导线测量可测左角(位于导线前进方向左侧的角)或右角,而在闭合导线中必须测量内角,如图 5-14 所示,(a)图应观测右角,(b)图应观测左角。

4.连测

若测区中有导线边与高级控制点连接时,还应观测连接角和连接边,如图 5-14(a)所示,同时必须观测连接角 φ_B、φ_1 以及连接边 D_{B1},作为传递坐标方位角和坐标之用。若附近没有高级控制点,则应用罗盘仪施测导线起始边的磁方位角或采用建筑物南北轴线作为定向的标准方向,并且假定起始点的坐标作为起算数据。

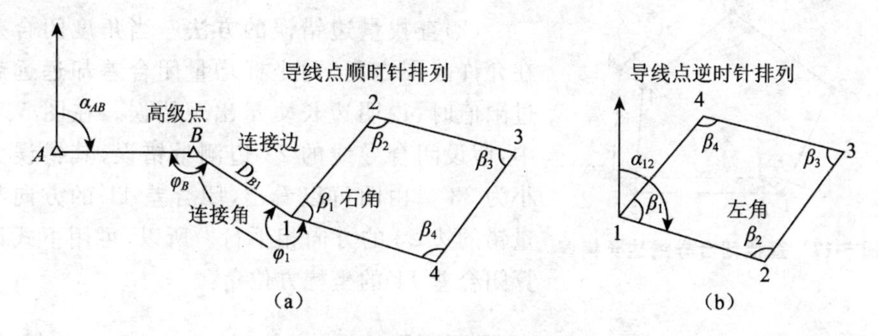

图 5-14　闭合导线

(a)闭合导线与高级点连接　(b)独立闭合导线

5.查找导线测量错误的方法

在导线计算过程中,若发现角度闭合差或导线坐标闭合差大大超过允许值,则说明测量外业或内业计算出现错误。首先应检查内业计算过程,若无错误,则说明测得的角度或边长有错误。具体查找方法如下:

(1)查找测角错误的方法　如图 5-15 所示,假设闭合导线多边形的∠4 测错,其错误值为 δ,其他各边、角均未发生错误,则 45、51 两导线边均绕 4 点旋转一个 δ 角,造成 5、1 点移到 5′、1′位置,11′即为由于 4 点角测错而产生的闭合差。因为 14=1′4,所以 Δ141′为等腰三角形,所以过 11′的中点作为垂线将通过 4 点。由此可见,闭合导线可按边长和角度,按照一定比例尺作图,并且在闭合差连线的中点作垂线,若垂线通过或接近通过某点(例如 4 点),那么该点角度测算错误的可能性最大。

图 5-16 为附合导线,先将两个端点按照比例和坐标值展在图上,然后分别从两端 B 点和 C 点开始,按边长和角度绘制出两条导线图,分别为 $B,1,2,\cdots,C'$ 和 $C,4,\cdots,B'$,两条导线的交点 3,其角度测算错误的可能性最大。

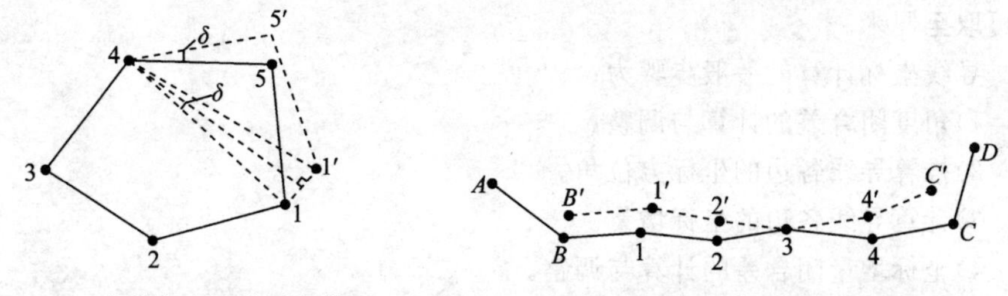

图 5-15　查找闭合导线测角错误　　**图 5-16　查找附合导线测角错误**

若错误较小,采用图解法难以显示角度测算错误的点时,可分别从导线两端点开始,计算各点坐标,若某一点的两个坐标值接近,那么该点角度测算错误

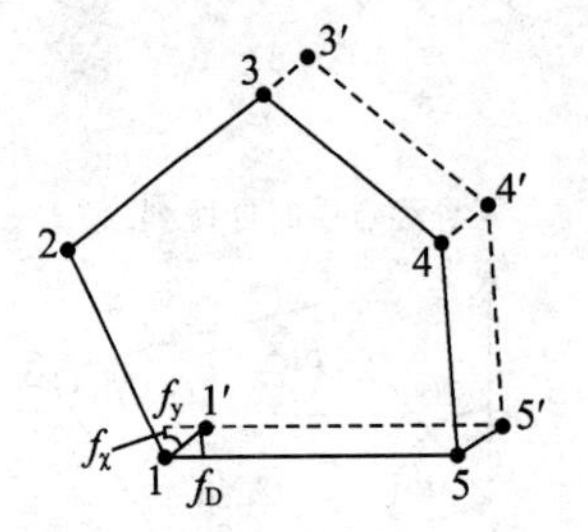

图 5-17　查找闭合导线边长错误

的可能性最大。

(2)查找量边错误的方法　当角度闭合差在允许范围之内,而坐标增量闭合差却远远超过限值时,说明边长丈量出现错误。在图 5-17 中,假设闭合导线的 23 边测量错误,其错误大小为 33′。由图可以看出,闭合差 11′的方向与量错的边 23 的方向相平行。所以,可用下式计算闭合差 11′的坐标方位角:

$$\alpha = \arctan \frac{f_y}{f_x} \tag{5-1}$$

若 α 与某一边的坐标方位角相接近,那么该边量错的可能性最大。

查找附合导线边长错误的方法和闭合导线的方法基本相同,如图 5-18 所示。

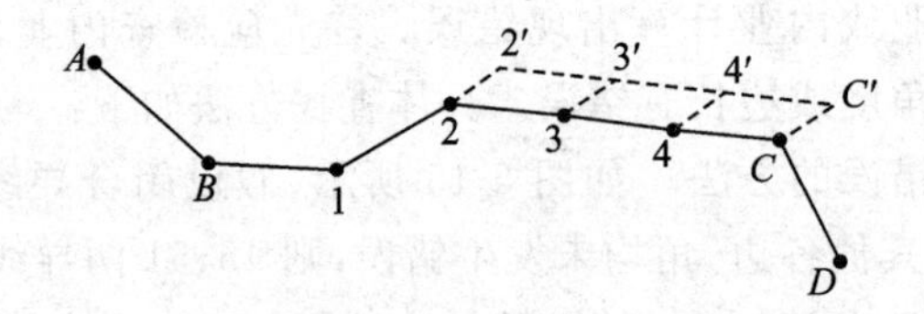

图 5-18　查找附合导线边长错误

业务要点 3:导线测量的内业计算

导线计算是根据已知方向和观测的连接角与转折角,推算各导线边的坐标方位角,根据起始点的已知坐标及各导线边的方位角和水平距离,依据坐标计算原理解算各导线点坐标的方法。

导线的内业计算应在规定的表格中进行。计算时,对于图根导线、角度值及坐标方位角值取至秒;边长、坐标增量及坐标计算值通常取至毫米,坐标成果也可取至厘米。

导线坐标计算的一般步骤为:

1)角度闭合差的计算与调整。

2)推算导线各边的坐标方位角。

3)计算导线各边的坐标增量。

4)坐标增量闭合差的计算与调整。

5)计算各导线点的坐标。

1.闭合导线坐标计算

如图 5-19 所示,为一闭合导线实测数据,按照下述步骤即可完成其内业计算。

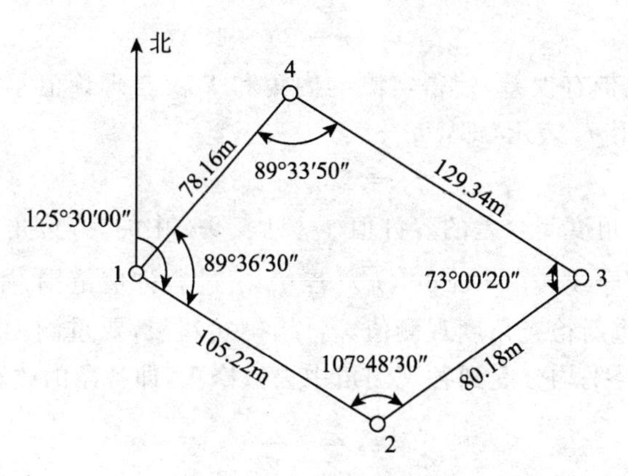

图 5-19　闭合导线举例

1)将校核过的外业观测数据以及起算数据对应填入“闭合导线坐标计算表”(表 5-5)。

表 5-5　闭合导线坐标计算表

点号	观测角(左角)(° ′ ″)	改正数(″)	改正角(° ′ ″)	坐标方位角 α	距离 D/m	增量计算表		改正后增量		坐标值	
						Δx/m	Δy/m	Δx/m	Δy/m	x/m	y/m
1	2	3	4=2+3	5	6	7	8	9	10	11	12
1										500.00	500.00
				125 30 00	105.22	−2 -61.10	+2 +85.66	-61.12	+85.68		
2	107 48 30	+13	107 48 43							438.88	585.68
				53 18 43	80.18	−2 +47.90	+2 +64.30	+47.88	+64.32		
3	73 00 20	+12	73 00 32							486.76	650.00
				306 19 15	129.34	−3 +76.61	+2 -104.21	+76.58	-104.19		
4	89 33 50	+12	89 34 02							563.34	545.81
				215 53 17	78.16	−2 -63.32	+1 -45.82	-63.34	-45.81		
1	89 36 30	+13	89 36 43							500.00	500.00
				125 30 00							
总和	359 59 10	+50	360 00 00		392.90	−0.09	+0.07	0.00	0.00		

$f_\beta = -50''$　　$f_x = +0.09$　　$f_y = -0.07$

$f_{\beta容} = \pm 60''\sqrt{n} = \pm 60''\sqrt{4} = \pm 120''$　　导线全长闭合差 $f = \sqrt{f^2{}_x + f^2{}_y} = \pm 0.11\text{m}$

导线全长相对闭合差容许值 $= \dfrac{1}{2000}$　　导线全长相对闭合差 $K = \dfrac{0.11}{392.90} = \dfrac{1}{3571}$

图5-19

2)角度闭合差的计算与调整。由平面几何学可知，n 边形闭合导线的内角和的理论值应为：

$$\Sigma\beta_{理} = (n-2)\times 180^{\circ}$$

由于观测值带有误差，使得实测的内角和 $\Sigma\beta_{测}$ 与理论值不相符，其差值称为角度闭合差，用 f_{β} 表示，即：

$$f_{\beta} = \Sigma\beta_{测} - \Sigma\beta_{理} \tag{5-2}$$

各级导线的角度闭合差的容许值 $f_{\beta容}$ 见表 5-4 中的"方位角闭合差"栏的规定。本例属图根导线，$f_{\beta容}=\pm 60''\sqrt{n}$。若 f_{β} 超过容许值范围，则说明所测角度不符合要求，要重新检查角度观测值，若 f_{β} 确实超限，要重测。若不超限，可将闭合差 f_{β} 反符号平均分配到各观测角中去做修正，即各角的改正数为：

$$\upsilon_{\beta} = -\frac{f_{\beta}}{n} \tag{5-3}$$

计算得出各角改正数 υ_{β} 是相等的，但是由于改正数取位至秒，致使 $\Sigma\upsilon_{\beta}$ 不等于 $-f_{\beta}$，为此可适当调整秒值，以使计算得 υ_{β}，其总和应等于 $-f_{\beta}$。改正后的内角和应为 $(n-2)\times 180^{\circ}$ 进行校核。

3)导线各边坐标方位角的计算。根据起始边的已知方位角和改正后内角，可依照下列公式推算其他各导线边的坐标方位角。

$$\alpha_{前} = \alpha_{后} + 180^{\circ} + \beta_{左} \quad （适用于测左角） \tag{5-4}$$

$$\alpha_{前} = \alpha_{后} + 180^{\circ} - \beta_{右} \quad （适用于测右角） \tag{5-5}$$

本例观测左角，按照式(5-4)可推算出导线各边的坐标方位角，列入表 5-5 的第 5 栏。在推算过程中应当注意：

①$_{前}>360^{\circ}$，那么应减去 360°；若 $\alpha_{前}<0^{\circ}$，那么应加上 360°。

②导线各边坐标方位角的推算，最后得出起始边的坐标方位角，应与原有的已知坐标方位角值相等，否则要重新检查计算。

4)坐标增量的计算及其闭合差的调整。

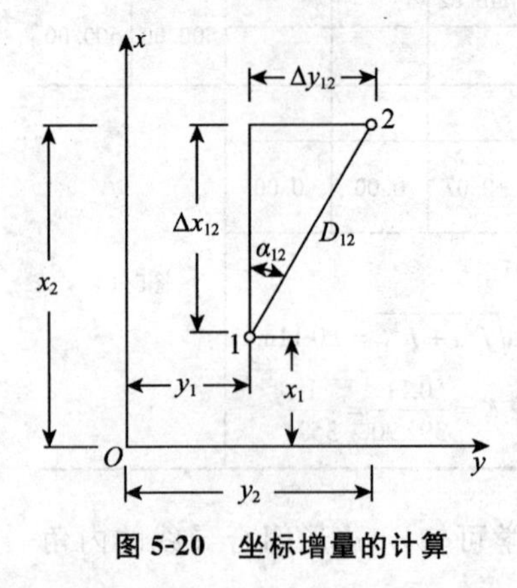

图 5-20　坐标增量的计算

①增量的计算：如图 5-20 所示，设点 1 的坐标 (x_1, y_1) 和 1－2 边的坐标方位角 α_{12} 已知，边长 D_{12} 也已测得，根据图示关系，点 2 与点 1 的坐标增量有下列计算公式：

$$\Delta x_{12} = D_{12}\cos\alpha_{12} \tag{5-6}$$

$$\Delta y_{12} = D_{12}\sin\alpha_{12} \tag{5-7}$$

式中 Δx_{12}、Δy_{12} 的正、负号取决于 $\cos\alpha$、$\sin\alpha$ 的正、负号。

按照(5-6)、(5-7)算出坐标增量，填入表5-5 的第 7、8 两栏中。

②增量闭合差的计算和调整：从图 5-21 可以看出，闭合导线纵、横坐标增量代数和的理论值应为零，即：

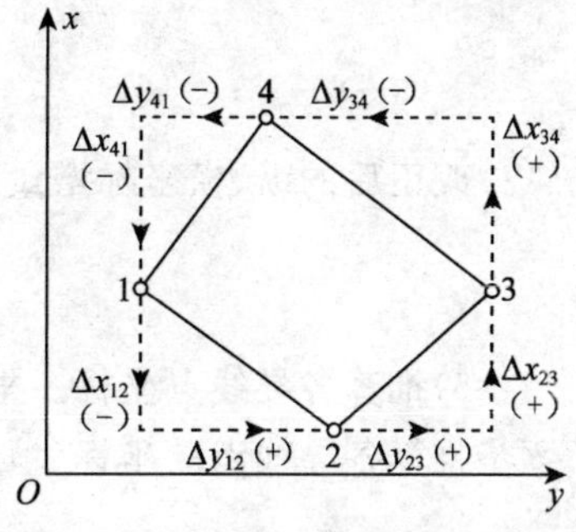

图 5-21　闭合导线各边坐标增量

$$\Sigma\Delta x_{理} = 0 \quad (5\text{-}8)$$

$$\Sigma\Delta y_{理} = 0 \quad (5\text{-}9)$$

而实际上由于量边的误差和角度闭合差调整后的残余差，使得 $\Sigma\Delta x_{测}$、$\Sigma\Delta y_{测}$ 均不为零，因此产生了纵、横坐标增量闭合差 f_x、f_y，即：

$$f_x = \Sigma\Delta x_{测} \quad (5\text{-}10)$$

$$f_y = \Sigma\Delta y_{测} \quad (5\text{-}11)$$

由此表明，实际计算出的闭合导线坐标并不闭合，如图 5-22 所示，存在一个导线全长闭合差 f，可用下式进行计算：

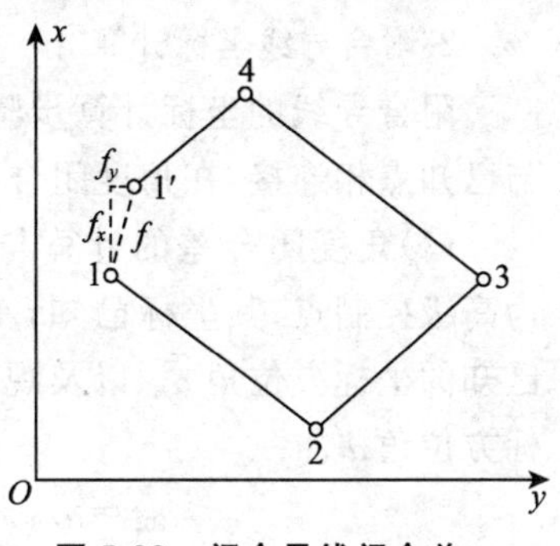

图 5-22　闭合导线闭合差

$$f = \sqrt{f_x^2 + f_y^2} \quad (5\text{-}12)$$

仅从 f 值的大小还不能直接判断导线测量的精度，而是应将 f 与导线全长 ΣD 相比，即导线全长相对闭合差 K 来衡量导线测量的精度，公式如下：

$$K = \frac{f}{\sum D} = \frac{1}{\frac{\sum D}{f}} \quad (5\text{-}13)$$

不同等级的导线全长相对闭合差的容许值 $K_{容}$，见表 5-4。若 K 超过 $K_{容}$，首先应检查内业计算是否有错误，然后检查外业观测成果，有必要时应重新测量。若 K 值在容许值范围之内，将 f_x 与 f_y 分别以相反的符号，按照与边长成正比例分配到各边的纵、横坐标增量中去。第 i 边纵坐标增量的改正数 υ_{xi}、横坐标增量的改正数 υ_{yi} 分别为：

$$\upsilon_{xi} = -\frac{f_x}{\sum D} \times D_i \quad (5\text{-}14)$$

$$\upsilon_{yi} = -\frac{f_y}{\sum D} \times D_i \quad (5\text{-}15)$$

坐标增量改正数 υ_{xi}、υ_{yi} 计算后，可以按照下式进行校核：

$$\Sigma\upsilon_{xi} = -f_x \quad (5\text{-}16)$$

$$\Sigma\upsilon_{yi} = -f_y \quad (5\text{-}17)$$

由于计算当中的四舍五入，式(5-16)与式(5-17)均不能完全满足，因此可对坐标增量改正数 υ_{xi}、υ_{yi} 进行适当调整。然后计算改正后的坐标增量，填入表 5-5

中第9、10栏。

$$\Delta x_{改} = \Delta x + \upsilon_x \tag{5-18}$$

$$\Delta y_{改} = \Delta y + \upsilon_y \tag{5-19}$$

改正后的纵、横坐标增量之和应分别为零，即：

$$\Sigma\Delta x_{改} = 0 \tag{5-20}$$

$$\Sigma\Delta y_{改} = 0 \tag{5-21}$$

5)推算各导线点坐标。根据起始点的坐标和各导线边的改正后坐标增量，逐步推算各导线点的坐标(填入表5-5中第11、12栏)，计算公式如下：

$$x_{前} = x_{后} + \Delta x_{改} \tag{5-22}$$

$$y_{前} = y_{后} + \Delta y_{改} \tag{5-23}$$

2.附合导线坐标计算

附合导线的坐标计算步骤与闭合导线基本上是相同的，由于附合导线两端与已知点相连接，在角度闭合差以及坐标增量闭合差的计算上略有不同。

(1)角度闭合差的计算与调整　设有附合导线如图5-23所示，A、B、C、D为高级控制点，其坐标已知，AB、CD两边的坐标方位角α_{AB}、α_{CD}已知。现根据已知的坐标方位角α_{AB}以及观测右角(包括连接角β_B、β_C)，推算出终边CD的坐标方位角α'_{CD}：

$$\alpha_{B1} = \alpha_{AB} + 180° - \beta_B;\alpha_{12} = \alpha_{A1} + 180° - \beta_1$$

$$\alpha_{2C} = \alpha_{12} + 180° - \beta_2;\alpha'_{CD} = \alpha_{2C} + 180° - \beta_C$$

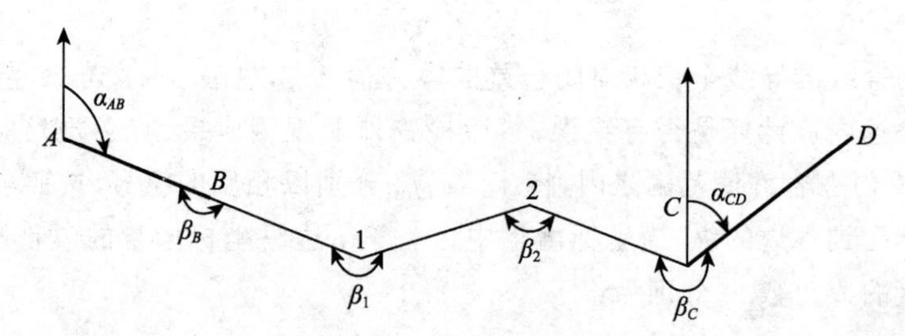

图5-23　附合导线

即：
$$\alpha'_{CD} = \alpha_{AC} + 4 \times 180° - \Sigma\beta_{测}$$

观测右角推算的通用式如下：

$$\alpha'_{终} = \alpha_{始} + n \times 180° - \Sigma\beta_{右} \tag{5-24}$$

观测左角推算的通用式如下：

$$\alpha'_{终} = \alpha_{始} + n \times 180° - \Sigma\beta_{左} \tag{5-25}$$

则角度闭合差f_β按照下式计算

$$f_\beta = \alpha'_{终} - \alpha_{终} \tag{5-26}$$

上式中的$\alpha'_{终}$，在本例为CD的坐标方位角，即α'_{CD}。若f_β在容许值范围之内，那么进行调整。具体的调整方法与闭合导线基本上相同，但是必须注意：在观测左角，用左角推算时，假定 f_β 为正，从式(5-26)可看出 $\alpha'_{终}$ 大，再从式(5-25)可知 $\beta_{左}$ 测大了，因此对左角施加改正数应为负，即与 f_β 符号相反。在观测右角，用右角推算时，右角改正数为正，与 f_β 同号。详见表 5-6 所示计算。

(2)坐标增量闭合差的计算　根据附合导线本身的条件，各边坐标增量代数和的理论值应等于终、始两点的已知坐标值之差，即：

$$\Sigma\Delta x_{理} = x_{终} - x_{始} \tag{5-27}$$

$$\Sigma\Delta y_{理} = y_{终} - y_{始} \tag{5-28}$$

但是由于边长与角度观测值均存在误差(此时主要是边长观测误差)，所以 $\Sigma\Delta x_{测}$、$\Sigma\Delta y_{改}$ 与理论值均不符，因而产生附合导线坐标增量闭合差，其计算公式如下：

$$f_x = \Sigma x_{测} - (x_{终} - x_{始}) \tag{5-29}$$

$$f_y = \Sigma y_{测} - (y_{终} - y_{始}) \tag{5-30}$$

坐标增量闭合差的调整方法与闭合导线基本相同。

表 5-6 为附合导线(右角)计算的实例。

表 5-6　附合导线坐标计算表

点号	内角观测值(° ′ ″)	改正后内角(° ′ ″)	坐标方位角(° ′ ″)	边长/m	纵坐标增量Δx	横坐标增量Δy	改正后坐标增量		坐标	
							Δx	Δy	x	y
A										
			127 20 30							
B	128 57 32	128 57 38							509.580	675.890
			178 22 52	40.510	+7 -40.494	+7 +1.144	-40.487	+1.151		
1	295 08 00	295 08 06							469.093	677.041
			63 14 46	79.040	+14 +35.581	+15 +70.579	+35.595	+70.594		
2	177 30 58	177 31 04							504.688	747.635
			65 43 42	59.120	+10 +24.302	+11 +53.894	+24.312	+53.905		
C	211 17 36	221 17 42							529.000	801.540
			34 26 00							
D										
	f_β=+24″	ΣD=178.670		f_x=-0.031		f_y=-0.033		f=+0.045	K=1/3953	

3.坐标计算的基本公式

(1)坐标正算　根据已知点的坐标、已知边长以及该边坐标方位角，计算出未知点的坐标，即称为坐标正算。如图 5-24 所示，已知 A 点坐标(x_A，y_A)，边的边长 D_{AB}及其坐标方位角 α_{AB}，那么未知点 B 的坐标为：

$$x_B = x_A + \Delta x_{AB} \tag{5-31}$$

$$y_B = y_A + \Delta y_{AB} \tag{5-32}$$

式中Δx_{AB}、Δy_{AB}称为坐标增量，即直线两端点A、B的坐标差，从图中可以看出坐标增量的计算公式如下：

$$\Delta x_{AB} = x_B - x_A = D_{AB}\cos\alpha_{AB} \tag{5-33}$$

$$\Delta y_{AB} = y_B - y_A = D_{AB}\sin\alpha_{AB} \tag{5-34}$$

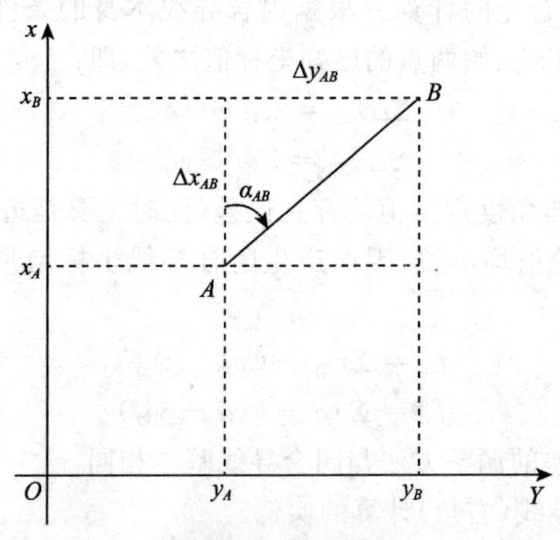

图 5-24 坐标增量

(2)坐标反算 根据两个已知点的坐标，求两点之间的边长及其方位角，称为坐标反算。当导线与高级控制点连测时，可以利用高级控制点的坐标，通过反算求得高级控制点之间的边长及其方位角。如图 5-24 所示，若A、B两点坐标已知，求方位角以及边长公式如下：

$$\tan\alpha_{AB} = \frac{\Delta y_{AB}}{\Delta x_{AB}} = \frac{y_B - y_A}{x_B - x_A}$$

即：

$$\alpha_{AB} = \arctan\frac{\Delta y_{AB}}{\Delta x_{AB}} = \arctan\frac{y_B - y_A}{x_B - x_A} \tag{5-35}$$

$$D_{AB} = \frac{\Delta y_{AB}}{\sin\alpha_{AB}} = \frac{\Delta x_{AB}}{\cos\alpha_{AB}} \tag{5-36}$$

或

$$D_{AB} = \sqrt{\Delta x_{AB}^2 + \Delta y_{AB}^2} \tag{5-37}$$

还应注意，按照公式(5-35)计算出的是象限角，必须根据坐标增量Δx、Δy的正负号，确定AB边所在的象限，然后再把象限角换算为AB边的坐标方位角。

第三节 控制点加密

本节导图

本节主要介绍了支导线法加密控制点以及前方交会法加密控制点，其内容关系如图 5-25 所示。

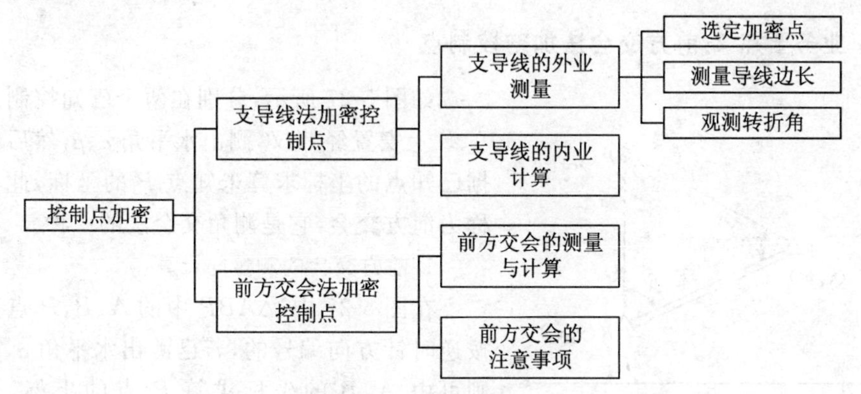

图 5-25　本节内容关系图

业务要点 1:支导线法加密控制点

支导线法是利用经纬仪测出导线的转折角,并使用钢尺丈量出导线边的水平距离,然后根据已知边的方位角和已知点的坐标计算未知点坐标的方法,如图 5-26 所示。

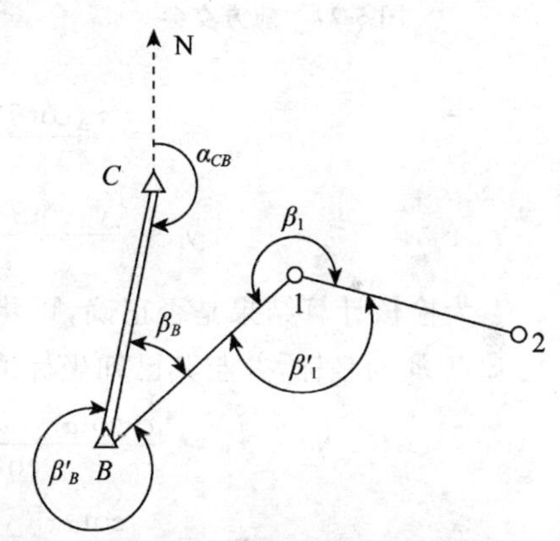

图 5-26　支导线略图

1.支导线的外业测量

(1)选定加密点　如图 5-26 所示,C、B 为已知控制点,根据测区的实际情况,并考虑选点的有关问题,选定加密的导线点 1、2。

(2)测量导线边长　在图 5-26 中,用钢尺测量导线边 $B-1$、$1-2$ 的边长。要求采用往、返丈量的方法,当导线边长的精度不低于 1/2000 时,取平均值作为最后结果。

(3)观测转折角　如图 5-26 所示,用经纬仪测回法观测支导线的左角 β_B、β_1,当上、下半测回角度不符值不超过 $\pm 40''$ 时,求其平均值。在园林测量中,通常还应用同样的方法观测出支导线的右角,如图 5-26 中的 β'_B、β'_1,当左角、右角之和与 360°之差不超过 $\pm 40''$ 时,用左角作为所测转折角的结果。

2.支导线的内业计算

如图 5-26 所示,支导线测量的内业无需进行角度闭合差及坐标增量闭合差的调整,内业计算步骤如下。

1)根据已知点 C、B 的坐标,反算出已知边的方位角 α_{CB}。

2)根据观测的转折角(左角)β_B、β_1,推算导线边 $B-1$、$1-2$ 的方位角 α_{B1} 和 α_{12}。

3)根据导线边的方位角 α_{B1}、α_{12} 和边长 D_{B1}、D_{12},计算坐标增量。

4)根据起点的已知坐标和导线边的坐标增量,计算未知点1、2的坐标。

业务要点2:前方交会法加密控制点

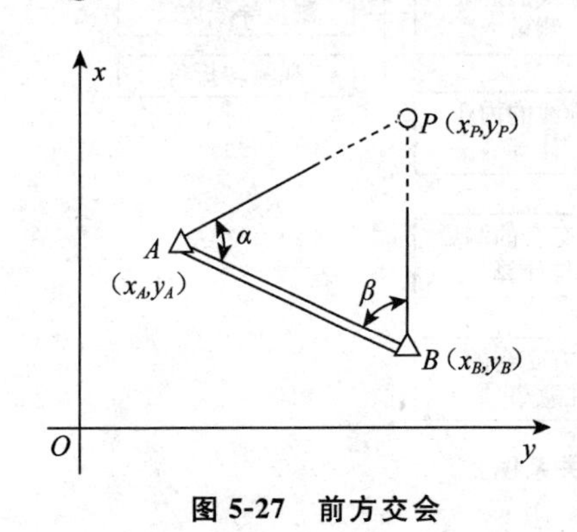

图5-27 前方交会

如图5-27所示,分别在两个已知控制点 A、B 上安置经纬仪,测出水平角 α、β,然后根据已知点的坐标求算未知点 P 的坐标,此法称为前方交会,它是测角交会法的一种。

1.前方交会的测量与计算

在图5-27中,ΔABP 中的 A、B、P 点是按逆时针方向编号的,若已测出水平角 α、β,则可由 A、B 的坐标求算 P 点的坐标,公式为:

$$\left.\begin{aligned} x_{\mathrm{P}} &= \frac{x_{\mathrm{A}}\cot\beta + x_{\mathrm{B}}\cot\alpha - y_{\mathrm{A}} + y_{\mathrm{B}}}{\cot\alpha + \cot\beta} \\ y_{\mathrm{P}} &= \frac{y_{\mathrm{A}}\cot\beta + y_{\mathrm{B}}\cot\alpha + x_{\mathrm{A}} - x_{\mathrm{B}}}{\cot\alpha + \cot\beta} \end{aligned}\right\} \tag{5-38}$$

为检核计算结果是否正确,可将求得的 P 点坐标值代入式(5-39),推算出已知点 B 的坐标,并与其已知坐标值相比较,即:

$$\left.\begin{aligned} x_{\mathrm{B}} &= \frac{x_{\mathrm{P}}\cot\alpha - x_{\mathrm{A}}\cot(\alpha+\beta) - y_{\mathrm{P}} + y_{\mathrm{A}}}{\cot\alpha - \cot(\alpha+\beta)} \\ y_{\mathrm{B}} &= \frac{y_{\mathrm{P}}\cot\alpha - y_{\mathrm{A}}\cot(\alpha+\beta) + x_{\mathrm{P}} - x_{\mathrm{A}}}{\cot\alpha - \cot(\alpha+\beta)} \end{aligned}\right\} \tag{5-39}$$

2.前方交会的注意事项

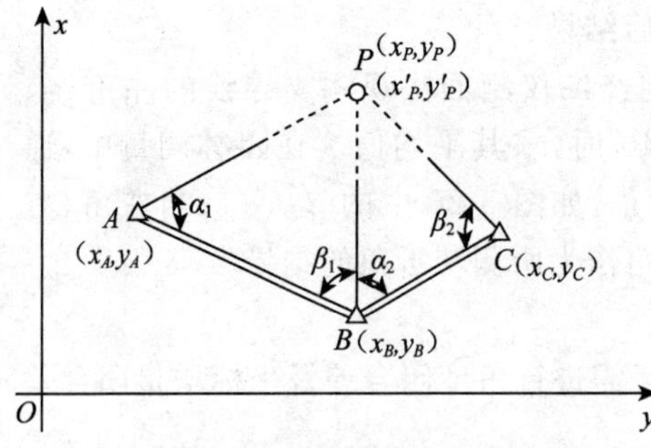

图5-28 有三个已知点的前方交会

在前方交会的图形中,由未知点至相邻两起始点间方向的夹角称为交会角,为了提高 P 点坐标的计算精度,一般要求交会角在30°~150°,并要求布设有三个已知点的前方交会,如图5-28所示。根据所观测的 α_1、β_1 和 α_2、β_2,分两组各自计算 P 点的坐标,即在 ΔABP 中求算 P 点的坐标 (x_p, y_p),在 ΔBCP 中求算 P 点的坐标 (x'_p, y'_p)。当 P 点的点位误差在限差范围内时,取其平均值作为最终结果。

在园林测量中,一般规定两组计算得到的点位误差不大于两倍的比例尺精度,即:

$$f_D = \sqrt{f_x^2 + f_y^2} \leqslant 2 \times 0.1M \quad (f_x = x_P - x'_P, f_y = y_P - y'_P) \quad (5\text{-}40)$$

式中　f_D——点位误差限差(mm)；

M——测图比例尺分母。

第四节　三角高程测量

本节导图

在地形起伏较大不便于进行水准测量的地区，通常采用三角高程测量进行高程控制测量。三角高程测量方法具有简便灵活、不受地形限制等优点，但测量高差的精度比水准测量低。本节主要介绍了三角高程测量的原理、地球曲率和大气折光的影响、三角高程测量的主要技术要求以及观测与计算，其内容关系如图 5-28 所示。

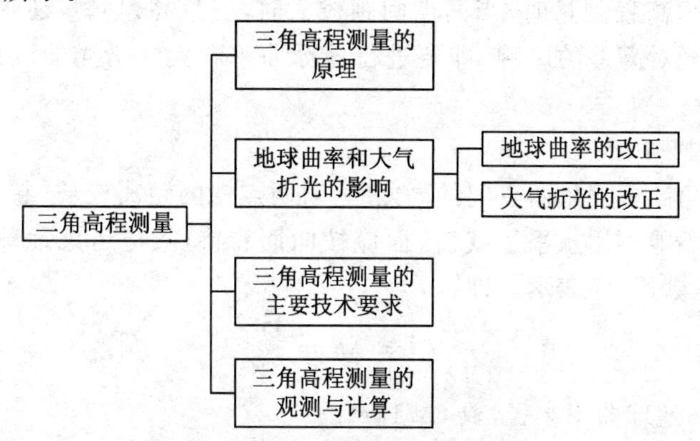

图 5-28　本节内容关系图

业务要点 1:三角高程测量的原理

三角高程测量是根据两点之间的水平距离和竖直角来计算两点的高差，然后求出所求点的高程。

如图 5-29 所示，在 A 点安置仪器，然后用望远镜中丝瞄准 B 点觇标的顶点，并且测得竖直角 α，量取仪器高 i 和觇标高 v，若测出 A、B 两点间的水平距离 D，则可求得 A、B 两点间的高差，即：

$$h_{AB} = D\tan\alpha + i - v \quad (5\text{-}41)$$

B 点高程为：

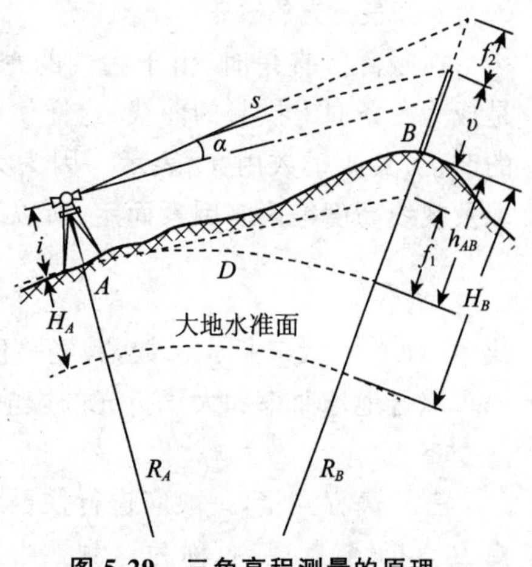

图 5-29　三角高程测量的原理

$$H_B = H_A + D\tan\alpha + i - v \tag{5-42}$$

三角高程测量通常采用对向观测法，即自 A 向 B 观测称为直觇，再从 B 向 A 观测称之为反觇，直观和反觇统称为对向观测。采用对向观测的方法可以有效减弱地球曲率和大气折光产生的影响。但是对向观测所求得的高差较差不应大于 $0.1D$（D 为水平距离，以 km 为单位），则取对向观测的高差中数为最后结果，即：

$$h_{中} = \frac{1}{2}(h_{AB} - h_{BA}) \tag{5-43}$$

公式(5-42)适用于 A、B 两点距离较近（小于 300m）的三角高程测量，此时水准面可近似看成平面，视线则为直线。若距离超过 300m，则要充分考虑地球曲率以及观测视线受到大气折光的影响。

业务要点 2：地球曲率和大气折光的影响

在做三角高程测量时，当两点间距较大时，三角高程测量还须考虑地球曲率及大气折光对高差的影响，即要进行地球曲率和大气折光的改正，简称球气两差的改正。

1. 地球曲率的改正

在用三角高程测量两点间的高差时，若两点间的距离较长（超过 300m），则大地水准面不能再用水平面代替，而应按曲面看待，故应考虑地球曲率影响的改正，其改正数用 f_1 表示。即：

$$f_1 = \Delta h = \frac{D^2}{2R} \tag{5-44}$$

式中　R——地球曲率半径，取 6371km；

　　　D——两点间的水平距离。

2. 大气折光的改正

在观测竖直角时，由于大气的密度不均匀，视线将受大气折光的影响而总是成为一条向上拱起的曲线，这样使得所测竖直角偏大，因此，要进行大气折光的改正，其改正数用 f_2 表示。因为大气折光由气温、气压、日照、时间、地表情况及视线高度等诸多因素而定，所以近似表示为：

$$f_2 = -\frac{KD^2}{2R} \tag{5-45}$$

式中　K——大气折光系数，其经验值为 $K=0.14$。

综合地球曲率和大气折光的影响，便得到球气两差改正数，用 f 表示，即：

$$f = f_1 + f_2 = 0.43D^2/R \tag{5-46}$$

三角高程测量，一般应进行往返观测，即由 A 点向 B 点观测，称为往测，而由 B 点向 A 点观测，称为返测。当进行往返观测时，称为双向观测或对向观测，取对向观测的平均值作为高差结果时，可以抵消球气差的影响，所以三角高程测量一般都用对向观测法。

业务要点3：三角高程测量的主要技术要求

三角高程控制测量一般是在平面控制网的基础上布设成高程导线附合路线、闭合环线或三角高程网。三角高程各边的高差测定应采用对向观测，也可像水准测量一样，设置仪器于两点之间测定其高差。电磁波测距三角高程测量的技术要求见表5-7。

表5-7　电磁波测距三角高程测量的主要技术要求

等级	每千米高差全中误差/mm	边长/km	观测方式	对向观测高差较差/mm	附合或环线闭合差/mm
四等	10	≤1	对向观测	$40\sqrt{D}$	$20\sqrt{\Sigma D}$
五等	15	≤1	对向观测	$60\sqrt{D}$	$30\sqrt{\Sigma D}$

注：1. D为电磁波测距边长度(km)。

2. 起讫点的精度等级，四等应起讫于不低于三等水准的高程点上，五等应起讫于不低于四等的高程点上。

3. 路线长度不应超过相应等级水准路线长度的限值。

采用电磁波测距三角高程测量方法进行高程控制测量时，两点之间水平距离和竖直角观测的技术要求见表5-8。垂直角的对向观测，当直觇完成后应即刻迁站进行返觇测量。仪器、反光镜或觇牌的高度，应在观测前后各量测一次并精确至1mm，取其平均值作为最终高度。

表5-8　电磁波测距三角高程观测的主要技术要求

等级	垂直角观测				边长测量	
	仪器精度等级	测回数	指标差较差(″)	测回较差(″)	仪器精度等级	观测次数
四等	2″级仪器	3	≤7″	≤7″	10mm级仪器	往返各一次
五等	2″级仪器	2	≤10″	≤10″	10mm级仪器	往一次

注：当采用2″级光学经纬仪进行垂直角观测时，应根据仪器的竖直角检测精度，适当增加测回数。

业务要点4：三角高程测量的观测与计算

三角高程测量的观测与计算应按照以下步骤进行：

1)将仪器安置于测站上，量出仪器高i；觇标立于测点上，量出觇标高v。

2)使用经纬仪或测距仪采用测回法观测竖直角α，取其平均值为最后观测成果。

3)采用对向观测，其方法同前两步。

4)用式(5-41)和(5-42)计算出高差和高程。

交通部行业标准《公路勘测规范》JTG C10—2007 中明确规定，电磁波测距三角高程测量可用于四等水准测量：

1)边长观测应采用不低于Ⅱ级精度的电磁波测距仪往返各测一测回，与此同时，还要测定气温和气压值，并且应对所测距离进行气象改正。

2)竖直角观测应采用觇牌为照准目标，用 2″级经纬仪按中丝法观测三测回，竖直角测回差和指标差均≤7″。对向观测高差较差≤±40 $\sqrt{D}$(mm)(D 为以 km 为单位的水平距离)，附合路线或环线闭合差同四等水准测量的要求。

3)仪器高和觇牌高应在观测前后各自用经过检验的量杆量测一次，精确读数至 1mm，当较差不大于 2mm 时，取中数作为最后的结果。

三角高程路线，应组成闭合测量路线或附合测量路线，并且尽可能起闭于高一等级的水准点上。若闭合差 f_h 在表 5-7 所规定的容许范围之内，则将 f_h 反符号按照与各边边长依照正比例的关系分配到各段高差中，最后根据起始点的高程和改正后的高差，计算出各待求点的高程。

第五节　三、四等水准测量

本节导图

小区域地形测图或施工测量中，多采用三、四等水准测量作为高程控制测量的首级控制。本节主要介绍了三、四等水准测量的规范要求以及观测方法，其内容关系如图 5-30 所示。

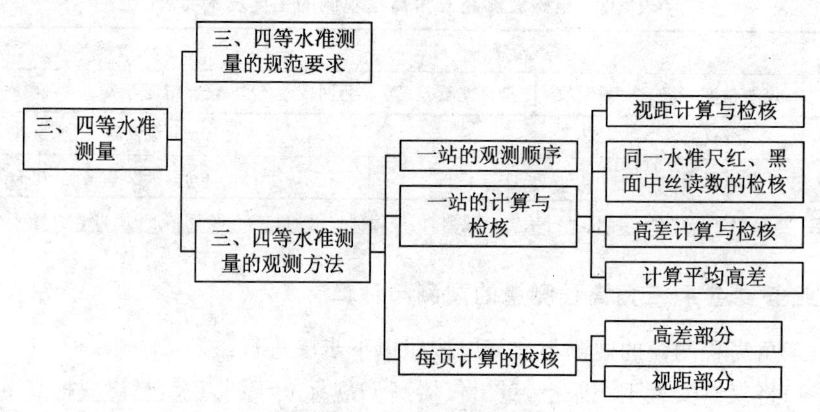

图 5-30　本节内容关系图

业务要点 1:三、四等水准测量的规范要求

三、四等水准测量所使用的仪器以及主要技术要求见表 5-9，每站观测的技术要求见表 5-10。

表 5-9　城市及工程各等级水准测量主要技术指标

等级	每千米高差全中误差/mm	路线长度/km	水准仪的型号	水准尺	观测次数		往返较差、附合或环线闭合差	
					与已知点联测	附合或环线	平地/mm	山地/mm
二等	2	—	DS_1	铟瓦	往返各一次	往返各一次	$4\sqrt{L}$	—
三等	6	⩽50	DS_1	铟瓦	往返各一次	往一次	$12\sqrt{L}$	$4\sqrt{n}$
			DS_3	双面		往返各一次		
四等	10	⩽16	DS_3	双面	往返各一次	往一次	$20\sqrt{L}$	$6\sqrt{n}$
五等	15	—	DS_3	双面	往返各一次	往一次	$30\sqrt{L}$	—

注：L 为附合路线或环线的长度，单位为 km。

表 5-10　各等级水准测量每站观测的主要技术要求

等级	水准仪的型号	视线长度/m	前后视距较差/m	前后视距累积差/m	视线离地面最低高度/m	黑面、红面读数较差/mm	黑、红面所测高差较差/mm
二等	DS_1	50	1	3	0.5	0.5	0.7
三等	DS_1	100	3	6	0.3	1.0	1.5
	DS_3	75				2.0	3.0
四等	DS_3	100	5	10	0.2	3.0	5.0
五等	DS_3	100	大致相等	—	—	—	—

注：1. 二等水准视线长度小于 20m 时，其视线高度不应低于 0.3m。

2. 三、四等水准采用变动仪器高度观测单面水准尺时，所测两次高差较差应与黑、红面所测高差之差的要求相同。

业务要点 2：三、四等水准测量的观测方法

三、四等水准测量的观测工作应在通视良好、成像清晰、稳定的情况下进行。在此介绍双面尺法的观测程序（观测数据及计算过程见表 5-11）。

表 5-11　三、四等水准测量记录

测站编号	点号	后尺 上丝 / 下丝；后视距；视距差	前尺 上丝 / 下丝；前视距；累积差 Σd	方向及尺号	水准尺读数 黑面	水准尺读数 红面	K+黑−红 /mm	平均高差 /m
—	—	(1) (2) (9) (11)	(4) (5) (10) (12)	后尺 前尺 后−前	(3) (6) (15)	(8) (7) (16)	(14) (13) (17)	(18)

续表

测站编号	点号	后尺 上丝 / 下丝 / 后视距 / 视距差	前尺 上丝 / 下丝 / 前视距 / 累积差 Σd	方向及尺号	水准尺读数 黑面	水准尺读数 红面	K＋黑－红 /mm	平均高差 /m
1	BM_2 | TP_1	1426 0995 43.1 ＋0.1	0801 0371 43.0 ＋0.1	后 106 前 107 后－前	1211 0586 ＋0.625	5998 5273 ＋0.725	0 0 0	＋0.6250
2	TP_1 | TP_2	1812 1296 51.6 －0.2	0570 0052 51.8 －0.1	后 107 前 106 后－前	1554 0311 ＋1.243	6241 5097 ＋1.144	0 ＋1 －1	＋1.2435
3	TP_2 | TP_3	0889 0507 51.6 －0.2	1713 1333 38.0 ＋0.1	后 106 前 107 后－前	0698 1523 －0.825	5486 6210 －0.724	01 0 －1	－0.8245
4	TP_3 | BM_1	0758 0390 36.8 －0.2	0758 0390 36.8 －0.1	后 107 前 106 后－前	1708 0574 ＋1.134	6395 5361 ＋1.034	0 0 0	＋1.1340
检核计算	$\sum(9)=169.5$ $\sum(10)=169.6$ $\sum(9)-\sum(10)=-0.1$ $\sum(9)+\sum(10)=339.1$			$\sum(3)=5.171$ $\sum(6)=2.994$ $\sum(15)=+2.177$ $\sum(15)+\sum(16)=+4.356$			$\sum(8)=24.120$ $\sum(7)=21.941$ $\sum(16)=+2.179$ $2\sum(18)=+4.356$	

1.一站的观测顺序

1)在测站上安置水准仪，同时使圆水准气泡居中，后视水准尺黑面，用上、下视距丝读数，并且记入表 5-11 中的(1)、(2)位置，然后转动微倾螺旋，使符合水准气泡居中，采用中丝读数，记入表 5-11 中的(3)位置。

2)前视水准尺黑面，用上、下视距丝读数，并且记入表 5-11 中的(4)、(5)位置，然后转动微倾螺旋，使符合水准气泡居中，采用中丝读数，记入表 5-11 中的(6)位置。

3)前视水准尺红面，旋转微倾螺旋，使水准气泡居中，采用中丝读数，记入表 5-11 中(7)位置。

4)后视水准尺红面，转动微倾螺旋，使符合水准气泡居中，采用中丝读数，记入表 5-11 中(8)位置。以上(1),(2),…,(8)表示观测与记录的顺序,见表 5-11。

这样的观测顺序可以称为“后、前、前、后”,其优点是可以大大地减弱仪器下沉等产生的误差。对四等水准测量每站观测顺序也可为“后、后、前、前”。

2.一站的计算与检核

(1)视距计算与检核　根据前、后视的上、下丝读数计算前、后视的视距(9)和(10)。

后视距离(9):(9)=(1)-(2)

前视距离(10):(10)=(4)-(5)

计算前、后视距差(11):(11)=(9)-(10)。对于三等水准测量,(11)不得超过 3m;对于四等水准测量,(11)不得超过 5m。

计算前、后视距累积差(12):(12)=上站之(12)+本站(11)。对于三等水准测量,(12)不得超过 6m;对于四等水准测量,(12)不得超过 10m。

(2)同一水准尺红、黑面中丝读数的检核　k 为双面水准尺的红面分划与黑面分划之间的零点差,配套使用的两把尺其 k 为 4687mm 或 4787mm,同一把水准尺其红、黑面中丝读数差可按下式计算:

$$(13)=(6)+k-(7)$$

$$(14)=(3)+k-(8)$$

(13)、(14)的大小,对于三等水准测量,不得超过 2mm;对于四等水准测量;不得超过 3mm。

(3)高差计算与检核　按照前、后视水准尺红、黑面中丝读数分别计算一站高差。

计算黑面高差(15):(15)=(3)-(6)

计算红面高差(16):(16)=(8)-(7)

红黑面高差之差(17):(17)=(15)-(16)±0.100=(14)-(13)(检核用)

式中　0.100——单、双号两根水准尺红面零点注记之差,应以 m 为单位。

对于三等水准测量,(17)不得超过 3mm;对于四等水准测量,(17)不得超过 5mm。

(4)计算平均高差　红、黑面的高差之差在容许范围之内时,取其平均值作为该站的观测高差(18),计算公式如下:

$$(18)=\frac{(15)+(16)\pm 0.100}{2} \tag{5-47}$$

3.每页计算的校核

(1)高差部分　以红、黑面后视总和减去红、黑面前视总和应等于红、黑面的高差总和,还应等于平均高差总和的两倍。即当测站数为偶数时：

$$\Sigma[(3)+(8)]-\Sigma[(6)+(7)]=\Sigma[(15)+(16)]=2\Sigma(18) \tag{5-48}$$

当测站数为奇数时：

$$\Sigma[(3)+(8)]-\Sigma[(6)+(7)]=\Sigma[(15)+(16)]=2\Sigma(18)\pm 0.100 \tag{5-49}$$

(2)视距部分　后视距离的总和减去前视距离的总和等于末站视距累积差。即：

$$\Sigma(9)-\Sigma(10)=\text{末站视距累积差}(12) \tag{5-50}$$

确认校核无误之后，即可算出总视距：

$$\text{总视距}=\Sigma(9+10) \tag{5-51}$$

用双面尺法进行三、四等水准测量的记录、计算与校核，见表5-11。

第六章　地形图的测绘与应用

第一节　地形图基础

本节导图

本节主要介绍了地形图的概念和分类、比例尺的种类和精度以及地形图测量要求，其内容关系如图6-1所示。

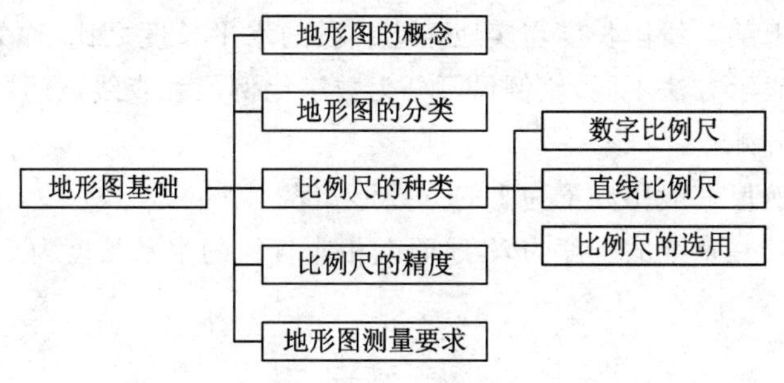

图6-1　本节内容关系图

业务要点1:地形图的概念

地形包括地物和地貌。地形图测绘就是将地球表面某区域的地物和地貌按正射投影的方法和一定的比例尺，用规定的图标符号测绘到图纸上，这种表示地物和地貌平面位置和高程的图称为地形图。

地形测量的任务是测绘地形图。地形图测量应遵循的基本原则是“从整体到局部，先控制后碎部”，先根据测图的目的及测区的具体情况，建立平面及高程控制网，然后在控制点的基础上进行地物和地貌的碎部测量。

通常情况下应根据地面倾角(α)大小，确定地形类别：

平坦地:$\alpha<3°$；

丘陵地:$3°\leqslant\alpha<10°$；

山地:$10°\leqslant\alpha<25°$；

高山地:$\alpha\geqslant25°$。

业务要点2:地形图的分类

地形图可分为数字地形图和纸质地形图，其特征按表6-1分类。

表 6-1 地形图的分类特征

特征	分类	
	数字地形图	纸质地形图
信息载体	适合计算机存取的介质等	纸质
表达方法	计算机可识别的代码系统和属性特征	线划、颜色、符号、注记等
数学精度	测量精度	测量及图解精度
测绘产品	各类文件,如原始文件、成果文件、图形信息数据文件等	纸图,必要时附细部点成果表
工程应用	借助计算机及其外部设备	几何作图

业务要点 3:比例尺的种类

地形图上某一线段长度与实地相应线段的水平长度之比,称为地形图的比例尺。根据表示方法不同,比例尺可分为数字比例尺和直线比例尺两种。

1.数字比例尺

数字比例尺一般用分子为 1 的分数形式表示。

设图上某一直线的长度为 d,地面上相应直线的水平长度为 D,则图的比例尺为:

$$\frac{d}{D}=\frac{1}{m} \tag{6-1}$$

式(6-1)中分母 m 为缩小的倍数,分母越大比例尺越小,反之分母越小,比例尺越大。

通常情况下,图上 1cm 的长度表示地面上 1m 的水平长度,称为百分之一的比例尺;图上 1cm 表示地面上 10m 的水平长度,称为千分之一的比例尺。

通常以 1/500～1/10000 的比例尺称为大比例尺;1/25000～1/100000 的比例尺为中比例尺;小于 1/100000 的比例尺为小比例尺。

数字比例尺按地形图图示规定,书写在图廓下方正中。

2.直线比例尺

用图上线段长度表示实际水平距离的比例尺,称为直线比例尺,又称图示比例尺。如图 6-2 所示。

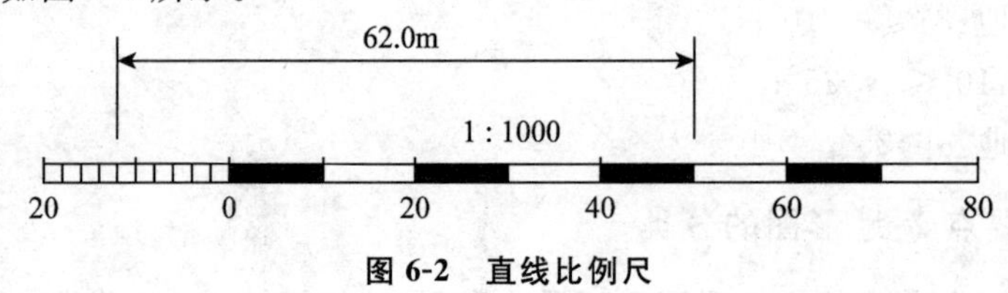

图 6-2 直线比例尺

直线比例尺一般都画在地形图的底部中央，以 2cm 为基本单位。绘制方法如下。

1）先在图纸上绘一条直线，在该直线上截取若干 2cm 或 1cm 的线段，这些线段称为比例尺的基本单位。

2）将最左端的基本单位再分成 20 或 10 等分，然后，在基本单位的右分点上注记 0。

3）自 0 点起，在向左向右的各分点上，注记不同线段所代表的实际长度。

图纸在干湿情况不同时，是有伸缩的，图纸在使用过程中也会变形，若用木制的三棱尺去量图上的长度，则必然产生一些误差。为了用图方便，以及减小图纸伸缩而引起的误差，一般在图廓的下方绘一直线比例尺，用以直接量度图上直线的实际水平距离。用图时以图上所绘的直线比例尺为准，则由于图纸的伸缩而产生的误差就可以基本消除。

使用直线比例尺时，要用分规在地形图上量出某两点的长度，然后将分规移至直线比例尺上，使其一脚尖对准 0 右边的某个整分划线上，从另一脚尖读取左边的小分划，并估读余数。如图 6-2 所示，实地水平距离为 62.0m。

3. 比例尺的选用

地形图测图的比例尺，根据工程的设计阶段、规模大小和运营管理需要，可按表 6-2 选用。

表 6-2　测图比例尺的选用

比例尺	用　途
1∶5000	可行性研究、总体规划、厂址选择、初步设计等
1∶2000	可行性研究、初步设计、矿山总图管理、城镇详细规划等
1∶1000	初步设计，施工图设计，城镇、工矿总图管理，竣工验收等
1∶500	

注：1. 对于精度要求较低的专用地形图，可按小一级比例尺地形图的规定进行测绘或利用小一级比例尺地形图放大成图。

2. 对于局部施测大于 1∶500 比例尺的地形图，除另有要求外，可按 1∶500 地形图测量的要求执行。

业务要点 4：比例尺的精度

地形图上 0.1mm 所代表的实地水平长度称为比例尺精度。人们用肉眼能直接分辨出的图上最小距离为 0.1mm。

比例尺精度的计算公式：

$$\varepsilon = 0.1 \times m \tag{6-2}$$

式中　ε——比例尺精度；

m——地形图数字比例尺分母。

比例尺大小不同，比例尺精度就不同。常用大比例尺地形图的比例尺精度如表6-3所示。

表6-3 大比例尺地形图的比例尺精度

比例尺	1∶500	1∶1000	1∶2000	1∶5000	1∶10000
比例尺精度/m	0.05	0.1	0.2	0.5	1

当测图比例尺确定后，根据比例尺的精度，可以推算出测量距离时应精确到什么程度；为使某种尺寸的物体和地面形态都能在图上表示出来，可按要求确定测图比例尺。如要求在图上能表示出1m长，则所用的比例尺不应小于1/10000。

业务要点5：地形图测量要求

1)地形测量的区域类型，可划分为一般地区、城镇建筑区、工矿区和水域。

2)地形测量的基本精度要求，应符合下列规定：

①地形图图上地物点相对于邻近图根点的点位中误差，不应超过表6-4的规定。

表6-4 图上地物点的点位中误差

区域类型	点位中误差/mm
一般地区	0.8
城镇建筑区、工矿区	0.6
水域	1.5

注：1.隐蔽或施测困难的一般地区测图，可放宽50%。

2.1∶500比例尺水域测图、其他比例尺的大面积平坦水域或水探超出20m的开阔水域测图，根据具体情况，可放宽至2.0mm。

②等高(深)线的插求点或数字高程模型格网点相对于邻近图根点的高程中误差，不应超过表6-5的规定。

表6-5 等高(深)线插求点或数字高程模型格网点的高程中误差

一般地区	地形类别	平坦地	丘陵地	山地	高山地
	高程中误差/m	$\frac{1}{3}h_d$	$\frac{1}{2}h_d$	$\frac{2}{3}h_d$	$1h_d$
水域	水底地形倾角 α	$\alpha<3°$	$3°<\alpha\leqslant10°$	$10°<\alpha\leqslant25°$	$\alpha\leqslant25°$
	高程中误差/m	$\frac{1}{2}h_d$	$\frac{2}{3}h_d$	$1h_d$	$\frac{3}{2}h_d$

注：1. h_d 为地形图的基本等高距(m)。

2.对于数字高程模型，h_d 的取值应以棋型比例尺和地形类别按表6-6取用。

3.隐蔽或施测困难的一般地区测图，可放宽50%。

4.当作业困难、水深大于20m或工程精度要求不高时，水域测图可放宽1倍。

表 6-6　地形图的基本等高距　(单位:m)

地形类别	比例尺			
	1∶500	1∶1000	1∶2000	1∶5000
平坦地	0.5	0.5	1	2
丘陵地	0.5	1	2	5
山地	1	1	2	5
高山地	1	2	2	5

注:1.一个测区同一比例尺,宜采用一种基本等高距。
2.水域测图的基本等深距,可按水底地形倾角所比照地形类别和测图比例尺选择。

③工矿区细部坐标点的点位和高程中误差,不应超过表 6-7 的规定。

表 6-7　细部坐标点的点位和高程中误差

地物类别	点位中误差/cm	高程中误差/cm
主要建(构)筑物	5	2
一般建(构)筑物	7	3

④地形点的最大点位间距,不应大于表 6-8 的规定。

表 6-8　地形点的最大点位间距　(单位:m)

比例尺		1∶500	1∶1000	1∶2000	1∶5000
一般地区		15	30	50	100
水域	断面间	10	20	40	100
	断面上测点间	5	10	20	50

注:水域测图的断面间距和断面的测点间距,根据地形变化和用图要求,可适当加密或放宽。

⑤地形图上高程点的注记,当基本等高距为 0.5m 时,应精确至 0.01m;当基本等高距大于 0.5m 时,应精确至 0.1m。

3)地形图的分幅和编号,应满足下列要求:

①地形图的分幅,可采用正方形或距形方式。

②图幅的编号,宜采用图幅西南角坐标的千米数表示。

③带状地形图或小测区地形图可采用顺序编号。

④对于已施测过地形图的测区,也可沿用原有的分幅和编号。

4)地形图图式和地形图要素分类代码的使用,应满足下列要求:

①地形图图式,应采用现行国家标准《国家基本比例尺地图图式 第 1 部分:1∶500　1∶1000　1∶2000 地形图图式》GB/T 20257.1—2007 和《国家基本比例尺地图图式 第 2 部分:1∶5000　1∶10000 地形图图式》GB/T 20257.2—2006。

②地形图要素分类代码，宜采用现行国家标准《基础地理信息要素分类与代码》GB/T 13923—2006。

③对于图式和要素分类代码的不足部分可自行补充，并应编写补充说明。对于同一个工程或区域，应采用相同的补充图式和补充要素分类代码。

地形测图，可采用全站仪测图、GPS－RTK测图和平板测图等方法，也可采用各种方法的联合作业模式或其他作业模式。在网络RTK技术的有效服务区作业，宜采用该技术，但应满足地形测量的基本要求。

第二节　地形图绘制

本节导图

地形图测绘是一项作业环节多、技术要求高、参与人员多、组织管理较复杂的测量工作。本节主要介绍了地形图的测绘方法与技术要求、纸质地形图数字化、数字高程模型(DEM)以及地形图的测绘，其内容关系如图6-3所示。

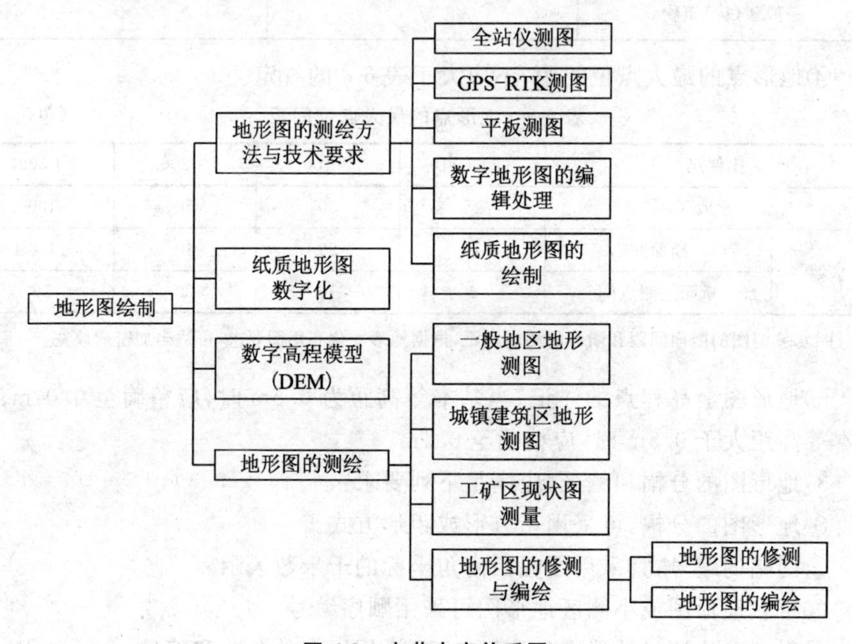

图6-3　本节内容关系图

业务要点1：地形图的测绘方法与技术要求

1.全站仪测图

1)全站仪测图的方法，可采用编码法、草图法或内外业一体化的实时成图法等。当布设的图根点不能满足测图需要时，可采用极坐标法增设少量测站点。

2)全站仪测图，可按图幅施测，也可分区施测。按图幅施测时，每幅图应测出图廓线外 5mm；分区施测时，应测出区域界线外图上 5mm。

3)全站仪测图所使用的仪器和应用程序，应符合下列规定：

①宜使用 6″级全站仪，其测距标称精度，固定误差不应大于 10mm，比例误差系数不应大于 5ppm。

②测图的应用程序，应满足内业数据处理和图形编辑的基本要求。

③数据传输后，宜将测量数据转换为常用数据格式。

4)全站仪测图的仪器安置及测站检核，应符合下列要求：

①仪器的对中偏差不应大于 5mm，仪器高和反光镜高的量取应精确至 1mm。

②应选择较远的图根点作为测站定向点，并施测另一图根点的坐标和高程，作为测站检核。检核点的平面位置较差不应大于图上 0.2mm，高程较差不应大于基本等高距的 1/5。

③作业过程中和作业结束前，应对定向方位进行检查。

5)全站仪测图的测距长度，不应超过表 6-9 的规定。

表 6-9　全站仪测图的最大测距长度

比例尺	最大测距长度/m	
	地物点	地形点
1∶500	160	300
1∶1000	300	500
1∶2000	450	700
1∶5000	700	1000

6)数字地形图测绘，应符合下列要求：

①当采用草图法作业时，应按测站绘制草图，并对测点进行编号。测点编号应与仪器的记录点号相一致。草图的绘制，宜简化标示地形要素的位置、属性和相互关系等。

②当采用编码法作业时，宜采用通用编码格式，也可使用软件的自定义功能和扩展功能建立用户的编码系统进行作业。

③当采用内外业一体化的实时成图法作业时，应实时确立测点的属性、连接关系和逻辑关系等。

④在建筑密集的地区作业时，对于全站仪无法直接测量的点位，可采用支距法、线交会法等几何作图方法进行测量，并记录相关数据。

7)当采用手工记录时,观测的水平角和垂直角宜读记至秒,距离宜读记至"cm",坐标和高程的计算(或读记)宜精确至1cm。

8)对采集的数据应进行检查处理,删除或标注作废数据、重测超限数据、补测错漏数据。对检查修改后的数据,应及时与计算机联机通信,生成原始数据文件并做备份。

2.GPS-RTK测图

1)作业前,应搜集下列资料:

①测区的控制点成果及GPS测量资料。

②测区的坐标系统和高程基准的参数,包括:参考椭球参数,中央子午线经度,纵、横坐标的加常数,投影面正常高,平均高程异常等。

③WGS-84坐标系与测区地方坐标系的转换参数及WGS-84坐标系的大地高基准与测区的地方高程基准的转换参数。

2)转换关系的建立,应符合下列规定:

①基准转换,可采用重合点求定参数(七参数或三参数)的方法进行。

②坐标转换参数和高程转换参数的确定宜分别进行。坐标转换位置基准应一致,重合点的个数不少于4个,且应分布在测区的周边和中部;高程转换可采用拟合高程测量的方法。

③坐标转换参数也可直接应用测区GPS网二维约束平差所计算的参数。

④对于面积较大的测区,需要分区求解转换参数时,相邻分区应不少于2个重合点。

⑤转换参数宜采取多种点组合方式分别计算,再进行优选。

3)转换参数的应用,应符合下列规定:

①转换参数的应用,不应超越原转换参数的计算所覆盖的范围,且输入参考站点的空间直角坐标,应与求取平面和高程转换参数(或似大地水准面)时所使用的原GPS网的空间直角坐标成果相同,否则,应重新求取转换参数。

②使用前,应对转换参数的精度、可靠性进行分析和实测检查。检查点应分布在测区的中部和边缘。检测结果,平面较差不应大于5cm,高程较差不应大于$30\sqrt{D}$mm(D为参考站到检查点的距离,单位为km);超限时,应分析原因并重新建立转换关系。

③对于地形趋势变化明显的大面积测区,应绘制高程异常等值线图,分析高程异常的变化趋势是否同测区的地形变化相一致。当局部差异较大时,应加强检查,超限时,应进一步精确求定高程拟合方程。

4)参考站点位的选择,应符合下列规定:

①应根据测区面积、地形地貌和数据链的通信覆盖范围均匀布设参考站。

②参考站站点的地势应相对较高，周围无高度角超过15°的障碍物和强烈干扰接收卫星信号或反射卫星信号的物体。

③参考站的有效作业半径，不应超过10km。

5)参考站的设置，应符合下列规定：

①接收机天线应精确对中、整平。对中误差不应大于5mm；天线高的量取应精确至1mm。

②正确连接天线电缆、电源电缆和通信电缆等；接收机天线与电台天线之间的距离，不宜小于3m。

③正确输入参考站的相关数据，包括：点名、坐标、高程、天线高、基准参数、坐标高程转换参数等。

④电台频率的选择，不应与作业区其他无线电通信频率相冲突。

6)流动站的作业，应符合下列规定：

①流动站作业的有效卫星数不宜少于5个，PDOP值应小于6，并应采用固定解成果。

②正确的设置和选择测量模式、基准参数、转换参数和数据链的通信频率等，其设置应与参考站相一致。

③流动站的初始化，应在比较开阔的地点进行。

④作业前，宜检测2个以上不低于图根精度的已知点。检测结果与已知成果的平面较差不应大于图上0.2mm，高程较差不应大于基本等高距的1/5。

⑤数字地形图的测绘，按全站仪测图的要求执行。

⑥作业中，如出现卫星信号失锁，应重新初始化，并经重合点测量检查合格后，方能继续作业。

⑦结束前，应进行已知点检查。

⑧每日观测结束，应及时转存测量数据至计算机并做好数据备份。

7)分区作业时，各应测出界线外图上5mm。

8)不同参考站作业时，流动站应检测一定数量的地物重合点。点位较差不应大于图上0.6mm，高程较差不应大于基本等高距的1/3。

9)对采集的数据应进行检查处理，删除或标注作废数据、重测超限数据、补测错漏数据。

3.平板测图

1)平板测图，可选用经纬仪配合展点器测绘法、大平板仪测绘法。

2)地形原图的图纸，宜选用厚度为0.07～0.10mm，伸缩率小于0.2%。的聚酯薄膜。

3)图廓格网线绘制和控制点的展点误差，不应大于0.2mm。图廓格网的对角线、图根点间的长度误差，不应大于 0.3mm。

平板测图所用的仪器和工具，应符合下列规定：

①视距常数范围应在 100±0.1 以内。

②垂直度盘指标差，不应超过 2′。

③比例尺尺长误差，不应超过 0.2mm。

④量角器半径，不应小于 10cm，其偏心差不应大于 0.2mm。

⑤坐标展点器的刻划误差，不应超过 0.2mm。

4)当解析图根点不能满足测图需要时，可增补少量图解交会点或视距支点。图解补点应符合下列规定：

①图解交会点，必须选多余方向作校核，交会误差三角形内切圆直径应小于 0.5mm，相邻两线交角应在 30°～150°之间。

②视距支点的长度，不宜大于相应比例尺地形点最大视距长度的 2/3，并应往返测定，其较差不应大于实测长度的 1/150。

③图解交会点、视距支点的高程测量，其垂直角应一测回测定。由两个方向观测或往、返观测的高程较差，在平地不应大于基本等高距的 1/5，在山地不应大于基本等高距的 1/3。

5)平板测图的视距长度，不应超过表 6-10 的规定。

表 6-10 平板测图的最大视距长度

比例尺	最大视距长度/m			
	一般地区		城镇建筑区	
	地物	地形	地物	地形
1∶500	60	100	—	70
1∶1000	100	150	80	120
1∶2000	180	250	150	200
1∶5000	300	350	—	—

注：1. 垂直角超过±10%范围时，视距长度应适当缩短；平坦地区成像清晰时，视距长度可放长 20%。

2. 城镇建筑区 1∶500 比例尺测图，测站点至地物点的距离应实地丈量。

3. 城镇建筑区 1∶5000 比例尺测图不宜采用平板测图。

6)平板测图时，测站仪器的设置及检查，应符合下列要求：

①仪器对中的偏差，不应大于图上 0.05mm。

②以较远一点标定方向，另一点进行检核，其检核方向线的偏差不应大于图上 0.3mm，每站测图过程中和结束前应注意检查定向方向。

③检查另一测站点的高程，其较差不应大于基本等高距的 1/5。

7)测图时,每幅图应测出图廓线外5mm。

8)纸质地形图绘制的主要技术要求,应符合本要点第5条的相关规定。

9)图幅的接边误差不应大于表6-4和表6-5规定值的$2\sqrt{2}$倍,小于规定值时,可平均配付;超过规定值时,应进行实地检查和修改。

10)纸质地形图的内外业检查,应按本章第一节"要点3"第3)条的规定执行。

4.数字地形图的编辑处理

1)数字地形图编辑处理软件的应用,应符合下列规定:

①首次使用前,应对软件的功能、图形输出的精度进行全面测试。满足相应要求和工程需要后,方能投入使用。

②使用时,应严格按照软件的操作要求作业。

2)观测数据的处理,应符合下列规定:

①观测数据应采用与计算机联机通信的方式,转存至计算机并生成原始数据文件;数据量较少时也可采用键盘输入,但应加强检查。

②应采用数据处理软件,将原始数据文件中的控制测量数据、地形测量数据和检测数据进行分离(类),并分别进行处理。

③对地形测量数据的处理,可增删和修改测点的编码、属性和信息排序等,但不得修改测量数据。

④生成等高线时,应确定地性线的走向和断裂线的封闭。

3)地形图要素应分层表示。分层的方法和图层的命名对同一工程宜采用统一格式,也可根据工程需要对图层部分属性进行修改。

4)使用数据文件自动生成的图形或使用批处理软件生成的图形,应对其进行必要的人机交互式图形编辑。

5)数字地形图中各种地物、地貌符号、注记等的绘制、编辑,可按本要点第5条的相关要求进行。当不同属性的线段重合时,可同时绘出,并采用不同的颜色分层表示(对于打印输出的纸质地形图可择其主要表示)。

6)数字地形图的分幅,除满足本章第一节"要点5"中3)的要求外,还应满足下列要求:

①分区施测的地形图,应进行图幅裁剪。分幅裁剪时(或自动分幅裁剪后),应对图幅边缘的数据进行检查、编辑。

②按图幅施测的地形图,应进行接图检查和图边数据编辑。图幅接边误差应符合本要点第3条第9款的规定。

③图廓及坐标格网绘制,应采用成图软件自动生成。

7)数字地形图的编辑检查,应包括下列内容:

①图形的连接关系是否正确,是否与草图一致、有无错漏等。

②各种注记的位置是否适当,是否避开地物、符号等。

③各种线段的连接、相交或重叠是否恰当、准确。

④等高线的绘制是否与地性线协调、注记是否适宜、断开部分是否合理。

⑤对间距小于图上 0.2mm 的不同属性线段,处理是否恰当。

⑥地形、地物的相关属性信息赋值是否正确。

8)数字地形图编辑处理完成后,应按相应比例尺打印地形图样图,并按《工程质量规范》GB 50026—2007 的相关规定进行内外业检查和绘图质量检查。外业检查可采用 GPS-RTK 法,也可采用全站仪测图法。

5.纸质地形图的绘制

1)轮廓符号的绘制,应符合下列规定:

①依比例尺绘制的轮廓符号,应保持轮廓位置的精度。

②半依比例尺绘制的线状符号,应保持主线位置的几何精度。

③不依比例尺绘制的符号,应保持其主点位置的几何精度。

2)居民地的绘制,应符合下列规定:

①城镇和农村的街区、房屋,均应按外轮廓线准确绘制。

②街区与道路的衔接处,应留出 0.2mm 的间隔。

3)水系的绘制,应符合下列规定:

①水系应先绘桥、闸,其次绘双线河、湖泊、渠、海岸线、单线河,然后绘堤岸、陡岸、沙滩和渡口等。

②当河流遇桥梁时应中断;单线沟渠与双线河相交时,应将水涯线断开,弯曲交于一点。当两双线河相交时,应互相衔接。

4)交通及附属设施的绘制,应符合下列规定:

①当绘制道路时,应先绘铁路,再绘公路及大车路等。

②当实线道路与虚线道路、虚线道路与虚线道路相交时,应实部相交。

③当公路遇桥梁时,公路和桥梁应留出 0.2mm 的间隔。

5)等高线的绘制,应符合下列规定:

①应保证精度,线划均匀、光滑自然。

②当图上的等高线遇双线河、渠和不依比例尺绘制的符号时,应中断。

6)境界线的绘制,应符合下列规定:

①凡绘制有国界线的地形图,必须符合国务院批准的有关国境界线的绘制规定。

②境界线的转角处,不得有间断,并应在转角上绘出点或曲折线。

7)各种注记的配置,应分别符合下列规定:

①文字注记,应使所指示的地物能明确判读。一般情况下,字头应朝北。道路河流名称,可随现状弯曲的方向排列。各字侧边或底边,应垂直或平行于线状物体。各字间隔尺寸应在0.5mm以上;远间隔的也不宜超过字号的8倍。注字应避免遮断主要地物和地形的特征部分。

②高程的注记,应注于点的右方,离点位的间隔应为0.5mm。

③等高线的注记字头,应指向山顶或高地,字头不应朝向图纸的下方。

8)外业测绘的纸质原图,宜进行着墨或映绘,其成图应墨色黑实光润、图面整洁。

9)每幅图绘制完成后,应进行图面检查和图幅接边、整饰检查,发现问题及时修改。

业务要点2:纸质地形图数字化

1)纸质地形图的数字化,可采用图形扫描仪扫描数字化法或数字化仪手扶跟踪数字化法。

2)选用的图形扫描仪或数字化仪的主要技术指标,应满足大比例尺成图的基本精度要求。

3)扫描数字化的软件系统,应具备下列基本功能:

①图纸定向和校正。

②数据采集和编码输入。

③数据的计算、转(变)换和编辑。

④图形的实时显示、检查和修改。

⑤点、线、面状地形符号的绘制。

⑥地形图要素的分层管理。

⑦格栅数据的运算(包括灰度值变换、格栅图像的平移和格栅图像的组合等)。

⑧坐标转换。

⑨线状格栅数据的细化。

⑩格栅数据的自动跟踪矢量化。

⑪人机交互式矢量化。

4)手扶跟踪数字化的软件系统,应具备本要点第3)条①～⑥的基本功能。

5)数字化图中的地形、地物要素和各种注记的图层设置及属性表示,应满足用户要求和数据入库需要。

6)纸质地形图数字化对原图的使用,应符合下列规定:

①原图的比例尺不应小于数字化地形图的比例尺。

②原图宜采用聚酯薄膜底图;当无法获取聚酯薄膜底图时,在满足用户用

图要求的前提下,也可选用其他纸质图。

③图纸平整、无褶皱,图面清晰。

④对原图纸或扫描图像的变形,应进行修正。

7)图纸、图像的定向,应符合下列规定:

①宜选用内图廓的四角坐标点或格网点作为定向点。

②定向点不应少于 4 点,位置应分布均匀、合理。

③当地形图变形较大时,应适当增加图纸定向点。

④定向完成后,应作格网检查。其坐标值与理论坐标值的偏差,不应大于图上 0.3mm。

⑤数字化仪采集数据的作业过程中和结束时,还应对图纸作定向检查。

8)地形图要素的数字化,应符合下列规定:

①对图纸中有坐标数据的控制点和建(构)筑物的细部坐标点的点位绘制,不得采用数字化的方式而应采用输入坐标的方式进行;无坐标数据的控制点可不绘制。

②图廓及坐标格网的绘制,应采用输入坐标的方法由绘图软件按理论值自动生成,不得采用数字化方式产生。

③原图中地形、地物符号与现行图式不相符时,应采用现行图式规定的符号。

④点状符号、线状符号和地貌、植被的填充符号的绘制,应采用绘图软件生成;各种注记的位置应与符号相协调,重叠时可进行交互式编辑调整。

⑤等高线、地物线等线条的数字化,应采用线跟踪法。采样间隔合理、线划粗细均匀、线条连续光滑。

9)每幅图数字化完成后,应进行图幅接边和图边数据编辑;接边完成后,应输出检查图。

10)检查图与原图比较,点状符号及明显地物点的偏差不宜大于图上 0.2mm,线状符号的误差不宜大于图上 0.3mm。

业务要点 3:数字高程模型(DEM)

1)数字高程模型的数据源,宜采用数字地形图的等高线数据,也可采用野外实测的数据或对原有纸质地形图数字化的数据。

2)数字高程模型建立的主要技术要求,应符合下列规定:

①比例尺的确定,宜根据工程的需要,按表 6-2 选择,但不应大于数据源的比例尺。

②数字高程模型格网点的高程中误差,应满足表 6-5 的要求。

③数字高程模型的格网间距,应符合表 6-11 的规定。

表 6-11　数字高程模型的格网间距

比例尺	1∶500	1∶1000	1∶2000	1∶5000
格网间距/m	2.5	2.5 或 5	5	10

④数字高程模型的分幅及编号，应满足本章第一节“要点 3”第 3)条的要求。

⑤数字高程模型的构建，宜采用不规则三角网法，也可采用规则格网法，或者二者混合使用。

⑥规则格网点、特征点及边界线的数据应完整。

⑦数字高程模型表面应平滑，且应充分反映地形地貌的特征。

3)采用不规则三角网法构建模型时，应符合下列规定：

①确定并完整连接地性线、断裂线、边界线等特征线。

②以同一特征线上相邻两点的连线，作为构建三角形的必要条件。

③构建三角形宜使三角形的边长尽可能接近等边、三角形的边长之和最小或三角形外接圆的半径最小。

④当采用等高线数据构建三角网时，宜将等高线作为特征线处理，并满足本条第①～③款的规定。

⑤不规则三角网点数据，宜通过插值处理生成规则的格网点数据。

4)采用规则格网法构建模型时，应符合下列规定：

①根据离散点数据插求格网点高程，可采用插值法、曲面拟合法，也可二者混合使用。

②格网点的高程，也可由等高线数据插求。

③特征线两侧的离散点，不应同时用于同一插值或拟合方程的建立。

5)建立数字高程模型作业时，应符合下列规定：

①对新购置的软件，应进行全面测试。满足规范要求和工程需要后，方能投入使用。

②使用时，应严格按照软件的操作要求作业。

③数字高程模型的建立，可按图幅进行，也可分区建立。其数据源覆盖范围，不应小于图廓线或分区线外图上 20mm。

④一个数字高程模型应只有一个封闭的外边界线，但其内部的道路、建筑物、水域、地形突变等断裂线，均应独立连成内边界线；不同的内边界线可以相邻，但不得相交。

⑤对构建模型的数据源，作业时应进行粗差检验与剔除。可通过模型与数字地形图等高线数据叠合对比的方法进行检查。对发现的不合理之处，应及时进行处理；必要时，应适当增补高程点，并重新构建模型。

⑥必要时，可对构建的数字高程模型进行模型优化。

⑦接边范围的数据，应有适当的重叠。

6)数字高程模型接边，应满足下列要求：

①同名格网点的高程应一致。

②相邻格网点的平面坐标应连续，且高程变化符合地形连续的总特征。

③用实测数据所建立的数字高程模型的接边误差，不应大于表 6-5 规定的 2 倍；小于规定值时，可平均配赋，超过规定值时，应进行检查和修改。

7)数字高程模型建立后应进行检查，并符合下列规定：

①对用实测数据建立的数字高程模型，应进行外业实测检查并统计精度。每个图幅的检测点数，不应少于 20 点，且均匀分布。模型的高程中误差，按式(6-3)计算，其值不应大于表 6-5 的规定。

$$M_{\mathrm{h}} = \sqrt{\frac{[\Delta h_i \Delta h_i]}{n}} \tag{6-3}$$

式中 M_{h}——模型的高程中误差(m)；

n——检查点个数；

Δh_i——检测高程与模型高程的较差(m)。

②对以数字地形图产品和纸质地形图数字化作为数据源所建立的数字高程模型，宜采用数字高程模型的高程与数据源同名点高程比较的方法进行检查。

业务要点 4：地形图的测绘

1.一般地区地形测图

1)一般地区宜采用全站仪或 GPS－RTK 测图，也可采用平板测图。

2)各类建(构)筑物及其主要附属设施均应进行测绘。居民区可根据测图比例尺大小或用图需要，对测绘内容和取舍范围适当加以综合。临时性建筑可不测。

建(构)筑物宜用其外轮廓表示，房屋外廓以墙角为准。当建(构)筑物轮廓凸凹部分在 1∶500 比例尺图上小于 1mm 或在其他比例尺图上小于 0.5mm 时，可用直线连接。

3)独立性地物的测绘，能按比例尺表示的，应实测外廓，填绘符号；不能按比例尺表示的，应准确表示其定位点或定位线。

4)管线转角部分，均应实测。线路密集部分或居民区的低压电力线和通信线，可选择主干线测绘；当管线直线部分的支架、线杆和附属设施密集时，可适当取舍；当多种线路在同一杆柱上时，应择其主要表示。

5)交通及附属设施，均应按实际形状测绘。铁路应测注轨面高程，在曲线段应测注内轨面高程；涵洞应测注洞底高程。

1：2000 及 1：5000 比例尺地形图，可适当舍去车站范围内的附属设施。小路可选择测绘。

6)水系及附属设施，宜按实际形状测绘。水渠应测注渠顶边高程；堤、坝应测注顶部及坡脚高程；水井应测注井台高程；水塘应测注塘顶边及塘底高程。当河沟、水渠在地形图上的宽度小于 1mm 时，可用单线表示。

7)地貌宜用等高线表示。崩塌残蚀地貌、坡、坎和其他地貌，可用相应符号表示。山顶、鞍部、凹地、山脊、谷底及倾斜变换处，应测注高程点。露岩、独立石、土堆、陡坎等，应注记高程或比高。

8)植被的测绘，应按其经济价值和面积大小适当取舍，并应符合下列规定：

①农业用地的测绘按稻田、旱地、菜地、经济作物地等进行区分，并配置相应符号。

②地类界与线状地物重合时，只绘线状地物符号。

③梯田坎的坡面投影宽度在地形图上大于 2mm 时，应实测坡脚；小于 2mm 时，可量注比高。当两坎间距在 1：500 比例尺地形图上小于 10mm、在其他比例尺地形图上小于 5mm 时或坎高小于基本等高距的 1/2 时，可适当取舍。

④稻田应测出田间的代表性高程，当田埂宽在地形图上小于 1mm 时，可用单线表示。

9)地形图上各种名称的注记，应采用现有的法定名称。

2.城镇建筑区地形测图

1)城镇建筑区宜采用全站仪测图，也可采用平板测图。

2)各类的建(构)筑物、管线、交通等及其相应附属设施和独立性地物的测量，应按本要点第 1 条第 2)～5)款的规定执行。

3)房屋、街巷的测量，对于 1：500 和 1：1000 比例尺地形图，应分别实测；对于 1：2000 比例尺地形图，小于 1m 宽的小巷，可适当合并；对于 1：5000 比例尺地形图，小巷和院落连片的，可合并测绘。

街区凸凹部分的取舍，可根据用图的需要和实际情况确定。

4)各街区单元的出入口及建筑物的重点部位，应测注高程点；主要道路中心在图上每隔 5cm 处和交叉、转折、起伏变换处，应测注高程点；各种管线的检修井，电力线路、通信线路的杆(塔)，架空管线的固定支架，应测出位置并适当测注高程点。

5)对于地下建(构)筑物，可只测量其出入口和地面通风口的位置和高程。

6)小城镇的测绘，可按本要点第 1 条的的相关要求执行。街巷的取舍，可按本要点第 2 条的要求适当放宽。

3. 工矿区现状图测量

1)工矿区现状图测量，宜采用全站仪测图。测图比例尺，宜采用 1∶500 或 1∶1000。

2)建(构)筑物宜测量其主要细部坐标点及有关元素。细部坐标点的取舍，应根据工矿区建(构)筑物的疏密程度和测图比例尺确定。建(构)筑物细部坐标点测量的位置可按表 6-12 选取。

表 6-12　建(构)筑物细部坐标点测量的位置

类别		坐标	高程	其他要求
建(构)筑物	矩形	主要墙角	主要墙外角、室内地坪	—
	圆形	圆心	地面	注明半径、高度或深度
	其他	墙角、主要特征点	墙外角、主要特征点	—
地下管道		起、终、转、交叉点的管道中心	地面、井台、井底、管顶、下水测出入口管底或沟底	经委托方开挖后施测
架空管道		起、终、转、交叉点的支架中心	起、终、转、交叉点、变坡点的基座面或地面	注明通过铁路、公路的净空高
架空电力线路、电信线路		铁塔中心，起、终、转、交叉点杆柱的中心	杆(塔)的地面或基座面	注明通过铁路、公路的净空高
地下电缆		起、终、转、交叉点的井位或沟道中心，入地处，出地处	起、终、转、交叉点，入地点、出地点、变坡点的地面和电缆面	经委托方开挖后施测
铁路		车档、岔心、进厂房处、直线部分每 50m 一点	车档、岔心、变坡点、直线段每 50m 一点、曲线内轨每 20m 一点	—
公路		干线交叉点	变坡点、交叉点、直线段每 30～40m 一点	—
桥梁、涵洞		大型的四角点，中型的中心线两端点，小型的中心点	大型的四角点，中型的中心线两端点，小型的中心点、涵洞进出口底部高	—

注：1. 建(构)筑物轮廓凸凹部分大于 0.5m 时，应丈量细部尺寸。

2. 厂房门宽度大于 2.5m 或能通行汽车时，应实测位置。

3)细部坐标点的测量，应符合下列规定：

①细部坐标宜采用全站仪极坐标法施测，细部高程可采用水准测量或电磁波测距三角高程的方法施测。测量精度应满足表 6-7 的要求。成果取值，应精

确至1cm。

②细部坐标点的检核，可采用丈量间距或全站仪对边测量的方法进行。两相邻细部坐标点间，反算距离与检核距离较差的限差，不应超过表6-13的规定。

表6-13 反算距离与检核距离较差的限差

类 别	主要建(构)筑物	一般建(构)筑物
较差的限差/cm	$7+S/2000$	$10+S/2000$

注：S为两相邻细部点间的距离(cm)。

③细部坐标点的综合信息，宜在点或地物的属性中进行表述。当不采用属性表述时，应对细部坐标点进行分类编号，并编制细部坐标点成果表；当细部坐标点的密度不大时，可直接将细部坐标或细部高程注记于图上。

4)对于工矿区其他地形、地物的测量，可按本要点第1条和第2条的有关规定执行。

5)工矿区应绘制现状总图。当有特殊需要或现状总图中图画负载较大且管线密集时，可分类绘制专业图。其绘制要求，按《工程测量规范》GB 50026—2007的相关技术要求执行。

4.地形图的修测与编绘

(1)地形图的修测

1)地形图修测前应进行实地踏勘，确定修测范围，并制订修测方案。如修测的面积超过原图总面积的1/5，应重新进行测绘。

2)地形图修测的图根控制，应符合下列规定：

①应充分利用经检查合格的原有邻近图根点；高程应从邻近的高程控制点引测。

②局部修测时，测站点坐标可利用原图已有坐标的地物点按内插法或交会法确定，检核较差不应大于图上0.2mm。

③局部地区少量的高程补点，也可利用3个固定的地物高程点作为依据进行补测，其高程较差不得超过基本等高距的1/5，并应取用平均值。

④当地物变动面积较大、周围地物关系控制不足，应补设图根控制。

3)地形图的修测，应符合下列规定：

①新测地物与原有地物的间距中误差，不得超过图上0.6mm。

②地形图的修测方法，可采用全站仪测图法和支距法等。

③当原有地形图图式与现行图式不符时，应以现行图式为准。

④地物修测的连接部分，应从未变化点开始施测；地貌修测的衔接部分应施测一定数量的重合点。

⑤除对已变化的地形、地物修测外，还应对原有地形图上已有地物、地貌的

明显错误或粗差进行修正。

⑥修测完成后，应按图幅将修测情况作记录，并绘制略图。

4)纸质地形图的修测，宜将原图数字化再进行修测；如在纸质地形图上直接修测，应符合下列规定：

①修测时宜用实测原图或与原图等精度的复制图。

②当纸质图图廓伸缩变形不能满足修测的质量要求时，应予以修正。

③局部地区地物变动不大时，可利用经过校核，位置准确的地物点进行修测。使用图解法修测后的地物不应再作为修测新地物的依据。

(2)地形图的编绘

1)地形图的编绘，应选用内容详细、现势性强、精度高的已有资料，包括图纸、数据文件、图形文件等进行编绘。

2)编绘图应以实测图为基础进行编绘，各种专业图应以地形图为基础结合专业要求进行编绘；编绘图的比例尺不应大于实测图的比例尺。

3)地形图编绘作业，应符合下列规定：

①原有资料的数据格式应转换成同一数据格式。

②原有资料的坐标、高程系统应转换成编绘图所采用的系统。

③地形图要素的综合取舍，应根据编绘图的用途、比例尺和区域特点合理确定。

④编绘图应采用现行图式。

⑤编绘完成后，应对图的内容、接边进行检查，发现问题应及时修改。

第三节　房产测绘

本节导图

房产测绘的任务就是对房屋及房屋相关的建筑物、构筑物和房屋用地进行测量和调查工作，获取房地产的权属、位置、数量、质量、利用状况等信息，为房地产管理，尤其是为房屋产权、产籍管理提供准确而可靠的成果资料；同时，为城市规划、城市建设等提供基础数据和资料。本节主要介绍了测绘一般规定、房产平面控制测量、房产要素测量、房产图绘制以及房产面积测算，其内容关系如图 6-4 所示。

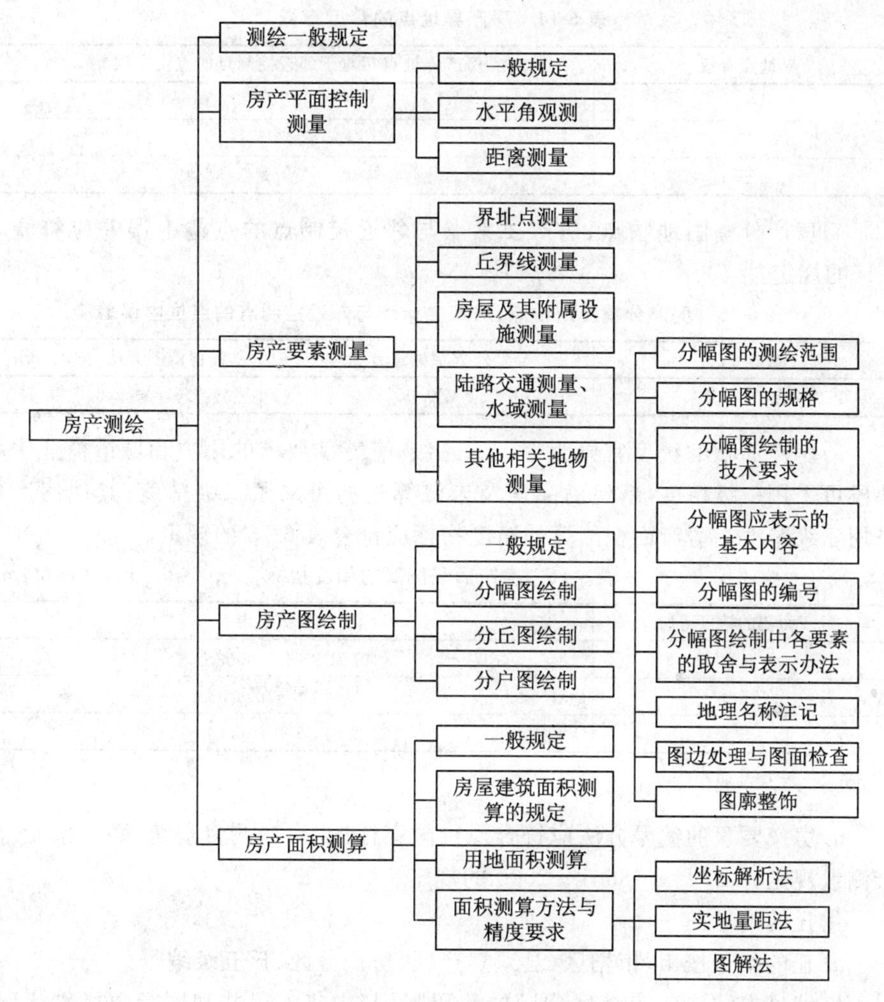

图 6-4　本节内容关系图

业务要点 1:测绘一般规定

1)房产测绘的主要内容宜包括房产平面控制测量、房产要素测量、房产图绘制、房产面积测算、房产变更测量等。

2)最低等级的房产测绘平面控制网中相邻控制点的相对点位中误差不应大于 25mm。

3)房产界址点宜按坐标的测定精度分为一、二、三级,大中城市繁华地段和重要建筑物的界址点宜选用一级或二级,其他地区可选用三级。房产界址点的精度指标应符合表 6-14 的规定。

表 6-14　房产界址点的精度指标　　(单位:m)

界址点等级	房产界址点相对于邻近控制点的点位中误差
一	≤0.02
二	≤0.05
三	≤0.1

4)房产分幅图地物点、房产要素点与邻近控制点的点位中误差应符合表6-15的规定。

表 6-15　房产分幅图地物点、房产要素点与邻近控制点的点位中误差

测量方法	全野外数字测量方法/m	其他测图方法/图上 mm
点位中误差	≤0.05	≤0.5

5)房产面积的精度宜分为一、二、三级,有特殊要求的用户和城市商业中心地段可采用一级精度,新建商品房及未测算过的可采用二级精度,其他房产可采用三级精度。房产面积测算的精度指标应符合表 6-16 的规定。

表 6-16　房产面积测算的精度指标　　(单位:m^2)

房产面积的精度等级	房产面积中误差
一	$0.01\sqrt{S}+0.0003S$
二	$0.02\sqrt{S}+0.001S$
三	$0.04\sqrt{S}+0.003S$

注:S——房产面积(m^2)。

6)房产要素的编号方法应符合现行国家标准《房产测量规范 第 1 单元:房产测量规定》GB/T 17986.1—2000 的规定。

①丘的编号:

a. 丘的编号按市、市辖区(县)、房产区、房产分区、丘五级编号。

b. 编号方法:市、市辖区(县)的代码采用《中华人民共和国行政区划代码》GB/T 2260—2007 规定的代码。

房产区和房产分区均以两位自然数字从 01 至 99 依序编列,当未划分房产分区时,相应的房产分区编号用“01”表示。

丘的编号以房产分区为编号区,采用 4 位自然数字从 0001 至 9999 编列;以后新增丘接原编号顺序连续编立。

丘的编号格式如下:

市代码＋市辖区(县)代码＋房产区代码＋房产分区代码＋丘号

(2 位)　(2 位)　(2 位)　(2 位)　(4 位)

丘的编号从北至南,从西至东以反 S 形顺序编列。

②界址点的编号:界址点的编号,以高斯投影的一个整公里格网为编号区,

每个编号区的代码以该公里格网西南角的横纵坐标公里值表示。点的编号在一个编号区内从 1～99999 连续顺编。点的完整编号由编号区代码、点的类别代码、点号三部分组成，编号形式如下：

编号区代码　　　类别代码　　　点的编号
（9 位）　　　（1 位）　　　（5 位）
* * * * * * * * *　　　*　　　* * * * *

编号区代码由 9 位数组成，第 1 位、第 2 位数为高斯坐标投影带的带号或代号，第 3 位数为横坐标的百公里数，第 4 位、第 5 位数为纵坐标的千公里和百公里数，第 6 位、第 7 位和第 8 位、第 9 位数分别为横坐标和纵坐标的十公里和整公里数。

类别代码用 1 位数表示，其中 3 表示界址点。

点的编号用 5 位数表示，从 1～99999 连续顺编。

业务要点 2：房产平面控制测量

1.一般规定

(1)房产平面控制网点的布设原则　房产平面控制点的布设，应遵循从整体到局部、从高级到低级、分级布网的原则，也可越级布网。

(2)房产平面控制点的内容　房产平面控制点包括二、三、四等平面控制点和一、二、三级平面控制点。房产平面控制点均应埋设固定标志。

(3)房产平面控制点的密度　建筑物密集区的控制点平均间距在 100m 左右，建筑物稀疏区的控制点平均间距在 200m 左右。

(4)房产平面控制测量的方法　房产平面控制测量可选用三角测量、三边测量、导线测量、GPS 定位测量等方法。

(5)各等级三角测量的主要技术指标

1)各等级三角网的主要技术指标应符合表 6-17 的规定。

表 6-17　各等级三角网的技术指标

等级	平均边长/km	测角中误差(″)	起算边边长相对中误差	最弱边边长相对中误差	水平角观测测回数			三角形最大闭合差(″)
					DJ_1	DJ_2	DJ_6	
二等	9	±1.0	1/300000	1/120000	12	—	—	±3.5
三等	5	±1.8	1/200000(首级) 1/120000(加密)	1/80000	6	9	—	±7.0
四等	2	±2.5	1/120000(首级) 1/80000(加密)	1/45000	4	6	—	±9.0
一级	0.5	±5.0	1/60000(首级) 1/45000(加密)	1/20000	—	2	6	±15.0
二级	0.2	±10.0	1/20000	1/10000	—	1	3	±30.0

2)三角形内角不应小于 30°,确有困难时,个别角可放宽至 25°。

(6)三边测量

1)各等级三边网的主要技术指标应符合表 6-18 的规定。

表 6-18 各等级三边网的技术指标

等级	平均边长/km	测距相对中误差	测距中误差/m	使用测距仪等级	测距测回数	
					往	返
二等	9	1/300000	±30	Ⅰ	4	4
三等	5	1/160000	±30	Ⅰ、Ⅱ	4	4
四等	2	1/120000	±16	Ⅰ Ⅱ	2 4	2 4
一级	0.5	1/33000	±15	Ⅱ	2	
二级	0.2	1/17000	±12	Ⅱ	2	
三级	0.1	1/8000	±12	Ⅱ	2	

2)三角形内角不应小于 30°,确有困难时,个别角可放宽至 25°。

(7)导线测量

1)各等级测距导线的主要技术指标应符合表 6-19 的规定。

表 6-19 各等级测距导线的技术指标

等级	平均边长/km	附合导线长度/km	每边测距中误差/mm	测角中误差(″)	导线全长相对闭合差	水平角观测测回数			方位角闭合差(″)
						DJ_1	DJ_2	DJ_6	
三等	3.0	15	±18	±1.5	1/60000	8	12	—	$\pm3\sqrt{n}$
四等	1.6	10	±18	±2.5	1/40000	4	6	—	$\pm5\sqrt{n}$
一级	0.3	3.6	±15	±5.0	1/14000	—	2	6	$\pm10\sqrt{n}$
二级	0.2	2.4	±12	±8.0	1/10000	—	1	3	$\pm16\sqrt{n}$
三级	0.1	1.5	±12	±12.0	1/6000	—	1	3	$\pm24\sqrt{n}$

注:n 为导线转折角的个数。

2)导线应尽量布设成直伸导线,并构成网形。

3)导线布成结点网时,结点与结点,结点与高级点间的附合导线长度,不超过表 6-19 中的附合导线长度的 0.7 倍。

4)当附合导线长度短于规定长度的 1/2 时,导线全长的闭合差可放宽至不超过 0.12m。

5)各级导线测量的测距测回数等规定,依照表 6-18 相应等级执行。

(8)GPS 静态相对定位测量

1)各等级 GPS 静态相对定位测量的主要技术要求应符合表 6-20 和表 6-21 的规定。

表 6-20　各等级 GPS 相对定位测量的仪器

等级	平均边长/km	GPS 接收机性能	测量量	接收机标称精度优于	同步观测接收机数量
二等	9	双频（或单频）	载波相位	10mm＋2ppm	≥2
三等	5	双频（或单频）	载波相位	10mm＋3ppm	≥2
四等	2	双频（或单频）	载波相位	10mm＋3ppm	≥2
一级	0.5	双频（或单频）	载波相位	10mm＋3ppm	≥2
二级	0.2	双频（或单频）	载波相位	10mm＋3ppm	≥2
三级	0.1	双频（或单频）	载波相位	10mm＋3ppm	≥2

表 6-21　各等级 GPS 相对定位测量的技术指标

等级	卫星高度角(°)	有效观测卫星总数	时段中任一卫星有效观测时间/min	观测时段数	观测时段长度/min	数据采样间隔/s	点为几何图形强度因子 PDOP
二等	≥15	≥6	≥20	≥2	≥90	15～60	≤6
三等	≥15	≥4	≥5	≥2	≥10	15～60	≤6
四等	≥15	≥4	≥5	≥2	≥0	15～60	≤8
一级	≥15	≥4	—	≥1	—	15～60	≤8
二级	≥15	≥4	—	≥1	—	15～60	≤8
三级	≥15	≥4	—	≥1	—	15～60	≤8

2）GPS 网应布设成三角网形或导线网形，或构成其他独立检核条件可以检核的图形。

3）网点与原有控制网的高级点重合应不少于三个。当重合不足三个时，应与原控制网的高级点进行联测，重合点与联测点的总数不得少于三个。

（9）对已有控制成果的利用

控制测量前，应充分收集测区已有的控制成果和资料，按本规程的规定和要求进行比较和分析，凡符合本规范要求的已有控制点成果，都应充分利用；对达不到本规范要求的控制网点，也应尽量利用其点位，并对有关点进行联测。

2.水平角观测

（1）水平角观测的仪器　水平角观测使用 DJ_1、DJ_2、DJ_6 三个等级系列的光学经纬仪或电子经纬仪，其在室外试验条件下的一测回水平方向标准偏差分别不超过±1″，±2″，±6″。

（2）水平角观测的限差　水平角观测一般采用方向观测法，各项限差不超过表 6-22 的规定。

表 6-22　水平角观测限差

经纬仪型号	半测回归零差(″)	一测回内 2C 互差(″)	同一方向值各测回互差(″)
DJ_1	6	9	6
DJ_2	8	13	9
DJ_6	18	30	24

3.距离测量

(1)光电测距的作用　各级三角网的起始边、三边网或导线网的边长，主要使用相应精度的光电测距仪测定。

(2)光电测距仪的等级　光电测距仪的精度等级，按制造厂家给定的1km的测距中误差 m_0 的绝对值划分为二级：

Ⅰ级　　　　$|m_0|\leqslant 5mm$

Ⅱ级　　　　$5mm<|m_0|\leqslant 10mm$

业务要点3:房产要素测量

房产要素测量应包括界址点测量、丘界线测量、房屋及其附属设施测量、陆路交通测量、水域测量和其他相关地物测量等，可采用野外解析法、航空摄影测量法、全野外数据采集法等方法。

1.界址点测量

界址点测量应符合下列规定：

1)界址点坐标测量的起算点应是邻近的基本控制点或高级界址点。界址点坐标可采用极坐标法、交会法、支导线法、正交法等野外解析法测定。

2)房产界址点相对于邻近控制点的点位中误差应符合表6-14的规定；间距大于50m的相邻界址点间的间距误差应符合表6-14的限差规定；间距不大于50m的界址点间的间距误差 Δ_D 应在按公式(6-4)计算的结果之内：

$$\Delta_D=\pm(m_j+0.02m_jD) \tag{6-4}$$

式中　m_j——相应等级界址点的点位中误差(m)；

D——相邻界址点间的距离(m)；

Δ_D——界址点间的间距误差(m)。

3)需要测定坐标的房角点的精度等级和限差应符合表6-14的规定。

4)一、二级界址点不在固定地物点上时，应埋设固定标志，并应记录标志类型和方位。

2.丘界线测量

丘界线测量应符合下列规定：

1)丘界线的边长宜采用钢尺或测距仪测定。不规则的弧形丘界线可按折线分段测定。测量结果应标示在房产分丘图上。

2)本丘与邻丘毗连墙体为共有墙时，应测量至墙体厚度1/2处；为借墙时，应测量至墙体内侧；为自有墙时，应测量至墙体外侧。

3.房屋及其附属设施测量

1)房屋应逐栋测绘，不同产别、不同建筑结构、不同层数的房屋应分别测量，独立成幢房屋，以房屋四面墙体外侧为界测量；毗连房屋四面墙体，在房屋所有人指界下，区分自有、共有或借墙，以墙体所有权范围为界测量。每幢房屋除按《房产测量规范　第1单元：房产测量规定》GB/T 17986.1—2000要求的精度测定其平面位置外，应分幢分户丈量作图。丈量房屋以勒脚以上墙角为准；测绘房屋以外墙水平投影为准。

2）房屋附属设施测量，柱廊以柱外围为准；格廊以外轮廓投影、架空通廊以外轮廓水平投影为准；门廊以柱或围护物外围为准，独立柱的门岸以顶盖投影为准；挑廊以外轮脚投影为准；阳台以底板投影为准；门墩以墩外围为准；门顶以顶盖投影为准；室外楼梯和台阶以外围水平投影为准。

3）房角点测量，指对建筑物角点测量，其点的编号方法除点的类别代码外，其余均与界址点相同，房角点的类别代码为4。

房角点测量不要求在墙角上都设置标志，可以房屋外墙勒脚以上（100±20）cm处墙角为测点。房角点测量一般采用极坐标法、正交法测量。对正规的矩形建筑物，可直接测定三个房角点坐标，另一个房角点的坐标可通过计算求出。

4）其他建筑物，构筑物测量是指不属于房屋，不计算房屋建筑面积的独立地物以及工矿专用或公用的贮水池、油库、地下人防干支线等。

独立地物的测量，应根据地物的几何图形测定其定位点。亭以柱外围为准，塔、烟囱、罐以底部外围轮廓为准；水井以中心为准。构筑物按需要测量。

共有部位测量前，须对共有部位认定，认定时可参照购房协议、房屋买卖合同中设定的共有部位，经实地调查后予以确认。

4.陆路交通测量、水域测量

1）陆地交通测量是指铁路、道路桥梁测量。铁路以轨距外缘为准，道路以路缘为准；桥梁以桥头和桥身外围为准测量。

2）水域测量是指河流、湖泊、水库、沟渠、水塘测量。河流、湖泊、水库等水域以岸边线为准；沟渠、池塘以坡顶为准测量。

5.其他相关地物测量

其他相关地物是指天桥、站台、阶梯路、游泳池、消火栓、检阅台、碑以及地下构筑物等。

消火栓、碑不测其外围轮廓，以符号中心定位。天桥、阶梯路均依比例绘出，取其水平投影位置。站台、游泳池均依边线测绘，内加简注。地下铁道、过街地道等不测出其地下物的位置，只表示出入口位置。

业务要点4：房产图绘制

1.一般规定

1）房产图是房产产权、产籍管理的重要资料。按房产管理的需要可分为房产分幅平面图（以下简称分幅图）、房产分丘平面图（以下简称分丘图）和房屋分户平面图(以下简称分户图)。房产图绘制前,应进行房屋调查和房屋用地调查。

2)房屋调查的内容应包括房屋坐落、产权主、产别、层数、所在层次、建筑结构、建成年份、用途、墙体归属、权源、产权纠纷和其他项权利等基本情况,并应绘制房屋权界线示意图。房屋调查应以幢为单元分户进行,作业方法及要求应符合现行国家标准《房产测量规范 第1单元:房产测量规定》GB/T 17986.1—2000的规定。

3)房屋用地调查的内容应包括房屋用地坐落、产权性质、土地等级、税费、用地人、用地单位所有制性质、土地使用权来源、四至、界标、土地用地用途、用地面积和用地纠纷等基本情况,并应绘制房屋用地范围示意图。房屋用地调查应以丘为单元分户进行,作业方法及要求应符合现行国家标准《房产测量规范 第1单元:房产测量规定》GB/T 17986.1—2000的规定。

4)房产图的表示方法应符合现行国家标准《房产测量规范 第1单元:房产测量规定》GB/T 17986.1—2000和《房产测量规范 第2单元:房产图图式》GB/T 17986.2—2000的规定。

2.分幅图绘制

分幅图是全面反映房屋及其用地的位置和权属等状况的基本图。是测绘分丘图和分户图的基础资料。

(1)分幅图的测绘范围　分幅图的测绘范围包括城市、县城、建制镇的建成区和建成区以外的工矿企事业等单位及其毗连居民点。

(2)分幅图的规格

1)分幅图采用500mm×500mm正方形分幅。

2)建筑物密集区的分幅图一般采用1∶500比例尺,其他区域的分幅图可以采用1∶1000比例尺。

3)分幅图的图纸采用厚度为0.07mm～0.1mm经定型处理、变形率小于0.02%的聚脂薄膜。

4)分幅图的颜色一般采用单色。

(3)分幅图绘制的技术要求

1)展绘图廓线、方格网和控制点,各项误差均不超过表6-23的规定。

表6-23　图廓线、方格网、控制点的展绘限差　(单位:mm)

仪　器	方格网长度与理论长度之差	图廓对角线长度与理论长度之差	控制点间图上长度与坐标反算长度之差
仪器展点	0.15	0.2	0.2
格网尺展点	0.2	0.3	0.3

2)图幅的接边误差不超过地物点点位中误差的$2\sqrt{2}$倍,并应保持相关位置

的正确和避免局部变形。

(4)分幅图应表示的基本内容　分幅图应表示控制点、行政境界、丘界、房屋、房屋附属设施和房屋围护物,以及与房地产有关的地籍地形要素和注记。

(5)分幅图的编号　分幅图编号以高斯－克吕格坐标的整公里格网为编号区,由编号区代码加分幅图代码组成,编号区的代码以该公里格网西南角的横纵坐标公里值表示。

编号形式如下:

分幅图的编号:	编号区代码	分幅图代码
完整编号:	* * * * * * * * * (9位)	* * (2位)
简略编号	* * * * (4位)	* * (2位)

编号区代码由9位数组成,代码含义如下:

第1、第2位数为高斯坐标投影带的带号或代号,第3位数为横坐标的百公里数。第4、第5位数为纵坐标的千公里和百公里数,第6、第7位和第8、第9位数分别为横坐标和纵坐标的十公里和整公里数。分幅图比例尺代码由2位数组成。在分幅图上标注分幅图编号时可采用简略编号,简略编号略去编号区代码中的百公里和百公里以前的数值。

(6)分幅图绘制中各要素的取舍与表示方法

1)行政境界一般只表示区、县和镇的境界线,街道办事处或乡的境界根据需要表示,境界线重合时,用高一级境界线表示,境界线与丘界线重合时,用丘界线表示,境界线跨越图幅时,应在内外图廓间的界端注出行政区划名称。

2)丘界线表示方法。明确无争议的丘界线用丘界线表示,有争议或无明显界线又提不出凭证的丘界线用未定丘界线表示。丘界线与房屋轮廓线或单线地物线重合时用丘界线表示。

3)房屋包括一般房屋、架空房屋和窑洞等。房屋应分幢测绘,以外墙勒脚以上外围轮廓的水平投影为准,装饰性的柱和加固墙等一般不表示;临时性的过渡房屋及活动房屋不表示,同幢房屋层数不同的应绘出分层线。

窑洞只绘住人的,符号绘在洞口处。

架空房屋以房屋外围轮廓投影为准,用虚线表示;虚线内四角加绘小圈表示支柱。

4)分幅图上应绘制房屋附属设施,包括柱廊、檐廊、架空通廊、底层阳台、门廊、门楼、门、门墩和室外楼梯,以及和房屋相连的台阶等。

①柱廊以柱的外围为准,图上只表示四角或转折处的支柱。

②底层阳台以底板投影为准。

③门廊以柱或围护物外围为准,独立柱的门廊以顶盖投影为准。

④门顶以顶盖投影为准。

⑤门墩以墩的外围为准。

⑥室外楼梯以水平投影为准,宽度小于图上1mm的不表示。

⑦与房屋相连的台阶按水平投影表示,不足五阶的不表示。

5)围墙、栅栏、栏杆、篱笆和铁丝网等界标围护物均应表示,其他圈护物根据需要表示。临时性或残缺不全的和单位内部的围护物不表示。

6)分幅图上应表示的房地产要素和房产编号包括丘号、房产区号、房产分区号、丘支号、幢号、房产权号、门牌号、房屋产别、结构、层数、房屋用途和用地分类等,根据调查资料以相应的数字、文字和符号表示。当注记过密容纳不下时,除丘号、丘支号、幢号和房产权号必须注记,门牌号可首末两端注记、中间跳号注记外,其他注记按上述顺序从后往前省略。

7)与房产管理有关的地形要素包括铁路、道路、桥梁、水系和城墙等地物均应表示。亭、塔、烟囱以及水井、停车场、球场、花圃、草地等可根据需要表示。

①铁路以两轨外缘为准;道路以路缘为准;桥梁以外围投影为准;城墙以基部为准;沟、渠、水塘、游泳池等以坡顶为准.其中水塘、游泳池等应加简注。

②亭以柱的外围为准;塔、烟囱和罐以底部外围轮廓为准,水井以井的中心为准;停车场、球场、花圃、草地等以地类界线表示,并加注相应符号或加简注。

(7)地理名称注记

1)地名的总名与分名应用不同的字级分别注记。

2)同一地名被线状地物和图廓分割或者不能概括大面积和延伸较长的地域、地物时,应分别调注。

3)单位名称只注记区、县级以上和使用面积大于图上$100cm^2$的单位。

(8)图边处理与图面检查

1)接边差不得大于规范规定的界址点、地物点位中误差的$2\sqrt{2}$倍,并应保证房屋轮廓线、丘界线和主要地物的相互位置及走向的正确性。

2)自由图边在测绘过程中应加强检查,确保无误。

(9)图廓整饰

1)分幅图、分丘图上每隔10cm展绘坐标网点,图廓线上坐标网线向内侧绘5.0mm短线,图内绘10.0mm的十字坐标线。

2)分幅图上一般不注图名,如注图名时图廓左上角应加绘图名结合表。

3)采用航测法成图时,图廓左下角应加注航摄时间和测绘时间。

3.分丘图绘制

房产分丘平面图是分幅图的局部图,是绘制房产权证附图的基本图,是根据核发房屋所有权证需要，以门牌、户院、产别及其所占有土地的范围，分丘绘制成图。

(1)分丘图的规格

1)分丘图的坐标系统与分幅图的坐标系统一致。

2)分丘图的比例尺，应根据丘面积的大小和需要在1∶1000～1∶100之间选用。

3)分丘图没有分幅编号问题。分丘图的幅面可在787mm×1092mm的1/32～1/4之间选用，其编号按分幅图上的编号。

4)图纸一般采用聚酯薄膜，也可选用其他图纸。

5)分丘图以丘为单位实地测绘，也可选用分幅图结合房产调查表绘制。

(2)分丘图测绘的内容和表示方法

1)测绘的内容：分丘图的内容除表示分幅图的内容外，还应表示以下内容：

①房屋权界线，包括房屋墙体的归属和四至关系。

②界址点的点位和点号，包括界址点间的边长。

③在房屋产别、房屋结构和房屋层数之后应加注房屋建成年份代码。

④房屋用地面积和房屋建筑面积。

⑤房屋各边长尺寸以及阳台、挑廊等有关轮廓尺寸。

2)测绘方法：利用已有的房产分幅图，结合房地产调查资料，按本丘范围展绘界址点，描述房屋等地物，实地丈量界址边、房屋边等长度，修测、补测成图。

3)表示方法：

①房屋应分幢丈量边长，用地按丘丈量边长，边长标注至0.01m，也可由界址点的坐标计算边长，对不规则的弧形，可按折线分段丈量。边长量取至少两次，结果较差不超下式规定$\Delta D=\pm 0.04D$(D为边长)。

②在测绘本丘的房屋和用地时，应适当绘出与邻丘相连的地物。如与邻丘毗连墙体时，共有墙以墙体中间为界，量至墙体厚度的1/2处；借墙量至墙体的内侧；自有墙量至墙体外侧并用各自相应的符号表示。

③房屋权界线与丘界线重合时，用丘界线表示；房屋轮廓线与房屋权界线重合时，用房屋权界线表示。

④界址点点号应以图幅为单位，按丘号的顺序顺时针统一编立，图上分别用符号表示，并注记等级及点号，点号前冠以英文字母“J”。

⑤房屋建成年份是指房屋实际竣工年份(在分丘图上表示，在分幅图上不表示)；拆除翻建者，应以翻建竣工年份为准。

房屋建成年份用并列的四位数字注记在房屋层数的后边，如图6-5所示。

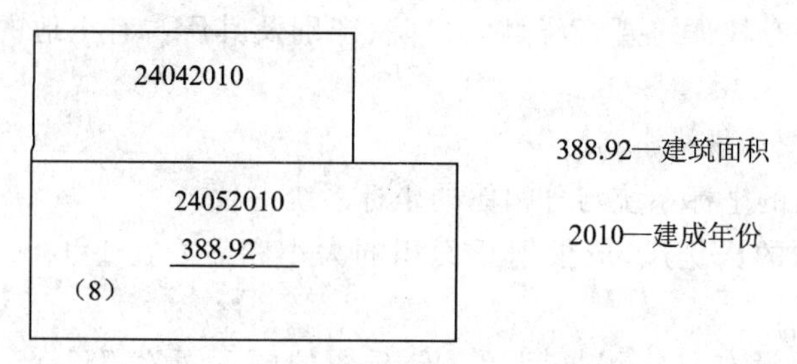

图 6-5　房产编号

⑥丘面积(即房屋)用地面积注记在丘号下方正中,下加两道横线。

⑦建筑面积以幢为单位,注记在房屋产别、结构、层数、建成年份等数据下方正中,下加一道横线。

⑧注明所有周邻产权所有单位(或人)的名称,各种注记的字头应朝北或朝西。

4.分户图绘制

(1)房产分户图的内容　房产分户图应表示本户所在的丘号、幢号、结构、层数、层次、坐落、户内建筑面积、共有分摊面积、产权商积、房屋层的轮廓线、墙体归属权属线、共有部位等房屋权属范围的平面尺寸及四至关系。

(2)房产分户图规格与表示方法

1)房产分户图应在分丘图的基础上,以一户产权人为单位,采用表图结合的形式绘制。

2)分户图的方位应使房屋的主要边线与图框边线平行,按房屋的方向横放或竖放,并在适当位置加绘指北方向线。

3)房产分户图的幅面可选用 787mm×1092mm 的 1/32 或 1/16 等。

4)分户图比例尺一般为 1∶200,当房屋图形过大或过小时,比例尺可适当放大或缩小。

5)分户图图上房屋的丘号、幢号,应与分丘图上的编号一致。房屋边长应实际丈量,注记取至 0.01m 注在图上相应位置。

6)跃层、复式房屋的分户图应绘制在同一张图纸上。

7)房屋内层高低于 2.20m 的部位应以虚线表示其范围,并应注记边长,且应在其范围内注记“$h<2.20$”。

8)分户图的幅面大小可与“房屋所有权证”幅面大小一致,可以直接作为“房屋所有权证”的附图。

在房产分户图绘制时,尽量参考建筑图纸,用量测的数据和建筑设计图纸进行认真比较,以保证数据的正确性。

业务要点5:房产面积测算

1.一般规定

(1)房产面积测算的内容　面积测算系指水平面积测算。分为房屋面积和用地面积测算两类,其中房屋面积测算包括房屋建筑面积、共有建筑面积、产权面积、使用面积等测算。

(2)房屋的建筑面积　房屋建筑面积系指房屋外墙(柱)勒脚以上各层的外围水平投影面积,包括阳台、挑廊、地下室、室外楼梯等,且具备有上盖,结构牢固,层高2.20m以上(含2.20m)的永久性建筑。

(3)房屋的使用面积　房屋使用面积系指房屋户内全部可供使用的空间面积,按房屋的内墙面水平投影计算。

(4)房屋的产权面积　房屋产权面积系指产权主依法拥有房屋所有权的房屋建筑面积。房屋产权面积由直辖市、市、县房地产行政主管部门登记确权认定。

(5)房屋的共有建筑面积　房屋共有建设面积系指各产权主共同占有或共同使用的建筑面积。

(6)面积测算的要求　各类面积测算必须独立测算两次,其较差应在规定的限差以内,取中数作为最后结果。

量距应使用经检定合格的卷尺或其他能达到相应精度的仪器和工具。面积以平方米为单位,取至0.01m^2。

2.房屋建筑面积测算的规定

(1)计算全部建筑面积的范围

1)永久性结构的单层房屋,按一层计算建筑面积;多层房屋按各层建筑面积的总和计算。

2)房屋内的夹层、插层、技术层及其梯间、电梯间等其高度在2.20m以上部位计算建筑面积。

3)穿过房屋的通道、房屋内的门厅、大厅,均按一层计算面积。门厅、大厅内的回廊部分,层高在2.20m以上的,按其水平投影面积计算。

4)楼梯间、电梯(观光梯)井、提物井、垃圾道、管道井等均按房屋自然层计算面积。

5)房屋天面上,属永久性建筑,层高在2.20m以上的楼梯间、水箱间、电梯机房及斜面结构屋顶高度在2.20m以上的部位,按其外围水平投影面积计算。

6)挑楼、全封闭的阳台按其外围水平投影面积计算。

7)属永久性结构有上盖的室外楼梯,按各层水平投影面积计算。

8)与房屋相连的有柱走廊,两房屋间有上盖和柱的走廊,均按其柱的外围水平投影面积计算。

9)房屋间永久性的封闭的架空通廊,按外围水平投影面积计算。

10)地下室、半地下室及其相应出入口,层高在 2.20m 以上的,按其外墙(不包括采光井、防潮层及保护墙)外围水平投影面积计算。

11)有柱或有围护结构的门廊、门斗,按其柱或围护结构的外围水平投影面积计算。

12)玻璃幕墙等作为房屋外墙的,按其外围水平投影面积计算。

13)属永久性建筑有柱的车棚、货棚等按柱的外围水平投影面积计算。

14)依坡地建筑的房屋,利用吊脚做架空层,有围护结构的,按其高度在 2.20m 以上部位的外围水平面积计算。

15)有伸缩缝的房屋,若其与室内相通,则伸缩缝计算建筑面积。

(2)计算一半建筑面积的范围

1)与房屋相连有上盖无柱的走廊、檐廊,按其围护结构外围水平投影面积的一半计算。

2)独立柱、单排柱的门廊、车棚、货棚等属永久性建筑的,按其上盖水平投影面积的一半计算。

3)未封闭的阳台、挑廊,按其围护结构外围水平投影面积的一半计算。

4)无顶盖的室外楼梯按各层水平投影面积的一半计算。

5)有顶盖不封闭的永久性的架空通廊,按外围水平投影面积的一半计算。

(3)不计算建筑面积的范围

1)层高小于 2.20m 的夹层、插层、技术层和层高小于 2.20m 的地下室和半地下室。

2)突出房屋墙面的构件、配件、装饰柱、装饰性的玻璃幕墙、垛、勒脚、台阶、无柱雨篷等。

3)房屋之间无上盖的架空通廊。

4)房屋的天面、挑台、天面上的花园、泳池。

5)建筑物内的操作平台,上料平台及利用建筑物的空间安置箱、罐的平台。

6)骑楼、过街楼的底层用作道路街巷通行的部分。

7)利用引桥、高架路、高架桥、路面作为顶盖建造的房屋。

8)活动房屋、临时房屋、简易房屋。

9)独立烟囱、亭、塔、罐、池、地下人防干(支)线。

10)与房屋室内不相通的房屋间伸缩缝。

3.用地面积测算

(1)用地面积测算的范围　用地面积以丘为单位进行测算,包括房屋占地面积、其他用途的土地面积测算,各项地类面积的测算。

(2)不计入用地面积的土地

1)无明确使用权属的冷巷、巷道或间隙地。

2)市政管辖的道路、街道、巷道等公共用地。

3)公共使用的河涌、水沟、排污沟。

4)已征用、划拨或者属于原房地产证记载范围,经规划部门核定需要作市改建设的用地。

5)其他按规定不计入用地的面积。

(3)用地面积测算的方法　用地面积测算可采用坐标解析计算、实地量距计算和图解计算等方法。

4.面积测算方法与精度要求

(1)坐标解析法

1)根据界址点坐标成果表上数据,按下式计算面积。

$$S=\frac{1}{2}\sum_{i=1}^{n}X_i(Y_{i+1}-Y_{i-1}) \tag{6-5}$$

或

$$S=\frac{1}{2}\sum_{i=1}^{n}Y_i(X_{i-1}-X_{i+1}) \tag{6-6}$$

式中　S——面积(m^2);

X_i——界址点的纵坐标(m);

Y_i——界址点的横坐标(m);

n——界址点个数;

i——界址点序号,按顺时针方向顺编。

2)面积中误差按下式计算。

$$m_s=\pm m_j\sqrt{\frac{1}{8}\sum_{i=1}^{n}D_{i-1,i+1}^2} \tag{6-7}$$

式中　m_s——面积中误差(m^2);

m_j——相应等级界址点规定的点位中误差(m);

$D_{i-1,i+1}$——多边形中对角线长度(m)。

(2)实地量距法

1)规则图形,可根据实地丈量的边长直接计算面积;不规则图形,将其分割成简单的几何图形,然后分别计算面积。

2)面积误差按规定计算,其精度等级的使用范围,由各城市的房地产行政主管部门根据当地的实际情况决定。

(3)图解法　图上量算面积,可选用求积仪法、几何图形法等方法。图上面积测算均应独立进行两次。

两次量算面积较差 ΔS 不得超过下式规定：

$$\Delta S = \pm 0.0003M\sqrt{S} \tag{6-8}$$

式中 ΔS——两次量算面积较差(m^2)；

S——所量算面积(m^2)；

M——图的比例尺分母。

使用图解法量算面积时，图形面积不应小于 $5cm^2$。图上量距应量至 0.2mm。

第四节 地形图的应用

本节导图

本节主要介绍了地形图应用的内容、地形图在平整土地中的应用以及地形图在工程建设中的应用，其内容关系如图 6-6 所示。

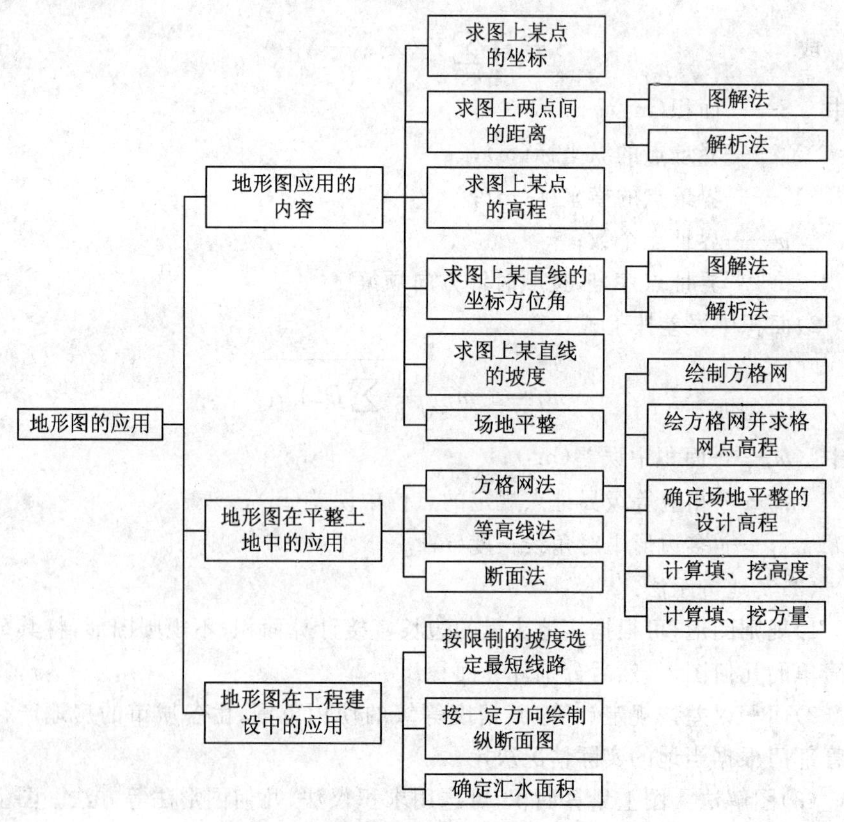

图 6-6 本节内容关系图

业务要点 1:地形图应用的内容

1. 求图上某点的坐标

如图 6-7 所示,图中 m 点坐标,可以根据地形图上坐标格网的坐标值来确定。首先找出 m 点所在方格 $abcd$ 的西南角 a 点坐标为:

$$\begin{cases} X_a = 3355.100\text{km} \\ Y_a = 545.100\text{km} \end{cases}$$

过 m 点作方格边的平行线,交方格边于 e、f 点。根据地形图比例尺(1∶1000)量得:ae=87.5m,af=31.4m,则 m 点的坐标值为:

$$X_m = X_a + ae = (3355100 + 87.5)\text{m} = 3355187.5\text{m}$$

$$Y_m = Y_a + af = (545100 + 31.4)\text{m} = 545131.4\text{m}$$

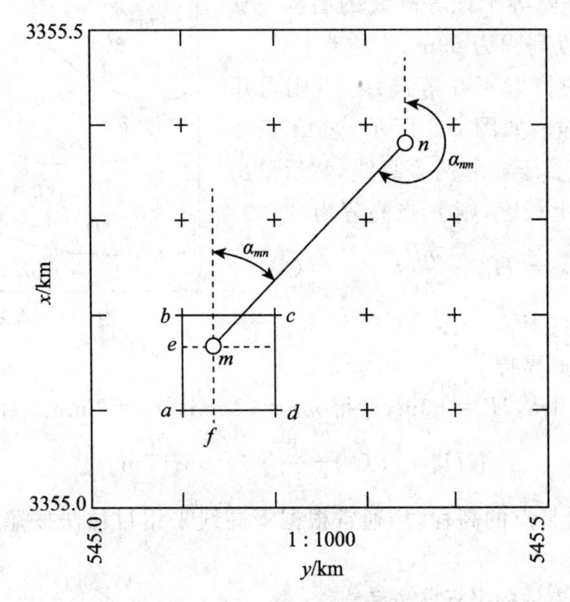

图 6-7 两点间距离

为了提高坐标量测的精度,必须考虑图样伸缩的影响,可按式(6-9)计算 m 点的坐标值:

$$X_m = X_a + \frac{l}{ab} aeM$$

$$Y_m = Y_a + \frac{l}{ab} afM \tag{6-9}$$

式中 ab、ae、ad、af——均为图上长度;

l——坐标方格边长(10cm);

M——地形图比例尺分母。

2.求图上两点间的距离

如图 6-7 所示,欲求图中 m、n 两点间的实地水平距离,可采用图解法或解析法。

(1)图解法　在图上直接量出 m、n 两点间的长度,然后乘上比例尺分母,就可得到 mn 的实地水平距离。

(2)解析法　首先根据前面所述方法求出 m、n 两点的坐标 X_m、Y_m 和 X_n、Y_n,然后按式(6-10)计算其水平距离:

$$D_{mn} = \sqrt{(X_n - X_m)^2 + (Y_n - Y_m)^2} \tag{6-10}$$

3.求图上某点的高程

若所求点的位置恰好在某一等高线上,那么此点的高程就等于该等高线的高程。如图 6-8 所示,A 点高程为 69m。

若所求点的位置不在等高线上,则可用内插法求其高程。如图 6-8 所示,过 B 点作线段 mn 大致垂直于相邻两等高线,然后量出 mn 和 mB 的图上长度,则 B 点高程为

$$H_B = H_m + \frac{mB}{mn}h \tag{6-11}$$

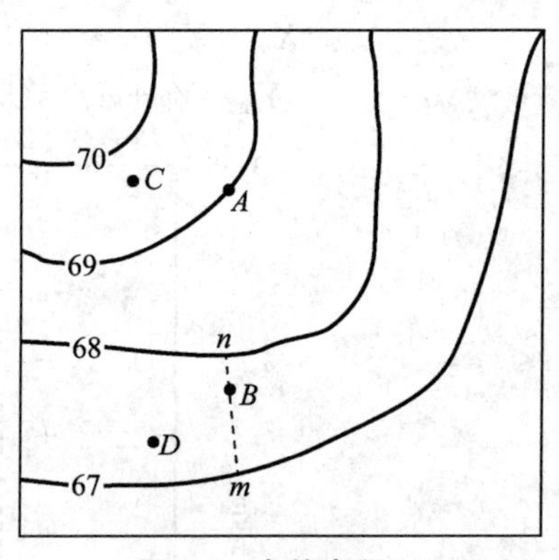

图 6-8　点的高程

式中　h——等高距;

H_m——m 点高程。

上式中,$h=1\text{m}$,$H_m=67\text{m}$,量得 $mn=12\text{mm}$,$mB=8\text{mm}$,则得:

$$H_B=(67.0+\frac{8}{12}\times 1)\approx 67.7\text{m}$$

实际求图上某点的高程时,通常根据等高线采用目估法按照比例推算出该点的高程。

4.求图上某直线的坐标方位角

如图 6-7 所示,欲求直线 mn 的坐标方位角,可采用图解法或解析法。

(1)图解法　过 m 和 n 点分别作坐标纵轴的平行线,然后用量角器量出 α_{mn} 和 α_{nm},取其平均值为最后结果。

$$\alpha'_{mn}=\frac{1}{2}(\alpha_{mn}+\alpha_{nm}\pm 180°)$$

(2)解析法　先求出 m、n 点的坐标,再按式(6-12)计算 mn 的方位角:

$$\alpha_{mn} = \arctan\frac{\Delta Y_{mn}}{\Delta X_{mn}} = \arctan\frac{Y_n - Y_m}{X_n - X_m} \tag{6-12}$$

5.求图上某直线的坡度

在地形图上求得直线的长度以及两端点的高程后,则可按下式计算该直线

的平均坡度：

$$i=\frac{h}{d\cdot \mathrm{M}}=\frac{h}{D} \tag{6-13}$$

式中　d——图上量得的长度；

M——地形图的比例尺分母；

h——直线两端点间的高差；

D——该直线的实地水平距离。

坡度通常用千分率(‰)或百分率(%)的形式表示。“+”为上坡，“-”为下坡。

若直线两端点位于相邻等高线上，此时求得的坡度，可认为符合实际坡度。假如直线较长，中间通过多条等高线，而且各条等高线的平距不等，则所求的坡度，只是该直线两端点间的平均坡度。

6. 场地平整

在大、中型工程建设中，往往要进行建筑场地的平整。利用地形图，可以估算土石方工程量，从而确定场地平整的最佳方案。

如图 6-9 所示，设地形图比例尺为 1∶1000。

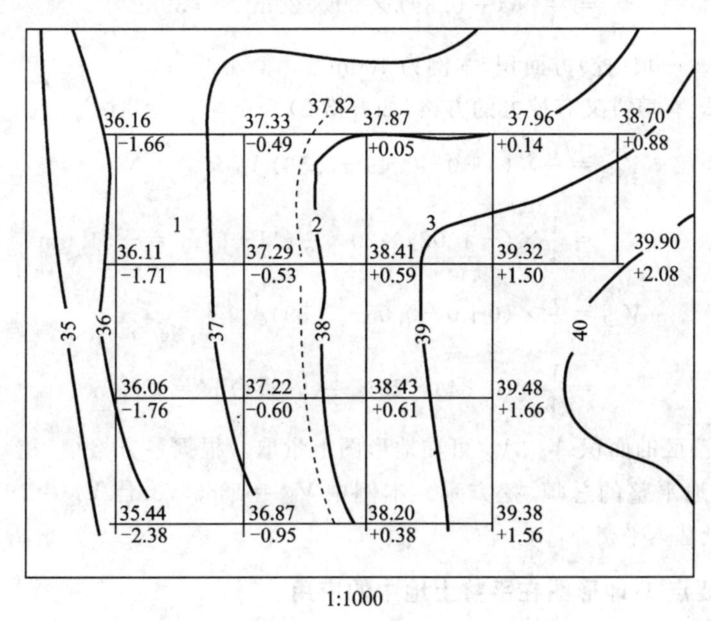

图 6-9　挖填方计算

欲将方格范围内的地面平整为挖方与填方基本相等的水平场地，可按如下步骤进行。

1)在地形图上画出方格，方格的边长取决于地形的复杂程度和土方估算的精度，一般为 10m 或 20m。本例所取方格边长为 20m（图上 20mm）。

2）用内插法或目估求出各方格点的高程，并注记于右上角。

3）计算场地填、挖方平衡的设计高程。先求出各方格 4 个顶点高程的平均值，然后将其相加除以方格数，就得填、挖方基本平衡的设计高程。经计算本例设计高程为 37.82m。

4）用内插法在地形图上描出高程为 37.82m 的等高线（图中用虚线表示）。此线就是填方和挖方的分界线。

5）按式（6-14）计算各方格点的填（挖）高度。

$$\text{填(挖)高度} = \text{地面高程} - \text{设计高程} \tag{6-14}$$

正号表示挖方，负号表示填方。填挖高度填写在各方格点的右下角。

6）计算填、挖方量。从图 6-5 看出，有的方格全为挖方或全为填方，有的方格既有填方又有挖方，因此要分别进行计算。

对于全为填方或全为挖方的方格（如方格 1 全为填方）

$$V_1 = \frac{1}{4} \times (-1.66 - 0.49 - 1.71 - 0.53) A_1$$

$$= \frac{1}{4} \times (-0.39) \times 20 \times 20 \text{m}^3 = 439 \text{m}^3 \tag{6-15}$$

式中　A_1——填（挖）方面积，本例为 400m²。

对于既有填方又有挖方的方格（如方格 2）

$$V_{2\text{填}} = \frac{1}{4} \times (0 + 0 - 0.49 - 0.53) A_{2\text{填}}$$

$$= \frac{1}{4} \times (-1.02) \times 20 \times \frac{1}{2}(11 + 9) \text{m}^3 = -51.0 \text{m}^3$$

$$V_{2\text{挖}} = \frac{1}{4} \times (0 + 0 - 0.05 - 0.59) A_{2\text{挖}}$$

$$= \frac{1}{4} \times (0.64) \times 20 \times \frac{1}{2}(9 + 11) \text{m}^3 = 32.0 \text{m}^3$$

填（挖）区的面积 $A_{\text{填}}$、$A_{\text{挖}}$ 可在地形图上量取。根据各方格填（挖）方量，即可求得场地平整的总填、挖方量。本例中 $V_{\text{填}} = 1665.73\text{m}^3$，$V_{\text{挖}} = 1679.6\text{m}^3$，填、挖总量基本平衡。

业务要点 2：地形图在平整土地中的应用

在建设工程中，通常要对拟建地区的自然地貌做必要的改造，以满足各类建筑物的平面布置、地表水的排放、地下管线敷设和公路铁路施工等需要。在平整土地工作中，一项重要的工作是估算土（石）方的工程量，即利用地形图进行填挖土（石）方量的概算。

1.方格网法

该法适用于高低起伏较小,地面坡度变化均匀的场地。如图 6-10 所示,欲将该地区平整成地面高度相同的平坦场地,其步骤如下:

(1)绘制方格网　方格网的网格大小取决于地形图的比例尺大小、地形的复杂程度以及土(石)方量估算的精度。方格的边长一般取为 10m 或 20m。本图的比例尺为 1∶1000,方格网的边长为 20m×20m。对方格进行编号,纵向(南北方向)用 A、B、C……进行编号,横向(东西方向)用 1、2、3、4……进行编号,因此,各方格顶点编号由纵横编号组成。则各方格点的编号用相应的行、列号表示,如 A_1,A_2 等,并标注在各方格点左下角。

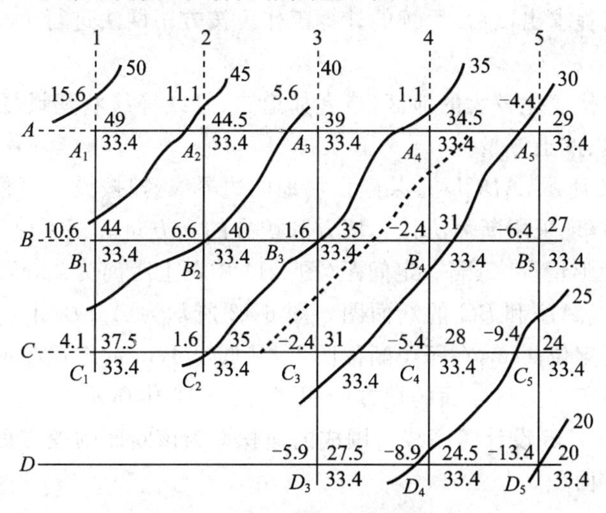

图 6-10　场地平整土石方量计算

(2)绘方格网并求格网点高程　在地形图上拟平整场地范围内绘方格网,方格网的边长主要取决于地形的复杂程度、地形图比例尺的大小和土石方估算的精度要求,一般为 10m×10m、20m×20m。根据等高线确定各方格顶点的高程,并注记在各顶点的上方。

(3)确定场地平整的设计高程　应根据工程的具体要求确定设计高程。大多数工程要求填、挖方量大致平衡,按照这个原则计算出设计高程。

(4)计算填、挖高度　用格顶点地面高程减设计高程即得每一格顶点的填、挖方的高度。

(5)计算填、挖方量　根据方格网四个角点的高程、场地边缘界线与方格网边交点的高程,以及场地的设计高程,综合计算填方和挖方。

2.等高线法

当地面高低起伏较大且变化较多时,可以采用等高线法。此法是先在地形图上求出各条等高线所包围的面积，乘以等高距，得各等高线间的土方量，再求总和，即为场地内最低等高线 H_0 以上的总土方量 $V_{总}$。如要平整为一水平面的场地，其设计高程 $H_{设}$ 可按下式计算：

$$H_{设} = H_0 + \frac{V_{总}}{S} \tag{6-16}$$

式中 H_0——场地内的最低高程，一般不在某一条等高线上，需根据相邻等高线内插求出；

$V_{总}$——场地内最低高程 H_0 以上的总土方量；

S——场地总面积，由场地外轮廓线决定。

当设计高程求出以后，后续的计算工作可按方格网法进行。

3.断面法

在地形起伏变化较大的地区，或者如道路、管线等线状建设场地，宜采用断面法来计算填、挖土方量。

如图 6-11 所示，*ABCD* 是某建设场地的边界线，拟按设计高程 47m 对建设场地进行平整，现采用断面法计算填方和挖方的土方量。根据建设场地边界线 *ABCD* 内的地形情况，每隔一定间距（图 6-11 中图上距离为 2cm）绘一垂直于场地左、右边界线 *AD* 和 *BC* 的断面图。图 6-12 所示为 *A*—*B*、Ⅰ—Ⅰ 的断面图。由于设计高程定位 47m，在每个断面图上，凡低于 47m 的地面与 47m 设计等高线所围成的面积即为该断面的填方面积，如图 6-12 中所示的填方面积；凡高于 47m 的地面与 47m 设计等高线所围成的面积即为该断面的挖方面积，如图6-12 中所示的挖方面积。

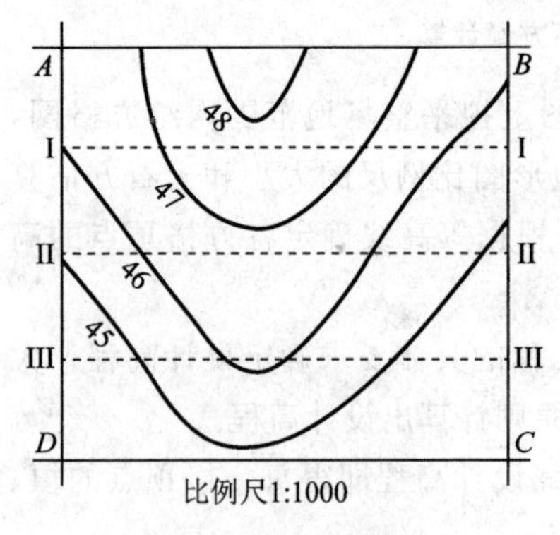

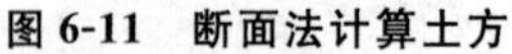

图 6-11 断面法计算土方

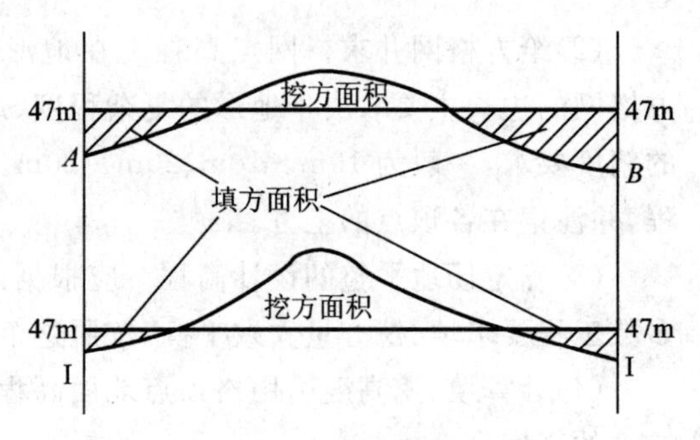

图 6-12 断面图

分别计算出每一断面的总填、挖土方面积后，然后将相邻两断面的总填（挖）土方面积相加后取平均值，再乘上相邻两断面间距 L，即可计算出相邻两断面间的填、挖土方量。

业务要点 3:地形图在工程建设中的应用

1.按限制的坡度选定最短线路

在山地、丘陵地区进行道路、管线、渠道等工程设计时，都要求线路在不超过某一限制坡度的条件下，选择一条最短路线或等坡度线。

如图 6-13 所示，欲从低处的 A 点到高地 B 点要选择一条公路线，要求其坡度不大于限制坡度 i。

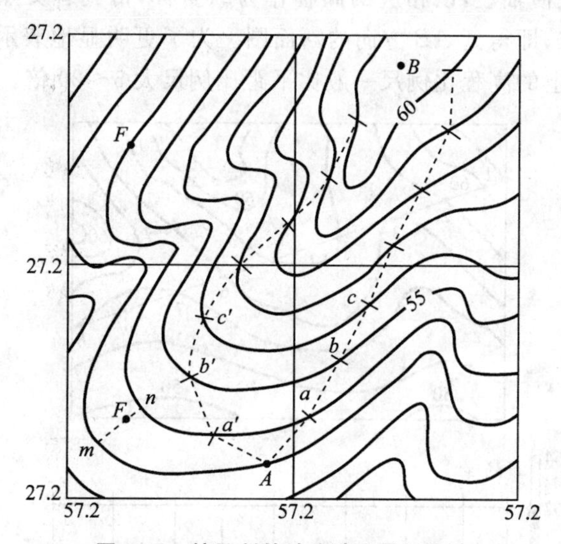

图 6-13　按限制的坡度选定最短线路

设等高距为 h，等高线间的平距的图上值为 d，地形图的测图比例尺分母为 M，根据坡度的定义有：$i=h/dM$，由此求得：$d=h/iM$。

在图中，设计用的地形图比例尺为 1∶1000，等高距为 1m。为了满足限制坡度不大于 $i=3.3\%$ 的要求，根据公式可以计算出该线路经过相邻等高线之间的最小水平距离 $d=0.03\text{m}$，于是，在地形图上以 A 点为圆心，以 3cm 为半径，用两脚规画弧交 54m 等高线于点 a，a'，再分别以点 a，a' 为圆心，以 3cm 为半径画弧，交 55m 等高线于点 b，b'，依此类推，直到 B 点为止。然后连接 A，a，b，…，B 和 A，a'，b'，…，B，便在图上得到符合限制坡度 $i=3.3\%$ 的两条路线。

同时应考虑其他因素，如少占农田，建筑费用最少，避开塌方或崩裂地带等，从中选取一条作为设计线路的最佳方案。

如遇等高线之间的平距大于 3cm，以 3cm 为半径的圆弧将不会与等高线相交，这说明坡度小于限制坡度。在这种情况下，路线方向可按最短距离绘出。

2.按一定方向绘制纵断面图

在各种线路工程设计中，为了进行填挖方量的概算，以及合理地确定线路的纵坡，都需要了解沿线路方向的地面起伏情况，为此，常需利用地形图绘制沿指定方向的纵断面图。

如图 6-14 所示，在地形图上作 A，B 两点的连线，与各等高线相交，各交点的高程即为交点所在等高线的高程，而各交点的平距可在图上用比例尺量得。在毫米方格纸上画出两条相互垂直的轴线，以横轴 AB 表示平距，以垂直于横轴的纵轴表示高程，在地形图上量取 A 点至各交点及地形特征点的平距，并把它们分别转绘在横轴上，以相应的高程作为纵坐标，得到各交点在断面上的位置。连接这些点，即得到 AB 方向的断面图。为了更明显地表示地面的高低起伏情况，断面图上的高程比例尺一般比平距比例尺大 5～20 倍。

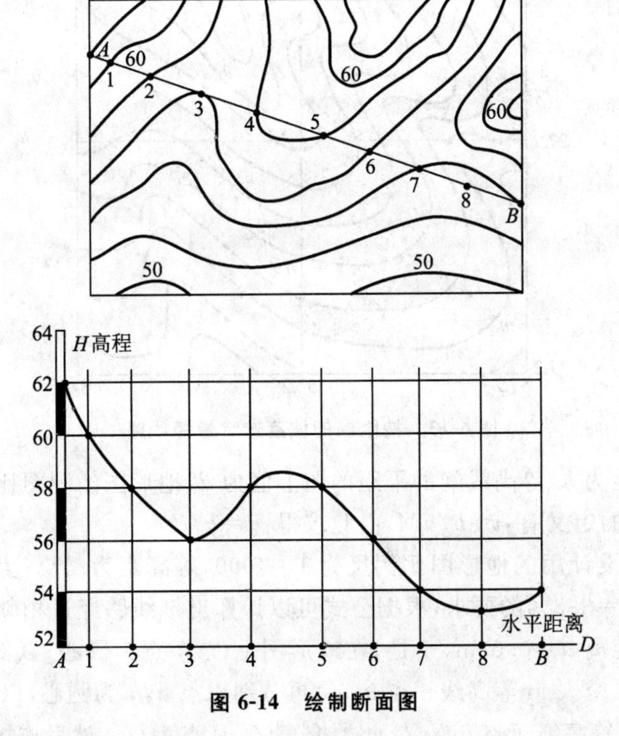

图 6-14　绘制断面图

对地形图中某些特殊点的高程量算，如断面过山脊、山顶或山谷处的高程变化点的高程，一般用比例内插法求得。然后绘制断面图。

3. 确定汇水面积

修筑道路有时要跨越河流或山谷，这时就必须建桥梁或涵洞；兴修水库必须筑坝拦水。而桥梁、涵洞孔径的大小，水坝的设计位置与坝高，水库的蓄水量等，都要根据汇集于这个地区的水流量来确定。汇集水流量的面积称为汇水面积。

由于雨水是沿山脊线（分水线）向两侧山坡分流，所以，汇水面积的边界线是由一系列的山脊线连接而成的。如图 6-15 所示，一条公路经过山谷，拟在 P 处架桥或修涵洞，其孔径大小应根据流经该处的流水量决定，而流水量又与山谷的汇水面积有关。由山脊线和公路上的线段所围成的封闭区域 $A—B—C—D—E—F—G—H—I$ 的面积，就是这个山谷的汇水面积。量测该面积的大小，再结合气象水文资料，便可进一步确定流经公路 P 处的水量，从而对桥梁或涵洞的孔径设计提供依据。

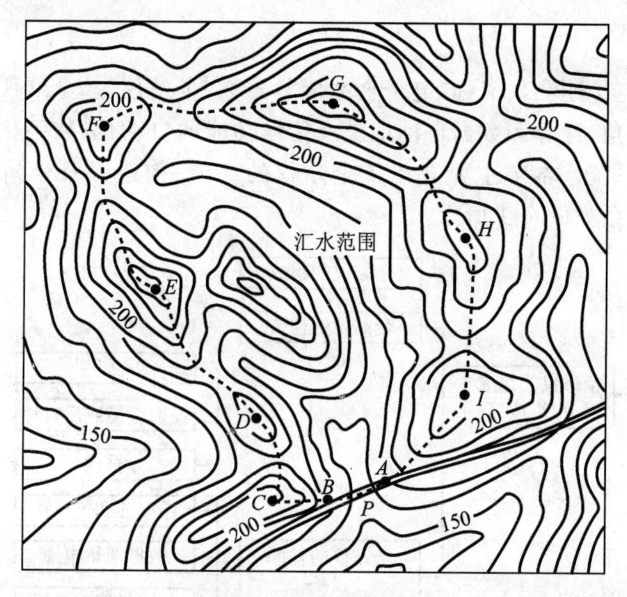

图 6-15　确定汇水面积

确定汇水面积的边界线时，应注意以下几点：

1）边界线（除公路段 AB 段外）应与山脊线一致，且与等高线垂直。

2）边界线是经过一系列的山脊线、山头和鞍部的曲线，并与河谷的指定断面（公路或水坝的中心线）闭合。

第七章　全站仪及 GPS 定位系统

第一节　全站仪的组成与构造

本节导图

全站型电子速测仪又称“电子全站仪”,简称“全站仪”。全站仪是一种兼有自动测距、测角、计算和数据自动记录及传输功能的自动化、数字化的三维坐标测量与定位系统。本节主要介绍了全站仪的组成、构造以及全站仪的辅助设备,其内容关系如图 7-1 所示。

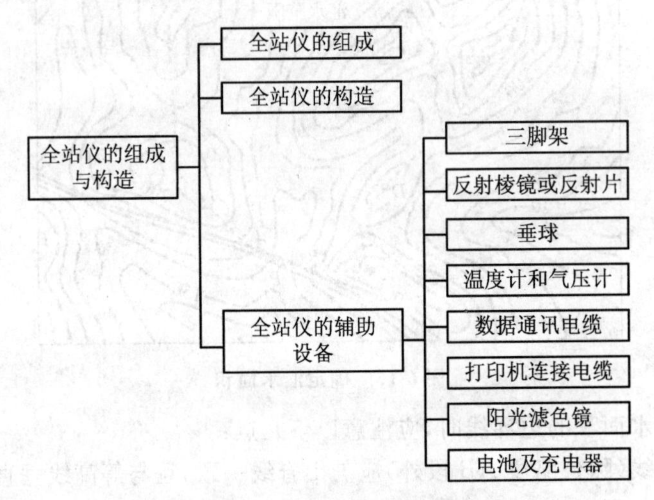

图 7-1　本节内容关系图

业务要点 1:全站仪的组成

全站型电子速测仪是一种同时兼有自动测距、测角、计算和数据自动记录及传输功能的自动化、数字化的三维坐标测量与定位系统。它由光电测距单元,电子测角及微处理器单元,以及电子记录单元组成,是一种广泛应用于控制测量、地形测量、地籍与房产测量、工业测量及近海定位等的电子测量仪器。按其结构,可分为整体式与积木式两种。前者是将测距、测角与电子计算单元和仪器的光学与机械系统设计成整体;后者则分别由各自独立的光电测距头、电子经纬仪与电子计算单元组成。

业务要点 2:全站仪的构造

如图 7-2 所示是南方测绘仪器公司生产的 NTS-352 中文界面全站仪,其结构与经纬仪相似,区别主要是望远镜体积庞大,这是由于红外测距的照准头与望远镜合为一体的缘故。

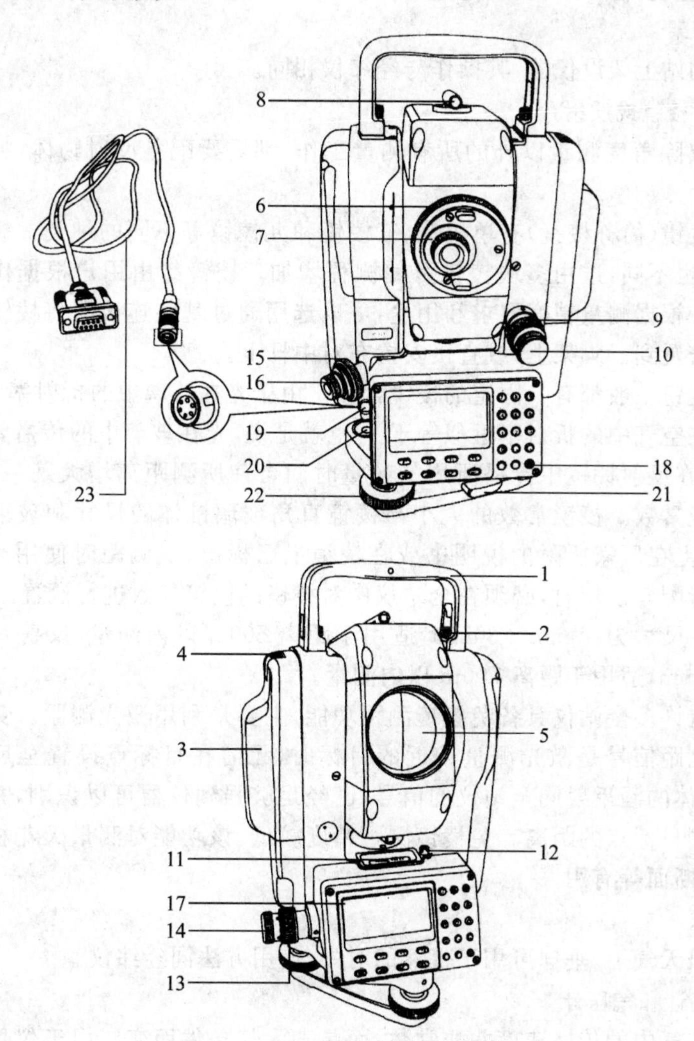

图 7-2　NTS-352 全站仪

1—提把　2—提把固定螺丝　3—电池　4—电池锁紧杆　5—物镜　6—物镜调焦环　7—目镜调焦环　8—粗瞄器　9—垂直制动螺旋　10—垂直微动螺旋　11—管水准器　12—管水准器校正螺丝　13—水平制动螺旋　14—水平微动螺旋　15—光学对点器调焦环　16—光学对点器　17—显示屏　18—键盘　19—数据通讯接口　20—圆水准器　21—基座锁定钮　22—脚螺旋　23—通讯电缆

业务要点 3：全站仪的辅助设备

全站仪要完成测量工作，必须借助必要的辅助设备，常用的辅助设备有：三脚架、反射棱镜或反射片、垂球、温度计和气压计、数据通讯电缆、打印机连接电缆、阳光滤色镜以及电池及充电器等。

1. 三脚架

用于测站上架设仪器，其操作与经纬仪相同。

2. 反射棱镜或反射片

全站仪除角度测量以外的所有测量工作，都需要配备反射物体，如反射棱镜和反射片。

反射棱镜(简称棱镜)有单棱镜、三棱镜和九棱镜等不同的种类。棱镜数量不同，测程也不同，选用多块棱镜可使测程增加。棱镜组由用户根据作业需要自行配置。根据测量精度要求和用途，可以选用通过基座连接器将棱镜组连接在一起并安置到三脚架上，或直接安置在对中杆上。

反射棱镜一般都有一固定的棱镜常数。由于光在玻璃中的折射率为 1.5～1.6，而光在空气中的折射率近似等于 1，也就是说，光在玻璃中的传播要比空气慢，因此光在反射棱镜中传播所用的超量时间会使所测距离增大某一数值，通常称作棱镜常数。棱镜常数的大小与棱镜直角玻璃锥体的尺寸和玻璃的类型有关，实际上在厂家所附的说明书或在棱镜上已标出，供测距时使用。将它和全站仪进行配套使用时，必须在全站仪中对棱镜的棱镜常数进行设置。

反射片尺寸为 30mm×30mm，适用于距离 500m 以内测量，反射片尺寸为 60mm×60mm，适用于距离 700m 以内测量。

目前有许多全站仪具备免棱镜测距功能，主要是利用激光测距。免棱镜测距采用的测距信号是激光测量较近的目标时，无需在目标点设置全反射的棱镜，经过物体的漫反射同全站仪的信号，已经足够强到仪器可以识别，并通过计算得出所测目标点的距离。免棱镜测距精度较低，该功能对测量天花板、壁角、塔楼、隧道断面等有用。

3. 垂球

在无风天气下，垂球可用于仪器的对中，使用方法同经纬仪。

4. 温度计和气压计

光在空气中的传播速度并非常数，而是随大气条件而变。由于仪器作业时的大气条件一般与仪器选定的基准大气条件不相同，会使测距产生误差，因此必须进行气象改正(或称大气改正)。大气条件主要是指大气的温度和气压，不同的温度和气压对应不同的大气改正值，在全站仪中设置了温度和气压后，全站仪能自行计算大气改正值，自动对观测结果实施大气改正。

气压测量一般使用空盒气压计，单位为百帕(hPa)。

温度测量一般使用通风干湿温度计，在测程较短或测距精度要求不高时，可使用普通温度计。

现在有些较高级的全站仪能自动感应温度和气压，并进行改正。

5.数据通讯电缆

用于连接全站仪和计算机进行数据通讯。

6.打印机连接电缆

用于连接仪器和打印机，可直接打印输出仪器内数据。

7.阳光滤色镜

对着太阳进行观测时，为了避免阳光造成对观测者视力的伤害、对仪器的损坏，可将滤色镜安装在望远镜的物镜上。

8.电池及充电器

为仪器提供电源。

第二节　全站仪的技术要求与使用

本节导图

本节主要介绍了全站仪的精度等级、检定项目、技术要求、测量前准备工作、全站仪测量模式以及南方NTS-352全站仪的使用，其内容关系如图7-3所示。

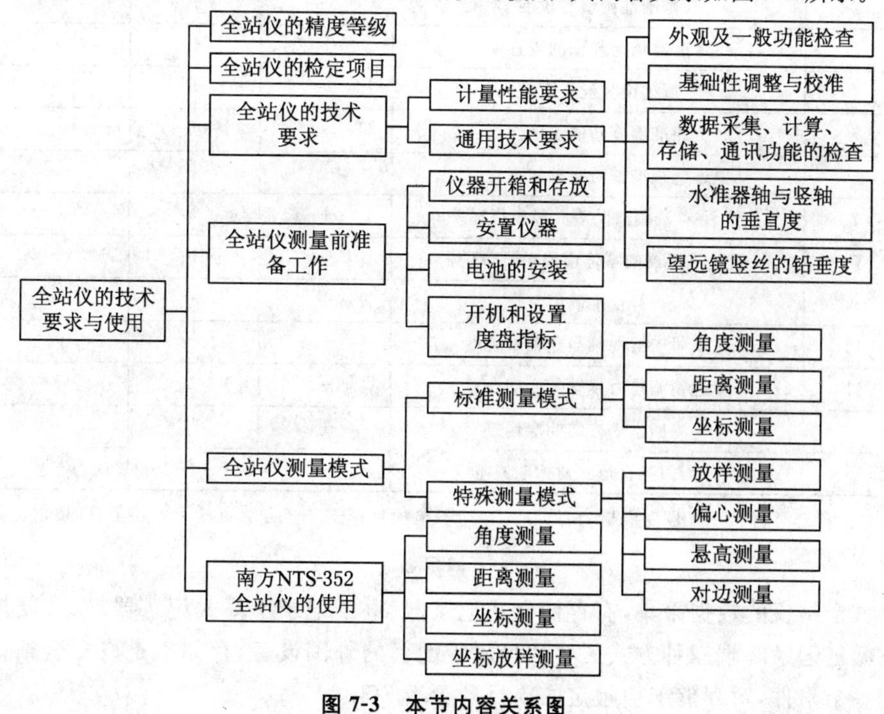

图7-3　本节内容关系图

业务要点1:全站仪的精度等级

全站仪的测角部分及电子经纬仪的准确度等级以仪器的标称标准偏差来划分,见表7-1。

表7-1 准确度等级分类

仪器等级	Ⅰ		Ⅱ		Ⅲ			Ⅳ
标称标准偏差	0.5″	1.0″	1.5″	2.0″	3.0″	5.0″	6.0″	10.0″
等级标准差范围	$m_\beta \leqslant 1.0''$		$1.0'' < m_\beta \leqslant 2.0''$		$2.0'' < m_\beta \leqslant 6.0''$			$6.0'' < m_\beta \leqslant 10.0''$

注:m_β为测角标准偏差。

业务要点2:全站仪的检定项目

根据《全站型电子速测仪检定规程》JJG 100—2003规定,全站仪的检定周期为最长不超过1年。电子测角系统的检定项目见表7-2。

表7-2 电子测角系统的检定项目表

序号	检定项目	检定类别		
		首次检定	后续检定	使用中检定
1	外观及一般功能检查	+	+	+
2	基础性调整与校准	+	+	+
3	水准器轴与竖轴的垂直度	+	+	+
4	望远镜竖丝垂直度	+	+	−
5	照准部旋转的正确性	+	+/−	−
6	望远镜视准轴对横轴的垂直度	+	+	−
7	照准误差c、横轴误差i、竖盘指标差l	+	+	+
8	倾斜补偿器的零位误差、补偿范围	+	+	−
9	补偿准确度	+	+	+
10	光学对中器视轴与竖轴重合度	+	+	−
11	望远镜调焦时视轴的变动误差	+	+/−	−
12	一测回水平方向标准偏差	+	+	−
13	一测回竖直角测角标准偏差	+	+/−	−

注:检定类别中"+"号为应检项目;"−"号为不检项目;"+/−"号为可检可不检项目,根据需要确定。

全站仪的数据采集,有存储卡式记录器、电子记录手簿式记录器,以及便携式微机记录终端三种方式。后两种属于配套的外围设备,存储卡是许多全站仪的一个附件,对存储卡应检定的项目列于表7-3。

表 7-3 存储卡检定项目表

序号	检定项目	检定类别	
		首次检定	使用中检定
1	存储卡的初始化	+	+/−
2	存储卡容量检查	+	+
3	文件创建和删除	+	+
4	测量与数据记录	+	+
5	数据查阅	+	+
6	数据传输	+	+
7	设置与保护	+/−	+/−
8	解除与保护	+/−	+/−

注:检定类别中,"+"号为应检项目;"+/−"号为按存储卡的产品类别、性能及送检单位的需要,由检定单位确定是否检定的项目。

业务要点 3:全站仪的技术要求

1. 计量性能要求

全站仪的计量性能要求见表 7-4。

表 7-4 电子测角系统计量性能要求

序号	项目	仪器等级							
		Ⅰ/(″)		Ⅱ/(″)		Ⅲ/(″)		Ⅳ/(″)	
		0.5	1.0	1.5	2.0	3.0	5.0	6.0	10.0
1	照准部旋转正确性	电子汽泡10.0″	长汽泡0.3格	电子汽泡20.0″	长汽泡1.0格	电子汽泡30.0″	长气泡1.5格	电子汽泡30.0″	长气泡3.0格
2	望远镜视轴与横轴垂直度/(″)	6.0		8.0		10.0		16.0	
3	照准误差 C/(″)	6.0		8.0		10.0		16.0	
4	横轴误差 i/(″)	10.0		15.0		20.0		16.0	
5	竖盘指标差 I/(″)	12.0		16.0		20.0		30.0	
6	补偿器补偿范围/(′)	2~3		2~3		2~3		2~3	
7	补偿器零位误差/(″)	10.0		20.0		30.0		30.0	
8	补偿器补偿误差(纵横)/(″)	3.0		6.0		12.0		20.0	

续表

<table>
<tr><th rowspan="3">序号</th><th rowspan="3">项目</th><th colspan="8">仪器等级</th></tr>
<tr><th colspan="2">Ⅰ/(″)</th><th colspan="2">Ⅱ/(″)</th><th colspan="2">Ⅲ/(″)</th><th colspan="2">Ⅳ/(″)</th></tr>
<tr><th>0.5</th><th>1.0</th><th>1.5</th><th>2.0</th><th>3.0</th><th>5.0</th><th>6.0</th><th>10.0</th></tr>
<tr><td>9</td><td>望远镜调焦运行误差/(″)</td><td>6.0</td><td>10.0</td><td>15.0</td><td>20.0</td><td></td><td></td><td></td><td></td></tr>
<tr><td rowspan="2">10</td><td rowspan="2">光学对中器视轴与竖轴重合度</td><td colspan="2">光学对中器</td><td colspan="6">高 0.8m～1.5m 范围内＜1.0mm</td></tr>
<tr><td colspan="2">激光对中器</td><td colspan="6">高 0.8m～1.5m 范围内，光斑直径＜2.0mm 时按重合度＜1.0mm 执行</td></tr>
<tr><td>11</td><td>一测回水平方向标准偏差/(″)</td><td>0.5</td><td>0.7</td><td>1.1</td><td>1.4</td><td>2.1</td><td>3.5</td><td>4.2</td><td>7.0</td></tr>
<tr><td>12</td><td>一测回竖直角测角标准偏差/(″)</td><td>0.5</td><td>0.1</td><td>1.5</td><td>2.0</td><td>3.0</td><td>5.0</td><td>6.0</td><td>10</td></tr>
</table>

2.通用技术要求

(1)外观及一般功能检查

1)全站仪表面不应有碰伤、划痕、脱漆和锈蚀；盖板及部件应接合整齐，密封性好。

2)光学部件表面无擦痕、霉斑、麻点及脱膜的现象；望远镜十字丝成像清晰，视场明亮，亮度均匀；目镜调焦及物镜调焦转动平稳，不应有分划影像晃动或自行滑动的现象。

3)水准管及圆水准器的校正螺钉不应有松动；脚螺旋转动松紧适度，无晃动；水平及竖直制动及微动机构运转平稳可靠，无跳动现象；组合式全站仪、电子经纬仪与测距仪的联接机构紧密；仪器和基座的联接锁紧机构可靠。

4)操作键盘上各按键反应灵敏，每个键的功能正常；通过键的组合读取显示数据及存储或传送数据功能正常。

5)液晶显示屏显示的各种符号清晰、完整，对比度适当。

数据输出接口及外接电源接口完好，内接电池接触良好，内(外)接电池容量充足。

6)记录存储卡完好无损，表面清洁，在仪器上能顺利地装入或取下；存储卡内装钮扣电池容量充足；磁卡阅读器完好。

7)仪器按出厂规定的附件包括必要的校正器件(扳手、螺丝刀、校正针)完好，物镜罩、接口插头的保护盖等齐全。

8)全站仪应标明制造厂(或厂标)、型号及出厂编号，国产仪器必须有计量器具制造许可证编号及 CMC 标志。

后续检定和使用中检验的仪器，允许有不影响仪器准确度和技术功能的缺陷。

(2)基础性调整与校准　检定前,应对全站仪进行必要的检查、调整或校准,使仪器处于正常状态;并按仪器使用说明书指示的方法,对可用软件进行校准或对修正测量误差的项目进行设置或校准,使所测数据能够充分反映出其真实性能。

基础性调整与校准内容为:调整水准管和电子气泡;补偿器零位的校准;竖盘指标差 l 校准;视准轴误差 C 校准;水平轴与竖轴的垂直度校准;仪器说明书指定的其他特殊项目。上述各项校准内容的检定方法均按《全站型电子速测仪检定规程》JZG 100—2003 中的具体操作方法进行。

(3)全站仪观测数据的采集、计算、存储、通讯等功能的检查　如果确有必要,首次检定时,可以按照仪器使用说明书的指示,逐一进行操作检查,以便确认其功能是否正常。

(4)水准器轴与竖轴的垂直度　仪器安平后,水准器轴应与仪器竖轴垂直($L \perp V$),其偏差不大于长水准器的分划值的一半,圆气泡应居中。

(5)望远镜竖丝的铅垂度　仪器整平后,望远镜十字丝的竖丝应在铅垂面内。不得有目力可见的倾斜。

业务要点 4:全站仪测量前准备工作

1.仪器开箱和存放

(1)开箱　轻轻地放下箱子,让箱盖朝上,打开箱子的锁栓,开箱盖,取出仪器。

(2)存放　盖好望远镜镜盖,使照准部的垂直制动手轮和基座的圆水准器朝上,将仪器平卧(望远镜物镜端朝下)放入箱中,轻轻旋紧垂直制动手轮,盖好箱盖并关上锁栓。

2.安置仪器

仪器的安置包括对中和整平两项工作。操作步骤如下:

1)将三脚架置于测站点,使高度合适,架头大致水平,其中心约在测站点的铅垂线上,然后踩实脚架。

2)将仪器安装在三脚架上,调整光学对点器的目镜,使十字丝清晰,然后转动调焦环使测站点清晰。

3)调整三个脚螺旋,使光学对点器的十字丝交点对准测站点。

4)调整三脚架架腿的伸缩螺旋,在原地升降架腿,使圆水准气泡居中。

5)利用管水准器严格整平仪器。

6)观察光学对点器的十字丝交点是否仍对准测站点。如果没有偏离,安置仪器结束。当对中有少许偏离,松开一点三脚架的连接螺旋,用手轻移仪器,使精确对中,然后拧紧连接螺旋。在轻移仪器时,不要让仪器存架头上有转动,以尽可能减少气泡的偏移。再检查整平情况,如此反复,直到严格整平和精确对中同时满足。

3.电池的安装

全站仪均自带充电电池,同时也可通过外部电源接口接入外接电源。它的作用是为全站仪工作提供电源。

在使用仪器前首先检查电池充电情况,如电力不足,要用仪器自带的充电器进行充电。充电时间超过规定会缩短电池的使用寿命,应尽量避免。

电池安装时,将电池盒底部凸起部分插入仪器盖板的槽中,按压电池盒顶部按钮,使其卡入仪器中,固定归位。

4.开机和设置度盘指标

确认仪器整平,检查已安装上的电池,即可打开电源开关(POWER 键)。电源开启后,显示窗随即显示仪器型号、编号和软件版本。

松开水平制动螺旋,将照准部旋转一周,显示水平角,同样将望远镜竖直旋转一周,显示竖直角。至此水平和竖直度盘两项指标设置完毕。

业务要点 5:全站仪测量模式

全站仪测量模式有两种,即标准测量模式和特殊测量模式。标准测量模式包括角度测量、距离测量和坐标测量;特殊测量模式包括放样测量、偏心测量、悬高测量、对边测量等。依仪器的不同,其测量模式又各有差别。

1.标准测量模式

(1)角度测量　进行零方向安置,设置和测定水平角,同时还可进行竖直角的测量。

(2)距离测量　进行仪器常数的设置,气象改正的设置;高精度测距、跟踪测量以及快速的距离测量;可同时完成水平角、平距和高差的测量;可显示测量距离与设计放样距离之差,进行施工放样。

(3)坐标测量　已知测站点坐标和后视方位角,通过仪器测量出镜站点的三维坐标。

2.特殊测量模式

(1)放样测量　用于实地上测设出所要求的点位。在放样过程中,通过对照准点的角度、距离或坐标测量,仪器将显示出预先输入的放样值与实测值之差指导放样,即:

显示值=实测值-放样值

(2)偏心测量　用于待测点无法直接设置棱镜的点位或不通视点的距离和角度的测量。可以将棱镜设置在距待测点不远的偏心点上,通过对偏心点距离和角度的观测求出至待测点的距离、角度,即可换算出坐标。

(3)悬高测量　用于对不能设置棱镜的目标(如高压输电线、桥架等)高度的测量。

(4)对边测量　是在不搬动仪器的情况下,直接测量多个目标点与某一起始点间的斜距、平距和高差。

业务要点6:南方NTS-352全站仪的使用

这里以南方NTS-352全站仪为例,介绍角度、距离、坐标及放样测量的基本方法。

NTS-352全站仪的面板有一个显示屏和23个键,各键功能列于表7-5。仪器有角度测量、距离测量、坐标测量、星键和菜单共5种模式。各种模式下的功能选择都是通过 $F1 \sim F4$ 四个软键来实现的。软键存某个模式下的各菜单中的功能在屏幕底部的对应位置,以中文字符显示。表7-6为全站仪显示符号。

表7-5　全站仪键盘符号

按　键	名　称	功　能
ANG	角度测量键	进入角度测量模式(▲上移键)
◢	距离测量键	进入距离测量模式(▼下移键)
◿	坐标测量键	进入坐标测量模式(◀左移键)
MENU	菜单键	进入菜单模式(▶右移键)
ESC	退出键	返回上一级状态或返回测量模式
POWER	电源开关键	电源开关
F1～F4	软键(功能键)	对应于显示的软键信息
0～9	数字键	输入数字和字母、小数点、负号
★	星键	进入星键模式

表7-6　全站仪显示符号

显示符号	内容	显示符号	内容
V%	垂直角(坡度显示)	E	东向坐标
HR	水平角(右角)	Z	高程
HL	水平角(左角)	*	EDM(电子测距)正在进行
HD	水平距离	m	以米为单位
VD	高差	ft	以英尺为单位
SD	倾斜	fi	以英尺和英寸为单位
N	北向坐标		

1.角度测量

出厂设置是仪器开机即自动进入角度测量模式，当仪器在其他模式状态时，按(ha)键进入角度测量模式。角度测量模式下共有P1、P2、P3三页菜单，如图7-4和表7-7所示。

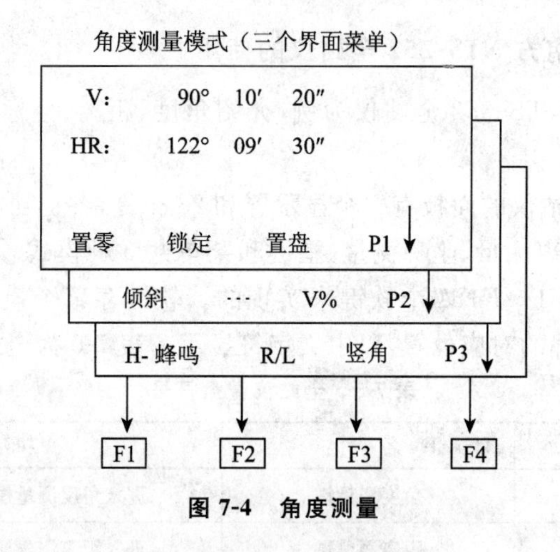

图7-4 角度测量

表7-7 角度测量菜单功能

页数	软键	显示符号	功能
第1页(P1)	F1	置零	水平角置为0°0′0″
	F2	锁定	水平角读数锁定
	F3	置盘	通过键盘输入数字设置水平角
	F4	P1↓	显示第2页软键功能
第2页(P2)	F1	倾斜	设置倾斜改正开或关，若选择开则显示倾斜改正
	F2	…	…
	F3	V%	垂直角与百分比坡度的切换
	F4	P2↓	显示第3页软键功能
第3页(P3)	F1	H-蜂鸣	仪器转动至水平角0°90°180°270°是否蜂鸣的设置
	F2	R/L	水平角右/左计数方向的转换
	F3	竖角	垂直角显示格式(高度角/天顶距)的切换
	F4	P3↓	显示第1页软键功能

(1)水平角和垂直角测量　确认在角度测量模式下，将望远镜照准目标，仪器显示天顶距(V)及水平右角(HR)，操作见表7-8。

表7-8　水平角和垂直角测量

操作过程	操　作	显　示
①照准第一个目标A	照准A	V：　82°09′30″ HR：　90°09′30″ 置零　锁定　置盘　P1↓
②设置目标A的水平角为00°00′00″，按[F1]（置零）键和[F3]（是）键	[F1]	水平角置零 〉OK? —　—　[是]　[否]
	[F3]	V：　82°09′30″ HR：　00°00′00″ 置零　锁定　置盘　P1↓
③照准第二个目标B，显示目标B的V/H	照准目标B	V：　82°09′30″ HR：　62°35′20″ 置零　锁定　置盘　P1↓

（2）水平角测量模式（右角/左角）切换　确认处于角度测量模式，操作见表7-9。

表7-9　水平角（右角/左角）切换

操作过程	操　作	显　示
①按[F4]两次转到第3页	[F4]两次	V：　82°09′30″ HR：　90°09′30″ 置零　锁定　置盘　P1↓
		倾斜　—　V%　P2↓
		H-蜂鸣　R/L　竖角　P3↓
②按[F2]（R/L）键，右角模式（HR）切换到左角模式（HL）	照准目标B	V：　82°09′30″ HL：　269°50′30″ H-蜂鸣　R/L　竖角　P3↓

注：以左角（HL）模式进行观测。

（3）水平度盘的设置

1）通过锁定角度值进行设置。确认处于角度测量模式，操作见表7-10。

表 7-10 水平角和垂直角测量

操作过程	操 作	显 示
①用水平微动螺旋转到所需的水平角	显示角度	V: 122°09′30″ HR: 90°09′30″ 置零 锁定 置盘 P1↓
②按[F2](锁定)键	[F2]	水平角锁定 HR: 90°09′30″ 〉设置? — — [是] [否]
③照准目标	照准	
④按[F3](是)键完成水平角设置*1),显示窗变为正常的角度测量模式	[F3]	V: 122°09′30″ HR: 90°09′30″ 置零 锁定 置盘 P1↓

注:若要返回上一个模式,可按[F4](否)键。

2)通过键盘输入进行设置。确认处于角度测量模式,操作见表 7-11。

表 7-11 键盘输入

操作过程	操 作	显 示
①照准目标	照准	V: 122°09′30″ HR: 90°09′30″ 置零 锁定 置盘 P1↓
②按[F3](置盘)键	[F3]	水平角设置 HR: 输入 — — [回车]
③通过键盘输入所要求的水平角,如:150°10′20″	[F1] 150.1020 [F4]	V: 122°09′30″ HR: 150°10′20″ 置零 锁定 置盘 P1↓

注:随后即可从所要求的水平角进行正常的测量。

(4)垂直角与斜率(%)的转换　确认处于角度测量模式,操作见表 7-12。

2.距离测量

(1)距离测量的显示模式　距离测量的显示模式有两种:高差(VD)/平距(HD)测量模式和斜距(SD)测量显示模式。

开机后,在测量模式下,反复按距离测量键[◢],可在斜距测量模式和平距测量模式下进行切换。

表 7-12　垂直角与斜率(%)的转换

操作过程	操　作	显　示
①按 F4 (↓)键转到第2页	F4	V:　122°09′30″ HR:　90°09′30″ 置零　锁定　置盘　P1↓ 倾斜　—　V%　P2↓
②按 F3 (V%)键	F3	V%:　−0.30% HR:　90°09′30 倾斜　—　V%　P2↓

(2)测距条件的设置　测量时，温度、气压以及测量目标条件均影响着测距的精度，首先应对它们进行设置，再进行距离测量。

1)温度、气压的设置。在距离测量模式下，其设置方法见表 7-13。

表 7-13　温度、气压的设置

步　骤	操作过程	操　作	显　示
第 1 步	按键 ◢	进入距离测量模式	HR:　170°39′20″ HD:　235.343m VD:　36.551m 测量　模式　S/A　P1↓
第 2 步	按键 F3	进入设置 由距离测量或坐标测量模式预先测得测站周围的温度和气压	设置音响模式 PSM:　0.0　PPM:　2.0 信号:[│││││] 棱镜　PPM　T−P　—
第 3 步	按键 F3	按键 F3 ,执行 T−P	温度和气压设置 温度:　−>　15.0℃ 气压:1013.2　hPa 输入　—　—　回车
第 4 步	按键 F1 ,输入温度;按键 F4 ,输入气压程	按键 F1 执行[输入]输入温度与气压，按 F4 执行[回车]确认输入	温度和气压设置 温度:　−>　25.0℃ 气压:1017.5　hPa 输入　—　—　回车

预先测得测站周围的温度和气压。例如：温度＋25℃，气压 1017.5hPa。

PSM 为棱镜常数，PPM 为大气改正值。当全站仪输入温度和气压后可自动算出大气改正值，大气改正值也可以根据公式计算后直接设置。1PPM 即每千米变化 1mm。

2)测量目标条件及棱镜常数的设置。

测量目标条件包括：目标为反射棱镜、反射片和免棱镜（利用自然物体的表面）。南方全站仪的棱镜常数的出厂设置为－30mm，若使用棱镜常数不是－30mm的配套棱镜，则必须设置相应的棱镜常数，设置方法见表7-14。

表7-14　棱镜常数的设置

步　骤	操作过程	操　作	显　示
第1步	按键[F3]	由距离测量或坐标测量模式按[F3]（S/A）键	设置音响模式 PSM：－30.0　PPM：2.0 信号：[|||||] 棱镜　PPM　T－P　－
第2步	按键[F1]	按[F1]（棱镜）键	棱镜常数设置 棱镜：－30.0mm 输入　－　－　回车
第3步	按键[F1]，输入数据；按键[F4]确认	按键[F1]执行［输入］输入棱镜常数，按[F4]执行［回车］确认，显示屏返回到设置模式	设置音响模式 PSM：0.0　PPM：2.0 信号：[|||||] 棱镜　PPM　T－P　－

（3）距离测量

1）连续测距。确认处于测角模式，操作见表7-15。

表7-15　距离测量

操作过程	操　作	显　示
①照准棱镜中心	照准	V：　90°10′20″ HR：　170°30′20″ 置零　锁定　置盘　P1↓
②按[◢]键，距离测量开始	[◢]	HR：　170°30′20″ HD＊[r]　<<m VD：　m 测量　模式　S/A　P1↓
		HR：　170°30′20″ HD＊　235.343m VD：　36.551m 测量　模式　S/A　P1↓

在②中，显示在右边窗口第二行HD旁边括号中的字母表示测量模式。*r*：连续（重复）测量模式；*n*：*N*次测量模式；*s*：单次测量模式。再次按[◢]，显示变为水平角（HR）、垂直角（V）和斜距（SD）。

2)测距方式的选择(N次测量/单次测量)。当仪器开机时,在基本设置中可将测量模式设置为N次测量模式或者连续测量模式。

当设置了观测次数(0～99)时,仪器会按设置的次数进行距离测量并显示平均值。若输入测量次数为1,则进行单次测量,不显示平均距离。

3)测距模式的选择(精测模式/跟踪模式/粗测模式)。

①精测模式(F):这是一种正常距离测量模式。

精确测量时,仪器按所设次数进行连续测距,测量次数可在仪器中设置,最后的显示值为所测距离平均值,测距时间为单次3.0s,最小显示距离为1mm。选择精测模式,屏幕右下角字母显示"F"(fine)。

②跟踪模式:该模式的观测时间短于精测模式,主要用于放样测量,在跟踪运动目标和工程放样中非常有用。测距时间为1s,最小显示距离为10mm。选择跟踪模式,屏幕右下角字母显示"T"(trace)。

测距模式的选择操作见表7-16(按照下面这个设置在关机后不保留,如果在基本设置进行初始设置,则关机后仍被保留)。

表7-16 测距模式的选择

操作过程	操作	显示
①在距离测量模式下按[F2]键所设置模式的首字符(F/T)	[F2]	HR: 170°30′20″ HD: 235.343m VD: 36.551m 测量 模式 S/A P1↓
②按[F1](精测)键精测,[F2](跟踪)键跟踪测量	[F1]-[F2]	HR: 170°30′20″ HD: 235.343m VD: 36.551m 精测 跟踪 — F
		HR: 170°30′20″ HD* 235.343m VD: 36.551m 测量 模式 S/A P1↓

3.坐标测量

选择坐标测量模式,在输入测站点坐标、仪器高、棱镜高和后视方位角(或后视点坐标)后,用坐标测量功能可以直接测算目标点的三维坐标,即$N(x)$、$E(y)$和$Z(h)$坐标,如图7-5所示。

目标点三维坐标计算公式:

$$\mathrm{N1} = \mathrm{N0} + S \times \sin Z \times \cos A \tag{7-1}$$

$$\mathrm{E1} = \mathrm{E0} + S \times \sin Z \times \cos A \tag{7-2}$$

$$Z1 = Z0 + S \times \cos Z \times h_i - h_f \tag{7-3}$$

式中 N0——测站点 N 坐标；

S——斜距；

h_i——仪器高；

E0——测站点 N 坐标；

Z——天顶距；

h_f——目标高；

Z0——测站点 N 坐标；

A——坐标方位角。

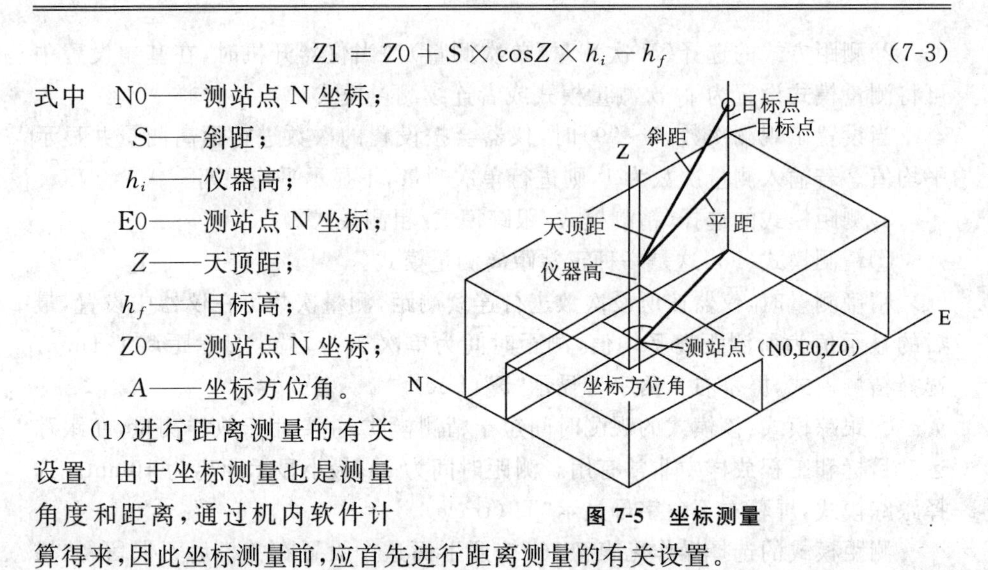

图 7-5 坐标测量

(1)进行距离测量的有关设置 由于坐标测量也是测量角度和距离，通过机内软件计算得来，因此坐标测量前，应首先进行距离测量的有关设置。

(2)设置测站点坐标 测站点坐标(NEZ)可以预先设置在仪器内，以便计算未知点坐标。也可以直接输入测站点坐标(见表 7-17)，仪器开机后，在测量模式下，按坐标测量键，进入坐标测量模式。

表 7-17 输入测站点坐标

操作过程	操 作	显 示
①在坐标测量模式下，按 F4 键(↓)转到第 2 页功能	F4	N: 286.245m E: 235.343m Z: 36.551m 测量 模式 S/A P1↓
②按键 F3 (测站)键	F3	N-> 0.000m E: 0.000m Z: 0.000m 输入 — — 回车
③输入 N 坐标	F1 输入数据 F4	N: 39.676m E-> 0.000m Z: 0.000m 输入 — — 回车
④按同样方法输入 E 和 Z 坐标，输入数据后，显示屏返回到坐标测量显示		N: 39.676m E: 118.975m Z: 20.372m 测量 模式 S/A P1↓

(3)设置仪器高和棱镜高 仪器高是指仪器的横轴(全站仪上标有标记)至

测站点垂直高度，棱镜高（或称目标高）是指棱镜中心至测点的垂直高度，两者均需用钢尺量得。

1）仪器高的输入。确认在坐标测量模式下，转到第 2 页功能，输入仪器高。

2）棱镜高的输入。此项功能主要用于获取 Z 坐标值，输入方法与输入仪器高基本相同。

（4）后视点坐标（或后视方位角）的数据的输入　输入后视点的平面坐标是使仪器求得测站点至后视点的方位角，如果该方位角已知，则可直接输入方位角，而不必输入平面坐标，如图 7-6 所示。

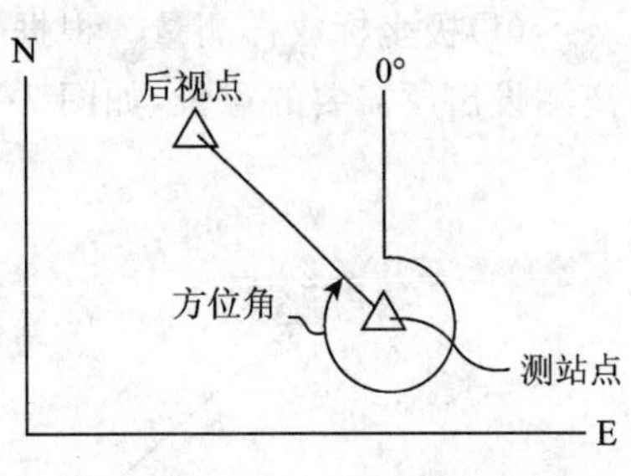

图 7-6　后视点方位角

操作时照准后视点，在测角模式下，配置度盘读数为后视方位角值，然后转动照准部，照准镜站点上所立棱镜，按下测量键即可求得镜站点的三维坐标。

也可输入后视点的平面坐标，仪器将自动计算出方位角，操作见表 7-18。

（5）坐标测量　在完成了测站点坐标、仪器高、棱镜高和后视点的坐标输入后，照准后视点，再返回到坐标测量模式，照准目标点棱镜，按 F1（测量）键，开始测量目标点坐标。

表 7-18　后视坐标的输入

操作过程	操　作	显　示
①由放样菜单 1/2 按 F2 键（后视），即显示原有数据	F2	后视： 点号＝： 输入　调用　NE/AZ　回车
②按键 F3（EE/AZ）键	F3	N－＞　0.000m E：　0.000m 输入　—　点号　回车
③按键 F1（输入）键，输入坐标值按 F4（回车）键	F1 输入数据 F4	后视 H(B)＝120°30′20″ ＞照准？　［是］　［否］
④照准后视点	照准后视点	
⑤按 F3（是）键，显示屏返回放样菜单 1/2	照准后视点 F3	放样　1/2 F1：输入测站点 F2：输入后视点 F3：输入放样点　P1↓

4.坐标放样测量

放样测量是根据点的设计坐标，或与控制点的边、角关系，在实地将其标定出来所进行的测量工作。一般全站仪均有极坐标放样和坐标放样的功能。

(1)极坐标放样测量　根据相对于某参考方向转过的角度和至测站点的距离测设出所需要的点位，如图 7-7 所示。

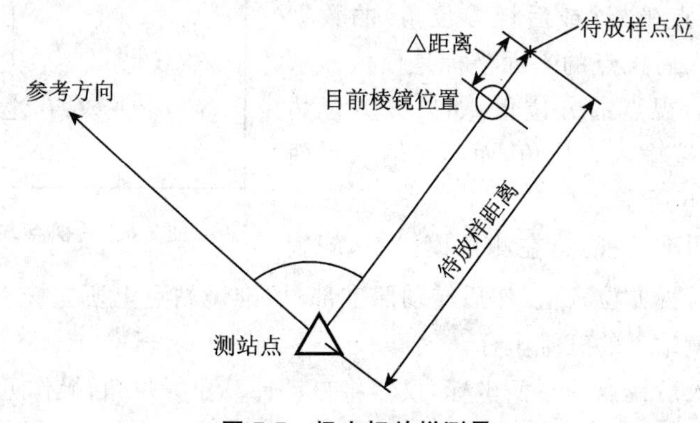

图 7-7　极坐标放样测量

其放样步骤为：

1)将全站仪安置于测站点，精确照准参考方向，并将水平度盘读数设置为0°00′00″。

2)进入放样模式，依次输入距离和水平角的放样数值。

3)进行水平角放样：在水平角放样模式下，转动照准部，当转过的角度值与放样角度值的差值显示为零时，此时仪器的视线方向即角度放样值的方向。

4)进行距离放样：在望远镜的视线方向上安置棱镜，并移动棱镜被望远镜照准，在距离放样模式下，按照屏幕显示的距离放样引导，朝向或背离仪器方向移动棱镜，直至距离实测值与放样值的差值为零时，定出待放样的点位。

(2)坐标放样测量　坐标放样测量用于在实地上测定出其坐标值为已知的点。

存输入待放样点的坐标后，仪器计算出所需水平角值和平距值并存储于内部存储器中，借助于角度放样和距离放样功能，便可测定放样点的位置，如图 7-8 所示。

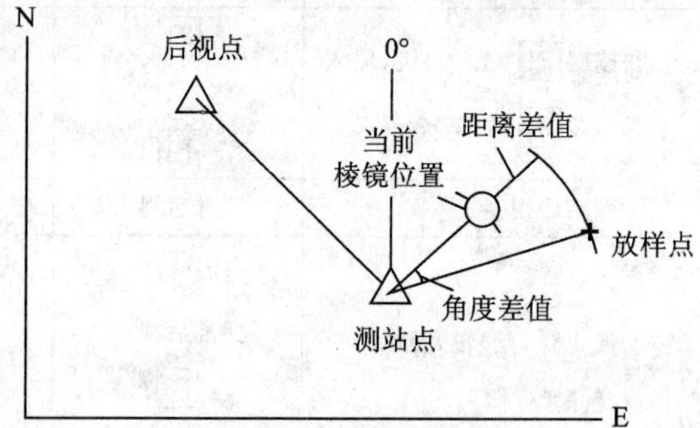

图 7-8　坐标放样测量

1)设置测站点。按 MENU 键，进入主菜单测量模式，选择放样菜单，直接输入测站点坐标，操作见表7-19。

表7-19　输入测站点坐标

操作过程	操　作	显　示
①由放样菜单1/2按[F1]键(测站点号输入)键，即显示原有数据	[F1]	测站点： 点号： 输入　调用　坐标　回车
②按键[F3](坐标)键	[F3]	N：　0.000m E：　0.000m Z：　0.000m 输入　—　点号　回车
③按键[F1](输入)键，输入坐标值按[F4](回车)键	[F1] 输入数据 [F4]	N：　10.000m E：　25.000m Z：　63.000m 输入　—　点号　回车

2)设置后视点。直接输入后视点坐标，操作见表7-18。

3)实施放样。输入放样点坐标、棱镜高、仪器高，参照按水平角和距离进行放样的步骤，将放样点的平面位置定出。再进行高程放样，将棱镜置于放样点上，测量放样点的坐标Z，根据其与已知$Z1$的差值，上、下移动棱镜，直至差值显示为零，放样点的位置即确定。操作见表7-20。

表7-20　实施放样

操作过程	操　作	显　示
①由放样菜单1/2按[F3]键(放样)键，即显示原有数据	[F3]	放样　1/2 [F1]：输入测站点 [F2]：输入后视点 [F3]：输入放样点　P↓
		测站点： 点号：______ 输入　调用　坐标　回车
②按键[F1](输入)键，输入点号，按[F4](回车)键	[F1] 输入点号 [F4]	镜高 输入 镜高：　0.000m 输入　—　—　回车

续表

操作过程	操 作	显 示
③按同样方法输入镜高，当放样点设定后，仪器就进行放样元素的计算。HR：放样点水平角计算值；HD：仪器到放样点的水平距离计算值	F1 输入镜高 F4	计算 HR： 120°09′20″ HD： 76.543m 角度 距离 — —
④照准棱镜，按F1角度键 点号：放样点 HR：实际测量的水平角 dHR：实测水平角－计算水平角 当dHR＝0°00′00″时，即表明放样方向正确	照准 F1	点号： DL－100 HR： 20°09′20″ dHR： 22°19′30″ 距离 — 坐标 —
⑤按F1距离键 HD：实测的水平距离 dHD＝实测距离－计算距离	F1	HD＊ [r] <<m dHD： m dZ： m 模式 角度 坐标 继续
		HD： 245.777m dHD： －3.233m dZ： －0.043m 模式 角度 坐标 继续
⑥按F1（模式）键进行精测	F1	HD＊ [r] <<m dHD： m dZ： m 模式 角度 坐标 继续
		HD： 245.789m dHD： －3.221m dZ： －0.043m 模式 角度 坐标 继续
⑦当显示值dHR、dHD、dZ均为0时，表明放样点的测设完成		
⑧按F3（坐标）键，即显示坐标测量值	F3	N： 12.322m E： 34.286m Z： －0.043m 模式 角度 — 继续
⑨按F4（继续）键，进入下一个点的测设	F4	放样点： 点号：＿＿＿＿＿ 输入 调用 坐标 回车

第三节　GPS 控制测量技术

本节导图

GPS(Global Positioning System,GPS)是一种以人造卫星为基础的空间站无线电定位、全天候导航和授时系统。其用户数不受限制,目的是提供其他任何导航系统所达不到的全球范围的连续导航服务。本节主要介绍了 GPS 定位系统的组成、GPS 控制网技术设计以及 GPS 控制网技术的实施,其内容关系如图 7-9 所示。

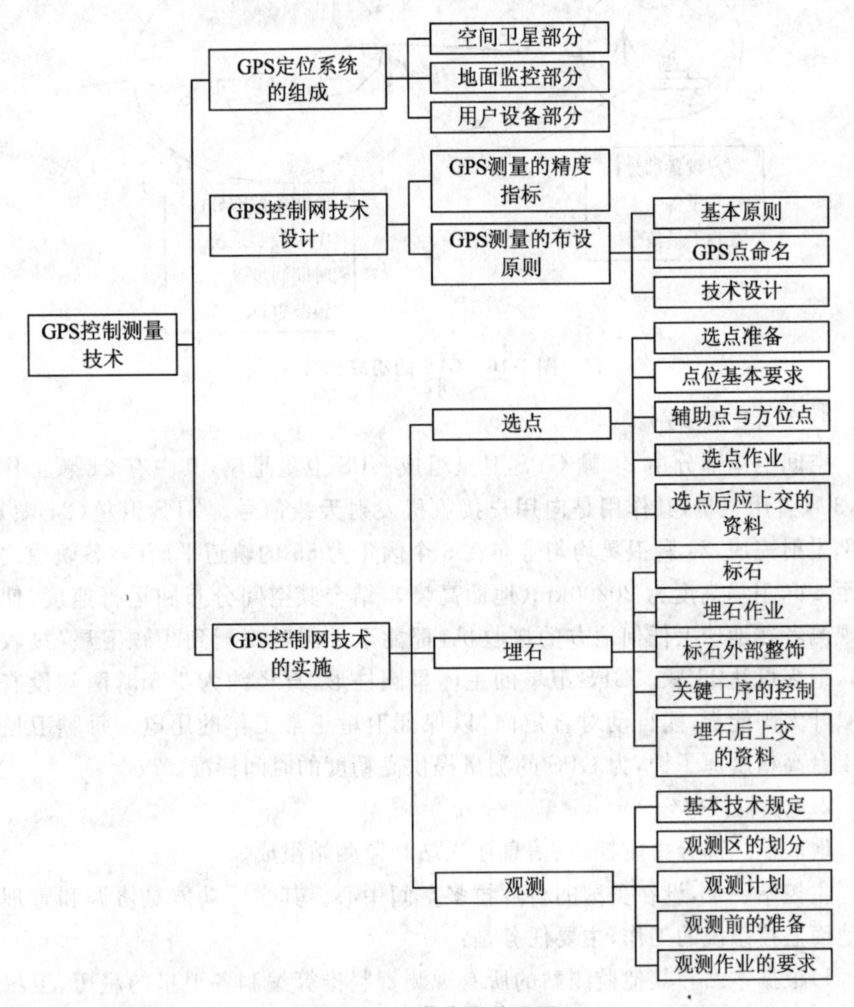

图 7-9　本节内容关系图

业务要点 1:GPS 定位系统的组成

GPS 主要由空间卫星部分、地面监控部分和用户设备部分组成,如图 7-10 所示。

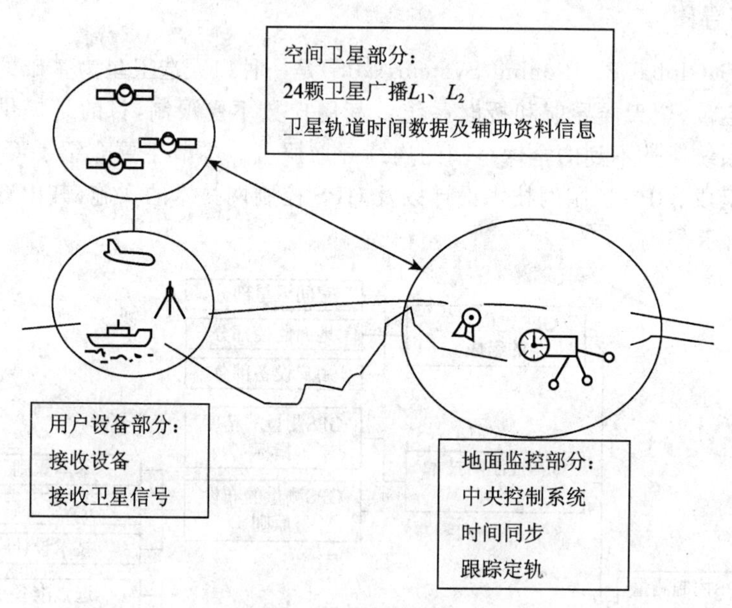

图 7-10　GPS 的组成部分

1. 空间卫星部分

空间卫星部分由 24 颗 GPS 卫星组成 GPS 卫星星座,其中有 21 颗工作卫星,3 颗备用卫星,其作用是向用户接收机发射天线信号。GPS 卫星(24 颗)已全部发射完成,24 颗卫星均匀分布在 6 个倾角为 55°的轨道平面内,各轨道之间相距 60°,卫星高度为 20200km(地面高度),结合其空间分布和运行速度,使地面观测者在地球上任何地方的接收机,都能至少同时观测到 4 颗卫星(接收电波),最多可达 11 颗。GPS 卫星的主体呈圆柱形,直径约为 1.5m,两侧设有两块双叶太阳能板,能自动对日定向,以保证卫星正常工作的用电。每颗卫星装有 4 台高精度原子钟,为 GPS 的测量提供高精度的时间标准。

2. 地面监控部分

地面监控部分由主控站、信息注入站和监测站组成。

主控站一个,设在美国的科罗拉多空间中心。其主要功能是协调和管理所有地面监控系统的工作,主要任务是:

1)根据本站和其他监测站的所有观测资料推算编制各卫星的星历、卫星钟差和大气层的修正系数等,并把这些数据传送到注入站。

2)提供全球定位系统的时间基准。各监测站和GPS卫星的原子钟均应与主控站的原子钟同步或测出其间的钟差,并把这些钟差信息编入导航电文送到注入站。

3)调整偏离轨道的卫星,使之沿预设的轨道运行。

4)启用备用卫星以代替失效的工作卫星。

注入站现有3个,分别设在印度洋的迭哥伽西亚、南大西洋的阿松森岛和南太平洋的卡瓦加兰。注入站由天线、发射机和微处理机组成。其主要任务是在主控站的控制下,将主控站推算和编制的卫星星历、钟差、导航电文和其他控制指令注入到相应卫星的存储系统,并监测注入信息的正确性。

监测站共有5个,除上述4个地面站具有监测站功能外,还在夏威夷设有一个监测站。监测站的主要任务是连续观测和接收所有GPS卫星发出的信号,并监测卫星的工作状况,将采集到的数据连同当地气象观测资料和时间信息经初步处理后传送到主控站。

图7-11是GPS地面控制站分布示意图,整个系统除主控站外,不需人工操作,各站间用现代化的通信系统联系起来,实现高度的自动化和标准化。

图7-11　GPS地面监控站

3.用户设备部分

用户设备部分包括GPS接收机硬件、数据处理软件和微处理机及其终端设备等。GPS接收机的主要功能是捕获卫星信号,跟踪并锁定卫星信号,对接收的卫星信号进行处理,测量出GPS信号从卫星到接收机天线间的传播时间,译出GPS卫星发射的导航电文,实时计算接收机天线的三维坐标、速度和时间。GPS接收机从结构来讲,主要由五个单元组成:天线和前置放大器;信号处理单元，它是接收机的核心；控制和显示单元；存储单元；电源单元。GPS接收机的种类很多，按用途不同可分为测地型、导航型和授时型三种；按工作原理可分为有码接收机和无码接收机，前者动态、静态定位都可以，而后者只能用于静态定位；按使用载波频率的多少可分为用一个载波频率（L_1）的单频接收机和两个载波频率（L_1，L_2）的双频接收机，单频接收机便宜，而双频接收机能消除某些大气延迟的影响，对于边长大于10km的精密测量，最好采用双频接收机，而一般的控制测量，单频接收机就行了，以双频接收机为今后精密定位的主要用机；按型号分，种类就更多了，目前已有100多个厂家生产不同型号的接收机。不管哪种接收机，其主要结构都相似，都包括接收机天线、接收机主机和电源三个部分。

业务要点2:GPS控制网技术设计

GPS网的技术设计是一项基础性的工作，这项工作应根据网的用途和用户的需求来进行，其主要内容包括精度指标的确定和网的图形设计等。

1. GPS测量的精度指标

GPS测量按照精度和用途分为A、B、C、D、E级。

A级GPS网由卫星定位连续运行基准站构成，其精度应不低于表7-21的要求。

表7-21　A级GPS测量精度

级别	坐标年变化率中误差		相对精度	地心坐标各分量年平均中误差/mm
	水平分量/(mm/a)	垂直分量/(mm/a)		
A	2	3	1×10^{-8}	0.5

B、C、D和E级的精度应不低于表7-22的要求。

表7-22　B、C、D和E级GPS测量

级别	相邻点基线分量中误差		相邻点间平均距离/km
	水平分量/mm	垂直分量/mm	
B	5	10	50
C	10	20	20
D	20	40	5
E	20	40	3

用于建立国家二等大地控制网和三、四等大地控制网的GPS测量，在满足表7-22规定的B、C和D级精度要求的基础上，其相对精度应分别不低于1×10^{-7}、1×10^{-6}和1×10^{-5}。

各级GPS网点相邻点的GPS测量大地高差的精度，应不低于表7-22规定的各级相邻点基线垂直分量的要求。

用于建立国家一等大地控制网，进行全球性的地球动力学研究、地壳形变测量和精密定轨等的GPS测量，应满足A级GPS测量的精度要求。用于建立国家二等大地控制网，建立地方或城市坐标基准框架、区域性的地球动力学研究、地壳形变测量、局部形变监测和各种精密工程测量等的GPS测量，应满足B级GPS测量的精度要求。用于建立三等大地控制网，以及建立区域、城市及工程测量的基本控制网等的GPS测量，应满足C级GPS测量的精度要求。用于建立四等大地控制网的GPS测量应满足D级GPS测量的精度要求。用于中小城市、城镇以及测图、地籍、土地信息、房产、物探、勘测、建筑施工等的控制测量的GPS测量，应满足D、E级GPS测量的精度要求。

2.GPS测量的布设原则

(1)基本原则

1)各级GPS网一般逐级布设，在保证精度、密度等技术要求时可跨级布设。

2)各级GPS网的布设应根据其布设目的、精度要求、卫星状况、接收机类型和数量、测区已有的资料、测区地形和交通状况以及作业效率等因素综合考虑，按照优化设计原则进行。

3)各级GPS网最简异步观测环或附合路线的边数应不大于表7-23的规定。

表7-23　各级GPS网最简异步观测环或附合路线的边数

级别	B	C	D	E
闭合环或附合路线的边数/条	6	6	8	10

4)各级GPS网点位应均匀分布，相邻点间距离最大不宜超过该网平均点间距的2倍。

5)新布设的GPS网应与附近已有的国家高等级GPS点进行联测，联测点数不应少于3点。

6)为求定GPS点在某一参考坐标系中坐标，应与该参考坐标系中的原有控制点联测，联测的总点数不应少于3点。在需用常规测量方法加密控制网的地区，D、E级网点应有1～2方向通视。

7)A、B级网应逐点联测高程，C级网应根据区域似大地水准面精化要求联测高程，D、E级网可依具体情况联测高程。

8)A、B级网点的高程联测精度应不低于二等水准测量精度，C级网点的高程联测精度应不低于三等水准测量精度，D、E级网点按四等水准测量或与其精度相当的方法进行高程联测。各级网高程联测的测量方法和技术要求应按《国家一、二等水准测量规范》GB/T 12897—2006 或《国家三、四等水准测量规范》GB/T 12898—2009 规定执行。

9)B、C、D、E 级网布设时，测区内高于施测级别的 GPS 网点均应作为本级别 GPS 网的控制点(或框架点)，并在观测时纳入相应级别的 GPS 网中一并施测。

10)在局部补充、加密低等级的 GPS 网点时，采用的高等级 GPS 网点点数应不少于 4 个。

11)各级 GPS 网按观测方法可采用基于 A 级点、区域卫星连续运行基准站网、临时连续运行基准站网等的点观测模式，或以多个同步观测环为基本组成的网观测模式。网观测模式中的同步环之间，应以边连接或点连接的方式进行网的构建。

12)采用 GPS 测量建立各等级大地控制网时，其布设还应遵循以下原则：

①用于国家一等大地控制网时，其点位应均匀分布，覆盖我国国土。在满足条件的情况下，点位宜布设在国家一等水准路线附近或国家一等水准网的结点处。

②用于国家二等大地控制网时，应综合考虑应用服务和对国家一、二等水准网的大尺度稳定性监测等因素，统一设计，布设成连续网。点位应在均匀分布的基础上，尽可能与国家一、二等水准网的结点、已有国家高等级 GPS 点、地壳形变监测网点、基本验潮站等重合。

③用于三等大地控制网布测时，应满足国家基本比例尺测图的基本需求，并结合水准测量、重力测量技术，精化区域似大地水准面。

(2)GPS 点命名

1)GPS 点名应以该点位所在地命名，无法区分时可在点名后加注(一)、(二)等予以区别。少数民族地区应使用规范的音译汉语名，在译音后可附上原文。

2)新旧点重合时，应采用旧点名，不得更改。如原点位所在地名称已变更，应在新点名后以括号注明旧点名。如与水准点重合时，应在新点名后以括号注明水准点等级和编号。

3)点名书写应准确、正规，一律以国务院公布的简化汉字为准。

4)当对 GPS 点编制点号时，应整体考虑，统一编号，点号应唯一，且适于计算机管理。

(3)技术设计

1)GPS 网布测前应进行技术设计，以得到最优的布测方案。技术设计书的格式、内容、要求与审批程序按照《测绘技术设计规定》CH/T 1004—2005 执行。

2)技术设计前应搜集以下资料，并应对资料进行分析研究，必要时应进行实地勘察。

①测区范围既有的国家三角点、导线点、天文重力水准点、水准点、甚长基线干涉测量站、卫星激光测距站、天文台和已有的 GPS 站点资料，包括点之记、网图、成果表、技术总结等。

②测区范围内有关的地形图、交通图及测区总体建设规划和近期发展方面的资料。若任务需要，还应搜集有关的地震、地质资料、验潮站等相关资料。

3)技术设计后应上交以下资料：

①技术设计书与专业设计书(附 GPS 点位设计图)。

②野外踏勘技术总结等。

业务要点 3:GPS 控制网技术的实施

1.选点

(1)选点准备

1)选点人员在实地选点前，应收集有关布网任务与测区的资料，包括测区 1∶50 000或更大比例尺地形图，已有各类控制点、卫星定位连续运行基准站的资料等。

2)选点人员应充分了解和研究测区情况，特别是交通、通讯、供电、气象、地质及大地点等情况。

(2)点位基本要求

1)各级 GPS 点点位的基本要求如下：

①应便于安置接收设备和操作，视野开阔，视场内障碍物的高度角不宜超过 15°。

②远离大功率无线电发射源(如电视台、电台、微波站等)，其距离不小于 200m；远离高压输电线和微波无线电信号传送通道，其距离不应小于 50m。

③附近不应有强烈反射卫星信号的物件(如大型建筑物等)。

④交通方便，并有利于其他测量手扩展和联测。

⑤地面基础稳定，易于标石的长期保存。

⑥充分利用符合要求的已有控制点。

⑦选站时应尽可能使测站附近的局部环境(地形、地貌、植被等)与周围的大环境保持一致，以减少气象元素的代表性误差。

2)A 级 GPS 点点位还应符合《全球导航卫星系统连续运行参考站网建设规范》CH/T 2008—2005 的有关规定。

(3)辅助点与方位点

1)非基岩的A、B级GPS点的附近宜埋设辅助点，并测定其与该点的距离和高差，精度应优于±5mm。

2)各级GPS网点可视需要设立与其通视的方位点，方位点应目标明显，观测方便，方位点距网点的距离一般不小于300m。

(4)选点作业

1)选点人员应按照技术设计书经过踏勘，在实地按要求选定点位，并在实地加以标定。

2)当利用旧点时，应检查旧点的稳定性、可靠性和完好性，符合要求方可利用。

3)需要水准联测的GPS点，应实地踏勘水准路线情况，选择联测水准点并绘出联测路线图。

4)不论新选定的点或利用旧点(包括辅助点与方位点)，均应实地按下列要求绘制点之记，其内容要求在现场详细记录，不得追记：

①GPS点点之记见表7-24。

表7-24　GPS点点之记

网区：平陆区　　　　所在图幅：I49E008013　　点号：C002

点名	南疙疸	级别	*B*	概略位置	*B*=34°50′　*L*=111°10′　*H*=484m		
所在地	山西省平陆县城关镇上岭村			最近住所及距离	平陆县城县招待所，距点位8km		
地类	山地	土质	黄土	冻土深度		解冻深度	
最近电信设施		平陆县城邮电局		供电情况	上岭村每天可提供交流电		
最近水源及距离		上岭村有自来水，距点800m		石子来源	点位附近	沙子来源	县城建筑公司
本点交通情况(至本点通路与最近车站、码头名称及距离)		由三门峡乘车轮渡过黄河，向北约8km到山西平陆县城，再由平陆县城乘车向东南约7km至上岭村，再步行约800m到点上。每天有两班车，两轮人力车可到达点位		交通路线图	N 平陆县 南疙疸 上岭村 茅津 盘南 黄河 三门峡市 1:200 000		

续表

选点情况			点位略图
单位	国家测绘局第一大地测量队		上岭村　800　200　100　400　盘南　单位：m　1:200 00
选点员	李纯	日期 2000-06-05	
是否需联测坐标与高程	联测高程		
联测等级与方法	二等水准测量		
起始水准点及距离	点号为Ⅱ西三 023，距离本点 1.5km，联测里程大约 2km		
地质概要、构造背景			地形地质构造略图

埋石情况				标石断面图	接收天线计划位置
单位	国家测绘局第一大地测量队			40　150　15　10　120　70　单位：cm	天线可直接安置在墩标顶面上
埋石员	张勇	日期	2000-07-12		
利用旧点及情况	利用原有的墩标				
保管人	陈生明				
保管人单位及职务	山西省平陆县上岭村会计				
保管人住址	山西省平陆县上岭村				
备注					

②点之记填写应按以下要求进行：

a. 概略位置由手持 GPS 接收机测定，经纬度按手持 GPS 接收机的显示填写，概略高程采用大地高标注至整米。

b. 所在地填写点位所处位置的由省（直辖市）至最小行政区的名称及点位具体位置，级别填写 GPS 级别，所在图幅填写 1∶5 万地形图图幅号，网区填测区地名。

c. 点位略图须在现场绘制，注明点位至主要特征地貌（地物）的方向和距离。绘图比例尺可根据实地情况，在易于找到点位的原则下适当变通。

d. 电信情况填写点位周边电信情况。

e. 地类根据实际情况按如下类别填写：荒地、耕地、园地、林地、草地、沙漠、戈壁、楼顶。

f. 土质按如下类别填写埋石坑底的土质：黄土、沙土、沙砾土、盐碱土、黏土、基岩。

g. 最近水源填写最近水源位置及距点位的距离。

h. 交通情况填写自大(中)城市至本点的汽车运行路线，并注明交通工具到点情况。

i. 交通路线图可依比例尺绘制，亦可绘制交通情况示意图。

j. 地质概要、构造背景和地形地质构造图，根据工程项目需要，由专业地质人员填绘制。

k. 点位环视图按点位周围高度角大于10°的遮挡地貌(地物)方向及高度角绘制遮挡范围，遮挡范围内填绘阴影线。

l. 标石断面图按埋设的实际尺寸填绘。

5)A、B级GPS网点在其点之记中应填写地质概要、构造背景及地形地质构造略图。

6)点位周围有高于10°的障碍物时，应绘制点的环视图，其形式如图7-12所示。

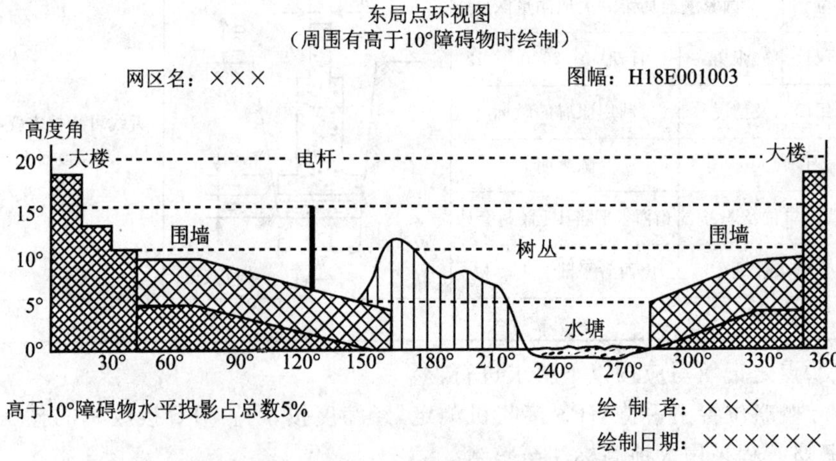

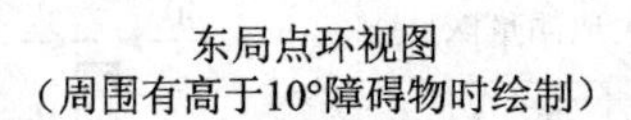

图 7-12　GPS点环视图

7)一个网区选点完成后，应绘制GPS网选点图。

(5)选点后应上交的资料　选点结束后应上交下列资料：

1)GPS网点点之记、环视图。

2)GPS网选点图(测区较小，选点、埋石与观测一期完成时，可以展点图代替)。

3)选点工作总结。

2.埋石

(1)标石

1)各级 GPS 点均应埋设固定的标石或标志。

2)GPS 点标石类型分为天线墩、基本标石和普通标石。A 级 GPS 点标石与相关设施的技术要求按《全球导航卫星系统连续运行参考站网建设规范》CH/T 2008—2005 的有关规定执行。B 级 GPS 点应埋设天线墩,C、D、E 级 GPS 点在满足标石稳定、易于长期保存的前提下,可根据具体情况选用。

3)各种类型的标石应设有中心标志。基岩和基本标石的中心标志应用铜或不锈钢制作。普通标石的中心标志可用铁或坚硬的复合材料制作。标志中心应刻有清晰、精细的十字线或嵌入不同颜色金属(不锈钢或铜)制作的直径小于 0.5mm 的中心点。用于区域似大地水准面精化的 GPS 点,其标志还应满足水准测量的要求。

4)各种天线墩应安置强制对中装置。强制对中装置的对中误差不应大于 1mm。

(2)埋石作业

1)标石应用混凝土灌制。在有条件的地区,也可用整块花岗石、青石等坚硬石料凿制,但其规格应不小于同类标石的规定。

2)埋设天线墩、基岩标石、基本标石时,应现场浇灌混凝土。普通标石可预先制做,然后运往各点埋设。

3)埋设标石,须使各层标志中心严格在同一铅垂线上,其偏差不应大于 2mm。

4)当利用旧点时,应首先确认该点标石完好,并符合相应规格和埋石要求,且能长期保存。必要时需要挖开标石侧面查看标石情况。如遇上标石被破坏,可以下标石为准,重埋上标石。

5)方位点应埋设普通标石,并加适当标注,以便与控制点相区分。

6)埋石所占土地,应经土地使用者或管理部门同意,并办理相应手续。新埋标石时应办理测量标志委托保管书,一式三份,交标石的保管单位或个人,上交和存档各一份。利用旧点时需对委托保管书进行核实,若委托保管情况不落实应重新办理。

7)B、C 级 GPS 网点标石埋设后,至少需经过一个雨季,冻土地区至少需经过一个冻解期,基岩或岩层标石至少需经一个月后,方可用于观测。

(3)标石外部整饰

1)B、C、D、E 级 GPS 点混凝土标石灌制时,均应在标石上表面压印控制点的类级、埋设年代,B、C 级 GPS 点还应在标石侧面压印"国家设施　请勿碰动"字样。

2)B级GPS网点标石埋设后，宜在周围砌筑混凝土方井或圆井护框，其内径根据情况而定，但至少不小于0.6m，高为0.2m。

3)荒漠或平原不易寻找的控制点还需在其近旁埋设指示碑，其规格参见《国家三、四等水准测量规范》GB/T 12898—2009。

(4)关键工序的控制　在标石建造的施工现场，应拍摄下列照片：

1)钢筋骨架照片，应能反映骨架捆扎的形状和尺寸。

2)标石坑照片，应能反映标石坑和基座坑的形状和尺寸。

3)基座建造后照片，应能反映基座的形状及钢筋骨架或预制涵管安置是否正确。

4)标志安置照片，应能反映标志安置是否平直、端正。

5)标石整饰后照片，应能反映标石整饰是否规范。

6)标石埋设位置远景照片，应能反映标石埋设位置的地物、地貌景观。

(5)埋石后上交的资料　埋石结束后应上交以下资料：

1)GPS点之记。

2)测量标志委托保管书。

3)标石建造拍摄的照片。

4)埋石工作总结。

3.观测

(1)基本技术规定

1)A级GPS网观测的技术要求按《全球导航卫星系统连续运行参考站网建设规范》CH/T 2008—2005的有关规定执行。

2)B、C、D、E级GPS网观测的基本技术规定应符合表7-25的要求。

表7-25　B、C、D、E级GPS网观测的基本技术规定

项　目	级别			
	B	C	D	E
卫星截止高度角/(°)	10	15	15	15
同时观测有效卫星数	≥4	≥4	≥4	≥4
有效观测卫星总数	≥20	≥6	≥4	≥4
观测时段数	≥3	≥2	≥1.6	≥1.6
时段长度	≥23h	≥4h	≥60min	≥40min
采样间隔/s	30	10～30	5～15	5～15

注：1.计算有效观测卫星总数时，应将各时段的有效观测卫星数扣除其间的重复卫星数。

2.观测时段长度，应为开始记录数据到结束记录的时间段。

3.观测时段数≥1.6，指采用网观测模式时，每站至少观测一时段，其中二次设站点数应不少于GPS网总点数的60%。

4.采用基于卫星定位连续运行基准站点观测模式时，可连续观测，但观测时间应不低于表中规定的各时段观测时间的总和。

3)B、C、D、E级GPS网测量可不观测气象元素，而只记录天气状况。

4)GPS测量时，观测数据文件名中应包含测站名或测站号、观测单元、测站类型、日期、时段号等信息。

5)雷电、风暴天气时，不宜进行B级网GPS观测。

(2)观测区的划分

1)B、C、D、E级GPS网的布测视测区范围的大小，可实行分区观测。当实行分区观测时，相邻分区间至少应有4个公共点。

2)任一个同步观测子区或观测单元子区参加观测的接收机台数应符合表7-26的规定。

表7-26　B、C、D、E级GPS接收机的选用

级别	B	C	D、E
单频/双频	双频/全波长	双频/全波长	双频或单频
观测量至少有	L1、L2载波相位	L1、L2载波相位	L1载波相位
同步观测接收机数	≥4	≥3	≥2

(3)观测计划　作业调度者根据测区地形和交通状况、采用的GPS作业方法设计的基线的最短观测时间等因素综合考虑，编制观测计划表，按该表对作业组下达相应阶段的作业调度命令。同时依照实际作业的进展情况，及时做出必要的调整。

(4)观测前的准备

1)GPS接收机在开始观测前，应进行预热和静置，具体要求按接收机操作手册进行。

2)天线安置应符合下列要求：

①用三脚架安置天线时，其对中误差不应大于1mm。

②B级GPS测量，天线定向标志线应指向正北，顾及当地磁偏角修正后，其定向误差应不大于±5°，对于定向标志不明显的接收机天线，可预先设置标记，每次按此标记安置仪器。

③天线集成体上的圆水准气泡必须居中，没有圆水准气泡的天线，可调整天线基座脚螺旋，使在天线互为120°方向上量取的天线高互差小于3mm。

(5)观测作业的要求

1)观测组应严格按规定的时间进行作业。

2)经检查接收机电源电缆和天线等各项连接无误，方可开机。

3)开机后经检验有关指示灯与仪表显示正常后，方可进行自测试并输入测站、观测单元和时段等控制信息。

4)接收机启动前与作业过程中,应随时逐项填写测量手簿中的记录项目,测量手簿记录内容及要求如下:

①点号、点名。

②图幅编号:填写点位所在的 1∶50000 地形图图幅编号。

③观测员、记录员。

④时段号、观测日期:每个测站时段号按顺序连续编写,如:01、02、03…;观测时间填写年、月、日,并打一斜线填写年积日。

⑤接收机型号及编号、天线类型及编号:填写全名,如"Ashtech ZXtreme"、"扼流圈双波段天线",主机及天线编号(S/N、P/N)从主机及天线上查取,填写完整。

⑥存储介质及编号、备份存储介质及编号。

⑦原始数据数据文件名、Rinex 格式数据文件名。

⑧近似纬度、近似经度、近似高程:近似经纬度填至 1′,近似高程填至 100m。

⑨采样间隔、开始记录时间、结束记录时间:采样间隔填写接收机实际设置的数据采样率。

⑩站时段号、日时段号。

⑪天线高及其测定方法及略图,各项测定值取至 0.001m。

⑫点位略图:按点附近地形地物绘制,应有 3 个标定点位的地物点,比例尺大小视点位具体情况确定。点位环境发生变化后,应注明新增障碍物的性质,如:树林、建筑物等。

⑬测站作业记录:记载有效观测卫星数、PDOP 值等,B 级每 4h 记录一次,C 级每 2h 记录一次,D 级、E 级观测开始与结束时各记录一次。

⑭记事:记载天气状况,填写开机时的天气状况,按晴、多云、阴、小雨、中雨、大雨、小雪、中雪、大雪、风力、风向选一填写,同时记录云量及分布;记载是否进行偏心观测,其记录在何手簿,以及整个观测过程中出现的重要问题,出现时间及其处理情况。

5)接收机开始记录数据后,观测员可使用专用功能键和选择菜单,查看测站信息、接收卫星数、卫星号、卫星健康状况、各通道信噪比、相位测量残差、实时定位的结果及其变化、存储介质记录和电源情况等,如发现异常情况或未预料到的情况,应记录在测量手簿的备注栏内,并及时报告作业调度者。

6)每时段观测开始及结束前各记录一次观测卫星号、天气状况、实时定位经纬度和大地高、PDO 值等。一次在时段开始时,一次在时段结束时。时段长度超过 2h,应每当 UTC 整点时增加观测记录上述内容一次,夜间放宽到 4h。

7)每时段观测前后应各量取天线高一次。两次量高之差不应大于 3mm,取平均值作为最后天线高。若互差超限,应查明原因,提出处理意见记入测量手簿记事栏。

8)除特殊情况外,不宜进行偏心观测。若实施偏心观测时,应测定归心元素。

9)观测员要细心操作,观测期间防止接收设备震动,更不得移动,要防止人员和其他物体碰动天线或阻挡信号。

10)观测期间,不应在天线附近 50m 以内使用电台,10m 以内使用对讲机。

11)天气太冷时,接收机应适当保暖;天气很热时,接收机应避免阳光直接照晒,确保接收机正常工作。

12)一时段观测过程中不应进行以下操作:

①接收机重新启动。

②进行自测试。

③改变卫星截止高度角。

④改变数据采样间隔。

⑤改变天线位置。

⑥按动关闭文件和删除文件等功能键。

13)经检查,所有规定作业项目均已全面完成,并符合要求,记录与资料完整无误,方可迁站。

第四节　GPS 控制测量数据处理

本节导图

GPS 测量数据处理要从原始的观测值出发,到获得最终的测量定位成果。本节主要介绍了外业成果记录、数据处理、GPS 网平差计算、数据处理成果整理和技术总结编写以及成果验收与上交资料,其内容关系如图 7-13 所示。

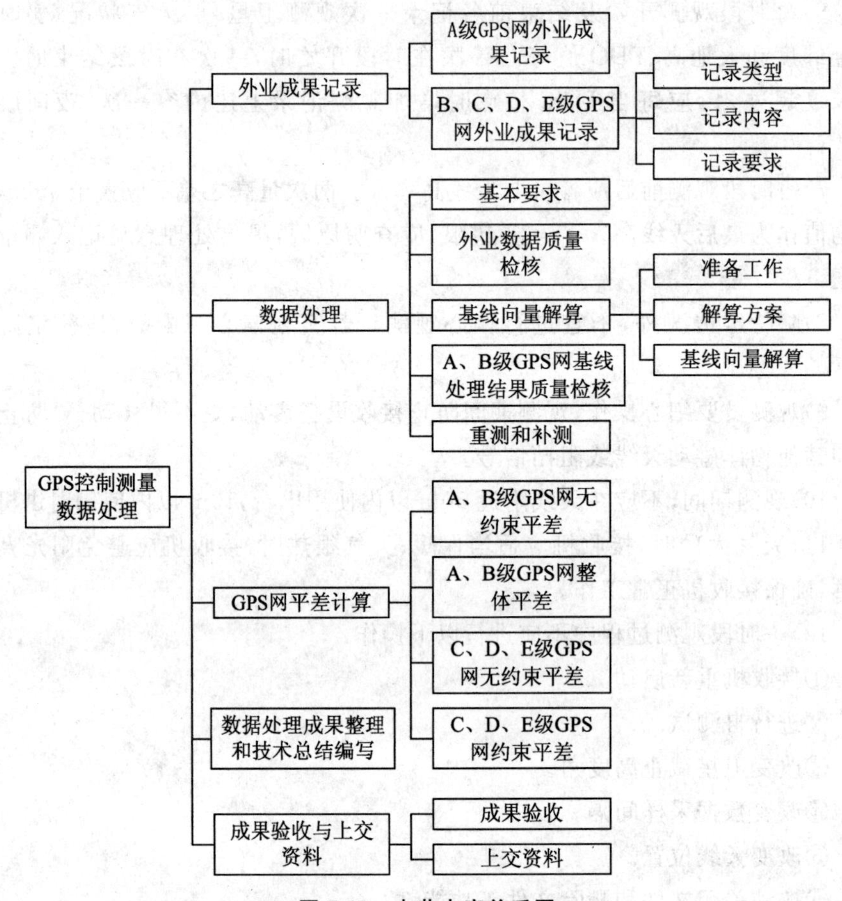

图 7-13　本节内容关系图

业务要点 1:外业成果记录

1. A 级 GPS 网外业成果记录

A 级 GPS 网外业成果记录的内容和要求按《全球导航卫星系统连续运行参考站网建设规范》CH/T 2008—2005 的有关规定执行。

2. B、C、D、E 级 GPS 网外业成果记录

(1)记录类型　GPS 测量作业所获取的成果记录应包括以下三类:

1)观测数据。

2)测量手簿。

3)其他记录,包括偏心观测资料等。

(2)记录内容

1)观测记录项目应包括以下主要内容:

①观测数据(原始观测数据和 Rinex 格式数据)。

②对应观测值的 GPS 时间。

③测站和接收机初始信息:测站名、测站号、观测单元号、时段号、近似坐标及高程、天线及接收机型号和编号、天线高与天线高量位置及方式、观测日期、采样间隔、卫星截止高度角。

2)GPS 测量手簿记录格式见表 7-27。

表 7-27　GPS 测量手簿记录格式

点号		点名		图幅编号	
观测记录员		观测日期		时段号	
接收机型号 及编号		天线类型 及其编号		存储介质 类型及编号	
原始观测数据 文件名		Rinex 格式数据 文件名		备份存储介质 类型及编号	
近似纬度	° ′ ″ N	近似经度	° ′ ″ E	近似高程	m
采样间隔	s	开始记录时间	h min	结束记录时间	h min
天线高测定		天线高测定方法及略图		点位略图	
测前：　　测后： 测定值____m　____m 修正值____m　____m 天线高____m　____m 平均值____m　____m					
时间(UTC)		跟踪卫星数		PDOP	
记事					

(3)记录要求

1)观测前和观测过程中应按要求及时填写各项内容,书写要认真细致,字迹清晰、工整、美观。

2)测量手簿各项观测记录一律使用铅笔,不应刮、涂改,不应转抄或追记,如有读、记错误,可整齐划掉,将正确数据写在上面并注明原因。其中天线高、气象读数等原始记录不应连环涂改。

3)手簿整饰,存储介质注记和各种计算一律使用蓝黑墨水书写。

4)外业观测中接收机内存储介质上的数据文件应及时拷贝成一式两份,并在外存储介质外面适当处制贴标签,注明网区名、点名、点号、观测单元号、时段号、文件名、采集日期、测量手簿编号等。两份存储介质应分别保存在专人保管的防水、防静电的资料箱内。

5)接收机内所存数据文件卸载到外存介质上时,不应进行剔除、删改或编辑。

6)测量手簿应事先连续编印页码并装订成册,不应缺损。其他记录,应分别装订成册。

业务要点 2:数据处理

1.基本要求

1)A、B级GPS网基线数据处理应采用高精度数据处理专用的软件,C、D、E级GPS网基线解算可采用随接收机配备的商用软件。

2)数据处理软件应经有关部门的试验鉴定并经业务部门批准方能使用。

3)A级GPS网应以适当数量和分布均匀的IGS站的坐标和原始观测数据为起算数据;B级GPS网以适当数量和分布均匀的A级GPS网点或IGS站的坐标和原始观测数据为起算数据;C、D、E级GPS网以适当数量和分布均匀的A、B级GPS网网点的坐标和原始观测数据为起算数据。

4)各种起算数据应进行数据完整性、正确性和可靠性检核。

2.外业数据质量检核

1)同一时段观测值的数据剔除率不宜大于10%。

2)采用点观测模式时,不同点间不进行重复基线、同步环和异步环的数据检验,但同一点不同时段的基线数据应按要求进行各种数据检验。

3)A级GPS网观测数据的检核按《全球导航卫星系统连续运行参考站网建设规范》CH/T 2008—2005的有关规定执行。

4)B级GPS网基线外业预处理和C、D、E级GPS网基线处理,复测基线的长度较差d_s应满足公式(7-4)的规定:

$$d_s \leqslant 2\sqrt{2}\sigma \tag{7-4}$$

式中 σ——基线测量中误差(mm)。

5)B、C、D、E级GPS网基线测量中误差σ采用外业测量时使用的GPS接收机的标称精度。计算时边长按实际平均边长计算。

6)B、C、D、E级GPS网同步环闭合差,不宜超过《全球定位系统(GPS)测量规范》GB/T 18314—2009中附录F的规定。

7)B、C、D、E级GPS网外业基线处理结果,其独立闭合环或附合路线坐标闭合差W_s和各坐标分量闭合差(W_x、W_y、W_z)应满足公式(7-5)的规定。

$$W_x \leqslant 3\sqrt{n}\sigma$$

$$W_y \leqslant 3\sqrt{n}\sigma$$

$$W_z \leqslant 3\sqrt{n}\sigma$$

$$W_s \leqslant 3\sqrt{n}\sigma \tag{7-5}$$

式中　n——闭合环边数；

σ——基线测量中误差(mm)。

$$W_s = \sqrt{W_x{}^2 + W_y{}^2 + W_z{}^2} \tag{7-6}$$

3.基线向量解算

(1)准备工作　基线向量解算前应进行以下准备：

1)基线解算前，应按规范、技术设计和 CH/T 1002 的要求及时对外业全部资料全面检查和验收，其重点包括成果是否符合规范要求，观测数据质量分析是否合理等。

2)当采用不同类型接收机时，应将观测数据转换成标准交换格式。

3)高标点、偏心观测点，应根据天线高记录、投影手簿或归心用纸等计算归心改正数，计算公式见《全球定位系统(GPS)测量规范》GB/T 18314—2009 附录 E 或《国家三角测量规范》GB/T 17942—2000 的有关规定。

(2)解算方案　解算方案要求如下：

1)根据外业施测的精度要求和实际情况、软件的功能和精度，可采用多基线解或单基线解。

2)起算点的选取应根据测量已知点的情况确定坐标起算点，每个同步观测图形应至少选定一个起算点。

(3)基线向量解算　基线向量解算基本要求如下：

1)A、B 级 GPS 网基线精处理应采用精密星历。C 级及以下各级网基线处理时，可采用广播星历。

2)B、C、D、E 级网 GPS 观测值均应加入对流层延迟修正，对流层延迟修正模型中的气象元素可采用标准气象元素。

3)基线解算，按同步观测时段为单位进行。按多基线解时，每个时段须提供一组独立基线向量及其完全的方差—协方差阵；按单基线解时，须提供每条基线分量及其方差—协方差阵。

4)B、C 级 GPS 网，基线解算可采用双差解、单差解。D、E 级 GPS 网根据基线长度允许采用不同的数据处理模型。但是长度小于 15km 的基线，应采用双差固定解。长度大于 15km 的基线可在双差固定解和双差浮点解中选择最优结果。

4. A、B 级 GPS 网基线处理结果质量检核

1)A、B 级 GPS 网基线处理后应计算基线的分量 ΔX、ΔY、ΔZ 及边长的重复性，还应对各基线边长、南北分量、东西分量和垂直分量的重复性进行固定误差与比例误差的直线拟合，作为衡量基线精度的参考指标。重复性定义见公式(7-7)：

$$R=\left[\frac{\frac{n}{n-1}\cdot\sum_{i=1}^{n}\frac{(C_i-C_{\mathrm{m}})^2}{\sigma_{C_i}^2}}{\sum_{i=1}^{n}\frac{1}{\sigma_{C_i}^2}}\right]^{1/2} \tag{7-7}$$

式中 n——同一基线的总观测时段数；

C_i——个时段的基线某一分量或边长；

$\sigma_{C_i}^2$——该时段 i 相应于 C_i 分量的方差；

C_{m}——各时段的加权平均值。

2)B 级 GPS 网同一基线和其各分量不同时段的较差(d_{s}、$d_{\Delta\mathrm{X}}$、$d_{\Delta\mathrm{Y}}$、$d_{\Delta\mathrm{Z}}$)，应满足公式(7-8)的规定，式中同一基线和其各分量 R 值(R_{s}、$R_{\Delta\mathrm{X}}$、$R_{\Delta\mathrm{Y}}$、$R_{\Delta\mathrm{Z}}$)按公式(7-7)计算。

$$\begin{aligned} d_{\Delta\mathrm{X}} &\leqslant 3\sqrt{2}R_{\Delta\mathrm{X}} \\ d_{\Delta\mathrm{Y}} &\leqslant 3\sqrt{2}R_{\Delta\mathrm{Y}} \\ d_{\Delta\mathrm{Z}} &\leqslant 3\sqrt{2}R_{\Delta\mathrm{Z}} \\ d_{\mathrm{s}} &\leqslant 3\sqrt{2}R_{\mathrm{s}} \end{aligned} \tag{7-8}$$

3)B 级 GPS 网基线处理后，独立闭合环或附合路线坐标分量闭合差(W_{x}、W_{y}、W_{z})应满足公式(7-9)：

$$\begin{aligned} W_{\mathrm{x}} &\leqslant 2\sigma_{\mathrm{W_x}} \\ W_{\mathrm{y}} &\leqslant 2\sigma_{\mathrm{W_x}} \\ W_{\mathrm{z}} &\leqslant 2\sigma_{\mathrm{W_x}} \end{aligned} \tag{7-9}$$

其中：

$$\begin{aligned} \sigma_{\mathrm{WX}}^2 &= \sum_{i=1}^{r}\sigma_{\Delta X(i)}^2 \\ \sigma_{\mathrm{WY}}^2 &= \sum_{i=1}^{r}\sigma_{\Delta Y(i)}^2 \\ \sigma_{\mathrm{WZ}}^2 &= \sum_{i=1}^{r}\sigma_{\Delta Z(i)}^2 \end{aligned} \tag{7-10}$$

公式(7-10)中 r 为环线中的基线数，$\sigma_{C(i)}^2$ ($C=\Delta X$、ΔY、ΔZ)为环线中第 i 条基线 C 分量的方差。环线全长闭合差应满足公式(7-11)、公式(7-12)、公式(7-13)、公式(7-14)：

$$W \leqslant 3\sigma_W \tag{7-11}$$

$$\sigma_W^2 = \sum_{i=1}^{r} WD_{bi}W^T \tag{7-12}$$

$$W = \left[\frac{\omega_{\Delta X}}{\omega} \cdot \frac{\omega_{\Delta Y}}{\omega} \cdot \frac{\omega_{\Delta Z}}{\omega}\right] \tag{7-13}$$

$$\omega = \sqrt{\omega_{\Delta X}^2 + \omega_{\Delta Y}^2 + \omega_{\Delta Z}^2} \tag{7-14}$$

式中　D_{bi}——环线中第 i 条基线方差—协方差阵。

5.重测和补测

1)未按施测方案要求,外业缺测、漏测,或数据处理后,观测数据不满足表 7-25 的规定时,有关成果应及时补测。

2)允许舍弃在复测基线边长较差、同步环闭合差、独立环或附合路线闭合差检验中超限的基线,而不必进行该基线或与该基线有关的同步图形的重测,但应保证舍弃基线后的独立环所含基线数满足表 7-23 的规定,否则,应重测该基线有关的同步图形。

3)对需补测或重测的观测时段或基线,要具体分析原因,在满足表 7-26 要求的前提下,尽量安排一起进行同步观测。

4)补测或重测的分析应写入数据处理报告。

业务要点 3:GPS 网平差计算

1.A、B 级 GPS 网无约束平差

1)无约束平差时,根据外业作业期的分期及作业技术要求的不同,可以分成若干子区,分别进行无约束平差。若进行相邻子区间联合无约束平差时,可引入若干系统误差参数(尺度、定向等),并对每一系统误差参数进行显著性检验。

2)无约束平差应进行方差分量因子估值 σ^2 检验和每个改正数粗差的检验。

3)无约束平差应输出 2000 国家大地坐标系中各点的地心坐标和大地坐标、各基线的改正数和基线向量平差值、各基线的地心坐标分量、大地坐标分量及其精度等。

2.A、B 级 GPS 网整体平差

1)整体平差应在 2000 国家大地坐标系或国际地球参考框架(ITRF)中进行。各子网历元不同时,应利用板块运动模型和速度场进行统一归算。

2)整体平差中,应引入起算点的全方差—协方差阵,并乘以适当的松弛因子定权。

3)整体平差应进行验后单位权方差因子 σ^2 的检验和转换参数的显著性检验。检验后,应消去不显著的转换参数,并重新平差。

4)整体平差后,应输出2000国家大地坐标系中各点的地心坐标和大地坐标、各基线的地心坐标分量和大地坐标分量、各基线改正数、平差值及其精度等。

5)A、B级GPS网平差后,其精度应分别符合表7-21和表7-22的规定,国家二等大地控制网在满足表7-22规定的B、C和D级精度要求的基础上,相对精度应分别不低于1×10^{-7}、1×10^{-6}和1×10^{-5}。

3.C、D、E级GPS网无约束平差

1)在基线向量检核符合要求后,以三维基线向量及其相应方差一协方差阵作为观测信息,以一个点在2000国家大地坐标系中的三维坐标作为起算依据,进行无约束平差。无约束平差应输出2000国家大地坐标系中各点的三维坐标、各基线向量及其改正数和其精度。

2)无约束平差中,基线分量的改正数绝对值($V_{\Delta X}$、$V_{\Delta Y}$、$V_{\Delta Z}$)应满足公式(7-15)的要求。

$$\begin{aligned} V_{\Delta X} &\leqslant 3\sigma \\ V_{\Delta Y} &\leqslant 3\sigma \\ V_{\Delta Z} &\leqslant 3\sigma \end{aligned} \tag{7-15}$$

式中　σ——基线测量中误差(mm)。

4.C、D、E级GPS网约束平差

1)利用无约束平差后的观测量,应选择在2000国家大地坐标系或地方独立坐标系中进行三维约束平差或二维约束平差。平差中,对已知点坐标、已知距离和已知方位,可以强制约束,也可加权约束。

2)平差结果应包括相应坐标系中的三维或二维坐标、基线向量改正数、基线边长、方位、转换参数及其相应的精度。

3)约束平差中,基线分量改正数与经过式(7-15)规定的粗差剔除后的无约束平差结果的同一基线,相应改正数较差的绝对值($dV_{\Delta X}$、$dV_{\Delta Y}$、$dV_{\Delta Z}$)应满足公式(7-16)的要求。

$$\begin{aligned} dV_{\Delta X} &\leqslant 2\sigma \\ dV_{\Delta Y} &\leqslant 2\sigma \\ dV_{\Delta Z} &\leqslant 2\sigma \end{aligned} \tag{7-16}$$

式中　σ——基线测量中误差(mm)。

C、D、E级GPS网平差后,其精度应符合表7-22的规定,国家三、四等大地控制网在满足表7-22规定的B、C和D级精度要求的基础上,相对精度应分别不低于1×10^{-7}、1×10^{-6}和1×10^{-5}。

业务要点4:数据处理成果整理和技术总结编写

1)基线解算、无约束平差和约束平差(或整体平差)的结果,均应拷贝到磁

(光)盘并各打印一份文件。磁(光)盘要装盒,打印成果要装订成册,并要贴上标签,注明资料内容。

2)外业技术总结应包括下列各项内容:

①测区范围与位置,自然地理条件,气候特点,交通及电讯、供电等情况。

②任务来源,测区已有测量成果,项目名称,施测目的和基本精度要求。

③施测单位,施测起讫时间,作业人员数量,技术状况。

④作业技术依据。

⑤作业仪器类型、精度以及检验和使用情况。

⑥点位观测条件的评价,埋石与重合点情况。

⑦联测方法,完成各级点数与补测、重测情况,以及作业中存在问题的说明。

⑧外业观测数据质量分析与数据检核情况。

3)内业技术总结应包含以下内容:

①数据处理方案、所采用的软件、星历、起算数据、坐标系统、历元,以及无约束平差、约束平差情况。

②误差检验及相关参数和平差结果的精度估计等。

③上交成果中尚存问题和需要说明的其他问题、建议或改进意见。

④各种附表与附图。

业务要点5:成果验收与上交资料

1.成果验收

1)成果验收按《测绘产品检查验收规定》CH 1002—1995的规定执行。交送验收的成果,包括观测记录的存储介质及其备份,内容与数量必须齐全、完整无损,各项注记、整饰应符合要求。

2)验收重点包括下列各项:

①实施方案是否符合规范和技术设计要求。

②补测、重测和数据剔除是否合理。

③数据处理的软件是否符合要求,处理的项目是否齐全,起算数据是否正确。

④各项技术指标是否达到要求。

3)验收完成后,应写出成果验收报告。在验收报告中应按《测绘产品质量评定标准》CH 1003—1995的规定对成果质量做出评定。

2.上交资料

上交的资料包括下列各项:

1)测量任务书(或合同书)、技术设计书。

2)点之记、环视图、测量标志委托保管书、选点和埋石资料。

3)接收设备、气象及其他仪器的检验资料。

4)外业观测记录、测量手簿及其他记录。

5)数据处理中生成的文件、资料和成果表。

6)GPS 网展点图。

7)技术总结和成果验收报告。

第八章　建筑施工测量

第一节　施工场地控制测量

本节导图

本节主要介绍了建筑方格网、建筑基线，以及高程控制测量，其内容关系如图 8-1 所示。

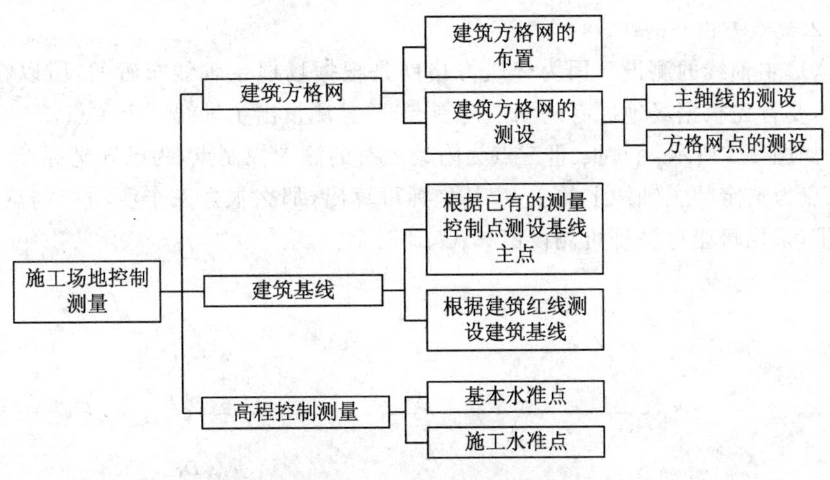

图 8-1　本节内容关系图

业务要点 1:建筑方格网

1.建筑方格网的布置

在大中型建筑场地上，由正方形或矩形组合而成的施工控制网，称为建筑方格网。方格网的形式有正方形、矩形两种。建筑方格网的布设要根据总平面图上各种已建和待建的建筑物、道路以及各种管线的布设情况，并且结合现场的具体地形条件来确定。在设计时要先选定方格网的主轴线，之后再布置其他的方格点。方格网是场区建(构)筑物放线的依据，在布网过程中要考虑以下几点：

1)建筑方格网的主轴线位于建筑场地的中央，同时与主要建筑物的轴线平行或垂直，并且使方格网点近于测设对象。

2)方格网的转折角应严格保证呈 90°。

3)方格网的边长通常为(100～200)m,边长的相对精度通常为1/20000～1/10000。

4)按照实际地形布设,使控制点位于测角、量距比较方便的地方,并且使埋设标桩的高程与场地的设计标高不要相差太大。

5)当场地面积不大时,要布设成全面方格网。若场地面积较大,应分二级布设,首级可采用“十”字形、“口”字形或“田”字形,随后,再加密方格网。

建筑方格网的轴线与建筑物轴线要保持平行或垂直,所以,用直角坐标法进行建筑物的定位、放线较为方便,并且精度较高。但是由于建筑方格网必须按总平面图的设计来布置,放样工作量成倍增加,其点位缺乏灵活性,易被毁坏,因此在全站仪逐步普及的条件下,正逐渐被导线网或三角网所代替。

2.建筑方格网的测设

(1)主轴线的测设　因为建筑方格网是根据场地主轴线布置的,所以在测设时,要首先根据场地原有的测图控制点,并且测设出主轴线三个主点。

如图8-2所示,Ⅰ、Ⅱ、Ⅲ三点为附近已有的测图控制点,为已知坐标;A、O、B三点为选定的主轴线上的主点,其坐标可算出,那么根据三个测图控制点Ⅰ、Ⅱ、Ⅲ,采用极坐标法即可测设出A、O、B三个主点。

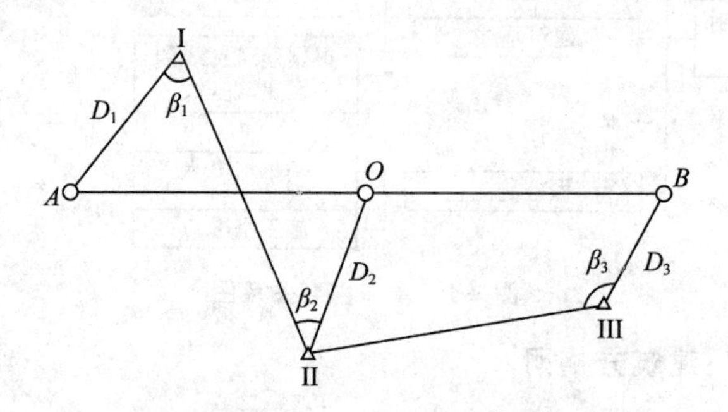

图8-2　主轴线的测设

测设三个主点的主要过程是:先将A、O、B三点的施工坐标换算成测图坐标;然后根据它们的坐标与测图控制点Ⅰ、Ⅱ、Ⅲ的坐标关系,计算出放样数据β_1、β_2、β_3和D_1、D_2、D_3,如图8-2所示;随后采用极坐标法测设出三个主点A、O、B的概略位置为A'、O'、B'。

当三个主点的概略位置在地面上标定完后,要检查三个主点是否在一条直线上。由于测量存在误差,使测设的三个主点A'、O'、B'不在一条直线上,如图8-3所示,因此安置经纬仪于O'点上,精确检测$\angle A'O'B'$的角值β,若检测角β的值与180°之差,超过表8-1规定的容许值,则需要对点位进行调整。

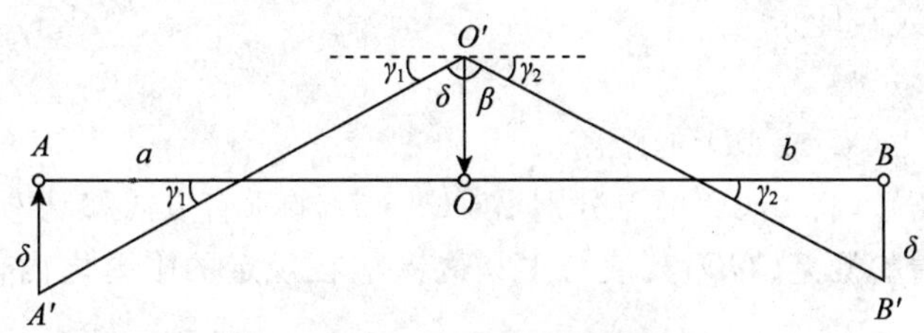

图 8-3　主轴线的调整

表 8-1　建筑方格网的主要技术要求

等级	边长/m	测角中误差(″)	边长相对中误差
Ⅰ级	100～300	5	≤1/30000
Ⅱ级	100～300	8	≤1/20000

调整三个主点的位置时，要先根据三个主点间的距离 a 和 b 按照下列公式计算调整值 δ，即：

$$\delta = \frac{ab}{a+b} \times (90° - \frac{\beta}{2}) \times \frac{1}{\rho} \tag{8-1}$$

式中　$\rho = 206265''$。

将 A'、O'、B' 三点沿与轴线垂直方向移动一个改正值 δ，但是 O' 点与 A'、B' 两点移动的方向相反，移动之后得出 A、O、B 三点。为保证测设精度，要重复检测 $\angle AOB$，若检测结果与 180°之差仍超过限差，则要再调整，直至误差在容许值内为止。

除了调整角度之外，还需调整三个主点间的距离。先丈量检查 AO 及 OB 的距离，假若检查结果与设计长度之差的相对误差大于表 8-1 的规定，那么以 O 点为准，按设计长度调整 A、B 两点。需反复调整，直至误差在容许值以内为止。

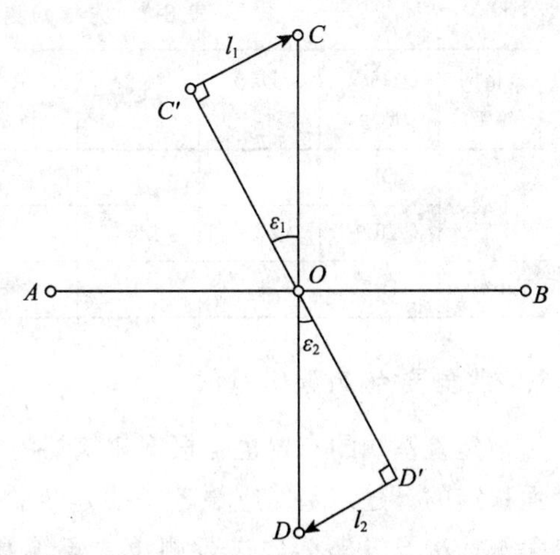

图 8-4　测设另一条主轴线 COD

当主轴线的三个主点 A、O、B 定位好后，就可测设与 AOB 主轴线相垂直的另一条主轴线 COD。如图 8-4 所示，将经纬仪安置在 O 点上，照准 A 点，分别向左、向右测设 90°；同时可根据 CO 和 OD 的距离，在地面上分别标定 C、D 两点的概略位置为 C'、D'；然后精确测出 $\angle AOC'$ 及 $\angle AOD'$ 的角值，其角值与 90°之差为 ε_1 和 ε_2，若 ε_1 和 ε_2 大于表 8-1 的规定，那么可按式

(8-2)求改正数 l,即:

$$l = L\varepsilon/\rho \tag{8-2}$$

式中,L 为 OC' 或 OD' 的距离。

根据改正数,将 C'、D' 两点分别沿 OC'、OD' 的垂直方向移动 l_1、l_2,得出 C、D 两点。接着检测$\angle COD$,其值与 180°之差应在规定的限差之内,否则需要再次进行调整。

(2)方格网点的测设　采用角度交会法定出格网点。其作业过程如图 8-5 所示:用两台经纬仪分别安置在 A、C 两点上,都以 O 点为起始方向,分别向左、向右精确地测设出 90°角,其角度观测应符合表 8-2 中的规定。在测设方向上交会 1 点,交点 1 的位置确定后,进行交角的检测和调整。采取同法测设出主方格网点 2、3、4,即构成了田字形的主方格网。在主方格网测定后,以主方格网点为基础,进行加密其余各格网点。

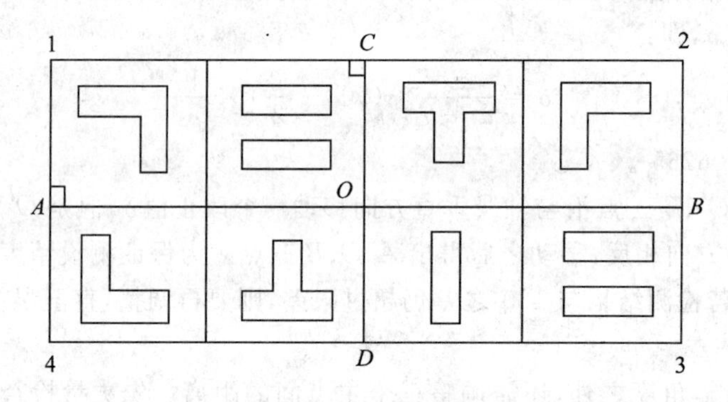

图 8-5　建筑方格网

表 8-2　方格网测设角度观测要求

方格网等级	经纬仪型号	测角中误差(″)	测回数	测微器两次读数(″)	半测回归零差(″)	一测回 2C 值互差(″)	各测回方向互差(″)
Ⅰ级	DJ1	5	2	≤1	≤6	≤9	≤6
	DJ2	5	3	≤3	≤8	≤13	≤9
Ⅱ级	DJ2	8	2	—	≤12	≤18	≤12

业务要点 2:建筑基线

建筑基线的布置也是根据建筑物的分布、场地的地形和原有控制点的状况而选定的。建筑基线应靠近主要建筑物,并与其轴线平行或垂直,以便采用直角坐标法或极坐标法进行测设。建筑基线主点间应相互通视,边长为 100～300m,其测设精度应满足施工放样的要求,通常可在总平面图上设计,其形式一般有3点"一"字形、3点"L"字形、4点"T"字形和5点"十"字形等几种,如图8-6所示。为了便于检查建筑基线点有无变动,布置的基线点数不应少于3个。

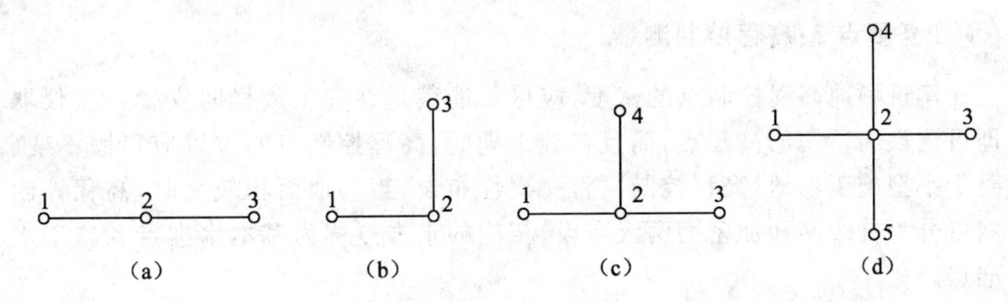

图8-6 建筑基线布设形式

(a)"一"字形 (b)"L"字形 (c)"T"字形 (d)"十"字形

建筑基线的测设有以下几种方法。

1.根据已有的测量控制点测设基线主点

其测设与建筑方格网主轴线的主点测设相同。在建筑总平面图上依据施工坐标系及建筑物的分布情况,设计好建筑基线后,便可在图纸上利用图解方法计算出各主点的施工坐标,然后将其转化为各自对应的测量坐标,再根据附近已有的勘测控制点,选用适当的放样方法进行测设数据的计算。一般用极坐标法完成实地测设,最后对其测设结果进行检校,定出建筑基线的主点位置。具体测设时,也可用全站仪进行。

2.根据建筑红线测设建筑基线

在城市建筑区,建筑用地的边界一般由城市规划部门在现场直接标定,如图8-7中所示的1、2、3点即为地面标定的边界点,其连线12和23通常是正交的直线,称为"建筑红线"。通常,所设计的建筑基线与建筑红线平行或垂直,因而可根据红线用平行推移法测设建筑基线OA,OB。在地面用木桩标定出基线主点A,O,B后,应安置仪器于O点,测量角度$\angle AOB$,看其是否为$90°$,其差值不应超过$\pm 24''$。若未超限,再测量OA,OB的距离,看其是否等于设计数据,其差值的相对误差不应大于1/10000。若误差超限,需检查推

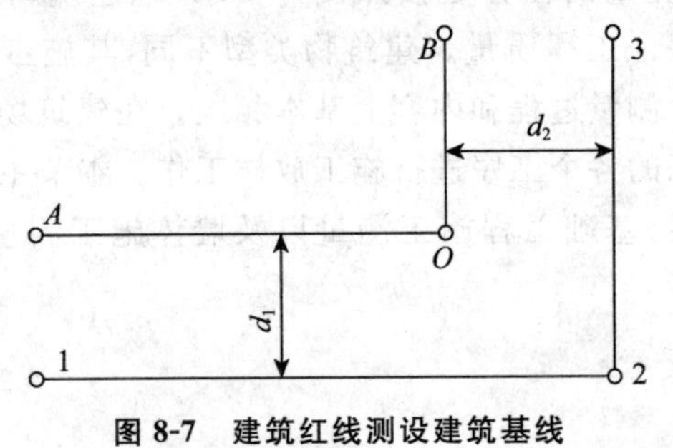

图8-7 建筑红线测设建筑基线

移平行线时的测设数据。若误差在允许范围内,则可适当调整 A,B 点的位置,测设好基线主点。

业务要点 3:高程控制测量

建筑场地高程控制点的密度,应尽可能满足在施工放样时安置一次仪器即可测设出所需的高程点,而且在施工期间,高程控制点的位置应稳固不变。对于小型施工场地,高程控制网可一次性布设,当场地面积较大时,高程控制网可分为首级网和加密网两级布设,相应的水准点称为基本水准点和施工水准点。

1. 基本水准点

基本水准点是施工场地高程首级控制点,用来检核其他水准点高程是否有变动,其位置应设在不受施工影响、无震动、便于施测和能永久保存的地方,并埋设永久性标志。在一般建筑场地上,通常埋设三个基本水准点,布设成闭合水准路线,并按城市四等水准测量的要求进行施测。

2. 施工水准点

施工水准点用来直接测设建(构)筑物的高程。通常可以采用建筑方格网点的标桩加设圆头钉作为施工水准点。对于中、小型建筑场地,施工水准点应布设成闭合水准路线或附合水准路线,并根据基本水准点按城市四等水准点或图根水准测量的要求进行施测。

为了施工放样的方便,在每栋较大的建筑物附近,还要测设±0.000 水准点,其位置多选在较稳定的建筑物墙、柱的侧面,用红漆绘成上顶为水平线的“▽”形。

第二节　民用建筑施工测量

本节导图

民用建筑施工测量的任务是按照设计要求,把建筑物的位置测设到地面上,并配合施工以保证工程质量。建筑物类型不同,其施工测量的方法和精度虽有所差别,但施工测量过程和内容上基本相同。在建筑场地完成了施工控制网后,就可按照施工的各个工序进行施工放样工作。本节主要介绍了建筑物定位、建筑物细部放线、基础工程施工测量以及墙体施工测量,其内容关系如图 8-8所示。

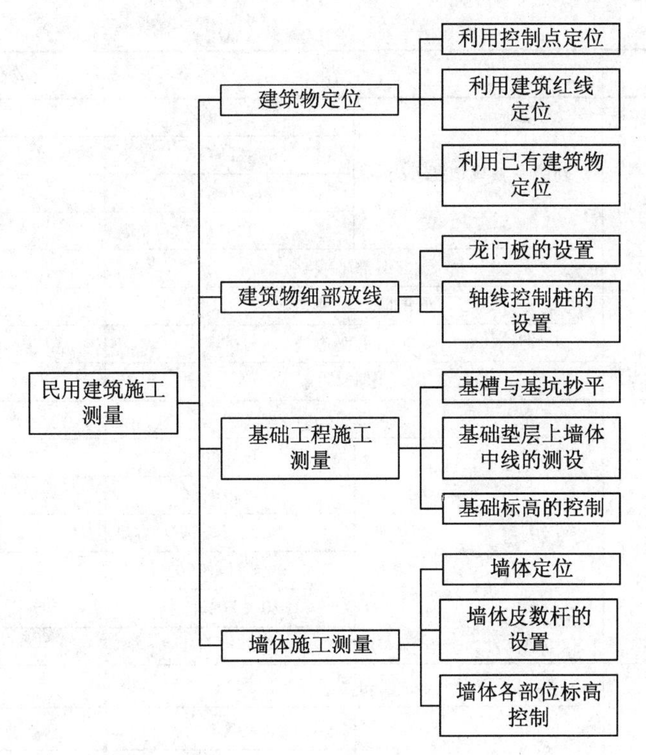

图 8-8　本节内容关系图

业务要点 1:建筑物定位

建筑物定位就是根据设计图,利用已有建筑物或场地上的平面控制点,将建筑物的外轮廓轴线交点测设在地面上,然后再根据这些点进行细部放样。根据施工现场条件和设计情况不同,建筑物定位有以下几种方法。

1. 利用控制点定位

如果建筑总平面图上给出了建筑物的位置坐标(一般是建筑物外墙角坐标),可根据给定坐标和建筑物施工图上的设计尺寸,计算出建筑物定位点(外轮廓轴线交点)的坐标。利用场地上的平面控制点,采用适当的方法将建筑物定位点的平面位置测设在地面上,并用大木桩固定(俗称角桩)。然后进行检查,其偏差不应超过表 8-3 的规定。

表 8-3　建筑施工放样、轴线投测和标高传递允许偏差

项　目	内　容	允许偏差/mm
基础桩位放样	单排桩或群桩中的边桩	±10
	群桩	±20

续表

项　目	内　容		允许偏差/mm
各施工层上放线	外廓主轴线长度 L/m	$L\leqslant30$	±5
		$30<L\leqslant60$	±10
		$60<L\leqslant90$	±15
		$90<L$	±20
	细部轴线		±2
	承重墙、梁、柱边线		±3
	非承重墙边线		±3
	门窗洞口线		±3
轴线竖向投测	每层		3
	总高 H/m	$H\leqslant30$	5
		$30<H\leqslant60$	10
		$60<H\leqslant90$	15
		$90<H\leqslant120$	20
		$120<H\leqslant150$	25
		$150<H$	30
标高竖向传递	每层		±3
	总高 H/m	$H\leqslant30$	±5
		$30<H\leqslant60$	±10
		$60<H\leqslant90$	±15
		$90<H\leqslant120$	±20
		$120<H\leqslant150$	±25
		$150<H$	±30

2.利用建筑红线定位

图 8-9 为一建筑物总平面设计图，A、B、C 是建筑红线点，图中给出了拟建建筑物与建筑红线的距离关系。现欲利用建筑红线测设建筑物外轮廓轴线交点 M、N、P、Q。由于总平面图中给出的尺寸是建筑物外墙到建筑红线的净距离，再根据图 8-7，建筑物Ⓐ轴和⑨轴到建筑红线的距离分别为：8.24m 和 6.24m。如图 8-10 所示，测设时，可先在 B 点上安置经纬仪，瞄准 A 点，沿视线方向从 B 点向 A 点用钢尺分别量取 6.24m 和 35.04m(6.24m+28.8m)，依次定出 1、2 点。然后在 1 点安置经纬仪，后视 A 点，测设 90°角，沿视线方向用钢尺从 1 点分别量取 8.24m 和 20.24m(8.24m+12.0m)得 M、P 两点。同样，在 2 点安置经纬仪，后视 B 点，向左测设 90°角，沿视线方向用钢尺从 2 点分别量取 8.24m 和 20.24m(8.24m+12.0m)得 N、Q 两点。最后，用经纬仪检测四个

角是否等于 90°，并用钢尺检测四条轴线的长度，是否满足表 8-3 要求。

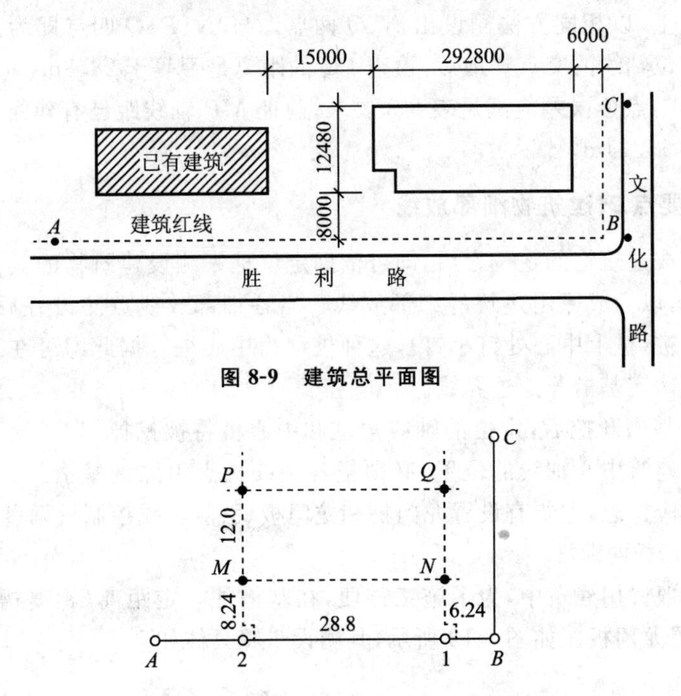

图 8-9　建筑总平面图

图 8-10　利用建筑红线进行建筑物定位

3. 利用已有建筑物定位

如图 8-9 所示，根据总平面图设计要求，拟建建筑物外墙皮到已有建筑物的外墙皮距离为 15.000m，南侧外墙平齐，并由图 8-10 可知，拟建建筑物的外轮廓轴线偏外墙向里 0.240m，现欲进行建筑物定位。如图 8-11 所示，测设时，首先沿已有建筑的东、西外墙，用钢尺向外延长一段距离 l（l 不宜太长，可根据现场实际情况确定）得 1、2 两点。将经纬仪安置在 1 点上，瞄准 2 点，分别从 2 点沿 12 延长线方向量出 15.240m（15.000m＋0.240m）和 44.040m（15.000m＋0.240m＋28.800m）得 3、4 两点，直线 34 就是用于测设拟建建筑物平面位置的建筑基线。然后将经纬仪安置在 3 点上，后视 1 点向右测设直角，沿视线方向

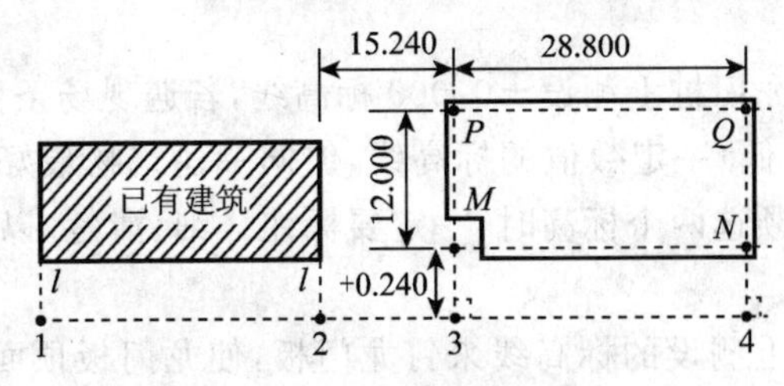

图 8-11　利用已有建筑物进行建筑物定位

从2点分别量取 l+0.24m和 l+0.24m+12.0m，得 M、P 两点。再将经纬仪安置在4点上，以相同方法测设出 N、Q 两点。M、N、P、Q 四点即为拟建建筑物外轮廓定位轴线的交点。最后，检查 PQ 的距离是否等于28.8m，$\angle P$ 和 $\angle Q$ 是否等于90°，点位误差应满足表8-3要求；验证 MP 轴线距已有建筑物外墙皮距离是否为15.24m。

业务要点2：建筑物细部放线

在完成建筑物的定位之后，即可依据定位桩来测设建筑物的其他各轴线交点的位置，以完成民用建筑的细部放线。当各细部放线点测设好后，应在测设位置打木桩(桩上中心处钉小钉)，这种桩称为中心桩。据此即可在地面上撒出白灰线以确定基槽开挖边界线。

由于基槽开挖后，定位的轴线角桩和中心桩将被挖掉，为了便于在后期施工中恢复建筑中心轴线的位置，必须把各轴线桩点引测到基槽外的安全地方，并作好相应标志，主要有设置龙门桩和龙门板、引测轴线控制桩两种方法。

1.龙门板的设置

在一般民用建筑中，为了施工方便，在基槽外一定距离(距离槽边大约2m以外)设置龙门板。如图8-12所示，其测设步骤具体如下：

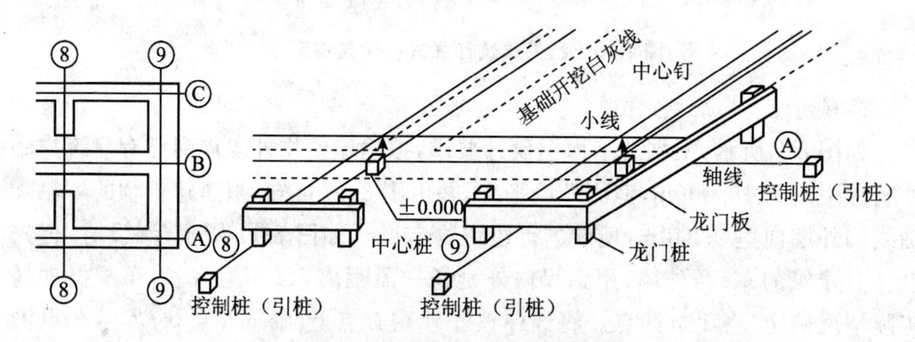

图8-12　龙门桩、龙门板的钉设

1)在建筑物四角与内纵、横墙两端基槽开挖边线以外大约2m(根据土质情况和挖槽深度确定)的位置钉龙门桩，要求桩钉得竖直、牢固，且其侧面与基槽平行。

2)在每个龙门桩上测设±0.000标高线，若遇现场条件不许可，也可测设比±0.000高(或低)一定数值的标高线，但同一建筑物最好只选一个标高。若地形起伏较大必须选两个标高时，一定要标注详细、清楚，以免在施工使用时发生错误。

3)依据桩上测设的标高线来钉龙门板，使龙门板顶面标高与±0.000标高线平齐，龙门板顶面标高测设的允许误差为±5mm。

4)根据轴线角桩，用经纬仪将墙、柱的轴线投到龙门板顶面上，并钉上小钉，称为轴线钉，其投点允许误差为±5mm。

5)检查龙门板顶面轴线钉的间距，其相对误差不应超过1/3000。经校核合格后，以轴线钉为准，将墙宽、基槽宽度标在龙门板上，最后根据基槽上口宽度，拉线撒出基础开挖白灰线，如图8-12所示。

2.轴线控制桩的设置

也可采用在基槽外各轴线的延长线上测设引桩的方法，如图8-13所示，作为开槽后各阶段施工中确定轴线位置的依据。在多层建筑的施工中，引桩是向上各楼层投测轴线的依据。

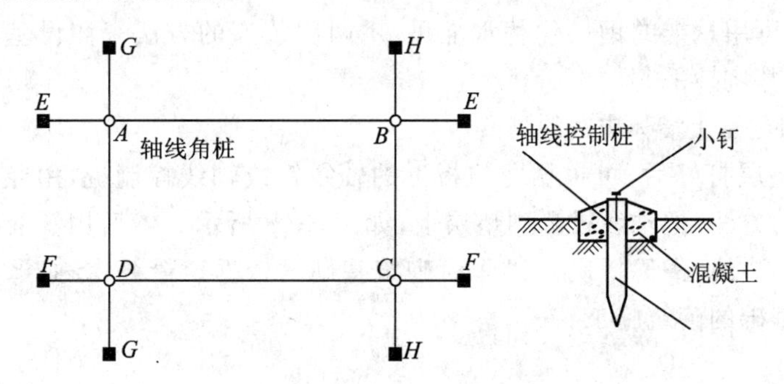

图8-13　轴线控制桩的设置

引桩一般钉在基槽开挖边线2～4m的地方，在多层建筑施工中，为便于向上投点，应在较远的地方测定，如附近有固定建筑物，最好把轴线引测到建筑物上。

业务要点3：基础工程施工测量

当完成建筑物轴线的定位和放线后，便可按照基础平面图上的设计尺寸，利用龙门板上所标示的基槽宽度，在地面上撒出白灰线，由施工者进行基础开挖并实施基础测量工作。

1.基槽与基坑抄平

基槽开挖到接近基底设计标高时，为了控制开挖深度，可用水准仪根据地面上±0.000标志点(或龙门板)在基槽壁上测设一些比槽底设计高程高0.3～0.5m的水平小木桩，如图8-14所示，作为控制挖槽深度、修平槽底和打基础垫层的依据。一般应在各槽壁拐角处、深度变化处和基槽壁上

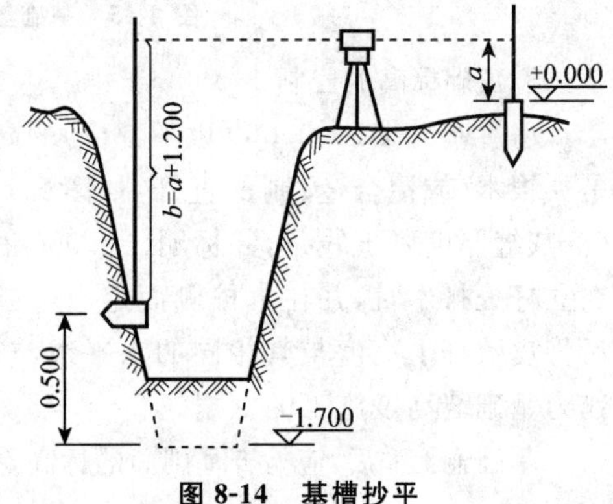

图8-14　基槽抄平

每间隔 3～4m 测设水平桩。

如图 8-14 所示，槽底设计标高为－1.700m，现要求测设出比槽底设计标高高 0.500m 的水平桩。首先安置好水准仪，立水准尺于龙门板顶面（或±0.000 的标志桩上），读取后视读数 a 为 0.546m，则可求得测设水平桩的前视读数 b 为 1.746m。然后将尺立于基槽壁并上下移动，直至水准仪视线读数为 1.746m 时，即可沿尺底部在基槽壁上打小木桩，同法施测其他水平桩，完成基槽抄平工作。水平桩测设的允许误差为±10mm。清槽后，即可依据水平桩在槽底测设出顶面高程恰为垫层设计标高的木桩，用以控制垫层的施工高度。

所挖基槽呈深基坑状的叫基坑。若基坑过深，用一般方法不能直接测定坑底位置时，可用悬挂的钢尺代替水准尺，用两次传递的方法来测设基坑设计标高，以监控基坑抄平。

2. 基础垫层上墙体中线的测设

基础垫层打好后，可根据龙门板上的轴线钉或轴线控制桩，用经纬仪或拉绳挂垂球的方法，把轴线投测到垫层上，如图 8-15 所示。然后用墨线弹出墙中心线和基础边线（俗称撂底），以作为砌筑基础的依据。最终，务必严格校核后方可进行基础的砌筑施工。

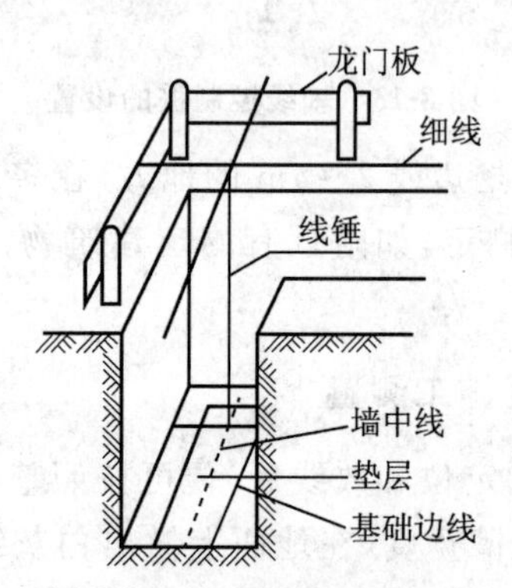

图 8-15　基础垫层轴线投测

3. 基础标高的控制

房屋基础墙（±0.000 以下部分）的高度是用皮数杆来控制的。基础皮数杆是一根木（或铝合金）制的直杆，如图 8-16 所示，事先在杆上按照设计尺寸，将砖、灰缝厚度画出线条，并标明±0.000 和防潮层等的位置。设立皮数杆时，先在立杆处打木桩，并在木桩侧面定出一条高于垫层标高某一数值的水平线，然后将皮数杆上高度与其相同的水平线与其对齐，且将皮数杆与木桩钉在一起，作为基础墙高度施工的依据。

基础施工完后，应检查基础面的标高是否符合设计要求（也可检查防潮层），一般用水准仪测出基础面上若干点的高程，与设计高程相比较，允许误差为±10mm。

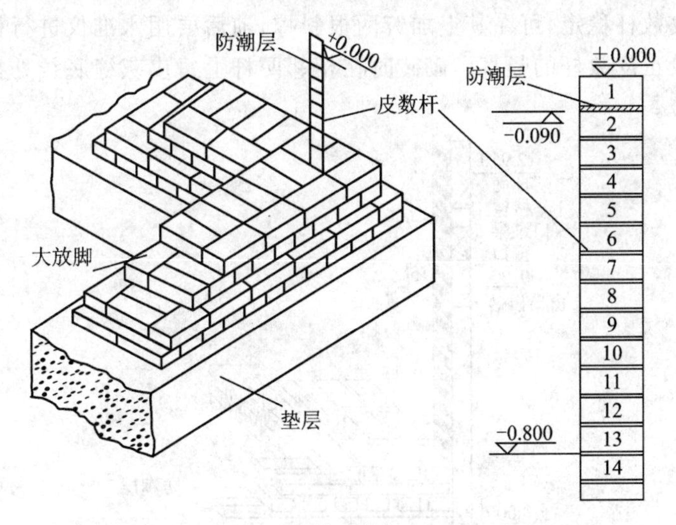

图 8-16　基础墙标高测设

业务要点 4：墙体施工测量

1. 墙体定位

在基础工程结束后，应对龙门板(或控制桩)进行复核，以防移位。复核无误后，可利用龙门板或控制桩将轴线测设到基础或防潮层等部位的侧面，如图 8-17 所示，作为向上投测轴线的依据。同时也把门、窗和其他洞口的边线在外墙立面上画出。放线时，先将各主要墙的轴线弹出，经检查无误后，再将其余轴线全部弹出。

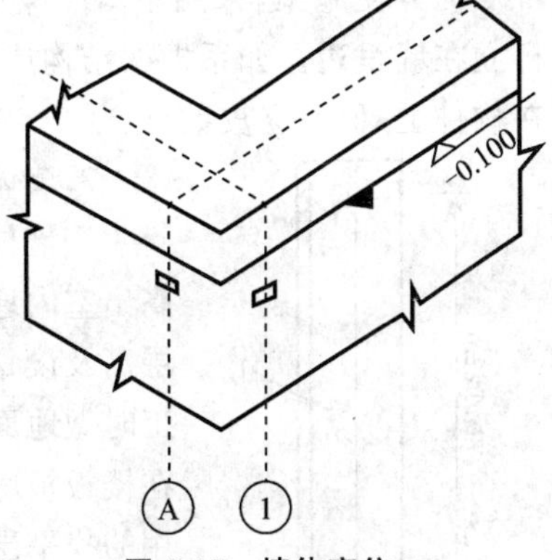

图 8-17　墙体定位

2. 墙体皮数杆的设置

在墙体砌筑施工中，墙身各部位的标高和砖缝水平及墙面平整是用皮数杆来控制和传递的。

皮数杆是根据建筑剖面图画出每皮砖和灰缝的厚度，并注明墙体上窗台、门窗洞口、过梁、雨篷、圈梁、楼板等构件高程位置的专用木杆，如图 8-18 所示。在墙体施工中，用皮数杆可以保证墙身各部位构件的位置准确，每皮砖灰缝厚度均匀，每皮砖都处在同一水平面上。

皮数杆一般立在建筑物的拐角和隔墙处(图 8-18)。立皮数杆时，先在立杆地面上打一木桩，用水准仪在其上测画出±0.000 标高位置线，测量容许误差为

±3mm；然后，把皮数杆上的±0.000线与木桩上的±0.000线对齐，并钉牢。为了保证皮数杆稳定，可在其上加钉两根斜撑，前后要用水准仪进行检查，并用垂球线来校正皮数杆的竖直。砌砖时在相邻两杆上每皮灰缝底线处拉通线，用以控制砌砖。

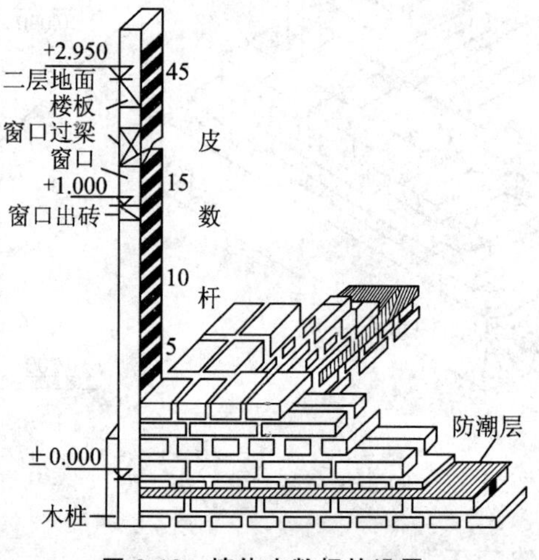

图 8-18 墙体皮数杆的设置

为方便施工，采用里脚手架时，皮数杆立在墙外边；采用外脚手架时，皮数杆立在墙里边。如系框架结构或钢筋混凝土柱间墙结构时，每层皮数可直接画在构件上，而不立皮数杆。

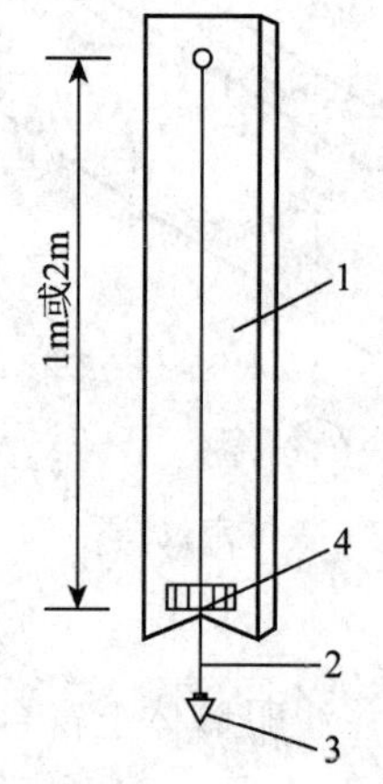

图 8-19 托线板检测墙体垂直度

1—垂球线板 2—垂球线 3—垂球 4—毫米刻度尺

3.墙体各部位标高控制

当墙体砌筑到1.2m，即一步架高台，用水准仪测设出高出室内地坪线+0.500mm的标高线，该标高线用来控制层高及设置门、窗、过梁高度的依据；也是控制室内装饰施工时做地面标高、墙裙、踢脚线、窗台等装饰标高的依据。在楼板板底标高下10cm处弹墨线，根据墨线把板底安装用的找平层抹平，以保证吊装楼板时板面平整及地面抹面施工。在抹好找平层的墙顶面上弹出墙的中心线及楼板安装的位置线，并用钢尺检查合乎要求后吊装楼板。

楼板安装完毕后，用垂球将底层轴线引测到二层楼面上，作为二层楼的墙体轴线。对于二层以上各层同样将皮数杆移到楼层，使杆上±0.000标高线正对楼面标高处，即可进行二层以上墙体的砌筑。在墙身砌到1.2m时，用水准仪测设出该层的“+0.500mm”标高线。

内墙面的垂直度可用如图8-19所示的2m托线板检测，将托线板的侧面紧靠墙面，看板上的垂线是否与板的墨线一致。每层偏差不得超过5mm，同时，应用钢角尺检测墙壁阴角是否为直角。阴角及阳角线是否为一直线和垂直也用2m托线板检测。

第三节　高层建筑施工测量

本节导图

高层建筑物施工测量中的主要问题是控制垂直度，就是将建筑物的基础轴线准确地向高层引测，并保证各层相应轴线位于同一垂直面内，控制竖向偏差，使轴线向上投测的偏差值不超限。本节主要介绍了高层建筑物轴线的竖向投测、高层建筑物的高程传递以及框架结构吊装测量，其内容关系如图8-20所示。

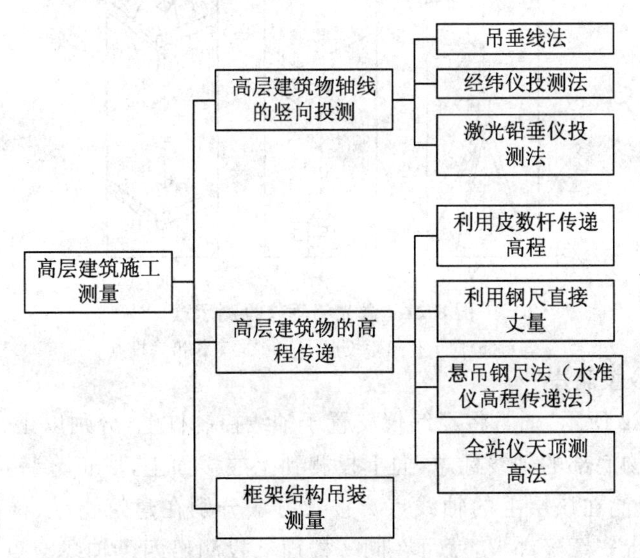

图8-20　本节内容关系图

业务要点1：高层建筑物轴线的竖向投测

高层建筑轴线投测是将建筑物基础轴线向高层引测，保证各层相应的轴线位于同一竖直面内，轴线投测的方法有以下几种。

1.吊垂线法

一般建筑在施工中常用较重的重锤悬吊在建筑物楼板或柱顶边缘，当垂球尖对准基础或墙底设立的定位轴线时，在楼层定出各层的主轴线，再用钢尺校核各轴线间距，然后继续施工。该法简单易行，不受场地限制，一般能保证施工质量。但当风力较大或层数较多时，误差较大，可用经纬仪投测。

在高层建筑施工时，常在底层适当位置设置与建筑物主轴线平行的辅助轴线，在辅助轴线端点处预埋一块小铁板，上面划以十字丝，交点上冲一小孔，作为轴线投测的标志。在每层楼的楼面相应位置处都预留孔洞(也叫垂准孔)，面积为30cm×30cm，供吊垂球用。如图8-21所示，投测时在垂准孔上安置十字架，挂上钢丝悬吊的垂球。对准底层预埋标志，当垂球线静止时固定十字架，而十字架中心则为辅助轴线在楼面上的投测点，并在洞口四周做出标志，作为以后恢复轴线及放样的依据。用此方法逐层向上悬吊引测轴线和控制结构的竖向测量，如用铅直的塑料管套着坠线，并采用专用观测设备，则精度更高。此方法较为费时费力，只有在缺少仪器而不得已时才采用。

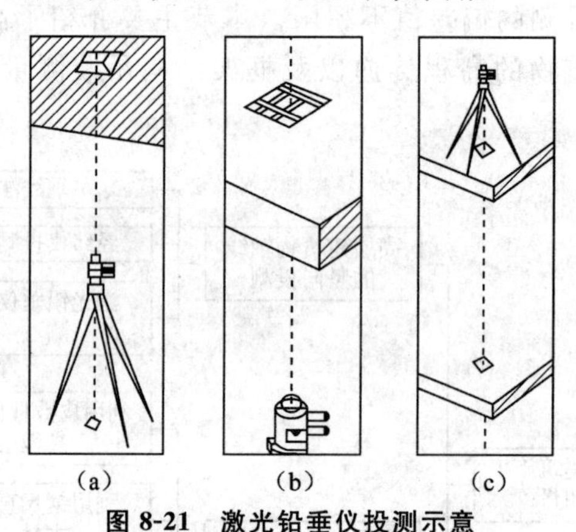

图8-21　激光铅垂仪投测示意

a)、(b)向上作铅垂投点　(c)向下作铅垂投点

2.经纬仪投测法

如图8-22所示，通常将经纬仪安置于轴线控制桩上，分别以正、倒镜两个盘位照准建筑物底部的轴线标志，向上投测到上层楼面上，取正、倒镜两投测点的中点，即得投测在该层上的轴线点。按此方法分别在建筑物纵、横轴线的四个轴线控制桩上安置经纬仪，就可在同一楼面上投测出四个轴线交点。其连线也就是该层面上的建筑物主轴线，据此再测设出层面上其他轴线。

要保证投测质量，使用的经纬仪必须经过严格的检验与校正，尤其是照准部水准管轴应严格垂直于仪器竖轴。投测时应注意照准部水准管气泡要严格居中。为防止投测时仰角过大，经纬仪距建筑物的水平距离要大于建筑物的高度。当建筑物轴线投测增至相当高度时，而轴线控制桩离建筑物较近，经纬仪视准轴向上投测的仰角增大，不但点位投测的精度降低，且观测操作也不方便。为此，必须将原轴线控制桩延长引测到远处的稳固地点或附近大楼的屋面上，然后再向上投测。为避免日照、风力等不良影响，宜在阴天、无风时进行观测。

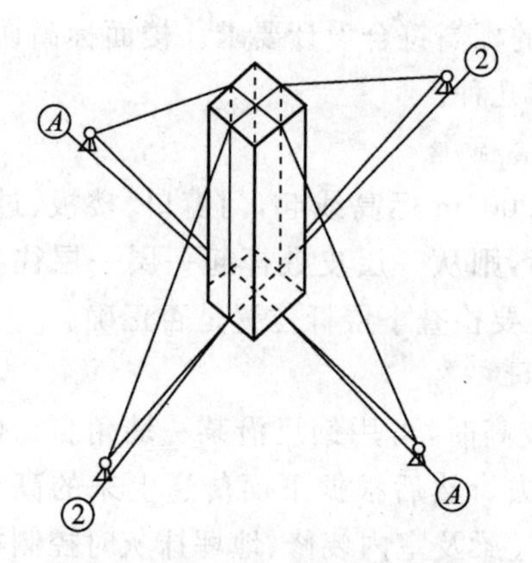

图 8-22 经纬仪投测中心轴线

3.激光铅垂仪投测法

对高层建筑及建筑物密集的建筑区，用吊垂线法和经纬仪法投测轴线已不能适应工程建设的需要，10 层以上的高层建筑应利用激光铅垂仪投测轴线，使用方便，精度高，速度快。

激光铅垂仪是一种供铅直定位的专用仪器，适用于高层建筑、烟囱和高塔架的铅直定位测量。该仪器主要由氦氖激光器、竖轴、发射望远镜、管水准器和基座等部件组成。置平仪器上的水准管气泡后，仪器的视准轴处于铅垂位置，可以据此向上或向下投点。采用此方法应设置辅助轴线和垂准孔，供安置激光铅垂仪和投测轴线之用。如图 8-23 所示为激光铅垂仪的构造图，图 8-21(a)、(b)是向上作铅垂投点，图 8-21(c)是向下作铅垂投点。

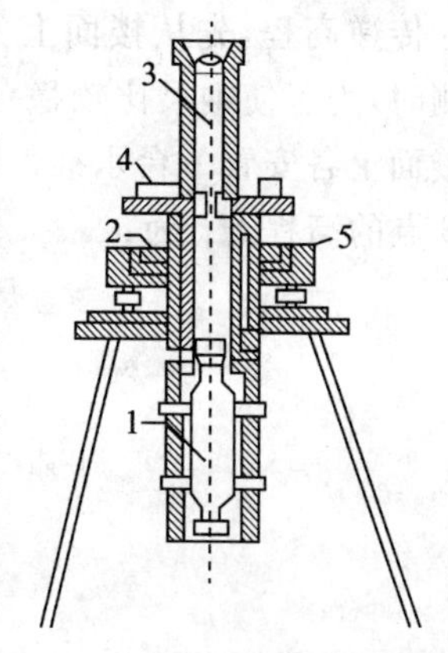

图 8-23 激光铅垂仪构造

1—氦氖激光器 2—竖轴
3—发射望远镜
4—水准管 5—基座

使用时，将激光铅垂仪安置在底层辅助轴线的预埋标志上，严格对中、整平，接通激光电源，启动激光器，即可发射出铅直激光基准线。当激光束指向铅垂方向时，在相应楼层的垂准孔上设置接受靶即可将轴线从底层传至高层。

轴线投测要控制与检校轴线向上投测的竖直偏差值在本层内不超过 5mm，全楼的累积偏差不超过 20mm。一般建筑，当各轴线投测到楼板上后，用钢尺丈量其间距作为校核，其相对误差不得大于 1/2000；高层建筑，量距精度要求较高，且向上投测的次数越多，对距离测设精度要求越高，一般不得低于 1/10000。

业务要点 2：高层建筑物的高程传递

多层或高层建筑施工中，要由下层楼面向上层传递高程，以使上层楼板、门窗口、室内装修等工程的标高符合设计要求。楼面标高误差不得超过±10mm。传递高程的方法有下列几种。

1.利用皮数杆传递高程

在皮数杆上自±0.000m标高线起，门窗口、楼板、过梁等构件的标高都已标明。一层楼面砌好后，则从一层皮数杆起一层一层往上接，就可以把标高传递到各楼层。在接杆时要检查下层杆位置是否正确。

2.利用钢尺直接丈量

在标高精度要求较高时，可用钢尺沿某一墙角自±0.000m标高起向上直接丈量，把高程传递上去。然后根据下面传递上来的高程立皮数杆，作为该层墙身砌筑和安装门窗、过梁及室内装修、地坪抹灰时控制标高的依据。

3.悬吊钢尺法(水准仪高程传递法)

根据多层或高层建筑物的具体情况，也可用钢尺代替水准尺，用水准仪读数，从下向上传递高程。如图8-24所示，由地面上已知高程点A，向建筑物楼面B传递高程，先从楼面上(或楼梯间)悬挂一支钢尺，钢尺下端悬一重锤。在观测时，为了使钢尺比较稳定，可将重锤浸于一盛满油的容器中。然后在地面及楼面上各安置一台水准仪，按水准测量方法同时读得a_1、b_1和a_2、b_2，则楼面上B点的高程H_B为：

$$H_B = H_A + a_1 - b_1 + a_2 - b_2 \tag{8-3}$$

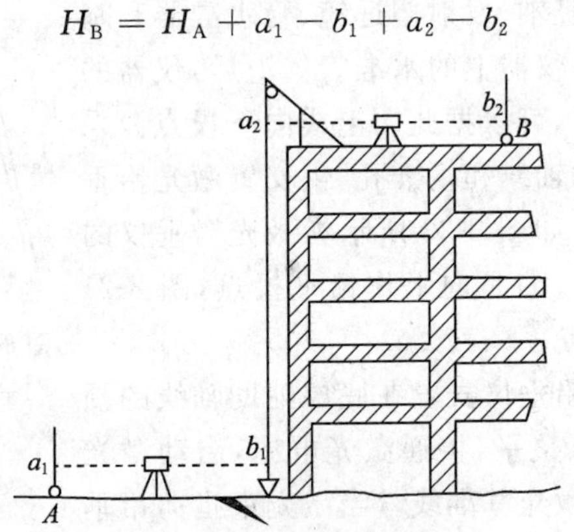

图8-24　水准仪高程传递

4.全站仪天顶测高法

如图8-25所示，利用高层建筑中的垂准孔(或电梯井等)，在底层控制点上安置全站仪，置平望远镜(屏幕显示垂直角为0°或天顶距为90°)，然后将望远镜指向天顶(天顶距为0°或垂直角为90°)，在需要传递高层的层面垂准孔上安置反射棱镜，即可测得仪器横轴至棱镜横轴的垂直距离，加仪器高，减棱镜常数(棱镜面至棱镜横轴的高度)，就可以算得高差。

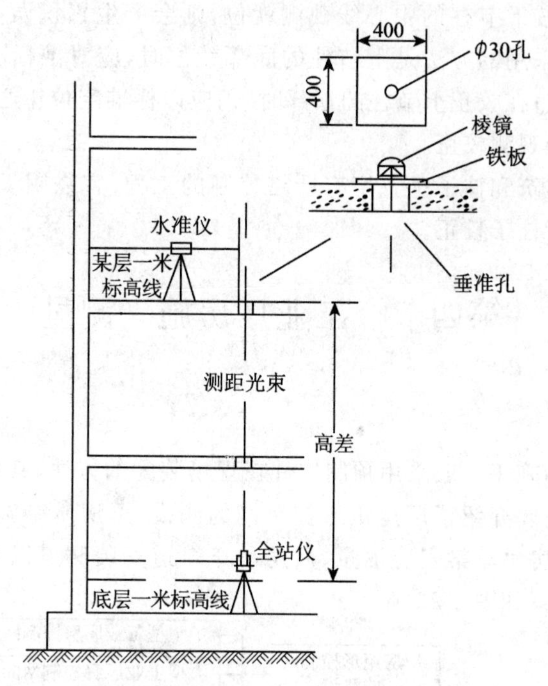

图 8-25　全站仪天顶测距法传递高程

业务要点 3:框架结构吊装测量

近年来我国多(高)层民用建筑越来越多地采用装配式钢筋混凝土框架结构。高层建筑中有的采用中心筒体为钢筋混凝土结构,而其周边梁柱框架均采用钢结构,这些预制构件在建筑场地进行吊装时,应进行吊装测量控制,进行构件的定位、水平和垂直校正。其中,柱子的定位和校正是重要环节,它直接关系到整个结构的质量。柱子的观测校正方法与工业厂房柱子定位和校正相同,但难度更高,操作时还应注意以下几点。

1)对每根柱子随着工序的进展和荷载变化需重复多次校正和观测垂直偏移值。先是在起重机脱钩以后、电焊以前,对柱子进行初校。在多节柱接头电焊、梁柱接头电焊时,因钢筋收缩不均匀,柱子会产生偏移,尤其是在吊装梁及楼板后,柱上增加了荷载,若荷载不对称,则柱的偏移更为明显,都应进行观测。对数层一节的长柱,在多层梁、板吊装前后,都需观测和校正柱的垂直偏移值,保证柱的最终偏移值控制在容许范围内。

2)多节柱分节吊装时,要确保下节柱的位置正确,否则可能会导致上层形成无法矫正的累积偏差。下节柱经校正后虽在其偏差的容许范围内,但仍有偏差,此时吊装上节柱时,若根据标准定位中心线观测就位,则在柱子接头处钢筋往往对不齐;若按下节柱的中心线观测就位,则会产生累积误差。为保证柱的位置正确,一般采用的方法是上节柱的底部就位时,应对准标准定位中心与下柱中心线的中点;在校正上节柱的顶部时,仍应以标准定位中心为准。吊装时,依此法向上进行观测校正。

3)对高层建筑和柱子垂直度有严格控制的工程,宜在阴天、早晨或夜间无阳光影响时进行柱子校正。

第四节　工业厂房施工测量

本节导图

工业厂房的施工一般采用预制构件在现场装配的方法,其施工测量精度要求较高。本节主要介绍了厂房矩形控制网的测设、厂房基础施工测量、厂房柱子安装测量、厂房吊车梁安装测量、厂房吊车轨道安装测量以及厂房屋架安装测量,其内容关系如图 8-26 所示。

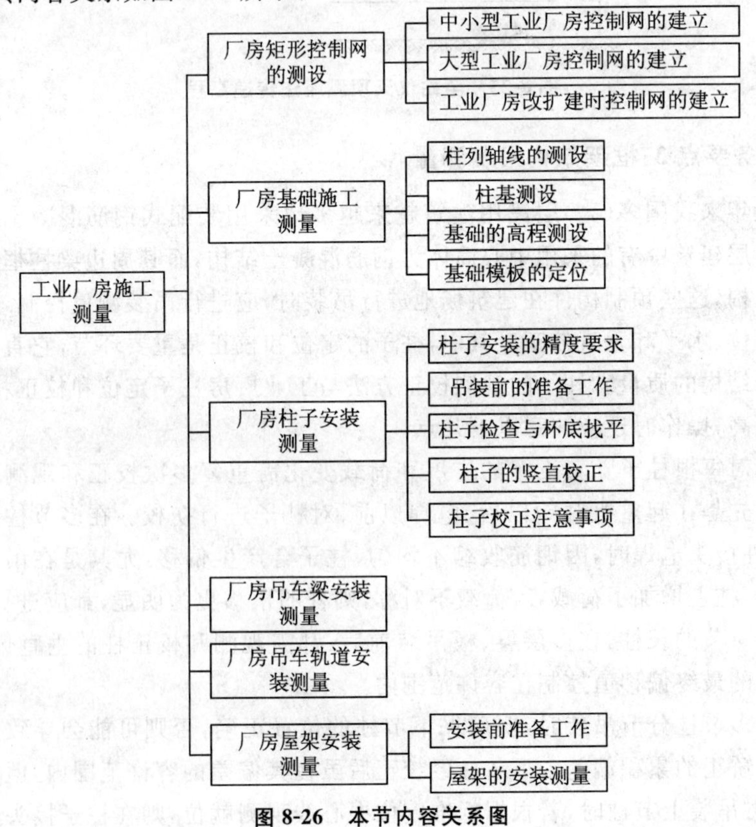

图 8-26　本节内容关系图

业务要点1:厂房矩形控制网的测设

先建立厂房矩形控制网作为轴线测设的基本控制。厂房矩形控制网一般可采用直角坐标法、极坐标法、角度交会法、距离交会法等进行测设,可根据施工现场控制网形式、控制点的分布情况、地形情况、现场条件及待建厂房的测设精度要求等进行选择。下面介绍依据建筑方格网,采用直角坐标法进行定位的方法。

1. 中小型工业厂房控制网的建立

对于中小型厂房而言,测设一个简单的矩形控制网即可满足放线需要。图8-27中E、F、G、H四点是厂房外轮廓轴线的四个交点,从设计图上已知F、H两点的坐标,P、Q、R、S为布置在基坑开挖范围以外的厂房矩形控制网的四个角点,称为厂房控制桩。建筑方格网的边与厂房轴线平行。测设前,先根据F、H建筑坐标推算P、Q、R、S的建筑坐标,然后以建筑方格网点M、N为依据,计算测设数据。根据已知数据计算出$M-J$、$M-K$、$J-P$、$J-Q$、$K-S$、$K-R$等各段长度。首先在地面上定出J、K两点。然后,将经纬仪分别安置在J、K点上,后视方格网点M,用盘左、盘右分中法向右测设90°角。沿此方向用钢尺采用精密方法测设$J-P$、$J-Q$、$K-S$、$K-R$四段距离,即得厂房矩形控制网P、Q、R、S四点,并用木桩和小钉标定其位置。最后,检查$\angle Q$和$\angle R$是否等于90°,$Q-R$是否等于其设计长度。对于一般厂房来说,角度误差不应超过±10″、边长误差不应超过1/10000。

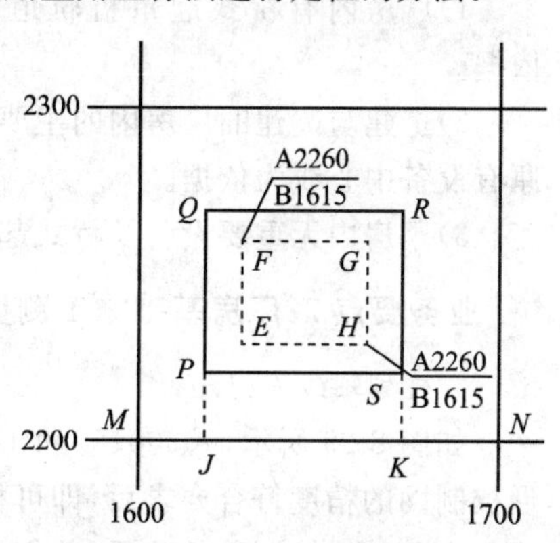

图8-27　中小型厂房控制网

对于小型厂房,也可采用民用建筑物定位的测设方法,即直接测设厂房四个角,然后将轴线投测到轴线控制桩或龙门板上。

2. 大型工业厂房控制网的建立

对于大型工业厂房、机械化传动性较高或有连续生产设备的工业厂房,需要建立有主轴线的较为复杂的矩形控制网。主轴线一般选择与厂房的柱列轴线相重合,以方便后续的细部放样。主轴线的定位点及矩形控制网的各控制点应与建筑基础的开挖线保持2～4m的距离,并能长期使用和保存。应先测设厂房控制网的主要轴线,再根据主轴线测设矩形控制网。如图8-28所示,以定位轴Ⓑ和⑤轴作为主轴主线,P、Q、R、S是厂房矩形控制网的四个控制点。

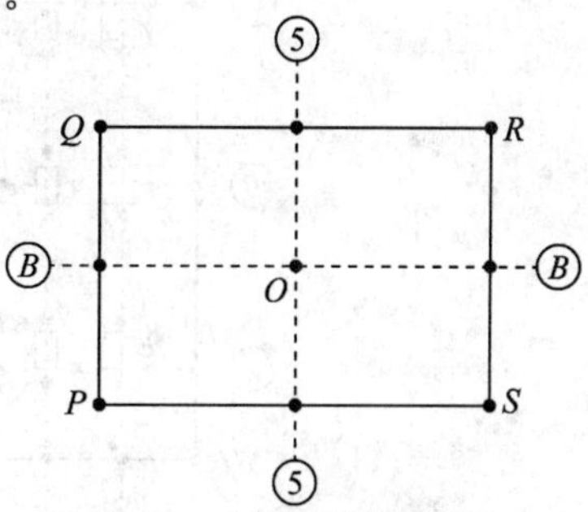

图8-28　大型厂房控制网

3.工业厂房改扩建时控制网的建立

旧厂房进行改建或扩建前,最好能找到原有厂房施工时的控制点,作为扩建与改建时进行控制测量的依据,但原有控制点必须与已有的桥式起重机轨道及主要设备中心线联测,将实测结果提交设计部门。

若原厂房控制点已不存在,应按下列不同情况,恢复厂房控制网。

1)厂房内有桥式起重机轨道时,应以原有桥式起重机轨道的中心线为依据。

2)扩建与改建的厂房内的主要设备与原有设备有联动或衔接关系时,应以原有设备中心线为依据。

3)厂房内无重要设备及桥式起重机轨道,以原有厂房柱子中心线为依据。

业务要点 2:厂房基础施工测量

1.柱列轴线的测设

如图 8-29 所示,Ⓐ、Ⓑ、Ⓒ和①、②、…、⑨轴线均为柱列轴线。检查厂房矩形控制网的精度符合要求后,即可根据柱间距和跨间距用钢尺沿矩形控制网各边量出各轴线控制桩的位置,并打入木桩,钉上小钉,作为测设基坑和施工安装的依据。

2.柱基测设

柱基测设就是根据基础平面图和基础大样图上的设计尺寸,把基坑开挖边线用白灰标定出来。安置两架经纬仪在相应的轴线控制桩(图 8-29 中的Ⓐ、Ⓑ、Ⓒ和①、②、…、⑨等点)上交会出各柱基的位置(即各定位轴线的交点)。

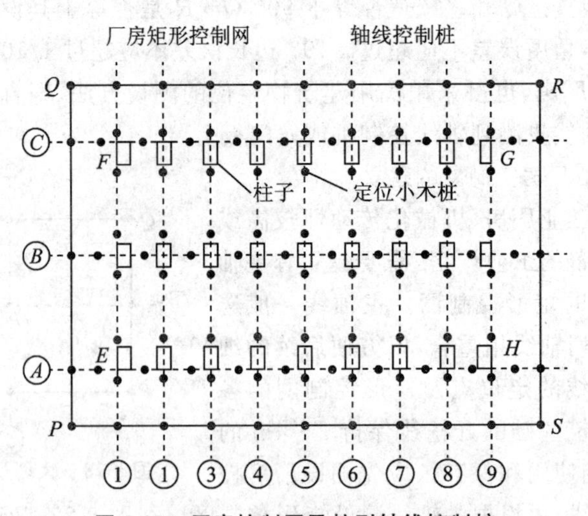

图 8-29 厂房控制网及柱列轴线控制桩

图 8-30 所示是杯形基坑大样图。按照基础大样图的尺寸，用特制的角尺，在定位轴线Ⓐ和①上，放出基坑开挖线，用白灰线标明开挖范围。并在坑边沿外侧一定距离处钉定位小木桩，钉上小钉，作为修坑及立模的依据。

在进行基础测设时，应注意定位轴线不一定都是基础中心线，有时一个厂房的柱基类型不一，尺寸各异，放样时应特别注意。

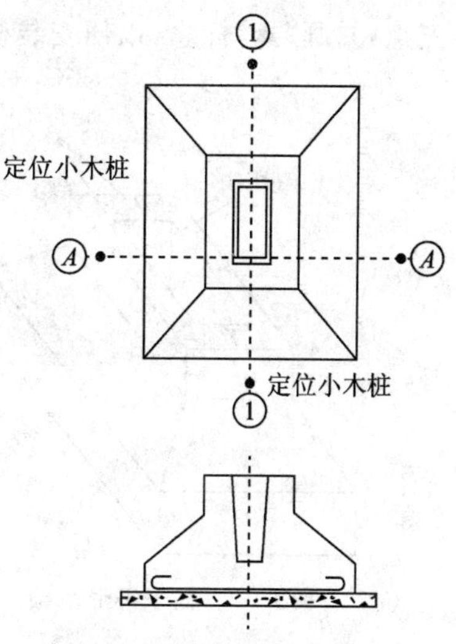

图 8-30　杯形基础大样图

3. 基础的高程测设

当基坑开挖到一定深度时，应在坑壁四周离坑底设计高程 0.3～0.5m 处设置几个水平桩，如图 8-31 所示，作为基坑修坡和清理坑底的高程依据。

此外，还应在基坑内测设垫层的高程，即在坑底设置小木桩，使桩顶面恰好等于垫层的设计高程。

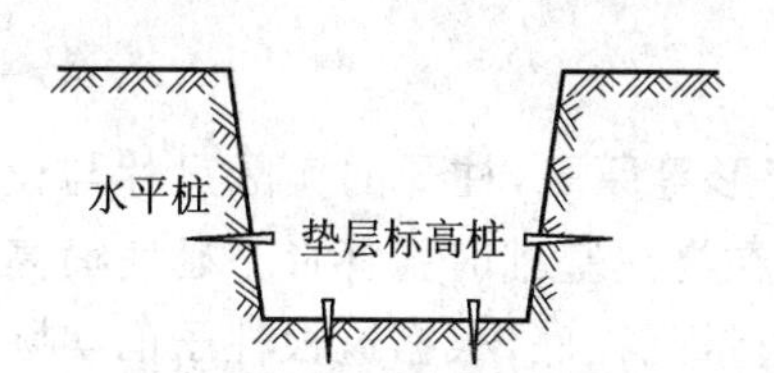

图 8-31　基坑开挖断面与水平桩

4. 基础模板的定位

打好垫层之后，根据坑边定位小木桩，用拉线法吊垂球把柱基定位线投到垫层上弹出墨线，用红油漆画出标记，作为柱基立模板和布置基础钢筋网的依据。立模时，将模板底线对准定位线，并用垂球检查模板是否竖直。最后将柱基顶面设计高程测设在模板内壁。

业务要点 3：厂房柱子安装测量

1. 柱子安装的精度要求

1）柱脚中心线应对准柱列轴线，允许偏差为 3mm。

2）牛腿面的高程与设计高程一致，其误差不应超过：柱高在 5m 以下为±5mm；柱高在 5m 以上为±8mm。

3）牛腿柱垂直度偏差不应超过：柱高在 10m 以下为 10mm；柱高在 10m 以上为 $H/1000$（H 为柱子高度），且≤20mm。

2. 吊装前的准备工作

吊装前，应根据轴线控制桩，把定位轴线投测到杯形基础的顶面上，并用红油漆画上“▲”标明，如图 8-32 所示。同时还要在杯口内壁，测设一条高程线，要求从高程线起向下量取一整分米即到杯底的设计高程。

如图 8-33 所示，在柱子的三个侧面弹出中心线，每一面又须分为上、中、下三点，并画"▲"标志，以便安装校正。

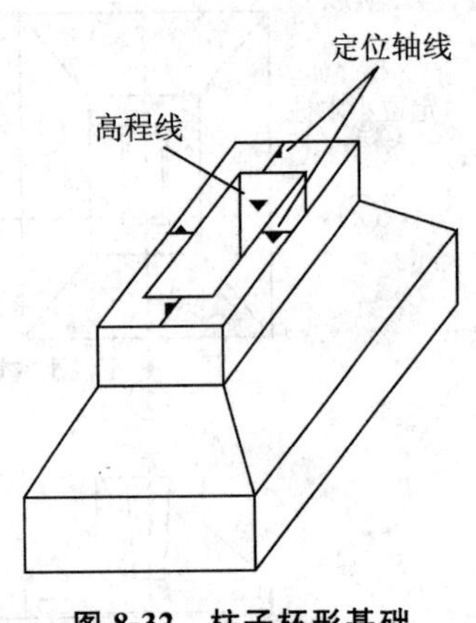

图 8-32 柱子杯形基础

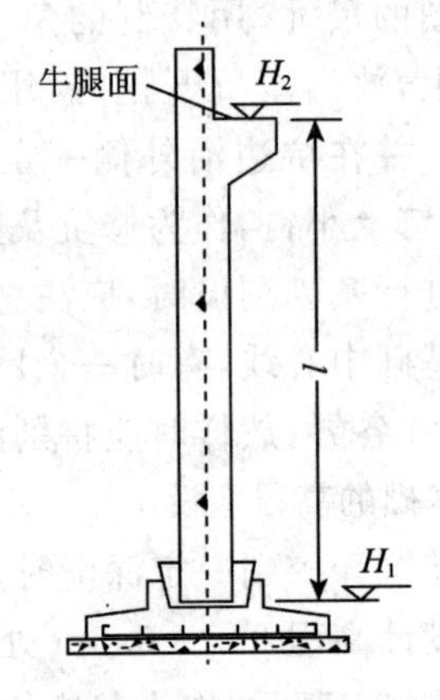

图 8-33 牛腿柱

3. 柱子的检查与杯底找平

如图 8-33 所示，通常牛腿柱的设计长度 l 加上杯底高程 H_1 应等于牛腿面的设计高程 H_2，即：

$$H_2 = H_1 + l \tag{8-4}$$

但柱子在预制时，由于模板制作和模板变形等原因，柱子的实际尺寸与设计尺寸不可能一致。为了解决这个问题，往往在浇注基础时把杯形基础底面高程降低 2～5cm，然后用钢尺从牛腿顶面沿柱边量到柱底，根据这根柱子的实际长度，用 1∶2 水泥沙浆将杯底找平，使牛腿面符合设计高程。

4. 柱子安装时的竖直校正

柱子插入杯口后，首先应使柱身竖直，再令其侧面所弹出的中心线与基础轴线重合。用木楔或钢楔初步固定，然后进行竖直校正。校正时用两架经纬仪分别安置在柱基纵横轴线附近，如图 8-34 所示，离柱子的距离约为 1.5 倍柱高。先瞄准柱子中心线的底部，固定照准部，再仰视柱子中心线顶部。如重合，则柱子在这个方向上就是竖直的。如果不重合，应进行调整，直到柱子两个侧面的中心线竖直为止。

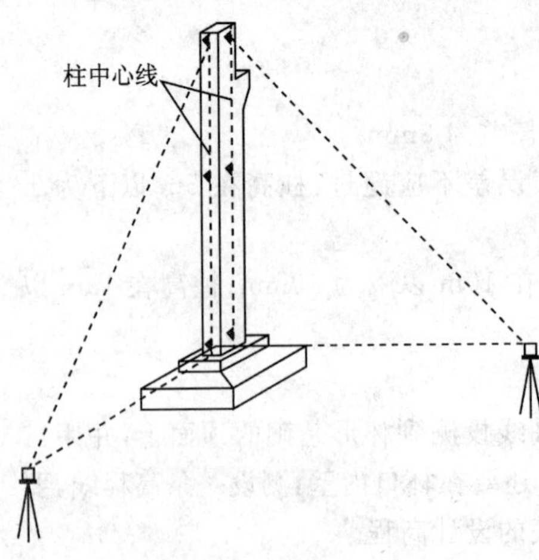

图 8-34 柱子竖直校正

由于纵轴方向上柱距很小，通常把仪器安置在纵轴的一侧，在此方向上，安置一次仪器可校正数根柱子，如

图 8-35所示。

5.柱子校正的注意事项

1)由于柱子竖直校正时,往往仅用盘左或盘右观测,仪器误差影响很大,因此所用经纬仪必须经过严格检校。操作时还应注意使照准部水准管气泡严格居中。

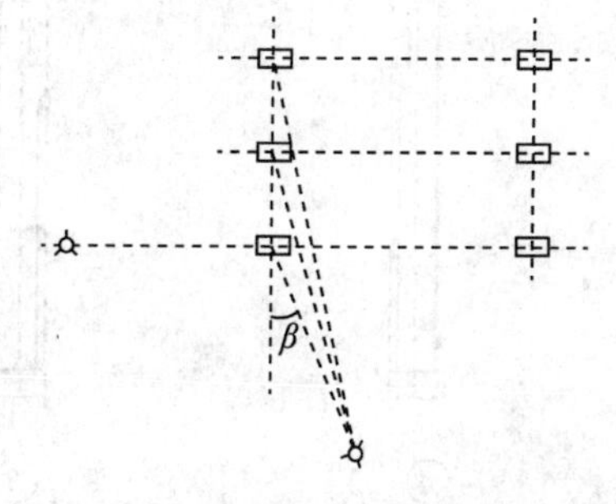

图 8-35　纵轴方向同时校正三个柱子

2)柱子在两个垂直方向的垂直度都校正好后,应再复查柱子平面位置,看柱子下部的中线是否仍对准基础的轴线。

3)当校正变截面的柱子时,经纬仪必须放在轴线上校正,避免产生差错。

4)在逆光照射下校正柱子垂直度时,要考虑温度影响,因为柱子受太阳辐射后,柱子向阴面弯曲;太阳的照射也使经纬仪的水准器偏向阳光一侧。为此应在早晨或阴天时校正。

5)当安置一次仪器校正几根柱子时,仪器偏离轴线的角度 β 最好不超过15°,如图 8-35 所示。

业务要点 4:厂房吊车梁安装测量

吊车梁、吊车轨道的安装测量的主要目的是使吊车梁中心线、轨道中心线及牛腿面的中心线在同一竖直面内,梁面、轨道面均在设计的高程位置上,同时使轨距和轮距满足设计要求,如图 8-36 所示。安装前先弹出吊车梁顶面中心线和吊车梁两端中心线,将吊车轨道中心线投到牛腿面上。其步骤是:如图 8-37(a)所示,利用厂房中心线 A_1A_1,根据设计轨距在地面上投测出吊车轨道中心线 $A'A'$ 和 $B'B'$。再分别安置经纬仪于吊车轨道中心线的一个端点 A' 上,瞄准另一端点 A',仰起望远镜,即可将吊车轨道中心线投测到每根柱子的牛腿面上,并弹出墨线。然后根据牛腿面上的中心线和梁端中心线,将吊车梁安置在牛腿面上,如图 8-38 所示。吊车梁安装完后,应检查吊车梁的高程,可将水准仪安置在地面上,在柱子侧面测设+50cm 标高线,用钢尺从该线沿柱子侧面向上量至梁面的高度,检查梁面标高是否正确,然后在梁下用铁板调整梁面高程,使之符合设计要求。

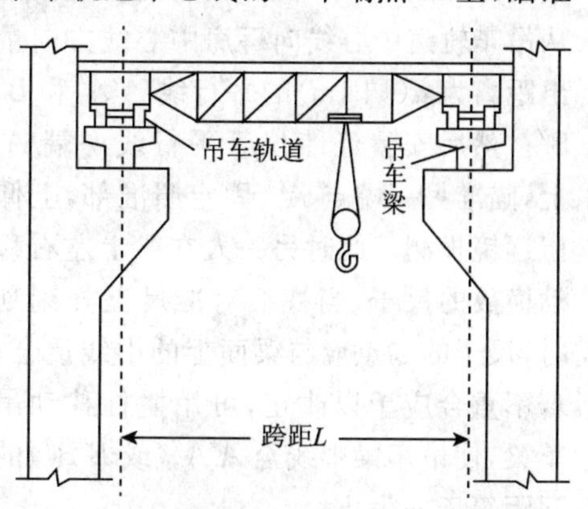

图 8-36　牛腿柱、吊车梁和吊车轨道构造

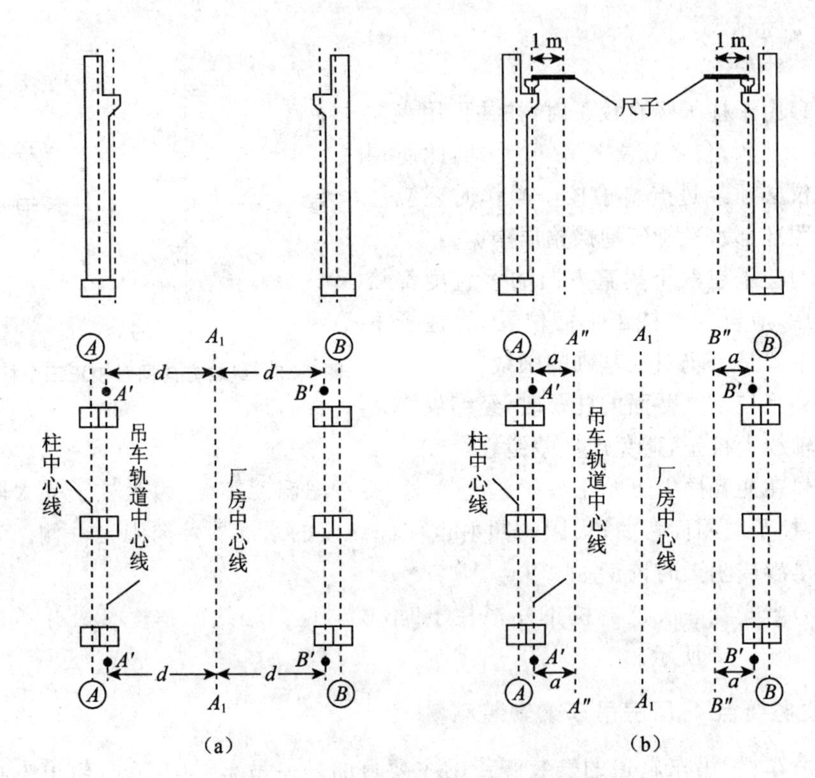

图 8-37　吊车梁、吊车轨道安装测量

业务要点 5:厂房吊车轨道安装测量

安装吊车轨道之前，须对吊车梁上的中心线进行检测，此项检测多用平行线法。如图 8-37(b)所示，首先在地面上从吊车轨道中心线向厂房中心线方向量出距离为 a(如 1m)的平行线 $A''A''$ 和 $B''B''$。然后安置经纬仪于平行线一端 A'' 上，瞄准另一端点 A''，固定照准部，上仰望远镜投测。此时另一人在梁上左右移动横放的尺子，当视线对准尺上 a 刻划时，尺子的零点应与梁面上的中线重合。若不重合应予以改正，可用撬杠移动吊车梁，使吊车梁中线至 $A''A''$(或 $B''B''$)的间距等于 a 为止。

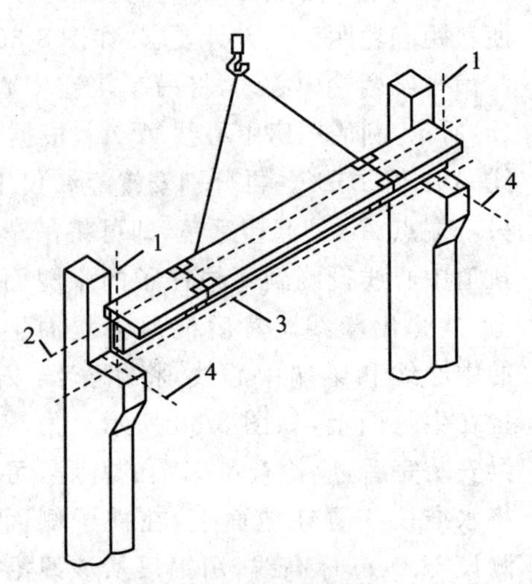

图 8-38　吊车梁吊装

1—吊车梁端面中心线　2—吊车梁顶面中心线

3—吊车梁对位中心线

4—吊车梁顶面对位中心线(牛腿面中心线)

吊车轨道按中心线安装就位后，可

将水准仪安置在吊车梁上,水准尺直接放在轨道顶面上进行检测,每隔 3m 测一点高程,与设计高程相比,误差应在±3mm 以内。还要用钢尺检查两吊车轨道间跨距,与设计跨距相比,误差不超过±5mm。

业务要点 6:厂房屋架安装测量

1.屋架安装前的准备工作

屋架吊装前,用经纬仪或其他方法在柱顶面上,测设出屋架定位轴线。在屋架两端弹出屋架中心线,以便进行定位。

2.屋架的安装测量

屋架吊装就位时,应使屋架的中心线与柱顶面上的定位轴线对准,允许误差为 5mm。屋架的垂直度可用锤球或经纬仪进行检查。用经纬仪检校方法如下:

1)如图 8-39 所示,在屋架上安装三把卡尺,一把卡尺安装在屋架上弦中点附近,另外两把分别安装在屋架的两端。自屋架几何中心沿卡尺向外量出一定距离,一般为 500mm,作出标志。

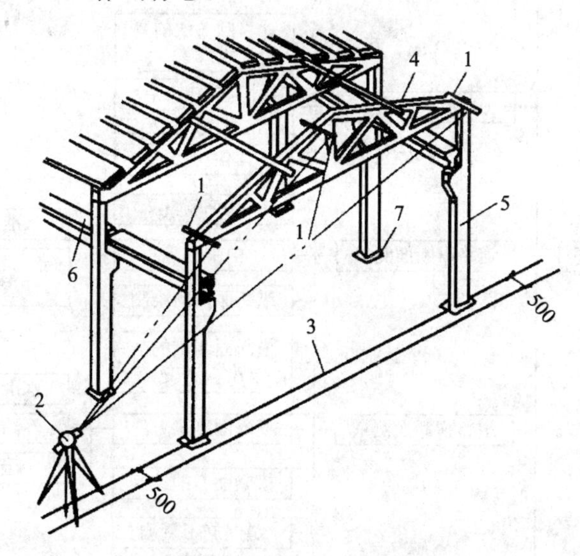

图 8-39　屋架的安装测量

1—卡尺　2—经纬仪　3—定位轴线

4—屋架　5—柱　6—吊车梁　7—柱基

2)在地面上,距屋架中线同样距离处,安置经纬仪,观测三把卡尺的标志是否在同一竖直面内,如果屋架竖向偏差较大,则用机具校正,最后将屋架固定。垂直度允许偏差为:薄腹梁为 5mm;桁架为屋架高的 1/250。

第九章　市政工程测量

第一节　道路工程测量

本节导图

本节主要介绍了道路中线测量、圆曲线的测设、道路纵断面测量、道路横断面测量以及道路施工测量，其内容关系如图 9-1 所示。

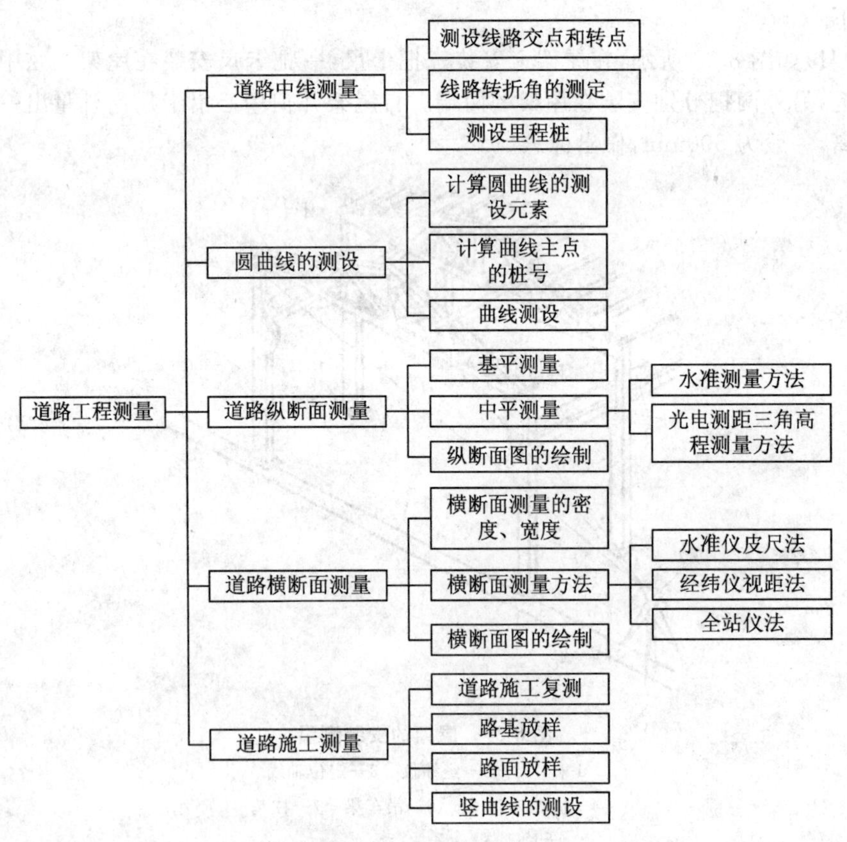

图 9-1　本节内容关系图

业务要点 1：道路中线测量

道路的平面线型通常由直线和曲线组成，如图 9-2 所示。中线测量就是根据道路选线中确定的定线条件，将线路中心线位置测设到实地上并做好相应标志，便于指导道路施工。中线测量的主要内容包括测设中线上的交点和转点，测定线路转折角，钉里程桩和加桩，测设曲线主点和曲线里程桩等。

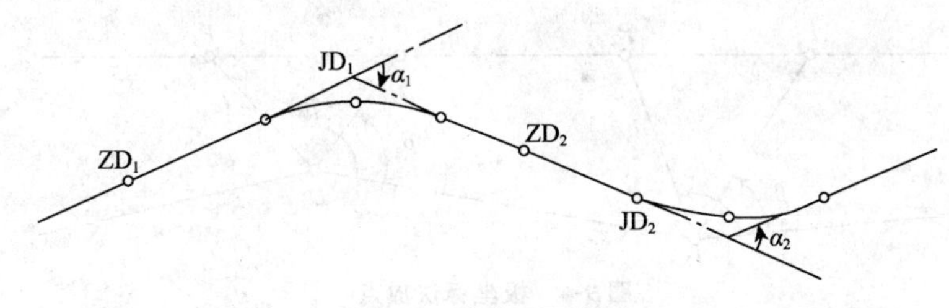

图 9-2　道路平面线型

1. 测设线路交点和转点

在线路测设时，应先定出线路的转折点，这些转折点称为交点（包括起点和终点），用 JD 表示，它是中线测量的控制点。在定线测量中，当相邻两交点互不通视或直线较长时，需要在其连线或延长线上测定一点或数点，以供交点、测角、量距或延长直线瞄准使用，这样的点称为转点，用 ZD 表示。

（1）测设线路交点　测设线路交点时，由于定位条件和实地情况不同，交点测设方法有以下几种。

1）根据地物测设交点。如图 9-3 所示，JD_2 的位置已在图上选定，可在图上量出 JD_2 到两房角和电杆的距离。在现场根据相应的地物，用距离交会法测设出 JD_2。

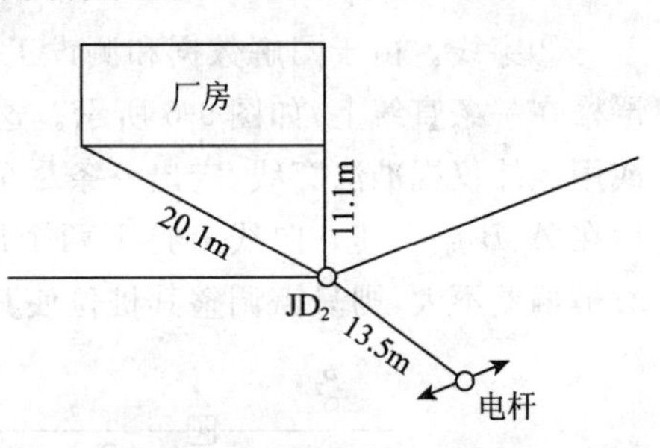

图 9-3　根据地物测设交点

2）直接测设法。当线路定位条件是提供的交点坐标，且这些交点可直接由控制点测设时，可事先算出有关测设数据，按极坐标法、角度交会法或距离交会法测设交点。

3）穿线交点法。穿线交点法是利用图上就近的导线点或地物点，把中线的直线段独立地测设到地面上，然后将相邻直线延长相交，定出地面交点桩的位置，具体测设步骤如下。

①放点。放点的方法有极坐标法和支距法。如图 9-4 所示，P_1、P_2、P_3、P_4 为图样上定线的某直线段预放的临时点，先在图上以附近的导线点 D_7、D_8 为依据，用量角器和比例尺分别量出 β_1、l_1、β_2、l_2 等放样数据，然后在现场用极坐标法将 P_1、P_2、P_3、P_4 标定出来。

按支距法放点时，如图 9-5 所示，先在图上从导线点 D_6、D_7、D_8、D_9 作导线边的垂线分别与中线相交得 P_1、P_2、P_3、P_4 各临时点，用比例尺量取相应的支距 l_1、l_2、l_3、l_4，然后在现场以相应导线点为垂足，用方向架定垂线方向，用钢尺量支距，测设出 P_1、P_2、P_3、P_4 各临时点。

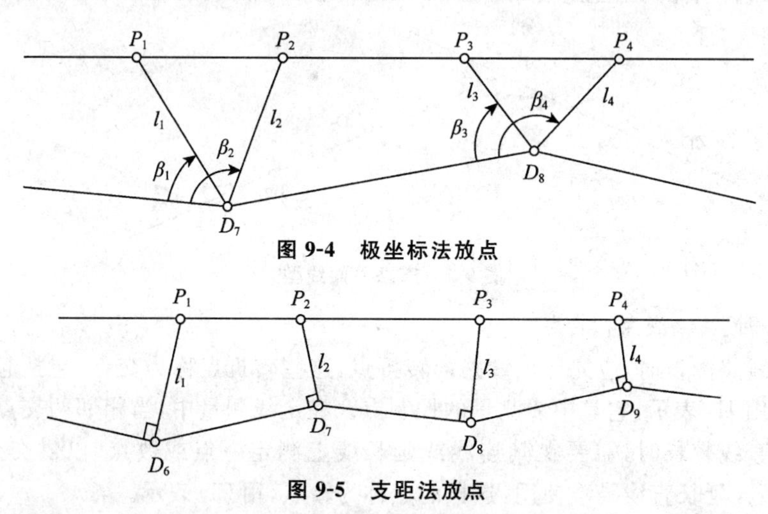

图 9-4　极坐标法放点

图 9-5　支距法放点

②穿线。由于图解数据和测设工作中的误差，放出的各临时点实际上并不严格在一条直线上，如图 9-6 所示。这时可根据现场实际情况，采用目估法穿线或用经纬仪视准法穿线，定出一条尽可能多地穿过或靠近临时点的直线 AB，最后在 A、B 点或其方向线上打下两个以上转点桩，随即取消临时点。若钉的临时桩偏差不大，则只需调整其桩位使其在一条直线上即可。

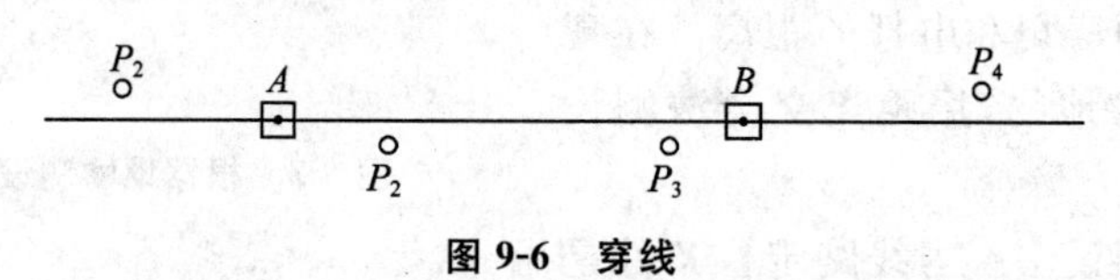

图 9-6　穿线

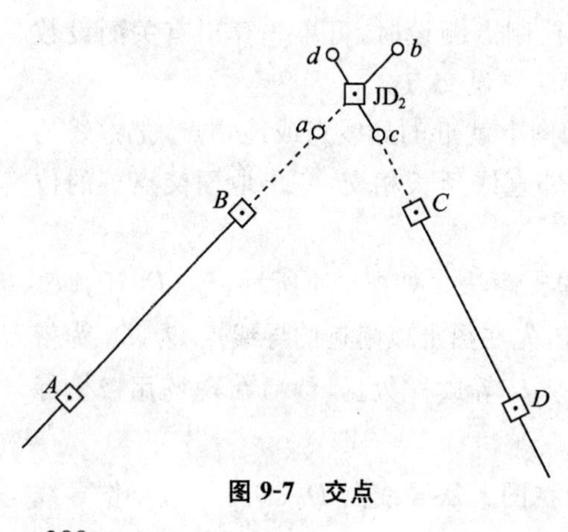

图 9-7　交点

③交点。如图 9-7 所示，当两条相交直线 AB、CD 在地面上确定后，即可进行交点。在 B 点安置经纬仪，瞄准 A 点，倒转望远镜，在视线方向上接近交点 JD_2 的概略位置前后打下两个骑马桩，采用盘左、盘右分中法在这两个骑马桩上定出 a、b 两点，并钉以小钉，挂上细线。在 CD 方向上，同法定出 c、d 两点，挂上细线，在两细线的相交处打下木桩，并钉以小钉，

得 JD_2。

(2)线路转点的测设

1)在两点间设置转点。如果两点间互相通视,通常采用盘左、盘右分中法测定转点,定点横向偏差每 100m 不超过 10mm,在限差内取中点作为所求转点。

如图 9-8(a)所示,如果 JD_5、JD_6 两点不通视,应先置仪器于任意点 ZD′点,在 JD_6 附近定出 JD_5～ZD′的延长线上点 JD_6',并量偏差 f,用视距法测定 a、b,则:

$$e=\frac{a}{a+b}f \tag{9-1}$$

将 ZD′按 e 值移动至 ZD,同法在 ZD 上安置经纬仪,如果 f 不超限,则认为 ZD 为正确位置;若 f 超限,重复上述步骤,直至符合为止。

2)在两交点延长线上设置转点。如图 9-8(b)所示,JD_8～JD_9 互不通视,在其延长线方向附近选一点 ZD′,并在该点上安置经纬仪,瞄准 JD_8,用盘左、盘右分中法在 JD_9 附近投点得 JD_9'点,量出 f 值,用视距法测定 a、b 则:

$$e=\frac{a}{a-b}f \tag{9-2}$$

将 ZD′按 e 值移动至 ZD,在 ZD 上安置经纬仪,重复上述工作,直至 f 符合要求后桩钉 ZD 点位,即为所求转点。

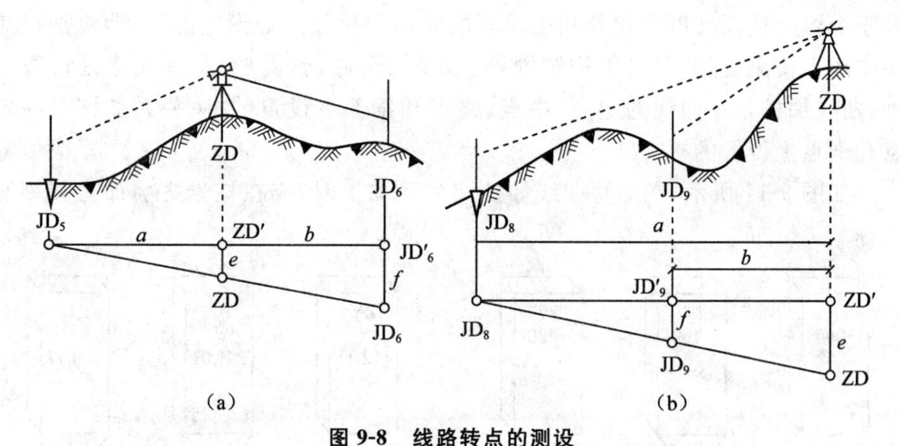

图 9-8　线路转点的测设

(a)在两点间设置转点　　(b)在两交点延长线上设置转点

交点和转点桩钉完后,均应做好标志,以备施工时恢复和查找之用。

2.线路转折角的测定

线路由一个方向偏转为另一方向时,偏转后的方向与原方向延长线的夹角称为转折角,又称转角或偏角,用 α 表示。转折角有左、右之分,如图 9-9 所示。当偏转后的方向位于原方向右侧时,称右转角 α_R;当偏转后的方向位于原方向左测时，称左转角 α_L。在线路测量中，习惯上是通过观测线路的右角计算转角 α。右角 β 的观测角常用 DJ_6 按测回法观测一测回，当 $\beta<180°$ 时为右转角，当 $\beta>180°$ 时为左转角。右转角和左转角的计算公式为：

$$\alpha_R = 180° - \beta \tag{9-3}$$

$$\alpha_L = \beta - 180° \tag{9-4}$$

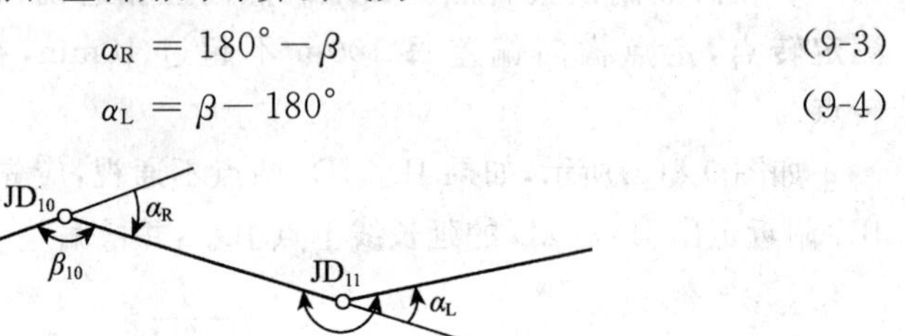

图 9-9　路线转折角

3.测设里程桩

(1)里程桩　里程桩亦称中桩，里程桩分为整桩和加桩两种。桩上写有桩号(亦称里程)，表示该桩距路线起点的里程，如某加桩距路线起点的距离为 3208.50m，其桩号为 K3＋208.50。

1)整桩。整桩是由路线起点开始，每隔 20m 或 50m 设置一桩，百米桩和公里桩均属于整桩。整桩的书写实例如图 9-10 所示。

2)加桩。加桩分为地形加桩、地物加桩、曲线加桩和关系加桩。地形加桩是于中线上地面坡度变化处和中线两侧地形变化较大处设置的桩；地物加桩是在中线上桥梁、涵洞等人工构筑物处，以及与公路、铁路、渠道等相交处设置的桩；曲线加桩是在曲线的起点、中点、终点和细部点设置的桩；关系加桩是在转点和交点上设置的桩。

如图 9-11 所示，在书写曲线加桩和关系加桩时，应在桩号之前加写其缩写名称。

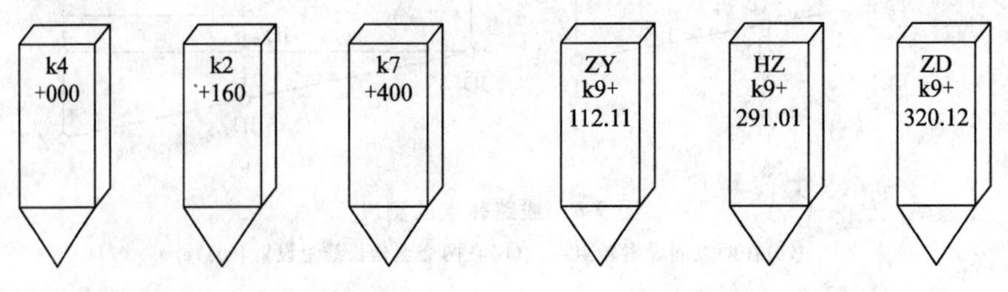

图 9-10　整桩的书写实例　　　　图 9-11　加桩的书写实例

里程桩和加桩一般不钉中心钉，但在距线路起点每隔 500m 的整倍数桩，重要地物加桩(如桥位桩、隧道定位桩)以及曲线主点桩，均钉大木桩并钉中心钉表示。

(2)里程桩的钉设　钉里程桩一般用经纬仪定向，距离丈量视精度要求而定：高速路用测距仪或全站仪；城镇规划路用钢尺丈量，精度应高于 1/3000；一般情况下用钢尺丈量，但其精度不得低于 1/1000。桩号一般用红色调合漆写在木桩朝向线路起始方向的一侧或附近明显地物上，字迹要工整、醒目。对重要里程桩如交点桩等应设置护桩，如图 9-12(a)所示，同时对里程桩和护桩要做好点之记工作，如图 9-12(b)所示。

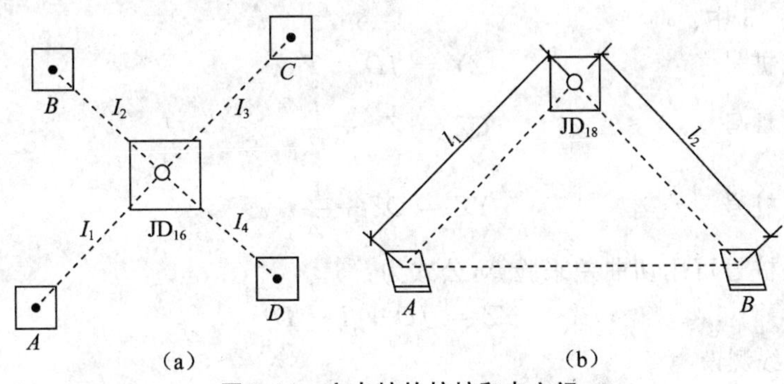

图 9-12　交点桩的护桩和点之记

(3)断链及其处理　局部地段改线或分段测量以及事后发现丈量错误或计算错误等，均会造成线路里程桩的不连续，称之为断链。桩号重叠的称为长链；桩号间断的称为短链。发生断链时，应在测量成果和有关设计文件中注明，并在实地钉断链桩，断链桩不要设在曲线内或建筑物上，桩上应注明线路来向、去向的里程和应增减的长度。一般在等号前后分别注明来向、去向的里程。

业务要点 2：圆曲线的测设

1. 计算圆曲线的测设元素

道路在转弯处是曲线形的，各项曲线元素如图 9-13 所示。圆曲线的曲线半径 R、线路转折角 a、切线长 T、曲线长 L、外矢距 E，是计算和测设曲线的主要元素，从图 9-13 中几何关系可知，若 a、R 为已知，则曲线元素的计算公式为：

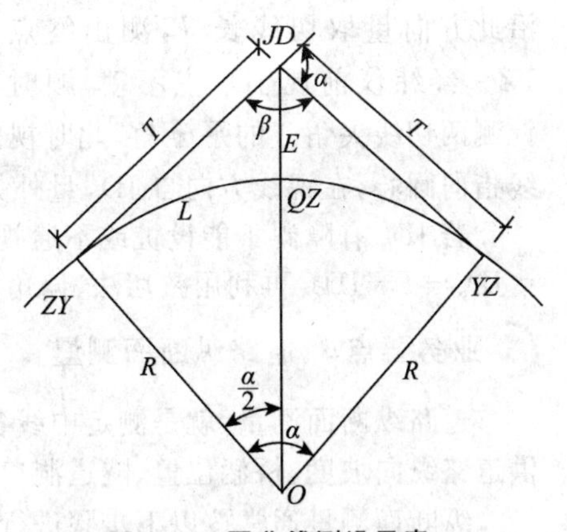

图 9-13　圆曲线测设元素

(图中转角 $a=a$ 圆心角，弦切角＝1/2 圆心角，切线 $T\perp R$ 半径，$\sec a=1/\cos a$)

切线长　$T=R\cdot\tan\frac{\alpha}{2}$　(9-5)

曲线长 $L=R\cdot\alpha\cdot\frac{\pi}{180}$　(9-6)

外矢距 $E=R\cdot\sec\frac{\alpha}{2}-R=R\left(\sec\frac{\alpha}{2}-1\right)=R\cdot\left(\frac{1}{\cos\frac{\alpha}{2}}-1\right)$　(9-7)

切曲差 $$D = 2T - L \tag{9-8}$$

这些元素值利用电子计算器能很快算出，也可用 R 和 α 为引数由专用（曲线测设用表）查取。

2.计算曲线主点的桩号

图 9-13 中：

起点桩号 $$ZY = JD - T \tag{9-9}$$

中点桩号 $$QZ = ZY + \frac{L}{2} \tag{9-10}$$

终点桩号 $$YZ = QZ + \frac{L}{2} \tag{9-11}$$

终点桩号可用切曲差来验算，公式为：

$$YZ = JD + T - D \tag{9-12}$$

3.曲线测设

曲线元素计算后，便可进行主点测设。图 9-14 在交点 JD_5 安置经纬仪，后视来向相邻交点 JD_0，自测站起沿此方向量切线长 T，得曲线起点 ZY，打一木桩，经纬仪顺时针测 $\alpha+180°$ 前视去向相邻交点 JD_6，自测站沿此方向量取切线长 T，测出终点 YZ。经纬仪前视 JD_5 点不动，顺时针测两切线夹角 β 的平分角，此时视线指向圆心，在视线方向自 JD_5 量外矢距 E，测出曲线中点 QZ。

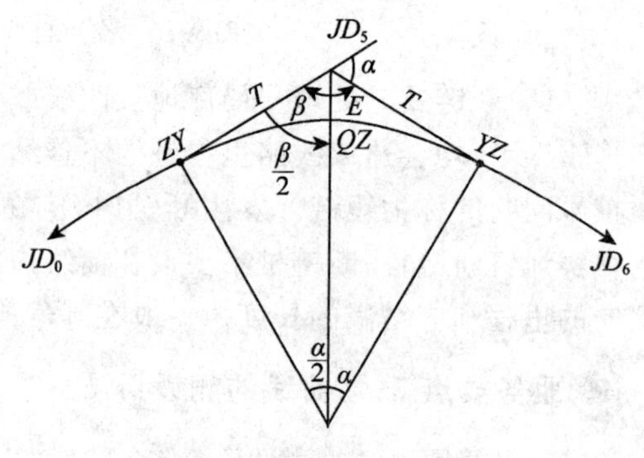

图 9-14 圆曲线主点测设

若 JD_5 有障碍不能设桩或不通视，可在来向方向自 JD_0 量出 ZY 桩位，$ZY = JD_5 - T - JD_0$，再利用弦切法、偏角法测出曲线中点 QZ。

业务要点 3：道路纵断面测量

道路纵断面测量，就是测定中线各里程桩的地面高程，绘制道路纵断面图，供道路纵向坡度、桥涵位置、隧道洞口位置等的设计之用。

纵断面测量通常按以下步骤进行：

1）高程控制测量，又称基平测量，即沿道路方向设置水准点并测量水准点的高程。

2）中桩高程测量，又称中平测量，即根据基平测量设立的水准点及其高程，分段进行测量，测定各里程桩的地面高程。

1.基平测量

基平测量水准点的布设应在初测水准点的基础上进行。先检核初测水准点，尽量采用初测成果，对于不能再使用的初测水准点或远离道路的点，应根据实际需要重新设置。在大桥、隧道口及其他大型构造物两端还应增设水准点。定测阶段，基平测量水准点的布设要求和测量方法均与初测水准点高程测量中的相同。

2.中平测量

中平测量是测定中线上各里程桩的地面高程，为绘制道路纵断面提供资料。道路中桩的地面高程，可采用水准测量的方法或光电测距三角高程测量的方法进行观测。无论采用何种方法，均应起闭于水准点，构成附合水准路线，路线闭合差的限差为 $50\sqrt{L}$mm（L 为附合路线的长度，以 km 为单位）。

(1)水准测量方法　中平测量一般是以两相邻水准点为一测段，从一个水准点出发，逐个测定中桩的地面高程，直至附合于下一个水准点上。施测时，在每一个测站上首先读取后、前两转点的尺上读数，再读取两转点间所有中间点的尺上读数。转点尺应立在尺垫、稳固的桩顶或坚石上，尺读数至毫米，视线长不应大于 150m；中间点立尺应紧靠桩边的地面，读数可至厘米，视线也可适当放长。

如图 9-15 所示，将水准仪安置于①站，后视水准点 BM_1，前视转点 ZD_1，将读数记入表 9-1 中后视、前视栏内；然后观测 BM_1 与 ZD_1 间的中间点 K0＋000，＋050，＋100，＋123.6，＋150，将读数记入中视栏；再将仪器搬至②站，后视转点 ZD_1、前视转点 ZD_2，然后观测各中间点 K0＋191.3，＋200，＋243.6，＋260，＋280，将读数分别记入后视、前视和中视栏；按上述方法继续往前测，直至闭合于水准点 BM_2，完成一测段的观测工作。

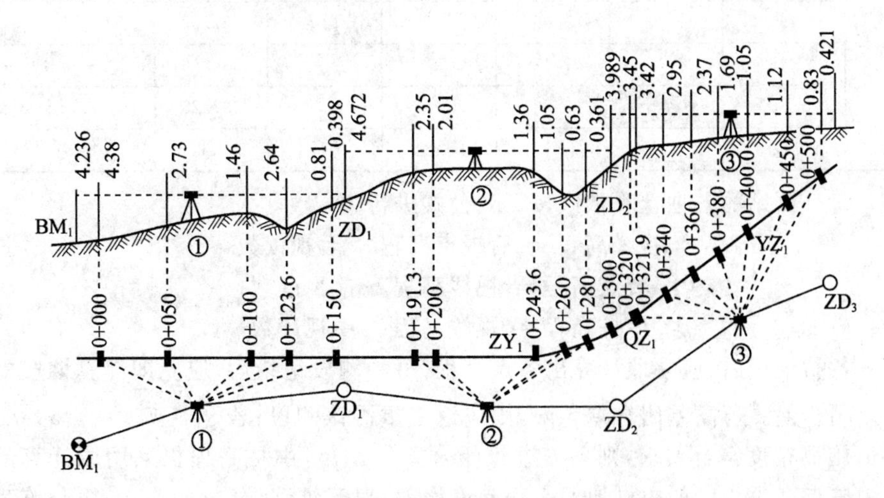

图 9-15　中平测量

表 9-1　道路纵断面水准(中平)测量记录

测站	测点	水准尺读数/m			视线高程	高程	备注
		后视	中视	前视			
Ⅰ	BM_1	4.236			330.174	325.938	BM_1 位于 K0＋000 桩右侧 50m 处
	K0＋000		4.38			325.79	
	＋050		2.73			327.44	
	＋100		1.46			328.71	
	＋123.6		2.64			327.53	
	＋150		0.81			329.36	
	ZD_1	4.672		0.398	334.448	329.776	
Ⅱ	＋191.3		2.35			332.10	
	＋200		2.01			332.44	
	＋243.6		1.36			333.09	ZY_1
	＋260		1.05			333.40	
	＋280		0.63			333.82	
	ZD_2(＋300)	3.989		0.361	338.076	334.087	
Ⅲ	＋320		3.45			334.63	
	＋321.9		3.42			334.66	QZ_1
	＋340		2.95			335.13	
	＋360		2.37			335.71	
	＋380		1.69			336.39	
	＋400.0		1.05			337.03	YZ_1
	＋450		1.12			336.96	
	＋500		0.83			337.25	
	ZD_3			0.421		337.655	

每一测站的各项计算依次按下列公式进行：

$$\begin{aligned}&\text{视线高程} = \text{后视点高程} + \text{后视读数}\\&\text{转点高程} = \text{视线高程} - \text{前视读数}\\&\text{中桩高程} = \text{视线高程} - \text{中视读数}\end{aligned} \tag{9-13}$$

各站记录后，应立即计算出各点高程，每一测段记录后，应立即计算该段的高差闭合差。若高差闭合差超限，则应返工重测该测段；若 $f_h \leqslant f_{h容} = \pm 50\sqrt{L}$ mm，施测精度符合要求，则不需进行闭合差的调整，中桩高程仍采用原计算的各中桩点高程。一般中桩地面高程允许误差，对于铁路、高速公路、一级公路为±5cm，对于其他道路工程为±10cm。

(2)光电测距三角高程测量方法　在两个水准点之间，选择与该测段各中线桩通视的一导线点作为测站，安置好全站仪或测距仪，量仪器高并确定反射棱镜的高度，观测气象元素，预置仪器的测量改正数并将测站高程、仪器高及反射棱镜高输入仪器，以盘左位置瞄准反射镜中心，进行距离、角度的一次测量并记录观测数据，之后根据光电测距三角高程测量的单方向测量公式

$$\Delta D_{h}=D-L=-\frac{h^{2}}{2L} \tag{9-14}$$

式中　h——A、B 两点间的高差。

计算两点间高差，从而获得所观测中桩点的高程。

为保证观测质量，减少误差影响，中平测量的光电边长宜限制在1km以内。另外，中平测量也可利用全站仪在放样中桩同时进行，它是在定出中桩后利用全站仪的高程测量功能随即测定中桩地面高程。

3.纵断面图的绘制

道路纵断面图以中桩的里程为横坐标、其高程为纵坐标进行绘制。常用的里程比例尺有1∶5000，1∶2000，1∶1000几种，为了明显表示地面的起伏，一般取高程比例尺为里程比例尺的10～20倍。

通常纵断面图的绘制步骤如下：

(1)打格制表　按照选定的里程比例尺和高程比例尺打格制表，根据里程按比例标注桩号，按中平测量成果填写相应里程桩的地面里程，用示意图表示道路平面。

在道路平面中，位于中央的直线表示道路的直线段，向上或向下凸出的折线表示道路的曲线，折线中间的水平线表示圆曲线，两端的斜线表示缓和曲线，上凸表示道路右转，下凸表示路线左转。

(2)绘出地面线　首先选定纵坐标的起始高程，使绘出的地面线位于图上适当位置。为便于绘图和阅图，通常是以整米数的高程标注在高程标尺上，然后根据中桩的里程和高程，在图上依次点出各中桩的地面位置，再用直线将相邻点连接就得到地面线。

根据表9-1中数据所绘制的纵断面图，如图9-16所示。

业务要点4:道路横断面测量

道路横断面测量，就是测定中线各里程桩两侧一定范围的地面起伏形状并绘制横断面图，供路基等工程设计、计算土石方数量以及边坡放样之用。

横断面的方向，在直线段是中线的垂直方向，在曲线段是道路切线的垂线方向。

1.横断面测量的密度、宽度

横断面测量的密度，应根据地形、地质及设计需要确定，一般除施测各中桩

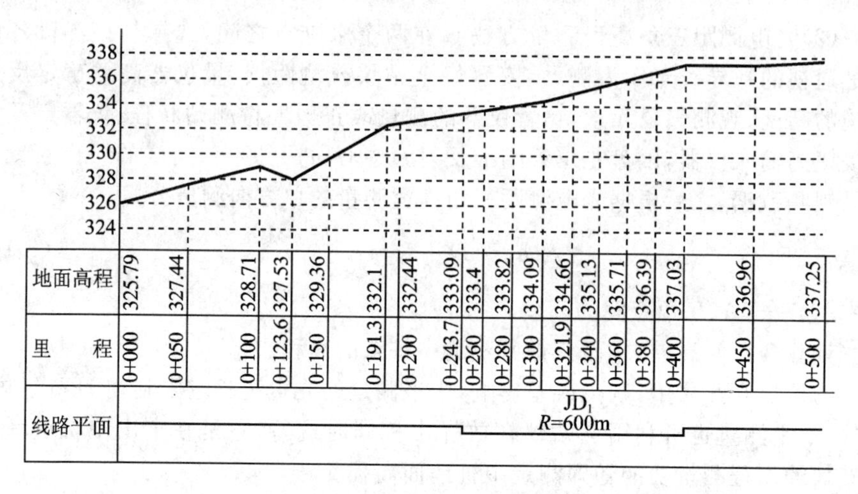

图 9-16 道路纵断面示意图

处横断面外，在大中桥头、隧道洞口、高路堤、深路堑、挡土墙、站场等工程地段和地质不良地段，应适当加大横断面的测绘密度。

横断面测量的宽度，根据道路宽度、填挖高度、边坡大小、地形情况以及有关工程的特殊要求而定，应满足路基及排水设计的需要。

2.横断面测量的方法

横断面测量的实质，是测定横断面方向上一定范围内各地形特征点相对于中桩的平距和高差。根据使用仪器工具的不同，横断面测量可采用水准仪皮尺法、经纬仪视距法、全站仪法等。无论采用何种方法，检测限差应符合表 9-2 的规定。

表 9-2 横断面检测限差 (单位：m)

道路等级	距 离	高 程
高速公路、一级公路	$\pm(L/100+0.1)$	$\pm(h/100+L/200+0.1)$
二级及以下公路	$\pm(L/50+0.1)$	$\pm(h/50+L/100+0.1)$

注：L 为测点至中桩的水平距离；h 为测点至中桩的高差。L，h 单位均为 m。

(1)水准仪皮尺法　此法适用于地势平坦且通视良好的地区。使用水准仪施测时，以中桩为后视，以横断面方向上各变坡点为前视，测得各变坡点与中桩间高差，水准尺读数至厘米，用皮尺分别量取各变坡点至中桩的水平距离，量至分米位即可。在地形条件许可时，安置一次仪器可测绘多个横断面。测量记录格式见表 9-3，表中按道路前进方向分左、右侧记录，分式的分子表示高差，分母表示水平距离。

表 9-3　横断面测量记录

左　侧	桩　号	右　侧
…	…	…
$\frac{2.35}{20.0}$ $\frac{1.84}{12.7}$ $\frac{0.81}{11.2}$ $\frac{1.09}{9.0}$ $\frac{1.35}{6.8}$	K0＋340	$\frac{-0.46}{12.4}$ $\frac{0.15}{20.0}$
$\frac{2.16}{20.0}$ $\frac{1.78}{13.6}$ $\frac{1.25}{8.2}$	K0＋360	$\frac{-0.7}{7.2}$ $\frac{-0.33}{11.8}$ $\frac{0.12}{20.0}$

(2)经纬仪视距法　此法适用于地形起伏较大、不便于丈量距离的地段。将经纬仪安置在中桩上，用视距法测出横断面方向各变坡点至中桩的水平距离和高差。

(3)全站仪法　此法适用于任何地形条件。将仪器安置在道路附近任意点上，利用全站仪的对边测量功能可测得横断面上各点相对于中桩的水平距离和高差。

3.横断面图的绘制

横断面图的水平比例尺和高程比例尺相同，一般采用 1∶200 或 1∶100。绘图时，先将中桩位置标出，然后分左、右两侧，依比例按照相应的水平距离和高差，逐一将变坡点标在图上，再用直线连接相邻各点，即得横断面地面线。根据表 9-3 中数据所绘制的横断面图，如图 9-17 所示。

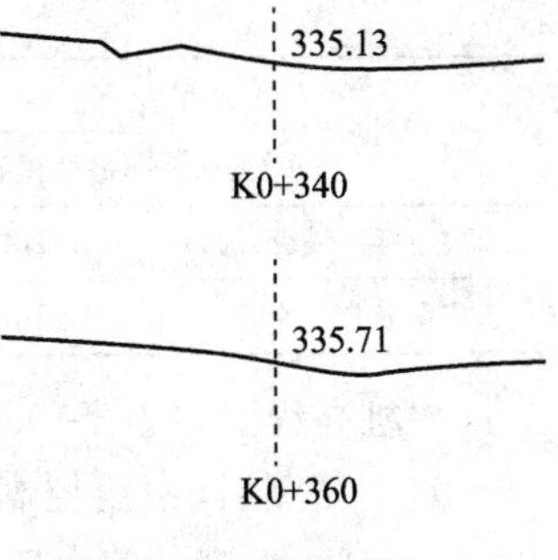

图 9-17　横断面图

业务要点 5：道路施工测量

1.道路施工复测

由于定测以后往往要经过一段时间才进行施工，定测时所钉设的某些桩点难免丢失或被移动，因此，在道路施工开始之前，必须检查、恢复全线的控制桩和中线桩，进行复测。施工复测的工作内容、方法、精度要求与定测的基本相同。

施工复测的主要目的是检验原有桩点的准确性，而不是重新测设。经过复测，凡是与原来的成果或点位的差异在允许的范围时，一律以原有的成果为准，不作改动。当复测与定测成果不符值超出容许范围时，应多方寻找原因，如确属定测资料错误或桩点发生移动，则应改动定测成果，且改动尽可能限制在局部的范围内。复测与定测成果的不符值的限差如下。

交点水平角：高速及一级公路为±20″，二级及以下公路为±60″，铁路为±30″。

转点点位横向差：每 100m 不应大于 5mm，当点间距离超过 400m 时，最大点位误差应小于 20mm。

中线量距精度及中桩桩位限差见表 9-4。

表 9-4 中线量距精度和中桩桩位限差

道路等级	距离限差	桩位纵向误差/m		桩位横向误差/cm	
		平原微丘区	山岭重丘区	平原微丘区	山岭重丘区
高速公路、一级公路	1/2000	S/2000＋0.05	S/2000＋0.10	5	10
二级及以下公路	1/1000	S/1000＋0.10	S/1000＋0.10	10	15

曲线测量闭合差见表 9-5。

表 9-5 曲线测量闭合差

道路等级	纵向闭合差		横向闭合差/cm		曲线偏角闭合差(″)
	平原微丘区	山岭重丘区	平原微丘区	山岭重丘区	
高速公路、一级公路	1/2000	1/1000	10	10	60
二级及以下公路	1/1000	1/500	10	15	120

中桩高程限差为±10cm。

施工复测后，中线控制桩必须保持正确位置，以便在施工中经常据以恢复中线。因此，复测过程中还应对道路各主要桩位(如交点、直线转点、曲线控制点等)在土石方工程范围之外设置护桩。护桩一般设置两组，连接护桩的直线宜正交，困难时交角不宜小于 60″，每组护桩不得少于 3 个。根据中线控制桩周围的地形条件等，护桩按图 9-18 所示的形式进行布设。对于地势平坦、填挖高度不大、直线段较长的地段，可在中线两侧一定距离处，测设两排平行于中线的施工控制位，如图 9-19 所示。

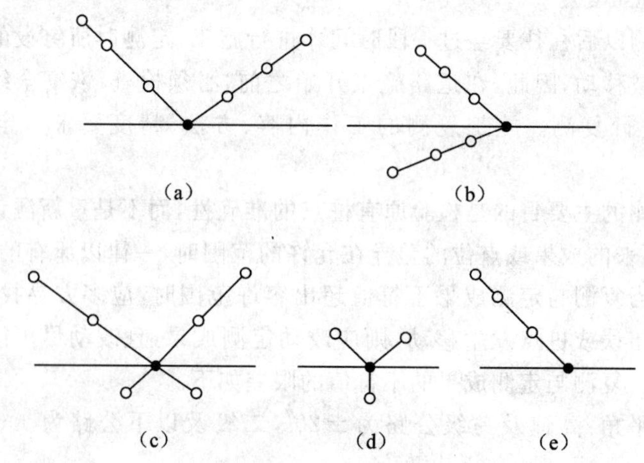

图 9-18 护桩设置示意图

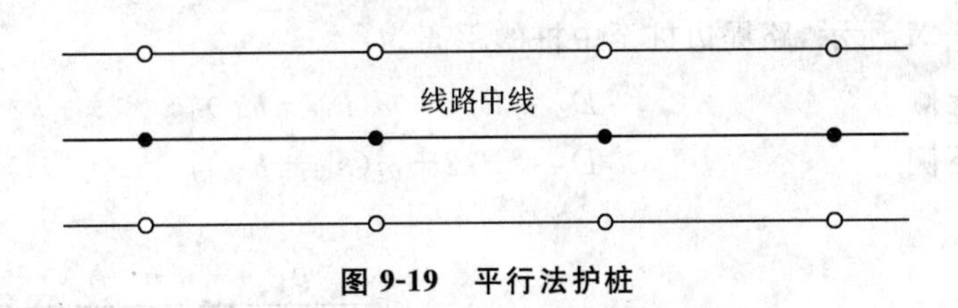

图 9-19　平行法护桩

2.路基放样

(1)路基边桩的测设　路基边桩测设就是在地面上将每一个横断面的路基边坡线与地面的交点用木桩标定出来。边桩的位置由两侧边桩至中桩的距离来确定。边桩测设的方法很多,常用的有图解法和解析法。

1)图解法。在地势比较平坦的地段,如果横断面测绘精度较高,可以在路基横断面设计图上直接量取中桩到边桩的水平距离,然后到实地在横断面方向用皮尺量距进行边桩放样。

2)解析法。

①平坦地段路基边桩的测设。填方路基称为路堤,挖方路基称为路堑,分别如图 9-20(a)、(b)所示。

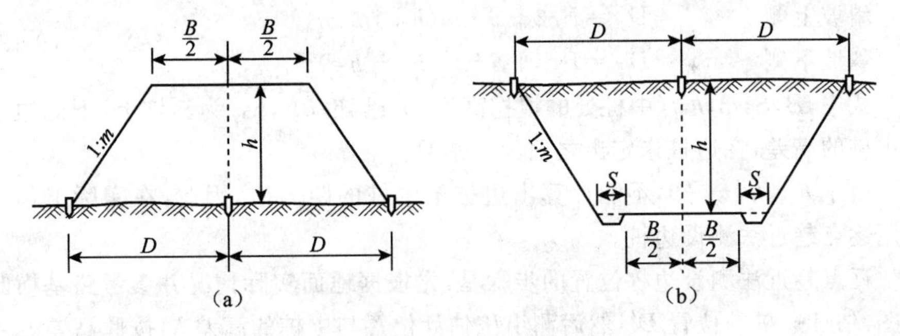

图 9-20　路堤、路堑

路堤边桩至中桩的距离为　$D=B/2+mh$　(9-15)

路堑边桩至中桩的距离为　$D=B/2+S+mh$　(9-16)

式中　B——路基设计宽度;

S——路堑边沟顶宽;

m——路基边坡坡度的倒数;

h——填土高度或挖土深度。

以上是横断面位于直线段时求算 D 值的方法。若横断面位于曲线上有加宽时,在按上面公式求出 D 值后,在曲线内侧的 D 值中还应加上加宽值。

②倾斜地段路基边桩的测设。在倾斜地段,边桩至中桩的距离随着地面坡度的变化而变化。

如图 9-21 所示，路堤边桩至中桩的距离为：

$$\left.\begin{aligned}&\text{斜坡上侧}\quad D_{上}=B/2+m(h_{中}-h_{上})\\&\text{斜坡下侧}\quad D_{下}=B/2+m(h_{中}+h_{下})\end{aligned}\right\}\tag{9-17}$$

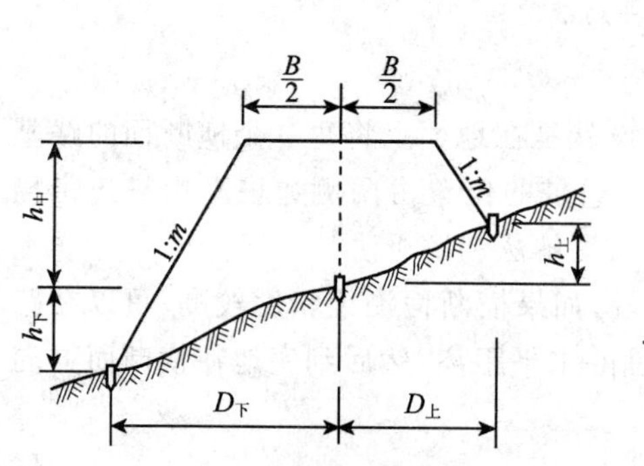

图 9-21　斜坡地段路堤边桩测设

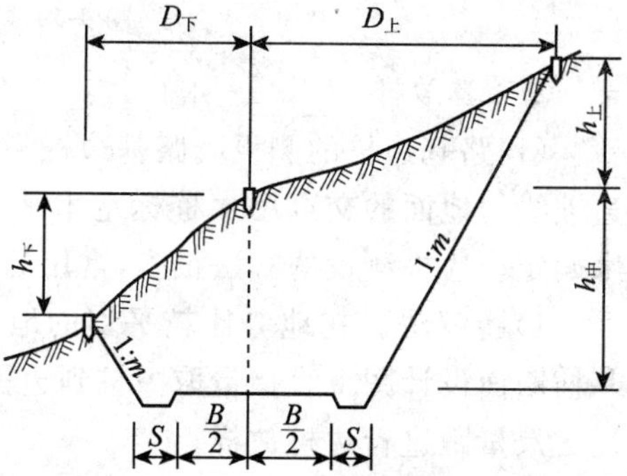

图 9-22　斜坡地段路堑边桩测设

如图 9-22 所示，路堑边桩至中桩的距离为：

$$\left.\begin{aligned}&\text{斜坡上侧}\quad D_{上}=B/2+S+m(h_{中}+h_{上})\\&\text{斜坡下侧}\quad D_{下}=B/2+S+m(h_{中}-h_{下})\end{aligned}\right\}\tag{9-18}$$

式中，$B,S,\mathrm{m},h_{中}$（中桩处的填挖高度）为已知；$h_{上}$，$h_{下}$ 为斜坡上、下侧边桩与中桩的高差，在边桩未定出之前为未知数。

由于 $h_{上}$，$h_{下}$ 未知，不能计算出边桩至中桩的距离值，因此，在实际工作中采用逐点趋近法测设边桩。

逐点趋近法测设边桩位置的步骤是：先根据地面实际情况并参考路基横断面图，估计边桩的位置 D'，然后测出该估计位置与中桩的高差 h，按此高差 h 可以计算出与其相对应的边桩位置 D。若计算值 D 与估计值 D' 相符，即得边桩位置。若 $D>D'$，说明估计位置需要向外移动，再次进行试测，直至 $\Delta D=|D\text{-}D'|<0.1\text{m}$ 时，可认为该估计位置即为边桩的位置。逐点趋近法测设边桩时，需要在现场边测边算，有经验后试测一两次即可确定边桩位置。

逐点趋近法测设边桩时，若使用全站仪，利用其对边测量功能，可同时获得估计位置与中桩的高差和水平距离，较之使用尺子量距、水准仪测高差的测设速度快，并且可以任意设站，一测站测设多个边桩，工作效率较高。

(2)路基边坡的测设　边桩测设后，为保证路基边坡施工按设计坡率进行，还应将设计边坡在实地上标定出来。

1)挂线法。如图 9-23(a)所示，O 为中桩，A、B 为边桩，CD 为路基宽度。测设时，在 C、D 两点竖立标杆，在其上等于中桩填土高度处做 C'、D'标记，用绳索

连接 A、C'、D'、B，即得出设计边坡线。当挂线标杆高度不够时，可采用分层挂线法施工，如图 9-23(b)所示。此法适用于放样路堤边坡。

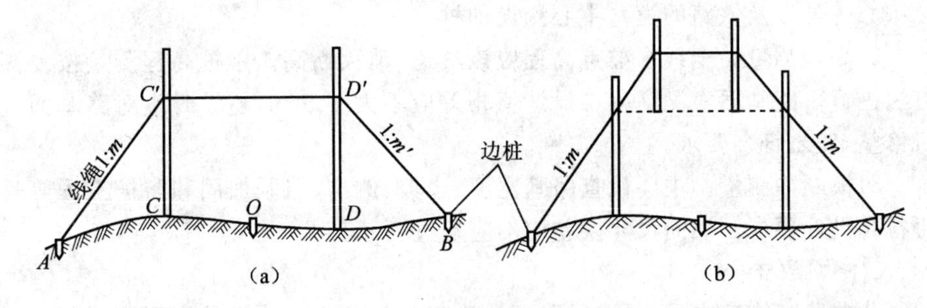

图 9-23　挂线法测设边桩

2)边坡样板法。边坡样板按设计坡度制作，可分为活动式和固定式两种。固定式样板常用于路堑边坡的放样，设置在路基边桩外侧的地面上，如图 9-24(a)所示。活动式样板也称活动边坡尺，它既可用于路堤，又可用于路堑的边坡放样，图 9-24(b)所示的是利用活动边坡尺放样路堤的情形。

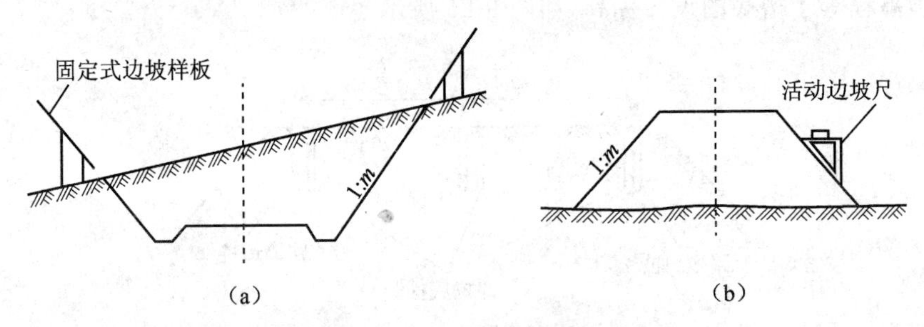

图 9-24　边坡样板法测设边坡

3)插杆法。机械化施工时，宜在边桩外插上标杆以表明坡脚位置，每填筑 2～3m后，用平地机或人工修整边坡，使其达到设计坡度。

(3)路基高程的测设　根据道路附近的水准点，在已恢复的中线桩上，用水准测量的方法求出中桩的高程，在中桩和路肩边上竖立标杆，杆上画出标记并注明填挖尺寸，在填挖接近路基设计高时，再用水准仪精确标出最后应达到的标高。

机械化施工时，可利用激光扫平仪来指示填挖高度。

(4)路基竣工测量　路基土石方工程完成后应进行竣工测量。竣工测量的主要任务是最后确定道路中线的位置，同时检查路基施工是否符合设计要求。其主要内容有：中线测设、高程测量和横断面测量。

1)中线测设。首先根据护桩恢复中线控制桩，并进行固桩，然后进行中线贯通测量。在有桥涵、隧道的地段，应从桥隧的中线向两端贯通。贯通测量后的中线位置，应符合路基宽度和建筑限界的要求。中线里程应全线贯通，消灭断链。直线段每 50m、曲线段每 20m 测设一桩，还要在平交道中心、变坡点、桥涵中心等处以及铁路的道岔中心测设加桩。

2)高程测量。全线水准点高程应该贯通，消灭断高。中桩高程测量按复测方法进行。路基面实测高程与设计值相差应不大于 5cm，超过时应对路基面进行修整，使之符合要求。

3)横断面测量。主要检查路基宽度、边坡、侧沟、路基加固和防护工程等是否符合设计要求。横向尺寸误差均不应超过 5cm。

3.路面放样

公路路基施工之后，要进行路面的施工。公路路面放样是为开挖路槽和铺筑路面提供测量保障。

在道路中线上每隔 10m 设立高程桩，由高程桩起沿横断面方向各量出路槽宽度一半的长度 $b/2$，钉出路槽边桩，在每个高程桩和路槽边桩上测设出铺筑路面的标高，在路槽边桩和高程桩旁钉桩(路槽底桩)，用水准仪抄平，使路槽底桩桩顶高程等于槽底的设计标高，如图 9-25 所示。

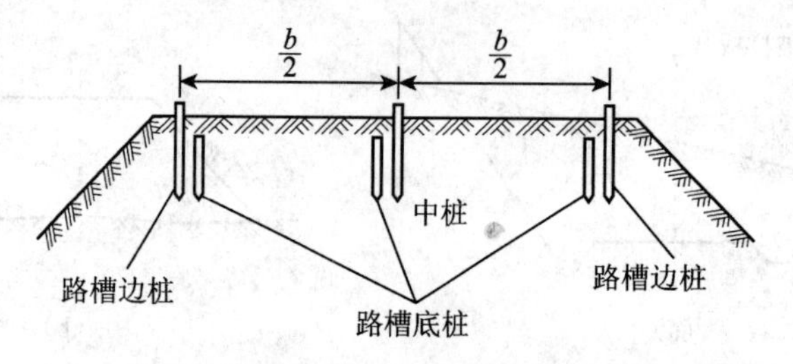

图 9-25 路槽放样

为了顺利排水，路面一般筑成中间高两侧低的拱形，称为路拱。路拱通常采用抛物线型，如图 9-26 所示。将坐标系的原点 O 选在路拱中心，横断面方向上过 O 点的水平线为 x 轴，铅垂线为 y 轴，由图可见，当 $x=b/2$ 时，$y=f$，代入抛物线的一般方程式 $x^2=2py$ 中，可解出 y 值为

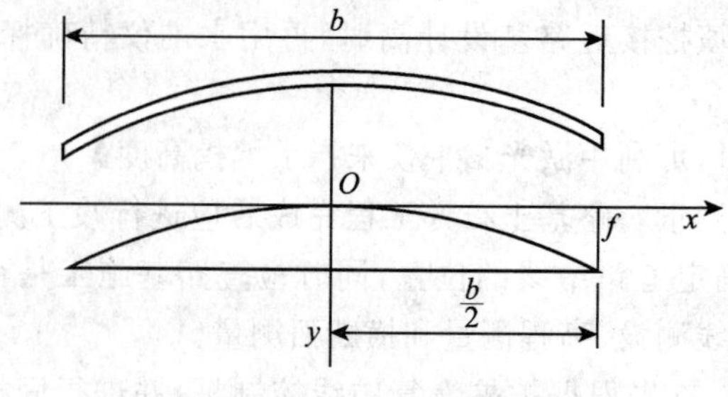

图 9-26 路拱放样

$$y=\frac{4f}{b^2}x^2 \tag{9-19}$$

式中　b——铺装路面的宽度；

f——路拱的高度；

x——横距，代表路面上点与中桩的距离；

y——纵距，代表路面上点与中桩的高差。

在路面施工时，量得路面上点与中桩的距离按上式求出其高差，据以控制路面施工的高程。公路路面的放样，一般预先制成路拱样板，在放样过程中随时检查。铺筑路面高程放样的容许误差，碎石路面为±1cm，混凝土和沥青路面为3mm，操作时应认真细致。

4.竖曲线的测设

在路线纵坡变更处，为了行车的平稳和视距的要求，在竖直面内应以曲线衔接，这种曲线称为竖曲线。竖曲线有凸形和凹形两种，如图9-27所示。

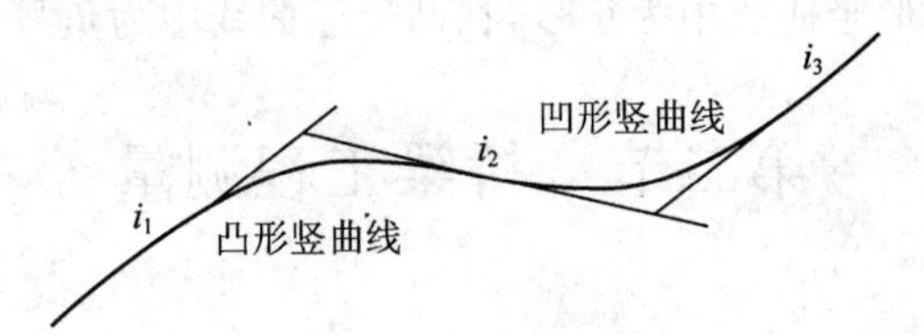

图 9-27　竖曲线

竖曲线一般采用圆曲线，这是因为在一般情况下，相邻坡度差都很小，而选用的竖曲线半径都很大，因此，即使采用二次抛物线等其他曲线，所得到的结果也与圆曲线相同。如图9-28所示，两相邻纵坡的坡度分别为i_1、i_2，竖曲线半径为R，则曲线长：

$$L=\alpha R$$

由于竖曲线的转角α很小，故可认为

$$\alpha=i_1-i_2$$

于是 $$L=R(i_1-i_2) \tag{9-20}$$

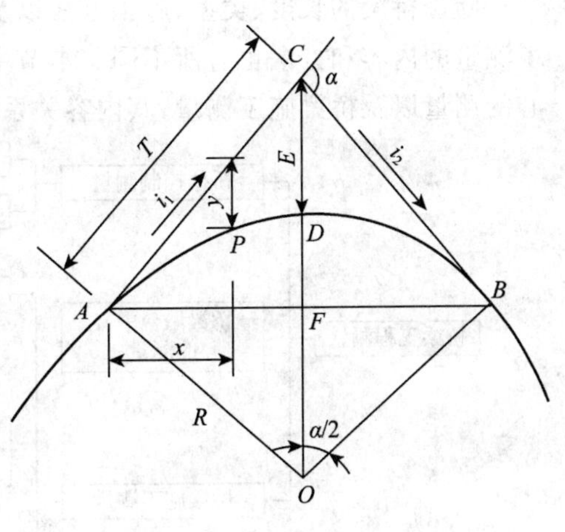

图 9-28　竖曲线测设元素

$$T=R\tan\frac{\alpha}{2}$$

因α很小，$\tan\frac{\alpha}{2}\approx\frac{\alpha}{2}$，则切线长：

$$T = R\frac{\alpha}{2} = \frac{L}{2} = \frac{1}{2}R(i_1 - i_2) \tag{9-21}$$

又因为α很小，可以认为$DF \approx E$，$AF \approx T$，根据ΔACO与ΔACF相似，可以列出

$$R : T = T : 2E$$

外距：

$$E = \frac{T^2}{2R} \tag{9-22}$$

同理可导出竖曲线上任一点P距切线的纵距（亦称高程改正值）的计算公式为：

$$y = \frac{x^2}{2R} \tag{9-23}$$

式中　x——竖曲线上任一点P至竖曲线起点或终点的水平距离；

　　　y——在凹形竖曲线中为正号，在凸形竖曲线中为负号。

第二节　桥梁工程测量

本节导图

随着桥梁的长度、类型、施工方法以及地形复杂情况等因素的不同，桥梁施工测量的内容和方法也有所不同。本节主要介绍了桥位控制测量、桥梁墩台中心的测量以及桥梁施工测量，其内容关系如图 9-29 所示。

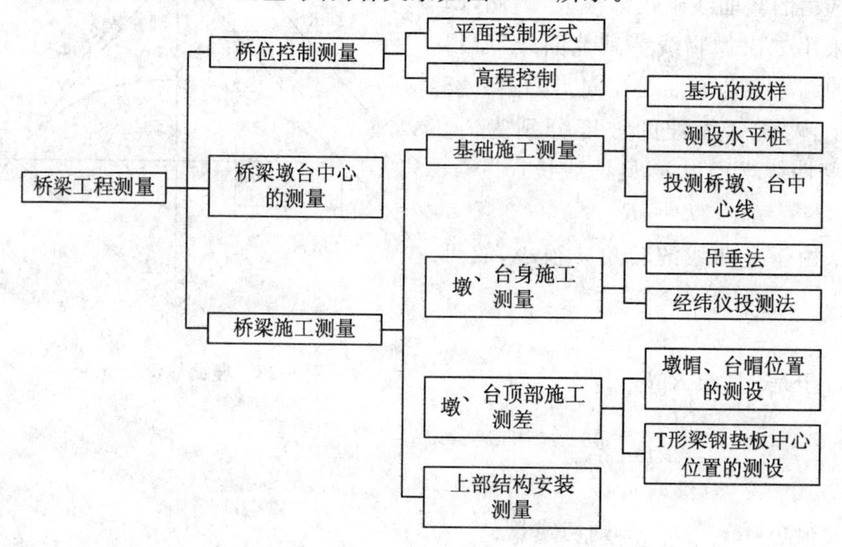

图 9-29　本节内容关系图

业务要点 1:桥位控制测量

桥位控制测量的目的,就是为保证桥梁轴线(即桥梁的中心线)、墩台位置在平面和高程位置上符合设计要求而建立的平面控制和高程控制。

1.平面控制形式

桥位平面控制一般是采用三角网中的测边网或边角网的平面控制形式,如图 9-30 所示。AB 为桥梁轴线,双实线为控制网基线,图 9-30(a)为双三角形,图 9-30(b)为大地四边形,图 9-30(c)为双四边形。各网根据测边、测角,按边角网或测边网进行平差计算,最后求出各控制网点的坐标,作为桥梁轴线及桥台、桥墩施工测量的依据。

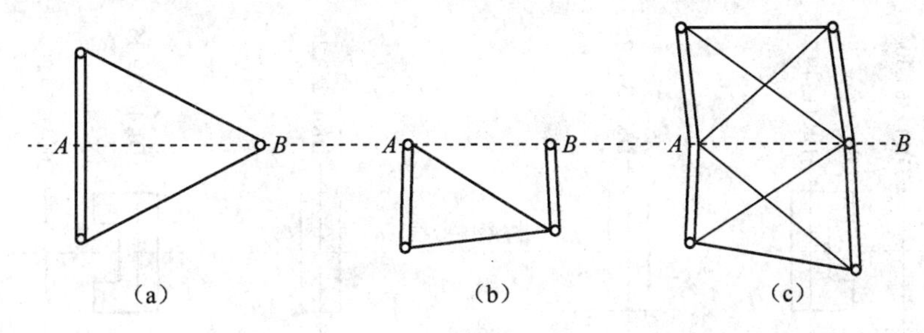

图 9-30　桥位半面控制网

2.高程控制

桥位高程控制一般是在道路勘测中的基平测量时已经建立。桥梁施工前,一般还应根据现场工作情况增加施工水准点。在桥位施工场地附近的所有水准点应组成一个水准网,以便定期检测,及时发现问题。高程控制应采用国家高程基准。

跨河水准测量必须按照有关国家水准测量规范规定,采用精密水准测量方法进行观测。如图 9-31所示,在河的两岸各设测站点及观测点各一个,两岸对应观测距离尽量相等。测站应选在视野开阔处,两岸仪器的水平视线距水面的高度应相等,且视线距水面高度不应小于 2m。

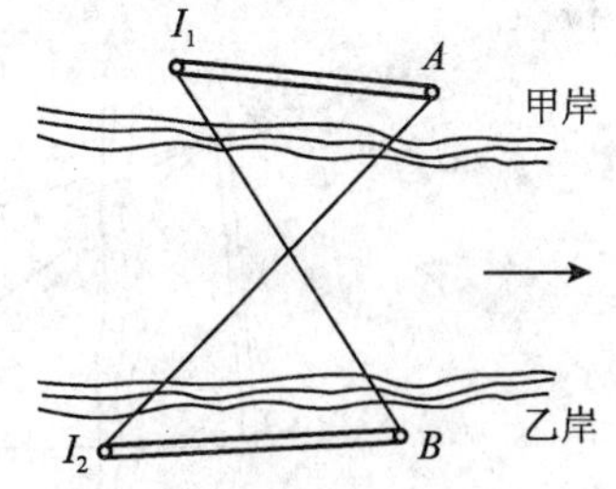

图 9-31　跨河水准测量

水准观测:在甲岸,仪器安置在 I_1,观测 A 点,读数为 a_1,观测对岸 B 点,读数为 b_1,则高差 $h_1=a_1-b_1$。搬仪器至乙岸,注意搬站时望远镜对光不变,两水准尺对调。仪器安置在 I_2,先观测对岸 A 点,读数为 a_2,再观测 B 点读数为 b_2,则 $h_2=a_2-b_2$。

四等跨河水准测量规定,两次高差不符值应小于或等于±16mm。在此限量以内,取两次高差平均值为最后结果,否则应重新观测。

业务要点 2:桥梁墩台中心的测量

桥梁墩台中心的测设即桥梁墩台定位,是建造桥梁最重要的一项测量工作。测设前,应仔细审阅和校核设计图纸与相关资料,拟订测设方案,计算测设数据。

直线桥梁的墩台中心均位于桥梁轴线上,而曲线桥梁的墩台中心则处于曲线的外侧。直线桥梁如图 9-32 所示,墩台中心的测设可根据现场地形条件,采用直接测距法或交会法。在陆地、干沟或浅水河道上,可用钢尺或光电测距方法沿轴线方向量距,逐个定位墩台。如使用全站仪,应事先将各墩台中心的坐标列出,测站可设在施工控制网的任意控制点上(以方便测设为准)。

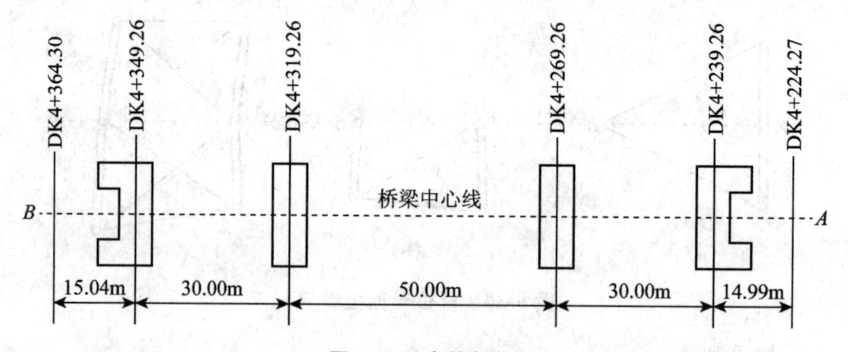

图 9-32　直线桥梁

当桥墩位置处水位较深时,一般采用角度交会法测设其中心位置。如图 9-33 所示,1,2,3 号桥墩中心可以通过在基线 AB,BC 端点上测设角度,交会出来。如对岸或河心有陆地可以标志点位,也可以将方向标定,以便随时检查。

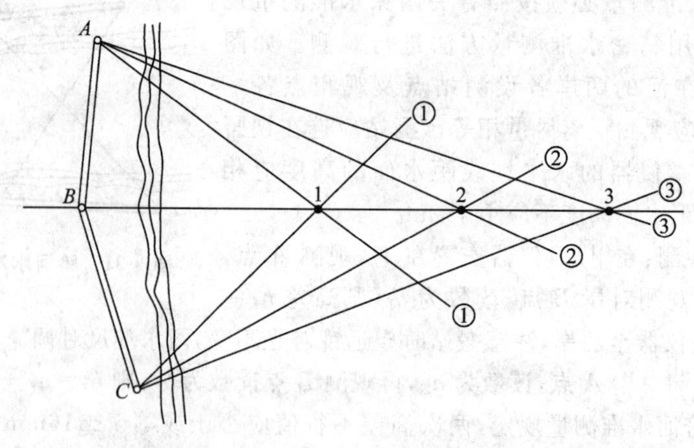

图 9-33　角度交会法测设桥墩

直线桥梁的测设比较简单，因为桥梁中线（轴线）与道路中线吻合。但在曲线桥梁上梁是直的，道路中线则是曲线，两者不吻合。如图 9-34 所示，道路中心线为细实线（曲线），桥梁中心线为点划线（折线），墩台中心则位于折线的交点上。该点距道路中心线的距离 E 称为桥墩的偏距，折线的长度 L 称为墩中心距，这些都是在桥梁设计时确定的。

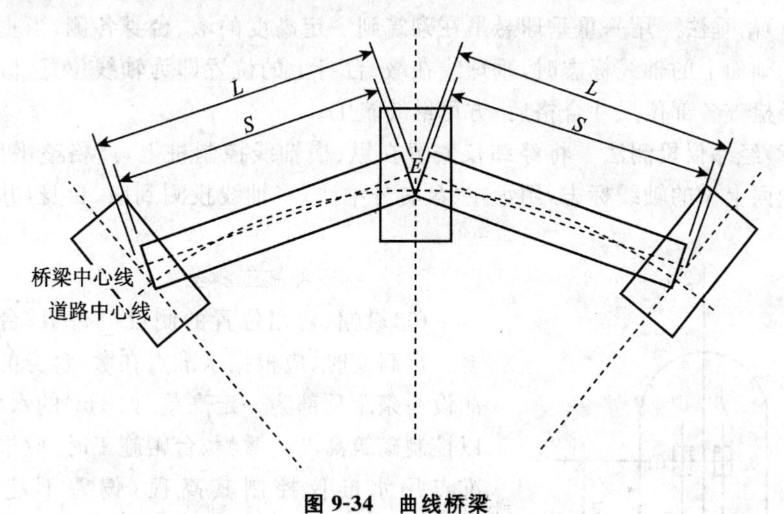

图 9-34 曲线桥梁

明确了曲线桥梁构造特点以后，桥墩台中心的测设也和直线桥梁墩台测设一样，可以采用直角坐标法、偏角法和全站仪坐标法等。

业务要点 3：桥梁施工测量

在施工过程中，施工方法不同，施工放样的测量方法亦不同，但所有的放样工作都遵循一个共同的原则：先放样轴线，再根据轴线放样细部。下面以小型桥梁为例，对桥梁的施工测量作简要介绍。

1. 基础施工测量

（1）基坑的放样　根据桥墩和桥台纵轴轴线的控制桩，按挖深、坡度、土质情况等条件计算基坑上口尺寸，放样基坑开挖边界线。

（2）测设水平桩　当基坑开挖到一定深度后，应根据水准点高程在坑壁上测设距基底设计面为一定高差（如 1m）的水平桩，作为控制挖深及基础施工中掌握高程的依据。

（3）投测桥墩、台中心线　基础完工后，应根据桥墩、台控制桩（墩、台横轴线）及墩、台纵轴线控制桩，用经纬仪在基础面上测设出桥墩、台中心线和道路中心线并弹墨线作为砌筑桥墩、台的依据。

2.墩、台身施工测量

在墩、台砌筑出基础面后，为了保证墩、台身的垂直度以及轴线的正确传递，可将基础面上的纵、横轴线用吊垂法或经纬仪投测到墩、台身上。

当砌筑高度不大或测量时无风，用吊垂法完全可满足投测精度要求，否则应用经纬仪来投测。

(1)吊垂法　用一重垂球悬吊在砌筑到一定高度的墩、台身各侧，当垂球尖对准基础面上的轴线标志时，垂球线在墩、台身上的位置即为轴线位置，做好标志。经检查各部位尺寸合格后，方可继续施工。

(2)经纬仪投测法　将经纬仪安置在纵、横轴线控制桩上，严格整平后，瞄准基础面上做的轴线标志，用盘左、盘右分中法，将轴线投测到墩、台身，并做好标志。

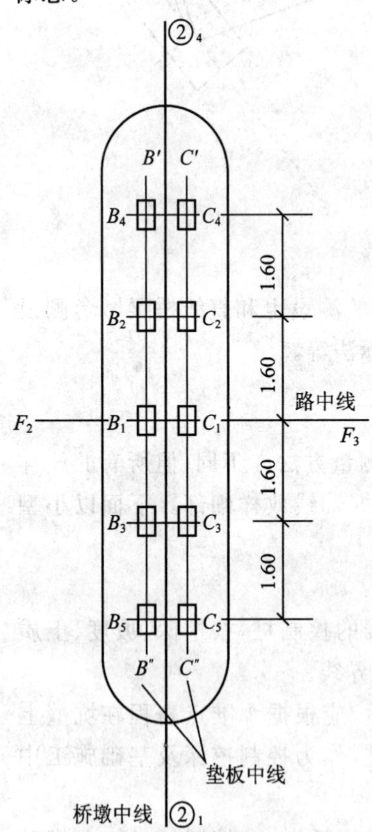

图 9-35　T 形梁钢垫板中心位置的测设

3.墩、台顶部施工测差

(1)墩帽、台帽位置的测设　桥墩、台砌筑至一定高度时，应根据水准点在墩、台身的每侧测设一条距顶部为一定高差(如 1m)的水平线，以控制砌筑高度。墩帽、台帽施工时，应根据水准点用水准仪控制其高程(偏差不超过±10mm)，根据中线桩用经纬仪控制两个方向的平面位置(偏差不大于±10mm)，墩台间距或跨度用钢尺或测距仪检查，精度应小于 1∶5000。

(2)T 形梁钢垫板中心位置的测设　根据测出并校核后的墩、台中心线，在墩、台上定出 T 形梁支座钢垫板的位置，如图 9-35 所示。测设时，先根据桥墩中线②$_1$②$_4$，定出两排钢垫板中心线 $B'B''$、$C'C''$，再根据道路中心线 F_2F_3 和 $B'B''$、$C'C''$定出道路中心线上的两块钢垫板的中心位置 B_1 和 C_1，然后根据设计图上的相应尺寸用钢尺分别自 B_1 和 C_1 沿 $B'B''$和 $C'C''$方向量出 T 形梁间距，即可得到 B_2、B_3、B_4、B_5 和 C_2、C_3、C_4、C_5 等垫板中心位置。桥台的钢垫板位置也可依此法定出。最后用钢尺校对钢垫板的间距，其偏差应在±2mm 以内。

钢垫板的高程用水准仪校测，其偏差应在±5mm 以内。

上述校测完成后，即可浇筑墩、台顶面的混凝土。

4.上部结构安装测量

上部结构安装前应对墩、台上支座钢垫板的位置重新检测一次，同时在T形梁两端弹出中心线，对梁的全长和支座间距也应进行检查，并记录数据，作为竣工测量资料。

T形梁安装时，其支座中心线应对准钢垫板中心线，初步就位后用水准仪检查梁两端的高程，偏差应在±5mm以内。

对于中、大型桥梁施工，由于基础、墩台身的大部分都处于水中，其施工测量一般采用前方交会的方法进行。

第三节　管道工程测量

本节导图

管道工程测量就是为管道工程的设计提供必要的资料，包括各种带状地形图和纵、横断面图等，按工程设计的要求将管道位置施测于实地，指导施工。本节主要介绍了管道工程测量的准备工作、复核中线和测设施工控制桩以及管道施工测量，其内容关系如图9-36所示。

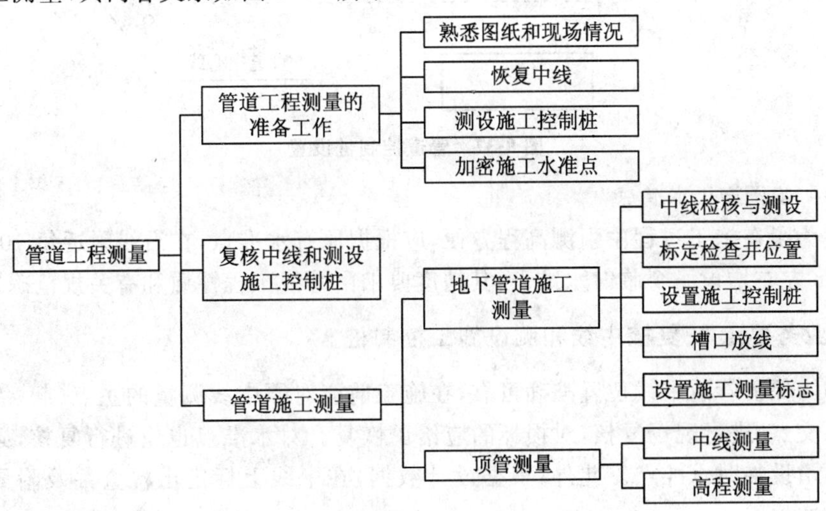

图9-36　本节内容关系图

业务要点1：管道工程测量的准备工作

1.熟悉图纸和现场情况

施工前，要收集管道测量所需要的管道平面图、纵横断面图、附属构筑物图等有关资料，认真熟悉和核对设计图纸，了解精度要求和工程进度安排等，还要深入施工现场，熟悉地形，找出各交点桩、里程桩、加桩和水准点位置。

2.恢复中线

管道中线测量时所钉设的交点桩和中线桩等，在施工时可能会有部分碰动和丢失，为了保证中线位置准确可靠，应进行复核，并将碰动和丢失的桩点重新恢复。在恢复中线时，应将检查井、支管等附属构筑物的位置同时测出。

3.测设施工控制桩

在施工时中线上各桩要被挖掉，为了便于恢复中线和附属构筑物的位置，应在不受施工干扰、引测方便、易于保存桩位的地方，测设施工控制桩。施工控制桩分中线控制桩和附属构筑物控制桩两种，如图 9-37 所示。

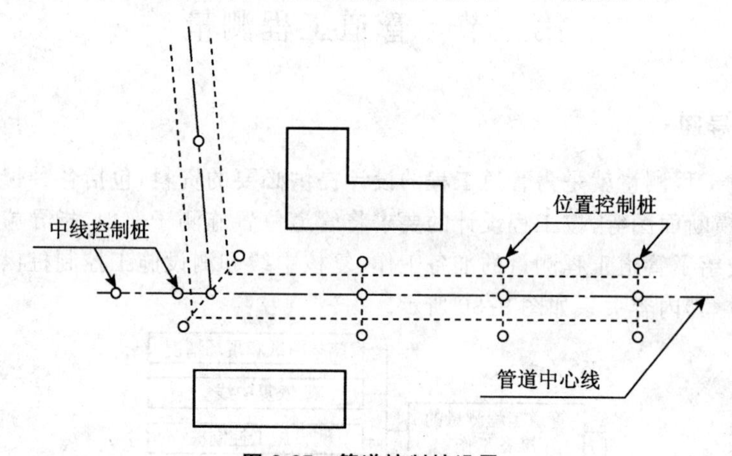

图 9-37 管道控制桩设置

4.加密施工水准点

为了在施工过程中引测高程方便，应根据原有水准点，在沿线附近每 100～150m 左右增设一个临时水准点，其精度要求由管线工程性质和有关规范确定。

业务要点 2：复核中线和测设施工控制桩

为保证管道中线位置准确可靠，在施工前应对原中线测量的主点（起、终点及各交点）进行现场复核，对损坏的应给予恢复。对水准点也应进行复核，必要时可增设临时水准点。此外，根据设计数据，在中线上标定出检查井及附属构筑物的位置。

在施工中，为了便于恢复中线和检查井位置，应在引测方便、易于保存的地方测设施工控制桩。管道施工控制桩分为中线控制桩和井位控制桩两类，如图 9-38 所示。中线控制桩测设在管道起止点及各转折点处中线的延长线上，井位控制桩一般测设在垂直于管道中线的方向上。

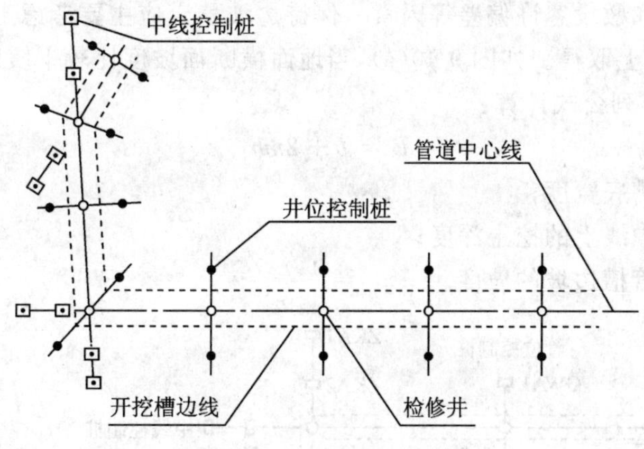

图 9-38　管道施工控制桩

业务要点 3:管道施工测量

1.地下管道施工测量

(1)中线检核与测设　地下管道施工测量之前,应先熟悉有关图纸、资料及设计示意图,了解现场情况并对必要的数据和已知的主点位置进行认真核对,然后再进行施工测量工作。

管道勘测设计阶段时在地面已经标定了管道的中线位置,但随着时间的推移,原地面中线位置的主点可能移位或丢失,因此施工时必须对中线位置进行检核。如果实地主点标志破坏、丢失或设计发生变更,则需要重新进行管道主点测设。

勘测时在实地标定的中线桩一般比较稀疏,施工时应根据需要适当加密中线桩。

(2)标定检查井位置　检查井是管道工程中的一个组成部分,需要独立施工,所以应实地逐一标定其位置。标定井位时一般用钢尺沿中线逐个进行测量标定,并用大木桩在地面加以标志。

(3)设置施工控制桩　在管道施工过程中,中线上各木桩将随施工进行而被挖掉,为了便于恢复管道中线和检查井的位置,应在施工前选择管道沟槽开挖范围以外,不受施工破坏、引测方便、易于保存的地方,设置施工中线控制桩和检查井控制桩。如图 9-39 所示,主点控制桩可在中线的延长线上,设置两个控制桩。检查井控制桩可在垂直于中线方向两侧各设置一个控制桩或建立与周围固定地物特征点之间的距离关系,使井位可以随时恢复。

(4)槽口放线　管道施工时,槽口的宽度与管道管径、埋深以及土质情况有关。如图 9-40 所示,沟槽口宽度首先决定槽底宽度 b,该值大小主要取决于管径、挖掘方式和敷设容许偏差等因素。保持边坡稳定应主要考虑土质情况。埋深则由设计图上取得。如图 9-40(a)，当地面横断面坡度比较平缓时，开挖槽口宽度 B 可按下列公式计算：

$$B = b + 2mh \tag{9-24}$$

式中 b——槽底宽度；

h——中线上的挖土深度；

$1/m$——管槽边坡的坡度。

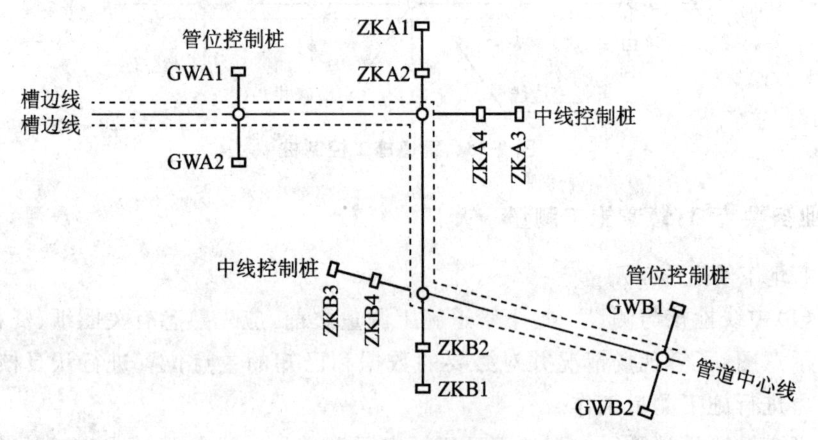

图 9-39 主点控制桩布设

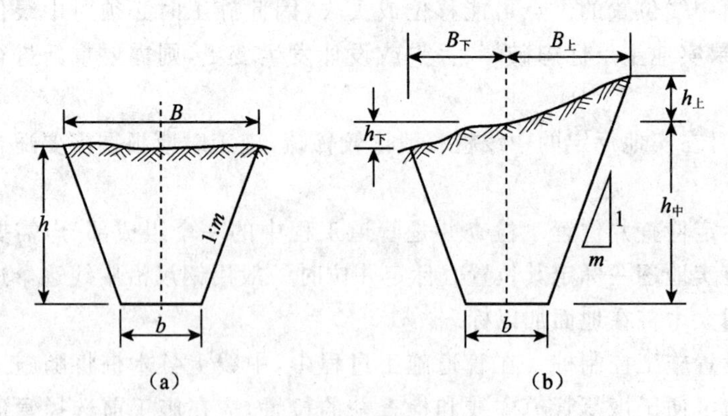

图 9-40 槽口放线

如图 9-40(b)所示，当地面横断面坡度较大时，开挖槽口宽度为：

斜坡上侧 $B_{上} = b/2 + m \cdot (h_{中} + h_{上})$

斜坡下侧 $B_{下} = b/2 + m \cdot (h_{中} - h_{下})$ (9-25)

$B = B_{上} + B_{下}$

沟槽口宽度 B 计算出来后，可以中线为准，向两侧各测设开挖边界，即为沟槽开挖边线。

(5)设置施工测量标志　管道施工时，为了配合工程进度要求，随时恢复管道中线及检查施工标高，一般在管线上需要设置施工测量标志，常用方法有以下几种。

1)平行轴线桩法。当施工管道管径较小，埋深较浅时，在管线一侧设置一排平行于管道中线的轴线桩，如图 9-41 所示，其间距 a 与管道中心线 B 的大小与管径和埋深有关，以不受施工影响和方便测设为原则。轴线桩之间间距以 10～20m 为宜。

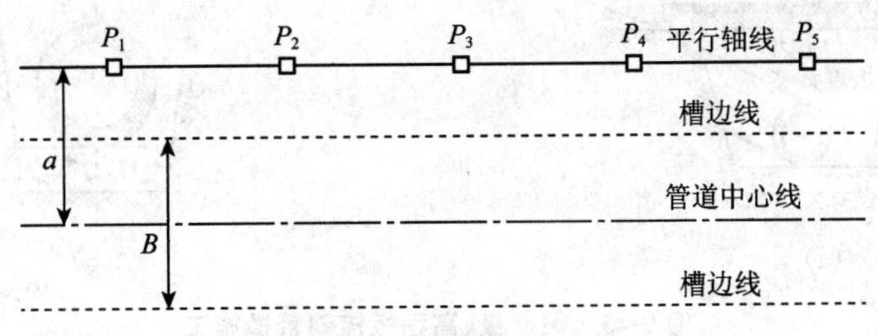

图 9-41　平行轴线桩布设

管道施工剖面如图 9-42 所示，施工时可用小钢尺随时测量间距 a，恢复和检查中线位置。

高程位置检查，浅埋管道，如图 9-42(a)所示，平行轴线桩同时可以作为高程测设的依据。若属深埋管道，如图 9-42(b)所示，则可在沟槽一侧设置腰桩，测出腰桩高程作为高程测设的依据。

该方法也适用于机械施工。

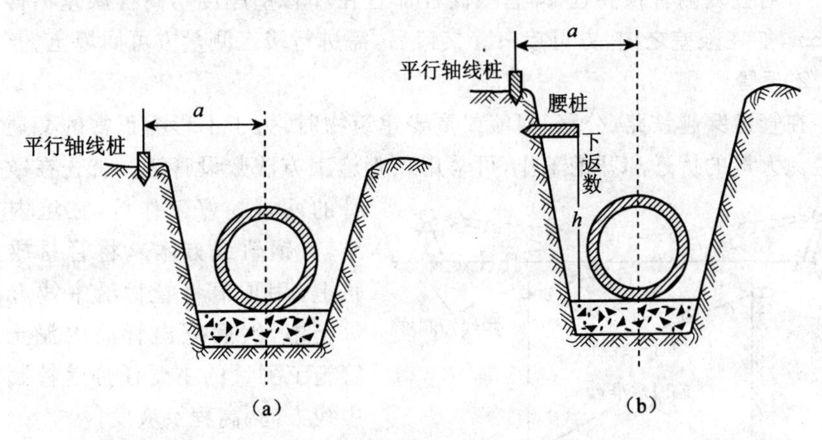

图 9-42　平行轴线桩控制管道施工

2)坡度板、坡度钉法。当施工管道管径较大，管沟较深时，沿管线每隔 10～

20m 设置跨槽坡度板，如图 9-43(a)所示，坡度板应埋设牢固，板顶面水平。根据中线控制桩，用经纬仪将中线投测到坡度板上，并钉上小钉，作为中线钉。在坡度板侧面注上该中线钉的里程桩号。相邻中线钉的连线，即为管道中线方向，在其上悬挂垂线，即可将中线位置投侧到槽底，用于控制沟槽开挖和管道安装。

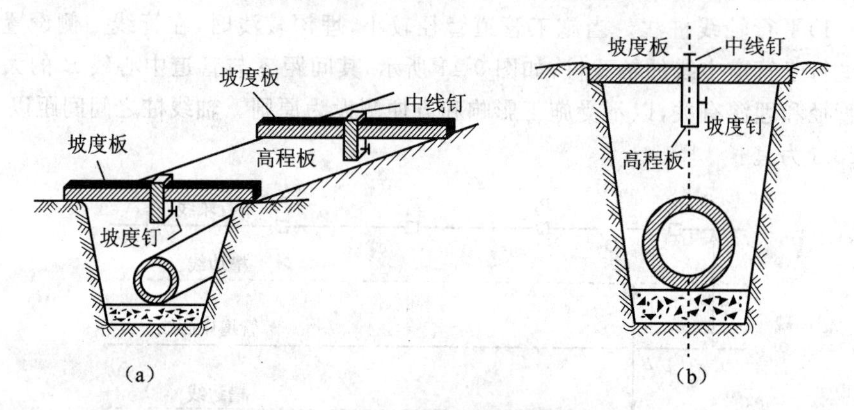

图 9-43　坡度板、高程板控制管道施工

为了控制管沟开挖深度，在坡度板上铅垂钉设高程板，然后根据附近水准点，测出各坡度板顶端高程。坡度板顶端高程与管底高程之差，就是开挖深度。由于各处挖深不同，不便记忆，在坡度板上设置高程板，用于调节各处高程板，使之与挖深一致或为一整数，然后在高程板上钉设坡度钉，由坡度钉向下称为下返数，如图 9-43(b)所示。

排水管道接头一般为承插口，施工精度要求较高，为了保证工程质量，在管道接口前应复测管顶高程(即管底高程加管径和管壁厚度)，高程误差不得超过 ±1cm，如在限差之内，方可接口。接口后，需进行竣工测量方可回填土。

2. 顶管测量

在管道穿越铁路、公路、河流或重要建筑物时，为了不影响正常的交通秩序或避免大量的拆迁和开挖工作，可采用顶管施工方法敷设管道。首先在欲设顶管的两端挖好工作坑，在坑内安装导轨(钢轨或方木)，将管材放在导轨上，用顶镐将管材沿中线方向顶进土中，然后挖出管筒内泥土。顶管施工测量的主要任务是控制管道中线方向、高程及坡度。

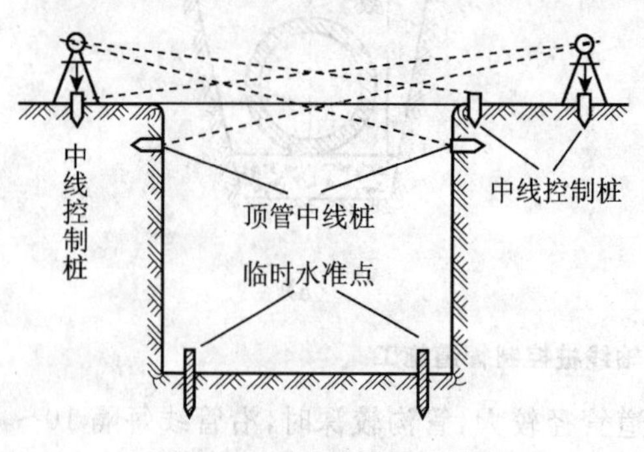

图 9-44　测设顶管中线桩

(1) 中线测量　测设时，如图 9-44所示，用经纬仪将地面中线引测到工作坑的前后，钉立木桩和钢钉，称为中线控制桩。然后确定开挖边界，开挖到设计高程后，再根据中线控制桩，用经纬仪将中线引测到坑壁上，并钉立木桩，称为顶管中线桩，以标定顶管中线位置。

在进行顶管中线测量时，如图 9-45 所示，在两个顶管中线桩之间拉一细线，在线上挂两个垂球，两垂球的连线方向即标明了顶管的中线方向。这时在管内前端横放一水平尺，尺长等于或略小于管径，尺上分划是以尺中点为零向两端增加的。当尺子在管内置平时，尺子中点即位于顶管中心线上。通过引入管内的细线与水平尺中点比较，即可确定管子中心偏差量。若偏差大于允许值时则应校正顶管方向。

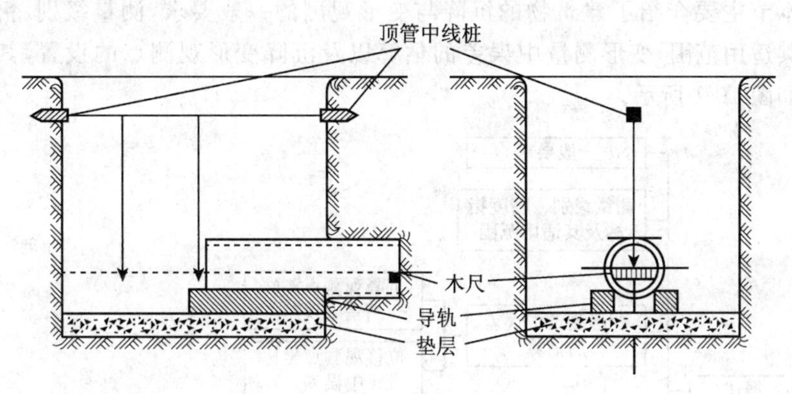

图 9-45　顶管中线测量

(2)高程测量　为了控制管道按设计高程和坡度顶进，先要在工作坑内设置临时水准点，一般要求设置两个，以便进行检核。将水准仪安置在工作坑内，先检测临时水准点高程有无变化，再后视临时水准点，用一根长度小于管径的标尺立于管道内待测点上，即可测得管底(内壁)各点高程。将测得的管底高程与其设计高程比较，差值应在允许值内，否则应进行校正。

对于短距离(小于 50m)的顶管施工，一般每顶进 0.5m 可按上述方法进行一次中线和高程测量。当距离较长时，需每隔 100m 设一个工作坑，采用对向顶管施工。顶管施工中：高程允许偏差为±10mm；中线允许偏差为 30mm；管子错口一般不超过 10mm，对顶时不得超过 30mm。

在大型管道施工中，应采用自动化顶管施工技术。使用激光水准仪配置光电接收靶和自控装置，即可实现自动化顶管施工的动态导向。首先将激光水准仪安置在工作坑内，调整好激光束的方向和坡度，用激光束监测顶管的掘进方向。在掘进机上安置光电接收靶和自控装置，当掘进方向出现偏差时，光电接收靶便给出偏差信号，并通过液压纠偏装置自动调整机头方向，沿中线方向继续掘进。

第十章 建筑物的沉降与变形观测

第一节 概述

本节导图

本节主要介绍了建筑物的沉降与变形观测的一般要求，测量级别、精度指标及其适用范围，变形测量中误差的估算以及沉降变形观测点的设置，其内容关系如图 10-1 所示。

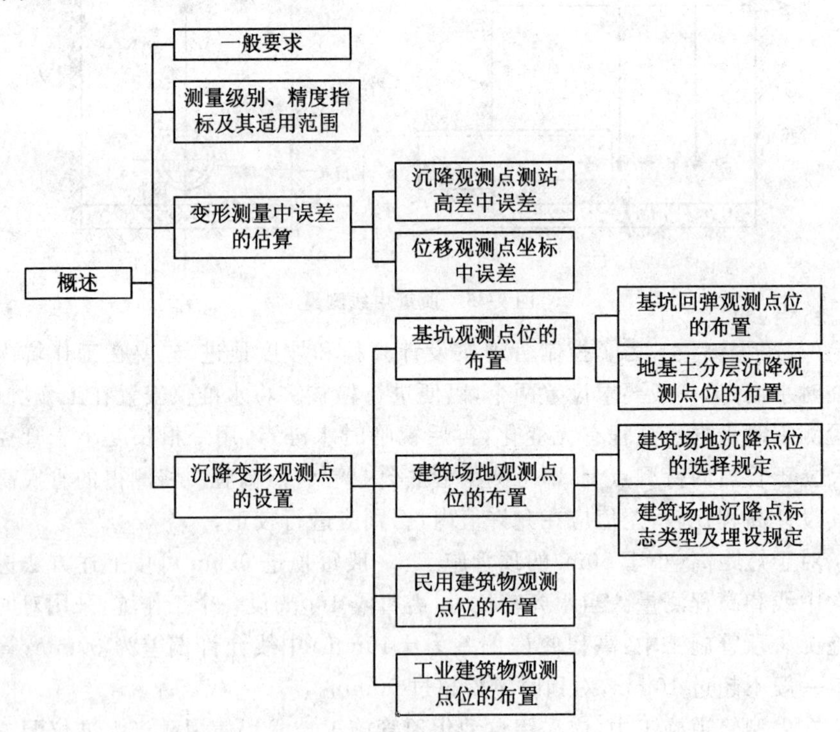

图 10-1 本节内容关系图

业务要点 1：变形测量的一般要求

1）下列建筑在施工和使用期间应进行变形测量：

①地基基础设计等级为甲级的建筑。

②复合地基或软弱地基上的设计等级为乙级的建筑。

③加层、扩建建筑。

④受邻近深基坑开挖施工影响或受场地地下水等环境因素变化影响的建筑。

⑤需要积累经验或进行设计反分析的建筑。

2)建筑变形测量的平面坐标系统和高程系统宜采用国家平面坐标系统和高程系统或所在地方使用的平面坐标系统和高程系统,也可采用独立系统。当采用独立系统时,必须在技术设计书和技术报告书中明确说明。

3)建筑变形测量工作开始前,应根据建筑地基基础设计的等级和要求、变形类型、测量目的、任务要求以及测区条件进行施测方案设计,确定变形测量的内容、精度级别、基准点与变形点布设方案、观测周期、仪器设备及检定要求、观测与数据处理方法、提交成果内容等,编写技术设计书或施测方案。

业务要点 2:测量级别、精度指标及其适用范围

1)建筑变形测量的级别、精度指标及其适用范围应符合表 10-1 的规定。

表 10-1　建筑变形测量的级别、精度指标及其适用范围

变形测量等级	沉降观测	位移观测	适用范围
	观测点测站高差中误差/mm	观测点坐标中误差/mm	
特级	±0.05	±0.3	特高精度要求的特种精密工程的变形测量
一级	±0.15	±1.0	地基基础设计为甲级的建筑的变形测量;重要的古建筑和特大型市政桥梁等变形测量等
二级	±0.50	±3.0	地基基础设计为甲、乙级的建筑的变形测量;场地滑坡测量;重要管线的变形测量;地下工程施工及运营中的变形测量;大型市政桥梁变形测量等
三级	±1.05	±10.0	地基基础设计为乙、丙级的建筑的变形测量;地表、道路及一般管线的变形测量;中小型市政桥梁变形测量等

注:1. 观测点测站高差中误差,系指水准测量的测站高差中误差或静力水准测量、电磁波测距三角高程测量中相邻观测点相应测段间等价的相对高差中误差。

2. 观测点坐标中误差,系指观测点相对测站点(如工作基点)的坐标中误差、坐标差中误差以及等价的观测点相对基准线的偏差值中误差、建筑或构件相对底部固定点的水平位移分量中误差。

3. 观测点点位中误差为观测点坐标中误差的$\sqrt{2}$倍。

4. 以中误差作为衡量精度的标准,并以二倍中误差作为极限误差。

2)建筑变形测量精度级别的确定应符合下列规定：

①地基基础设计为甲级的建筑及有特殊要求的建筑变形测量工程，应根据现行国家标准《建筑地基基础设计规范》GB 50007—2011 规定的建筑地基变形允许值，规定进行精度估算后，按下列原则确定精度级别：

a. 当仅给定单一变形允许值时，应按所估算的观测点精度选择相应的精度级别。

b. 当给定多个同类型变形允许值时，应分别估算观测点精度，根据其中最高精度选择相应的精度级别。

c. 估算出的观测点精度低于表 10-1 中三级精度的要求时，应采用三级精度。

②其他建筑变形测量工程，可根据设计、施工的要求，按照表 10-1 的规定，选取适宜的精度级别。

③当需要采用特级精度时，应对作业过程和方法作出专门的设计与论证后实施。

业务要点 3:变形测量中误差的估算

1. 沉降观测点测站高差中误差

沉降观测点测站高差中误差应按下列规定进行估算：

1)按照设计的沉降观测网，计算网中最弱观测点高程的协因数 Q_{H}、待求观测点间高差的协因数 Q_{h}。

2)单位权中误差即观测点测站高差中误差 μ 应按公式(10-1)或公式(10-2)估算：

$$\mu = m_{s} / \sqrt{2Q_{H}} \tag{10-1}$$

$$\mu = m_{\Delta s} / \sqrt{2Q_{h}} \tag{10-2}$$

式中 m_{s}——沉降量 s 的测定中误差(mm)；

$m_{\Delta s}$——沉降差 Δs 的测定中误差(mm)。

3)公式(10-1)、(10-2)中的 m_{s} 和 $m_{\Delta s}$ 应按下列规定确定：

①沉降量、平均沉降量等绝对沉降的测定中误差 m_{s}，对于特高精度要求的工程可按地基条件，结合经验具体分析确定；对于其他精度要求的工程，可按低、中、高压缩性地基土或微风化、中风化、强风化地基岩石的类别及建筑对沉降的敏感程度的大小分别选±0.5mm、±1.0mm、±2.5mm。

②基坑回弹、地基土分层沉降等局部地基沉降以及膨胀土地基沉降等的测定中误差 n，不应超过其变形允许值的 1/20。

③平置构件挠度等变形的测定中误差，不应超过变形允许值的 1/6。

④沉降差、基础倾斜、局部倾斜等相对沉降的测定中误差，不应超过其变形允许值的1/20。

⑤对于具有科研及特殊目的的沉降量或沉降差的测定中误差，可根据需要将上述各项中误差乘以1/5～1/2系数后采用。

2.位移观测点坐标中误差

位移观测点坐标中误差应按下列规定进行估算：

1)应按照设计的位移观测网，计算网中最弱观测点坐标的协因数Q_X、待求观测点间坐标差的协因数$Q_{\Delta X}$。

2)单位权中误差即观测点坐标中误差μ应按公式(10-3)或公式(10-4)估算：

$$\mu = m_d / \sqrt{2Q_X} \tag{10-3}$$

$$\mu = m_{\Delta d} / \sqrt{2Q_{\Delta X}} \tag{10-4}$$

式中　m_d——位移分量d的测定中误差(mm)；

$m_{\Delta d}$——位移分量差Δd的测定中误差(mm)。

3)公式(10-3)、(10-4)中的m_d和$m_{\Delta d}$应按下列规定确定：

①对建筑基础水平位移、滑坡位移等绝对位移，可按表10-1选取精度级别。

②受基础施工影响的位移、挡土设施位移等局部地基位移的测定中误差，不应超过其变形允许值分量的1/20。变形允许值分量应按变形允许值的1/2计算。

③建筑的顶部水平位移、工程设施的整体垂直挠曲、全高垂直度偏差、工程设施水平轴线偏差等建筑整体变形的测定中误差，不应超过其变形允许值分量的1/10。

④高层建筑层间相对位移、竖直构件的挠度、垂直偏差等结构段变形的测定中误差，不应超过其变形允许值分量的1/6。

⑤基础的位移差、转动挠曲等相对位移的测定中误差，不应超过其变形允许值分量的1/20。

⑥对于科研及特殊目的的变形量测定中误差，可根据需要将上述各项中误差乘以1/5～1/2系数后采用。

业务要点4:沉降变形观测点的设置

沉降变形观测点的设置原因有：

1)便于测出建筑物基础的沉降、倾斜、曲率，且绘出下沉曲线。

2)便于现场观测。

3)便于保存。

沉降变形观测点的设置必须点位适当、数量足够。

1.基坑观测点位的布置

(1)基坑回弹观测点位的布置　深埋大型基础在基坑开挖后,由于卸除地基土自重而引起基坑内外影响范围内相对于开挖前回弹。为了观测基坑开挖过程中地基的回弹现象,施工之前应布设地基回弹观测的工作点。

回弹观测点位的布置,应以最少的点数能测出所需各纵横断面的回弹量为原则进行。可利用回弹变形的近似对称性,布点要求如下:

1)在基坑的中央和距坑底边缘约 1/4 坑底宽度处,以及其他变形特征位置设点。

2)对方形、圆形基坑可按单向对称布点;矩形基坑可按纵横向布点;复合矩形基坑可多向布点。地质情况复杂时,应适当增加点数。

3)基坑外观测点,应在所选坑内方向线的延长线上距基坑深度 1.5～2 倍距离内布置。

4)所选点位遇到旧地下管道或者其他构筑物时,可将观测点位移至与之对应的方向线的空位上。

5)在基坑外相对稳定且不受施工影响的地点,选设工作基点及为寻找标志用的定位点。

6)观测线路应组成起讫于工作基点的闭合或者附合线路,使之具备检核条件。

(2)地基土分层沉降观测点位的布置　分层沉降观测是测定高层和大型建筑物地基内部各分层土的沉降量、沉降速度以及有效压缩层的厚度。

分层沉降观测点的布设要求如下:

1)应在建筑物地基中心附近约为 2m 见方或者各点间距不大于 50cm 的较小范围内,沿铅垂线方向上的各层土内布置。

2)点位数量与深度应根据分层土的分布情况确定。原则上每一土层设一点,最浅的点位应设在基础底面不小于 50cm 处,最深的点位应在超过压缩层理论厚度处,或者设在压缩性低的砾石或者岩石层上。

2.建筑场地观测点位的布置

(1)建筑场地沉降点位的选择应符合的规定

1)相邻地基沉降观测点可以选在建筑纵横轴线或者边线的延长线上,也可选在通过建筑重心的轴线延长线上。其点位间距应视基础类型、荷载大小及地质条件,与设计人员共同确定或者征求设计人员意见后确定。点位可在建筑基础深度 1.5～2.0 倍的距离范围内,由外墙向外由密到疏布设,但距基础最远的观测点,应设置在沉降量为零的沉降临界点以外。

2)场地地面沉降观测点应在相邻地基沉降观测点布设线路之外的地面上均匀布设。根据地质地形条件,可选择使用平行轴线方格网法、沿建筑四角辐射网法、散点法布设。

(2)建筑场地沉降点标志的类型及埋设应符合的规定

1)相邻地基沉降观测点标志可分为用于检测安全的浅埋标和用于结合科研的深埋标两种。浅埋标可采用普通水准标石或者用直径25cm的水泥管现场浇灌,埋深宜为1～2m,并使标石底部埋在冰冻线以下;深埋标可采用内管外加保护管的标石形式,埋深应与建筑基础深度相适应,标石顶部需埋入地下20～30cm。

2)场地地面沉降观测点的标志与埋设,应根据观测要求确定,可采用浅埋标志。

3.民用建筑物观测点位的布置

对于民用建筑物,通常在其四个角点、中点、转角处布设工作测点。除此以外,还应考虑以下几点:

1)沿建筑物的周边每隔10～20m布设一个工作测点。

2)对于宽度大于15m的建筑物,在其内部有承重墙或者支柱时,应在此部位布设工作点。

3)设置有沉降缝的建筑物,或者新建建筑物与原建筑物的连接处,在沉降缝的两侧或者伸缩缝的任一侧布置工作测点。

4)为查明建筑物基础的纵向与横向的曲率(破坏)变形状态,在其纵轴、横轴线上也应该布置工作测点。

4.工业建筑物观测点位的布置

对于一般的工业建筑物,应在立柱的基础上布设观测点,除此以外,还应在其主要的设备基础四周以及动荷载四周、地质条件不良处布设工作测点。

第二节 沉降观测

本节导图

建筑物沉降观测是根据水准基点周期性测定建筑物上的沉降观测点的高程,计算沉降量的工作。本节主要介绍了建筑场地沉降观测、基坑回弹观测、地基土分层沉降观测以及建筑沉降观测,其内容关系如图10-2所示。

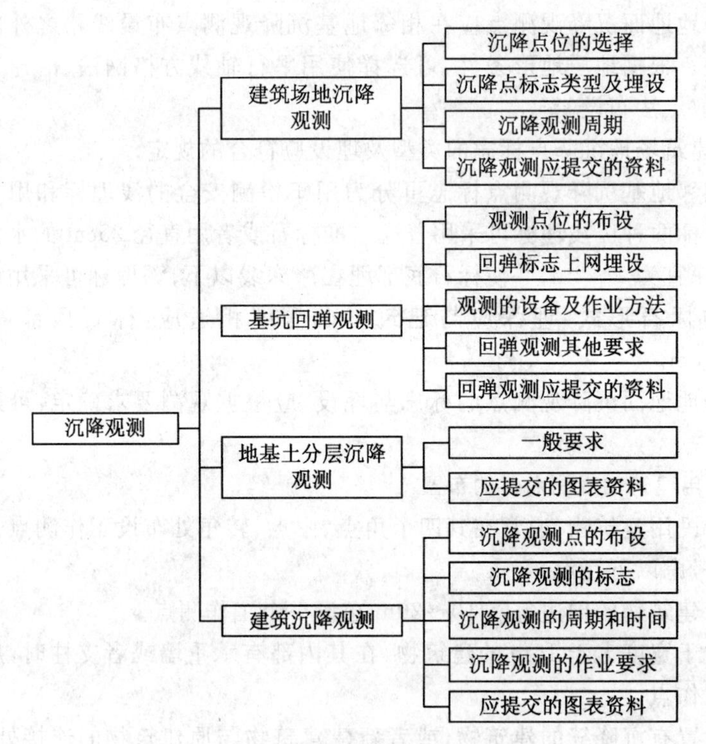

图 10-2　本节内容关系图

业务要点 1:建筑场地沉降观测

建筑场地沉降观测应分别测定建筑相邻影响范围之内的相邻地基沉降与建筑相邻影响范围之外的场地地面沉降。

1.沉降点位的选择

建筑场地沉降点位的选择应符合下列规定:

1)相邻地基沉降观测点可选在建筑纵横轴线或边线的延长线上,亦可选在通过建筑重心的轴线延长线上。其点位间距应视基础类型、荷载大小及地质条件,与设计人员共同确定或征求设计人员意见后确定。点位可在建筑基础深度1.5～2.0倍的距离范围内,由外墙向外由密到疏布设,但距基础最远的观测点应设置在沉降量为零的沉降临界点以外。

2)场地地面沉降观测点应在相邻地基沉降观测点布设线路之外的地面上均匀布设。根据地质地形条件,可选择使用平行轴线方格网法、沿建筑四角辐射网法或散点法布设。

2.沉降点标志的类型及埋设

建筑场地沉降点标志的类型及埋设应符合下列规定:

1)相邻地基沉降观测点标志可分为用于监测安全的浅埋标和用于科研的深埋标两种。浅埋标可采用普通水准标石或用直径 25cm 的水泥管现场浇灌，埋深宜为 1～2m,并使标石底部埋在冰冻线以下。深埋标可采用内管外加保护管的标石形式,埋深应与建筑基础深度相适应,标石顶部须埋入地面下20～30 cm,并砌筑带盖的窨井加以保护。

2)场地地面沉降观测点的标志与埋设,应根据观测要求确定,可采用浅埋标志。

3.沉降观测周期

建筑场地沉降观测的周期,应根据不同任务要求、产生沉降的不同情况以及沉降速度等因素具体分析确定。基础施工的相邻地基沉降观测,在基坑降水时和基坑土开挖过程中应每天观测一次。混凝土底板浇完 10d 以后,可每 2～3d 观测一次,直至地下室顶板完工和水位恢复。此后可每周观测一次至回填土完工。

4.沉降观测应提交的资料

建筑场地沉降观测应提交下列图表:

1)场地沉降观测点平面布置图。

2)场地沉降观测成果表。

3)相邻地基沉降的距离－沉降曲线图。

4)场地地面等沉降曲线图。

业务要点 2:基坑回弹观测

基坑回弹观测应测定建筑基础在基坑开挖后,由于卸除基坑土自重而引起的基坑内外影响范围内相对于开挖前的回弹量。

1.观测点位的布设

回弹观测点位的布设,应根据基坑形状、大小、深度及地质条件确定,用适当的点数测出所需纵横断面的回弹量。可利用回弹变形的近似对称特性,按下列规定布点:

1)对于矩形基坑,应在基坑中央及纵(长边)横(短边)轴线上布设,纵向每 8～10m 布一点,横向每 3～4m 布一点。对其他形状不规则的基坑,可与设计人员商定。

2)对基坑外的观测点,应埋设常用的普通水准点标石。观测点应在所选坑内方向线的延长线上距基坑深度 1.5～2.0 倍距离内布置。当所选点位遇到地下管道或其他物体时,可将观测点移至与之对应方向线的空位置上。

3 应在基坑外相对稳定且不受施工影响的地点选设工作基点及为寻找标志用的定位点。

2.回弹标志上网埋设

回弹标志应埋入基坑底面以下 20～30cm，根据开挖深度和地层土质情况，可采用钻孔法或探井法埋设。根据埋设与观测方法，可采用辅助杆压入式、钻杆送入式或直埋式标志。回弹标志的埋设可按下列步骤与要求进行：

1)辅助杆压入式标志应按图 10-3 埋设，其步骤应符合下列要求：

①回弹标志的直径应与保护管内径相适应，可采用长 20cm 的圆钢，其一端中心应加工成半径为 15～20mm 的半球状，另一端应加工成楔形。

②钻孔可用小口径(如 127mm)工程地质钻机，孔深应达孔底设计平面以下 20～30cm。孔口与孔底中心偏差不宜大于 3/1000，并应将孔底清除干净。

③应将回弹标套在保护管下端顺孔口放入孔底，如图 10-3(a)所示。

④不得有孔壁土或地面杂物掉入，应保证观测时辅助杆与标头严密接触，如图 10-3(b)所示。

⑤观测时，应先将保护管提起约 10cm，在地面临时固定，然后将辅助杆立于回弹标头即行观测。测毕，应将辅助杆与保护管拔出地面，先用白灰回填厚 50cm，再填素土至填满全孔。回填应小心缓慢进行，避免撞动标志，如图 10-3(c)所示。

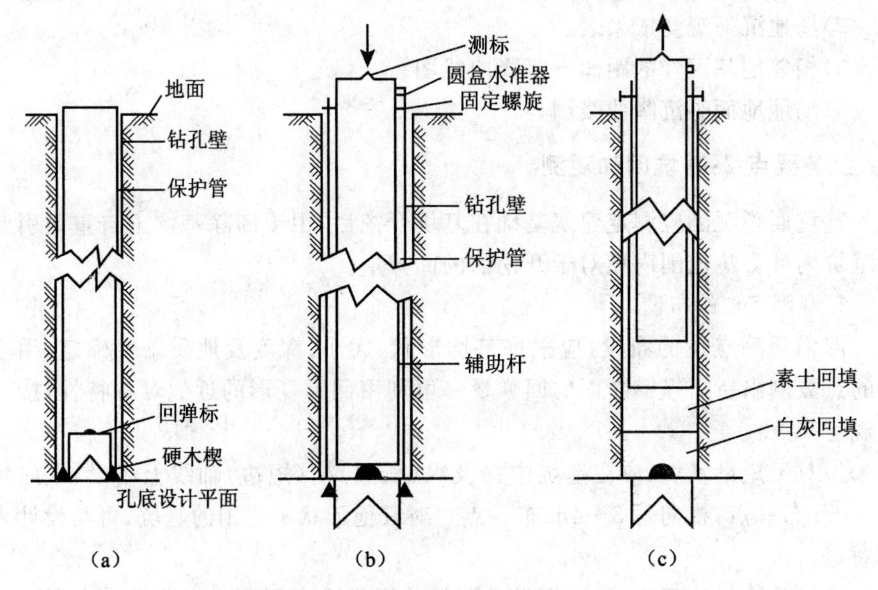

图 10-3 辅助杆压入式标志埋设步骤

2)钻杆送入式标志应采用图 10-4 的形式，其埋设应符合下列要求：

①标志的直径应与钻杆外径相适应。标头可加工成直径 20mm、高 25mm 的半球体；连接圆盘可用直径 100mm、厚 18mm 的钢板制成；标身可由断面

50mm×50mm×5mm、长400～500mm的角钢制成；标头、连接钻杆反丝扣、连接圆盘和标身等四部分应焊接成整体。

②钻孔要求应与埋设辅助杆压入式标志的要求相同。

③当用磁锤观测时，孔内应下套管至基坑设计标高以下。观测前，应先提出钻杆卸下钻头，换上标志打入土中，使标头进至低于坑底面20～30cm，防止开挖基坑时被铲坏。然后，拧动钻杆使与标志自然脱开，提出钻杆后即可进行观测。

④当用电磁探头观测时，在上述埋标过程中可免除下套管工序，直接将电磁探头放入钻杆内进行观测。

3)直埋式标志可用于深度不大于10m的浅基坑，配合探井成孔使用。标志可用直径20～24mm、长40cm的圆钢或螺纹钢制成，其一端应加工成半球状，另一端应锻尖。探井口直径不应大于1m，挖深应至基坑底部设计标高以下10cm处，标志可直接打入至其顶部低于坑底设计标高3～5cm为止。

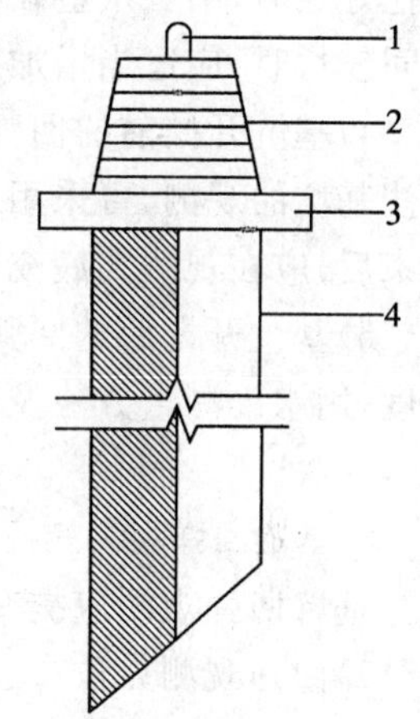

图10-4　钻杆送入式标志

1—标头　2—连接钻杆反丝扣　3—连接圆盘　4—标身

3.观测的设备及作业方法

回弹观测的设备及作业方法应符合下列规定：

1)钢尺在地面的一端，应使用三脚架、滑轮、重锤或拉力计牵拉。在孔内的一端，应配以能在读数时准确接触回弹标志头的装置。观测时可配挂磁锤。当基坑较深、地质条件复杂时，可用电磁探头装置观测。当基坑较浅时，可用挂钩法，此时标志顶端应加工成弯钩状。

2)辅助杆宜用空心两头封口的金属管制成，顶部应加工成半球状，并在顶部侧面安置圆水准器，杆长以放入孔内后露出地面20～40cm为宜。

3)测前与测后应对钢尺和辅助杆的长度进行检定。长度检定中误差不应大于回弹观测站高差中误差的1/2。

4)每一测站的观测可按先后视水准点上标尺、再前视孔内标尺的顺序进行，每组读数3次，反复进行两组作为一测回。每站不应少于两测回，并应同时测记孔内温度。观测结果应加入尺长和温度改正。

4.回弹观测其他要求

1)回弹观测的精度可按规定以给定或预估的最大回弹量为变形允许值进行估算后确定，但最弱观测点相对邻近工作基点的高程中误差不得大于±1.0mm。

2)回弹观测路线应组成起迄于工作基点的闭合或附合路线。

3)回弹观测不应少于 3 次,其中第一次应在基坑开挖之前,第二次应在基坑挖好之后,第三次应在浇筑基础混凝土之前。当基坑挖完至基础施工的间隔时间较长时,应适当增加观测次数。

4)基坑开挖前的回弹观测,宜采用水准测量配以铅垂钢尺读数的钢尺法。较浅基坑的观测,可采用水准测量配辅助杆垫高水准尺读数的辅助杆法。观测结束后,应在观测孔底充填厚度约为 1m 的白灰。

5)基坑开挖后的回弹观测,应利用传递到坑底的临时工作点,按所需观测精度,用水准测量方法及时测出每一观测点的标高。当全部点挖见后,再统一观测一次。

5.基坑回弹观测应提交的资料

基坑回弹观测应提交的主要图表为:

1)回弹观测点位布置平面图。

2)回弹观测成果表。

3)回弹纵、横断面示意图,如图 10-5 所示。

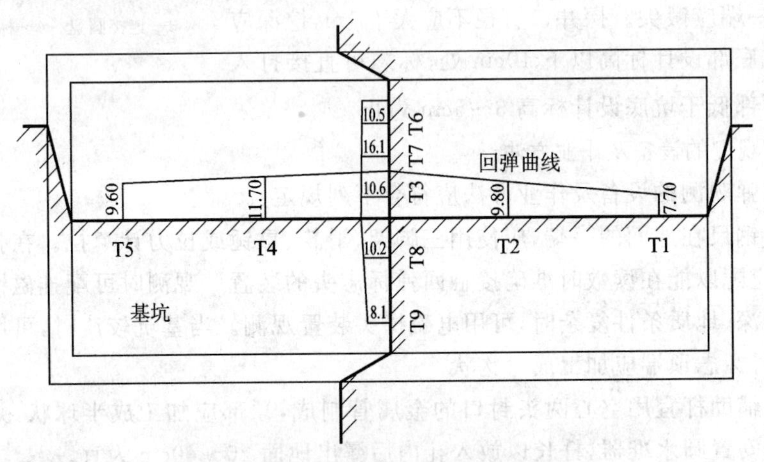

图 10-5　某建筑基坑回弹量纵、横断面图

业务要点 3:地基土分层沉降观测

1.一般要求

1)分层沉降观测应测定建筑地基内部各分层土的沉降量、沉降速度以及有效压缩层的厚度。

2)分层沉降观测点应在建筑地基中心附近 2m×2m 或各点间距不大于 50cm 的范围内,沿铅垂线方向上的各层土内布置。点位数量与深度应根据分层土的分布情况确定,每一土层应设一点,最浅的点位应在基础底面下不小于 50cm 处,最深的点位应在超过压缩层理论厚度处或设在压缩性低的砾石或岩石层上。

3)分层沉降观测标志的埋设应采用钻孔法,埋设要求如下:

①测标长度应与点位深度相适应,顶端应加工成半球形并露出地面,下端应为焊接的标脚,应埋设于预定的观测点位置。

②钻孔时,孔径大小应符合设计要求,并应保持孔壁铅垂。

③下标志时,应用活塞将长 50mm 的套管和保护管挤紧。

④测标、保护管与套管三者应整体徐徐放入孔底,若测杆较长、钻孔较深,应在测标与保护管之间加入固定滑轮,避免测标在保护管内摆动。

⑤整个标脚应压入孔底面以下,当孔底土质坚硬时,可用钻机钻一小孔后再压入标脚。

⑥标志埋好后,应用钻机卡住保护管提起 30～50cm,然后在提起部分和保护管与孔壁之间的空隙内灌沙,提高标志随所在土层活动的灵敏性。最后,应用定位套箍将保护管固定在基础底板上,并以保护管测头随时检查保护管在观测过程中有无脱落情况。

4)分层沉降观测精度可按分层沉降观测点相对于邻近工作基点或基准点的高程中误差不大于±1.0mm 的要求设计确定。

5)分层沉降观测应按周期用精密水准仪或自动分层沉降仪测出各标顶的高程,计算出沉降量。

6)分层沉降观测应从基坑开挖后基础施工前开始,直至建筑竣工后沉降稳定时为止。首次观测至少应在标志埋好 5d 后进行。

2.应提交的图表资料

地基土分层沉降观测应提交下列图表资料:

1)地基土分层标点位置图。

2)地基土分层沉降观测成果表。

3)各土层荷载－沉降－深度曲线示意图,如图 10-6 所示。

业务要点 4:建筑沉降观测

建筑沉降观测应测定建筑及地基的沉降量、沉降差及沉降速度,并根据需要计算基础倾斜、局部倾斜、相对弯曲及构件倾斜。

1.沉降观测点的布设

沉降观测点的布设应能全面反映建筑及地基变形特征,并顾及地质情况及建筑结构特点。点位宜选设在下列位置:

1)建筑的四角、核心筒四角、大转角处及沿外墙每 10～20m 处或每隔 2～3 根柱基上。

2)高低层建筑、新旧建筑、纵横墙等交接处的两侧。

3)建筑裂缝、后浇带和沉降缝两侧、基础埋深相差悬殊处、人工地基与天然地基接壤处、不同结构的分界处及填挖方分界处。

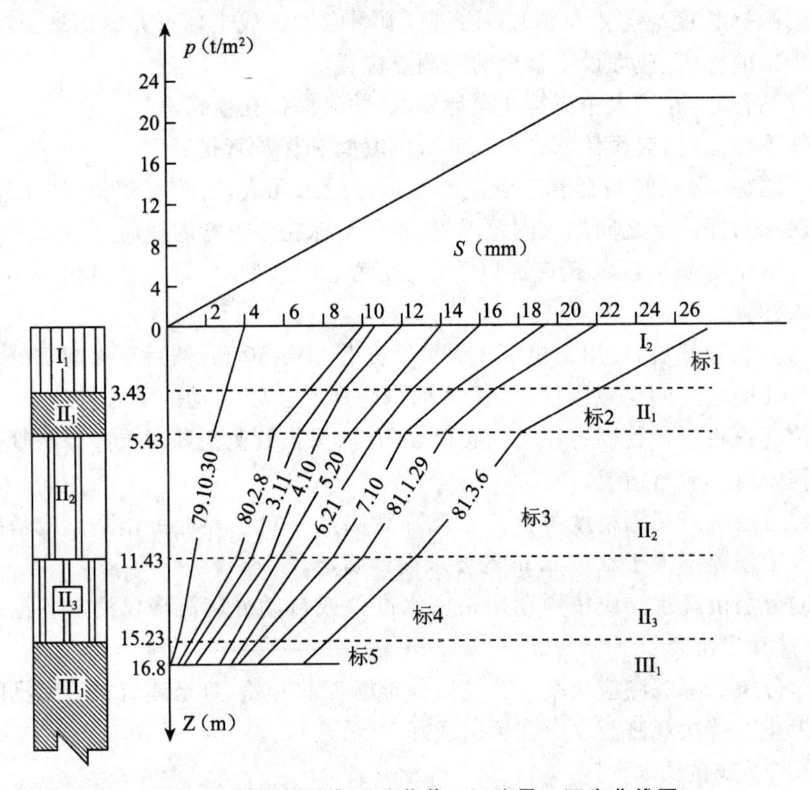

图 10-6 某建筑地各土层荷载一沉降量一深度曲线图

4)对于宽度大于等于 15m 或小于 15m 而地质复杂以及膨胀土地区的建筑,应在承重内隔墙中部设内墙点,并在室内地面中心及四周设地面点。

5)邻近堆置重物处、受振动有显著影响的部位及基础下的暗浜(沟)处。

6)框架结构建筑的每个或部分柱基上或沿纵横轴线上。

7)筏形基础、箱形基础底板或接近基础的结构部分之四角处及其中部位置。

8)重型设备基础和动力设备基础的四角、基础形式或埋深改变处以及地质条件变化处两侧。

9)对于电视塔、烟囱、水塔、油罐、炼油塔、高炉等高耸建筑,应设在沿周边与基础轴线相交的对称位置上,点数不少于 4 个。

2.沉降观测的标志

沉降观测的标志可根据不同的建筑结构类型和建筑材料,采用墙(柱)标志、基础标志和隐蔽式标志等形式,并符合下列规定:

1)各类标志的立尺部位应加工成半球形或有明显的突出点,并涂上防腐剂。

2)标志的埋设位置应避开雨水管、窗台线、散热器、暖水管、电气开关等有碍设标与观测的障碍物,并应视立尺需要离开墙(柱)面和地面一定距离。

3)隐蔽式沉降观测标志应按图 10-7、图 10-8 或图 10-9 的规格埋设。

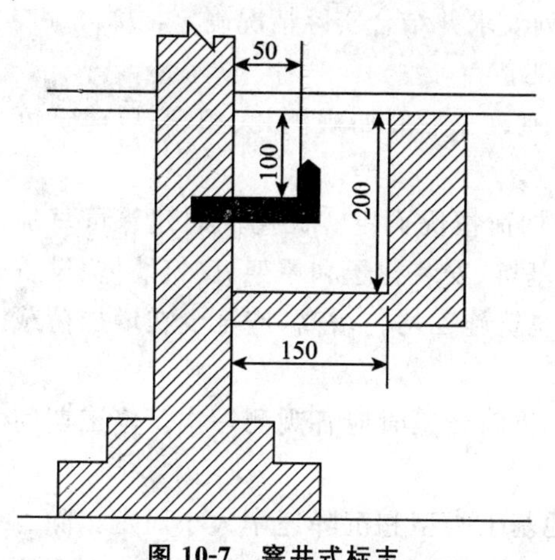

图 10-7　窨井式标志

(适用于建筑内部埋设,单位:*mm*)

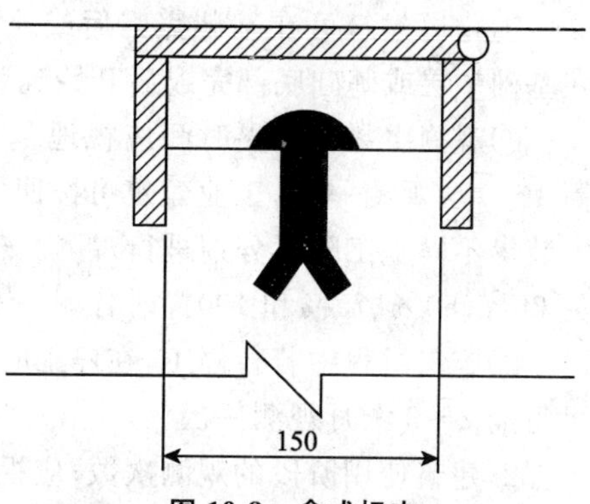

图 10-8　盒式标志

(适用于设备基础上埋设,单位:*mm*)

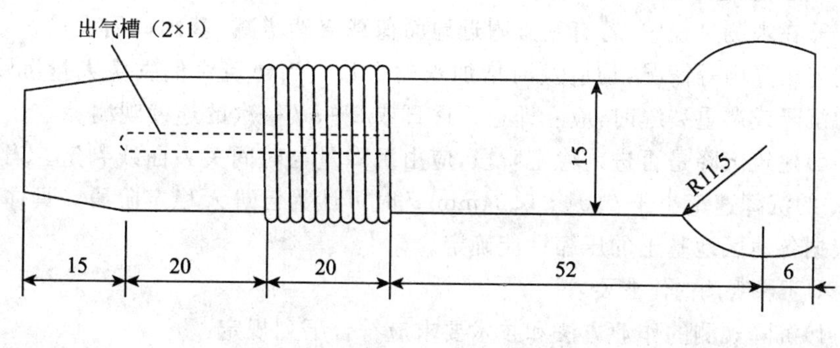

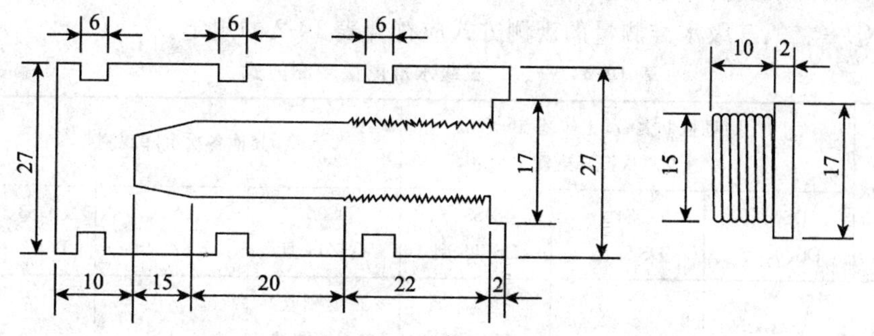

图 10-9　螺栓式标志

(适用于墙体上埋设,单位:*mm*)

4)当应用静力水准测量方法进行沉降观测时,观测标志的形式及其埋设,应根据采用的静力水准仪的型号、结构、读数方式以及现场条件确定。标志的规格尺寸设计,应符合仪器安置的要求。

3.沉降观测的周期和观测时间

沉降观测的周期和观测时间应按下列要求并结合实际情况确定:

1)建筑施工阶段的观测应符合下列规定:

①普通建筑可在基础完工后或地下室砌完后开始观测,大型、高层建筑可在基础垫层或基础底部完成后开始观测。

②观测次数与间隔时间应视地基与加荷情况而定。民用高层建筑可每加高1～5层观测一次,工业建筑可按回填基坑、安装柱子和屋架、砌筑墙体、设备安装等不同施工阶段分别进行观测。若建筑施工均匀增高,应至少在增加荷载的25%、50%、75%和100%时各测一次。

③施工过程中若暂停工,在停工时及重新开工时应各观测一次。停工期间可每隔2～3个月观测一次。

2)建筑使用阶段的观测次数,应视地基土类型和沉降速率大小而定。除有特殊要求外,可在第一年观测3～4次,第二年观测2～3次,第三年后每年观测1次,直至稳定为止。

3)在观测过程中,若有基础附近地面荷载突然增减、基础口周大量积水、长时间连续降雨等情况,均应及时增加观测次数。当建筑突然发生大量沉降、不均匀沉降或严重裂缝时,应立即进行逐日或2～3d一次的连续观测。

4)建筑沉降是否进入稳定阶段,应由沉降量与时间关系曲线判定。当最后100d的沉降速率小于0.01～0.04mm/d时可认为已进入稳定阶段。具体取值宜根据各地区地基土的压缩性能确定。

4.沉降观测的作业要求

1)沉降观测的作业方法和技术要求应符合下列规定:

①一、二、三级水准测量的观测方式应符合表10-2的规定。

表10-2 一、二、三级水准测量观测方式

级别	高程控制测量,工作基点联测及首次沉降观测			其他各次沉降观测		
	DS05、DSZ05型	DS1、DSZ1型	DS3、DSZ05型	DS05、DSZ05型	DS1、DSZ1型	DS3、DSZ3型
一级	往返测	—	—	往返测或单程双测站	—	—

续表

级别	高程控制测量，工作基点联测及首次沉降观测			其他各次沉降观测		
	DS05、DSZ05 型	DS1、DSZ1 型	DS3、DSZ05 型	DS05、DSZ05 型	DS1、DSZ1 型	DS3、DSZ3 型
二级	往返测或单程双测站	往返测或单程双测站	—	单程观测	单程双测站	—
三级	单程双测站	单程双测站	往返测或单程双测站	单程观测	单程观测	单程双测站

②对二级、三级沉降观测，除建筑转角点、交接点、分界点等主要变形特征点外，允许使用间视法进行观测，但视线长度不得大于相应等级规定的长度。

③观测时，仪器应避免安置在有空压机、搅拌机、卷扬机、起重机等振动影响的范围内。

④每次观测应记载施工进度、荷载量变动、建筑倾斜裂缝等各种影响沉降变化和异常的情况。

2)每周期观测后，应及时对观测资料进行整理，计算观测点的沉降量、沉降差以及本周期平均沉降量、沉降速率和累计沉降量。根据需要，可按公式(10-5)、(10-6)计算基础或构件的倾斜或弯曲量：

①基础或构件倾斜度 α：

$$\alpha = (S_A - S_B)/L \tag{10-5}$$

式中　S_A、S_B——基础或构件倾斜方向上 A、B 两点的沉降量(mm)；

L——A、B 两点间的距离(mm)。

②基础相对弯曲度 f_c[①]：

$$f_c = [2S_0 - (S_1 + S_2)]/L \tag{10-6}$$

式中　S_0——基础中点的沉降量(mm)；

S_1、S_2——基础两个端点的沉降量(mm)；

L——基础两个端点间的距离(mm)。

5.应提交的图表资料

沉降观测应提交下列图表：

1)工程平面位置图及基准点分布图。

2)沉降观测点位分布图。

3)沉降观测成果表。

---

①　弯曲量以向上凸起为正，反之为负。

4)时间－荷载－沉降量曲线示意图,如图 10-10 所示。

5)等沉降曲线示意图,如图 10-11 所示。

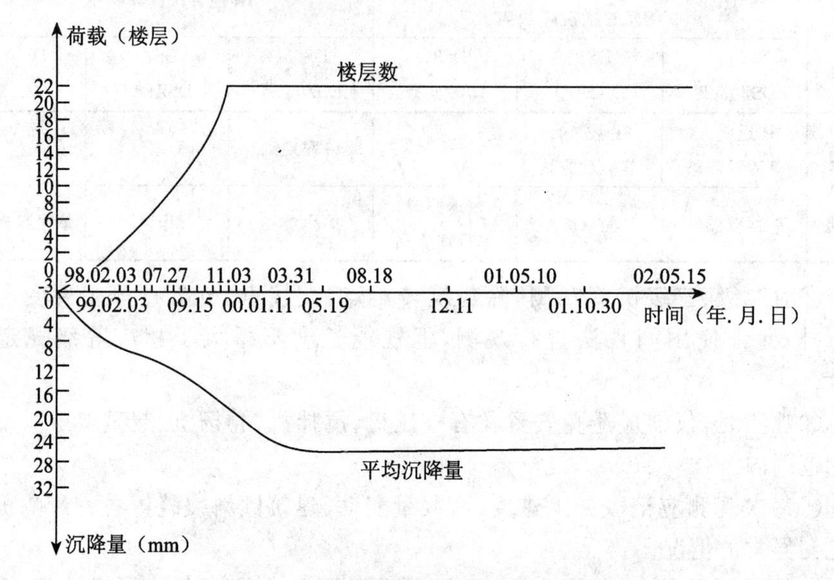

图 10-10　某建筑时间－荷载－沉降量曲线图

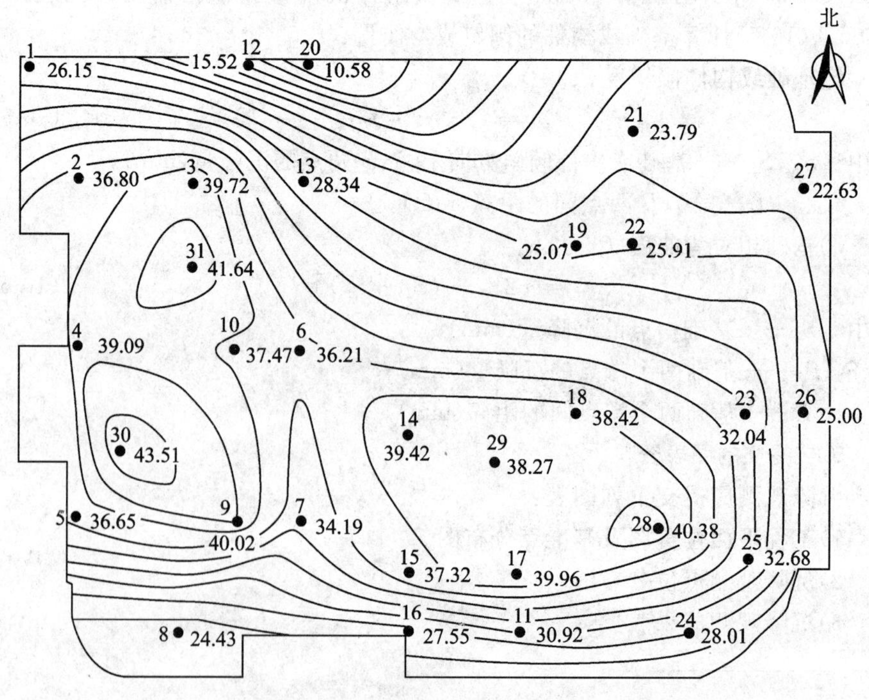

图 10-11　某建筑等沉降曲线图(单位:mm)

第三节　位移观测

本节导图

本节主要介绍了位移观测的一般规定、建筑主体倾斜观测、建筑水平位移观测、基坑壁侧向位移观测、建筑场地滑坡观测以及挠度观测，其内容关系如图10-12所示。

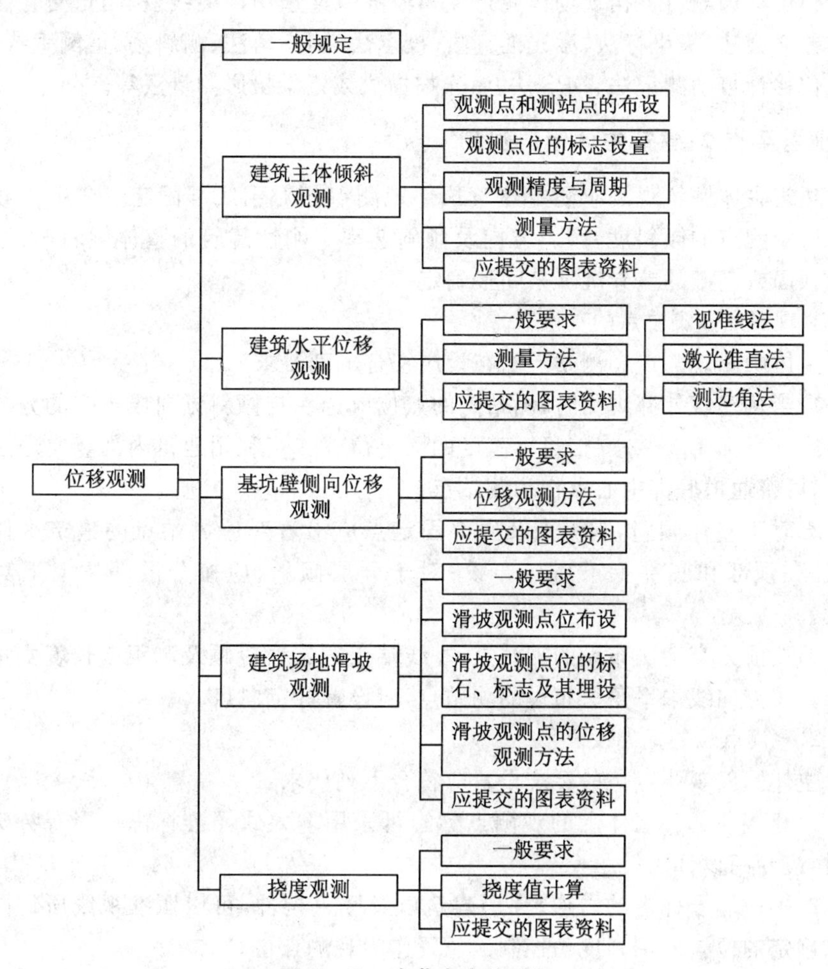

图 10-12　本节内容关系图

业务要点 1:一般规定

1)建筑位移观测可根据需要，分别或组合测定建筑主体倾斜、水平位移、挠度和基坑壁侧向位移，并对建筑场地滑坡进行监测。

2)位移观测应根据建筑的特点和施测要求，做好观测方案的设计和技术准备工作，并取得委托方及有关人员的配合。

3)位移观测的标志应根据不同建筑的特点进行设计。标志应牢固、适用、美观。若受条件限制或对于高耸建筑，也可选定变形体上特征明显的塔尖、避雷针、圆柱(球)体边缘等作为观测点。对于基坑等临时性结构或岩土体，标志应坚固、耐用、便于保护。

4)位移观测可根据现场作业条件和经济因素选用视准线法、测角交会法或方向差交会法、极坐标法、激光准直法、投点法、测小角法、测斜法、正倒垂线法、激光位移计自动测记法、GPS 法、激光扫描法或近景摄影测量法等。

业务要点 2:建筑主体倾斜观测

建筑主体倾斜观测应测定建筑顶部观测点相对于底部固定点或上层相对于下层观测点的倾斜度、倾斜方向及倾斜速率。刚性建筑的整体倾斜，可通过测量顶面或基础的差异沉降来间接确定。

1.观测点和测站点的布设

主体倾斜观测点和测站点的布设应符合下列要求：

1)当从建筑外部观测时，测站点的点位应选在与倾斜方向成正交的方向线上距照准目标 1.5～2.0 倍目标高度的固定位置。当利用建筑内部竖向通道观测时，可将通道底部中心点作为测站点。

2)对于整体倾斜，观测点及底部固定点应沿着对应测站点的建筑主体竖直线，在顶部和底部上下对应布设；对于分层倾斜，应按分层部位上下对应布设。

3)按前方交会法布设的测站点，基线端点的选设应顾及测距或长度丈量的要求。按方向线水平角法布设的测站点，应设置好定向点。

2.观测点位的标志设置

主体倾斜观测点位的标志设置应符合下列要求：

1)建筑顶部和墙体上的观测点标志可采用埋入式照准标志。当有特殊要求时，应专门设计。

2)不便埋设标志的塔形、圆形建筑以及竖直构件，可以照准视线所切同高边缘确定的位置或用高度角控制的位置作为观测点位。

3)位于地面的测站点和定向点，可根据不同的观测要求，使用带有强制对中装置的观测墩或混凝土标石。

4)对于一次性倾斜观测项目，观测点标志可采用标记形式或直接利用符合位置与照准要求的建筑特征部位，测站点可采用小标石或临时性标志。

3.观测精度与周期

1)主体倾斜观测的精度可根据给定的倾斜量允许值，按本章第一节“要点2”的相应规定确定。当由基础倾斜间接确定建筑整体倾斜时，基础差异沉降的观测精度应按本章第一节“要点2”的相应规定确定。

2)主体倾斜观测的周期可视倾斜速度每1～3个月观测一次。当遇基础附近因大量堆载或卸载、场地降雨长期积水等而导致倾斜速度加快时，应及时增加观测次数。施工期间的观测周期，可根据要求按照本章第二节“要点4”的相应规定确定。倾斜观测应避开强日照和风荷载影响大的时间段。

4.测量方法

1)当从建筑或构件的外部观测主体倾斜时，宜选用下列经纬仪观测法：

①投点法。观测时，应在底部观测点位置安置水平读数尺等量测设施。在每测站安置经纬仪投影时，应按正倒镜法测出每对上下观测点标志间的水平位移分量，再按矢量相加法求得水平位移值(倾斜量)和位移方向(倾斜方向)。

②测水平角法。对塔形、圆形建筑或构件，每测站的观测应以定向点作为零方向，测出各观测点的方向值和至底部中心的距离，计算顶部中心相对底部中心的水平位移分量。对矩形建筑，可在每测站直接观测顶部观测点与底部观测点之间的夹角或上层观测点与下层观测点之间的夹角，以所测角值与距离值计算整体的或分层的水平位移分量和位移方向。

③前方交会法。所选基线应与观测点组成最佳构形，交会角宜在60°～120°之间。水平位移计算，可采用直接由两周期观测方向值之差解算坐标变化量的方向差交会法，亦可采用按每周期计算观测点坐标值，再以坐标差计算水平位移的方法。

2)当利用建筑或构件的顶部与底部之间的竖向通视条件进行主体倾斜观测时，宜选用下列观测方法：

①激光铅直仪观测法。应在顶部适当位置安置接收靶，在其垂线下的地面或地板上安置激光铅直仪或激光经纬仪，按一定周期观测，在接收靶上直接读取或量出顶部的水平位移量和位移方向。作业中仪器应严格置平、对中，应旋转180°观测两次，取其中数。对超高层建筑，当仪器设在楼体内部时，应考虑大气湍流影响。

②激光位移计自动记录法。位移计宜安置在建筑底层或地下室地板上，接收装置可设在顶层或需要观测的楼层，激光通道可利用未使用的电梯井或楼梯间隔，测试室宜选在靠近顶部的楼层内。当位移计发射激光时，从测试室的光线示波器上可直接获取位移图像及有关参数，并自动记录成果。

③正、倒垂线法。垂线宜选用直径0.6～1.2mm的不锈钢丝或铟瓦丝，并采用无缝钢管保护。采用正垂线法时，垂线上端可锚固在通道顶部或所需高度处设置的支点上。采用倒垂线法时，垂线下端可固定在锚块上，上端设浮筒。用来稳定重锤、浮子的油箱中应装有阻尼液。观测时，由观测墩上安置的坐标仪、光学垂线仪、电感式垂线仪等量测设备，按一定周期测出各测点的水平位移量。

④吊垂球法。应在顶部或所需高度处的观测点位置上，直接或支出一点悬挂适当重量的垂球，在垂线下的底部固定毫米格网读数板等读数设备，直接读取或量出上部观测点相对底部观测点的水平位移量和位移方向。

3)当利用相对沉降量间接确定建筑整体倾斜时，可选用下列方法：

①倾斜仪测记法。可采用水管式倾斜仪、水平摆倾斜仪、气泡倾斜仪或电子倾斜仪进行观测。倾斜仪应具有连续读数、自动记录和数字传输的功能。监测建筑上部层面倾斜时，仪器可安置在建筑顶层或需要观测的楼层的楼板上。监测基础倾斜时，仪器可安置在基础面上，以所测楼层或基础面的水平倾角变化值反映和分析建筑倾斜的变化程度。

②测定基础沉降差法。可按本章第二节“要点4”的有关规定，在基础上选设观测点，采用水准测量方法，以所测各周期基础的沉降差换算求得建筑整体倾斜度及倾斜方向。

4)当建筑立面上观测点数量多或倾斜变形量大时，可采用激光扫描或数字近景摄影测量方法，具体技术要求应另行设计。

5.应提交的图表资料

倾斜观测应提交下列图表：

1)倾斜观测点位布置图。

2)倾斜观测成果表。

3)主体倾斜曲线图。

业务要点3:建筑水平位移观测

1.一般要求

1)建筑水平位移观测点的位置应选在墙角、柱基及裂缝两边等处。标志可采用墙上标志，具体形式及其埋设应根据点位条件和观测要求确定。

2)水平位移观测的精度可根据本章第一节“要点2”的规定确定。

3)水平位移观测的周期，对于不良地基土地区的观测，可与一并进行的沉降观测协调确定；对于受基础施工影响的有关观测，应按施工进度的需要确定，可逐日或隔2～3d观测一次，直至施工结束。

2. 测量方法

当测量地面观测点在特定方向的位移时，可使用视准线、激光准直、测边角等方法。

（1）视准线法　当采用视准线法测定位移时，应符合下列规定：

1）在视准线两端各自向外的延长线上，宜埋设检核点。在观测成果的处理中，应顾及视准线端点的偏差改正。

2）采用活动觇牌法进行视准线测量时，观测点偏离视准线的距离不应超过活动觇牌读数尺的读数范围。应在视准线一端安置经纬仪或视准仪，瞄准安置在另一端的固定觇牌进行定向，待活动觇牌的照准标志正好移至方向线上时读数。每个观测点应按确定的测回数进行往测与返测。

3）采用小角法进行视准线测量时，视准线应按平行于待测建筑边线布置，观测点偏离视准线的偏角不应超过 30″。偏离值 d，如图 10-13 所示，可按公式（10-7）计算：

$$d = \alpha/\rho \cdot D \tag{10-7}$$

式中　α——偏角（″）；

D——从观测端点到观测点的距离（m）；

ρ——常数，其值为 206265。

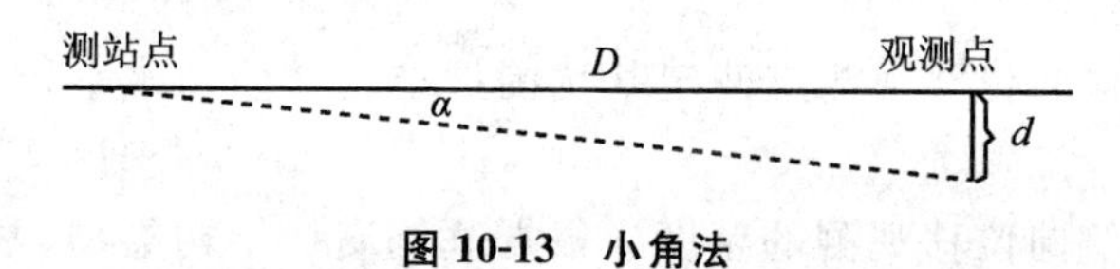

图 10-13　小角法

（2）激光准直法　当采用激光准直法测定位移时，应符合下列规定：

1）使用激光经纬仪准直法时，当要求具有 10^{-5}～10^{-4} 量级准直精度时，可采用 DJ_2 型仪器配置氦－氖激光器或半导体激光器的激光经纬仪及光电探测器或目测有机玻璃方格网板；当要求达 10^{-6} 量级精度时，可采用 DJ_1 型仪器配置高稳定性氦－氖激光器或半导体激光器的激光经纬仪及高精度光电探测系统。

2）对于较长距离的高精度准直，可采用三点式激光衍射准直系统或衍射频谱成像及投影成像激光准直系统。对短距离的高精度准直，可采用衍射式激光准直仪或连续成像衍射板准直仪。

3）激光仪器在使用前必须进行检校，仪器射出的激光束轴线、发射系统轴线和望远镜照准轴应三者重合，观测目标与最小激光斑应重合。

4）观测点位的布设和作业方法应按照“视准线法”第 2 款的规定执行。

（3）测边角法　当采用测边角法测定位移时，对主要观测点，可以该点为测站测出对应视准线端点的边长和角度，求得偏差值。对其他观测点，可选适宜的主要观测点为测站，测出对应其他观测点的距离与方向值，按坐标法求得偏差值。角度观测测回数与长度的丈量精度要求，应根据要求的偏差值观测中误差确定。

测量观测点任意方向位移时，可视观测点的分布情况，采用前方交会或方向差交会及极坐标等方法。单个建筑亦可采用直接量测位移分量的方向线法，在建筑纵、横轴线的相邻延长线上设置固定方向线，定期测出基础的纵向和横向位移。

对于观测内容较多的大测区或观测点远离稳定地区的测区，宜采用测角、测边、边角及GPS与基准线法相结合的综合测量方法。

3.应提交的图表资料

水平位移观测应提交下列图表：

1)水平位移观测点位布置图。

2)水平位移观测成果表。

3)水平位移曲线图。

业务要点4:基坑壁侧向位移观测

1.一般要求

1)基坑壁侧向位移观测应测定基坑围护结构桩墙顶水平位移和桩墙深层挠曲。

2)基坑壁侧向位移观测的精度应根据基坑支护结构类型、基坑形状、大小和深度、周边建筑及设施的重要程度、工程地质与水文地质条件和设计变形报警预估值等因素综合确定。

3)当应用钢筋计、轴力计等物理测量仪表测定基坑主要结构的轴力、钢筋内力及监测基坑四周土体内土体压力、孔隙水压力时，应能反映基坑围护结构的变形特征。对变形大的区域，应适当加密观测点位和增设相应仪表。

4)基坑壁侧向位移观测的周期应符合下列规定：

①基坑开挖期间应2～3d观测一次，位移速率或位移量大时应每天1～2次。

②当基坑壁的位移速率或位移量迅速增大或出现其他异常时，应在做好观测本身安全的同时，增加观测次数，并立即将观测结果报告委托方。

2.位移观测方法

基坑壁侧向位移观测可根据现场条件使用视准线法、测小角法、前方交会法或极坐标法，并宜同时使用测斜仪或钢筋计、轴力计等进行观测。

1)当使用视准线法、测小角法、前方交会法或极坐标法测定基坑壁侧向位移时，应符合下列规定：

①基坑壁侧向位移观测点应沿基坑周边桩墙顶每隔 10～15m 布设一点。

②侧向位移观测点宜布置在冠梁上，可采用铆钉枪射入铝钉，亦可钻孔埋设膨胀螺栓或用环氧树脂胶粘标志。

③测站点宜布置在基坑围护结构的直角上。

2)当采用测斜仪测定基坑壁侧向位移时，应符合下列规定：

①测斜仪宜采用能连续进行多点测量的滑动式仪器。

②测斜管应布设在基坑每边中部及关键部位，并埋设在围护结构桩墙内或其外侧的土体内，其埋设深度应与围护结构入土深度一致。

③将测斜管吊入孔或槽内时，应使十字形槽口对准观测的水平位移方向。连接测斜管时应对准导槽，使之保持在一直线上。管底端应装底盖，每个接头及底盖处应密封。

④埋设于基坑围护结构中的测斜管，应将测斜管绑扎在钢筋笼上，同步放入成孔或槽内，通过浇筑混凝土后固定在桩墙中或外侧。

⑤埋设于土体中的测斜管，应先用地质钻机成孔，将分段测斜管连接放入孔内，测斜管连接部分应密封处理，测斜管与钻孔壁之间空隙宜回填细砂或水泥与膨润土拌合的灰浆，其配合比应根据土层的物理力学性能和水文地质情况确定。测斜管的埋设深度应与围护结构入土深度一致。

⑥测斜管埋好后，应停留一段时间，使测斜管与土体或结构固连为一整体。

⑦观测时，可由管底开始向上提升测头至待测位置，或沿导槽全长每隔 500mm(轮距)测读一次，将测头旋转 180°再测一次。两次观测位置(深度)应一致，依此作为一测回。每周期观测可测两测回，每个测斜导管的初测值，应测四测回，观测成果取中数。

3. 应提交的图表资料

基坑壁侧向位移观测应提交下列图表：

1)基坑壁位移观测点布置图。

2)基坑壁位移观测成果表。

3)基坑壁位移曲线图。

业务要点 5：建筑场地滑坡观测

1. 一般要求

1)建筑场地滑坡观测应测定滑坡的周界、面积、滑动量、滑移方向、主滑线以及滑动速度，并视需要进行滑坡预报。

2)滑坡观测点的测定精度可选择表 10-1 中所列的二、三级精度。有特殊要求的，应另行确定。

3)滑坡观测的周期应视滑坡的活跃程度及季节变化等情况而定,并应符合下列规定:

①在雨季,宜每半月或一月测一次;干旱季节,可每季度测一次。

②当发现滑速增快,或遇暴雨、地震、解冻等情况时,应增加观测次数。

③当发现有大的滑动可能或有其他异常时,应在做好观测本身安全的同时,及时增加观测次数,并立即将观测结果报告委托方。

2.滑坡观测点位的布设

滑坡观测点位的布设应符合下列要求:

1)滑坡面上的观测点应均匀布设。滑动量较大和滑动速度较快的部位,应适当增加布点。

2)滑坡周界外稳定的部位和周界内稳定的部位,均应布设观测点。

3)主滑方向和滑动范围已明确时,可根据滑坡规模选取十字形或格网形平面布点方式;主滑方向和滑动范围不明确时,可根据现场条件,采用放射形平面布点方式,如图 10-14 所示。

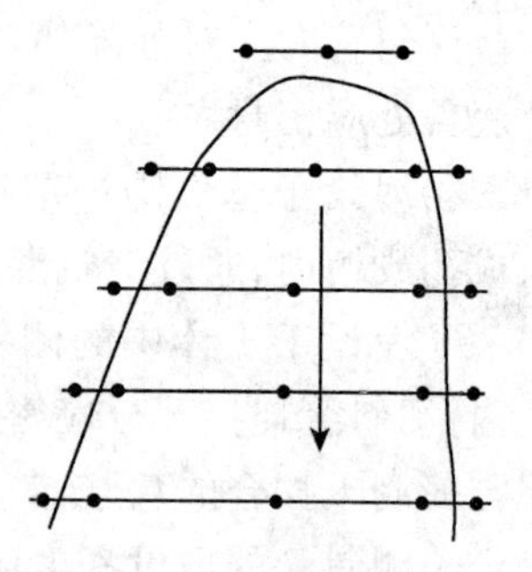

图 10-14　滑坡观测点的埋设

4)需要测定滑坡体深部位移时,应将观测点钻孔位置布设在主滑轴线上,并可对滑坡体上局部滑动和可能具有的多层滑动面进行观测。

5)对已加固的滑坡,应在其支挡锚固结构的主要受力构件上布设应力计和观测点。

6)采用 GPS 观测滑坡位移时,观测点的布设还应符合《建筑变形测量规范》JGJ 8—2007 第 4.8 节的有关规定。

3.滑坡观测点位的标石、标志及其埋设

滑坡观测点位的标石、标志及其埋设应符合下列要求:

1)土体上的观测点可埋设预制混凝土标石。根据观测精度要求,顶部的标志可采用具有强制对中装置的活动标志或嵌入加工成半球状的钢筋标志。标石埋深不宜小于 1m,在冻土地区应埋至当地冻土线以下 0.5m。标石顶部应露出地面 20～30cm。

2)岩体上的观测点可采用砂浆现场浇固的钢筋标志。凿孔深度不宜小于 10cm。标志埋好后,其顶部应露出岩体面 5cm。

3)必要的临时性或过渡性观测点以及观测周期短、次数少的小型滑坡观测点,可埋设硬质大木桩,但顶部应安置照准标志,底部应埋至当地冻土线以下。

4)滑坡体深部位移观测钻孔应穿过潜在滑动面进入稳定的基岩面以下不

小于1m。观测钻孔应铅直，孔径应不小于110mm。测斜管与孔壁之间的孔隙应按“基坑壁侧向位移观测”的规定回填。

4.滑坡观测点的位移观测方法

1)滑坡观测点的位移观测方法，可根据现场条件，按下列要求选用：

①当建筑数量多、地形复杂时，宜采用以三方向交会为主的测角前方交会法，交会角宜在50°～110°之间，长短边不宜悬殊。也可采用测距交会法、测距导线法以及极坐标法。

②对于视野开阔的场地，当面积小时，可采用放射线观测网法，从两个测站点上按放射状布设交会角在30°～150°之间的若干条观测线，两条观测线的交点即为观测点。每次观测时，应以解析法或图解法测出观测点偏离两测线交点的位移量。当场地面积大时，可采用任意方格网法，其布设与观测方法应与放射线观测网相同，但应需增加测站点与定向点。

③对于带状滑坡，当通视较好时，可采用测线支距法，在与滑动轴线的垂直方向，布设若干条测线，沿测线选定测站点、定向点与观测点。每次观测时，应按支距法测出观测点的位移量与位移方向。当滑坡体窄而长时，可采用十字交叉观测网法。

④对于抗滑墙(桩)和要求高的单独测线，可选用“建筑水平位移观测”规定的视准线法。

⑤对于可能有大滑动的滑坡，除采用测角前方交会等方法外，亦可采用数字近景摄影测量方法同时测定观测点的水平和垂直位移。

⑥滑坡体内深部测点的位移观测，可采用测斜仪观测方法，作业要求可按“基坑壁侧向位移观测”的规定执行。

⑦当符合GPS观测条件和满足观测精度要求时，可采用单机多天线GPS观测方法观测。

2)滑坡观测点的高程测量可采用水准测量方法，对困难点位可采用电磁波测距三角高程测量方法。观测路线均应组成闭合或附合网形。

3)滑坡预报应采用现场严密监视和资料综合分析相结合的方法进行。每次观测后，应及时整理绘制出各观测点的滑动曲线。当利用回归方程发现有异常观测值，或利用位移对数和时间关系曲线判断有拐点时，应在加强观测的同时，密切注意观察滑前征兆，并结合工程地质、水文地质、地震和气象等方面资料，全面分析，作出滑坡预报，及时预警以采取应急措施。

5.应提交的图表资料

滑坡观测应提交下列图表：

1)滑坡观测点位布置图。

2)观测成果表。

3)观测点位移与沉降综合曲线示意图,如图 10-15 所示。

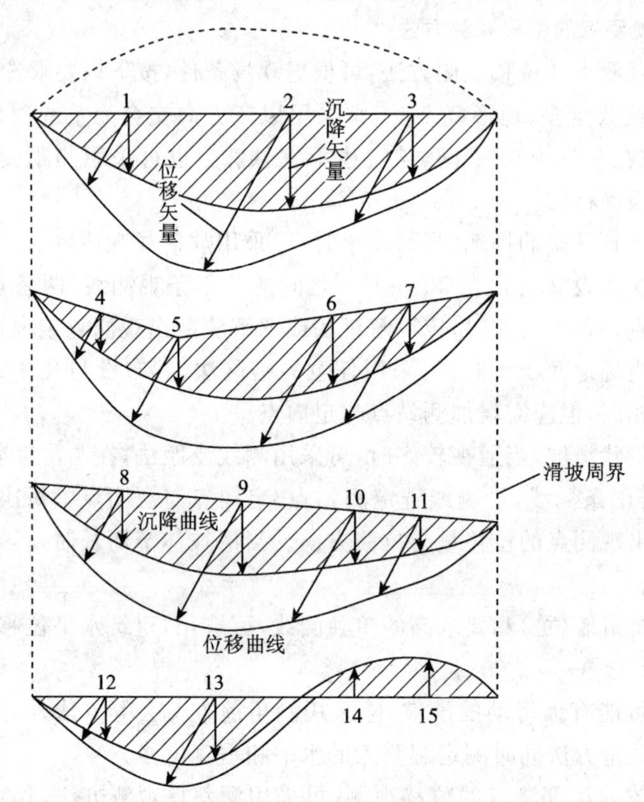

图 10-15 某滑坡观测点位移与沉降综合曲线图

业务要点 6:挠度观测

1.一般要求

1)建筑基础和建筑主体以及墙、柱等独立构筑物的挠度观测,应按一定周期测定其挠度值。

2)挠度观测的周期应根据荷载情况并考虑设计、施工要求确定。观测的精度可按本章第一节“要点 2”的有关规定确定。

3)建筑基础挠度观测可与建筑沉降观测同时进行。观测点应沿基础的轴线或边线布设,每一轴线或边线上不得少于 3 点。标志设置、观测方法应符合本章第二节“要点 4”的规定。

4)建筑主体挠度观测,除观测点应按建筑结构类型在各不同高度或各层处沿一定垂直方向布设外,其标志设置、观测方法应按“建筑主体倾斜观测”的有关规定执行。挠度值应由建筑上不同高度点相对于底部固定点的水平位移值确定。

2.挠度值计算

1)独立构筑物的挠度观测,除可采用建筑主体挠度观测要求外,当观测条件允许时,亦可用挠度计、位移传感器等设备直接测定挠度值。

2)挠度值及跨中挠度值应按下列公式计算:

①挠度值 f_d 应按下列公式计算,如图 10-16 所示。

$$f_d = \Delta S_{AE} - \frac{L_{AE}}{L_{AE} + L_{EB}} \Delta S_{AE} \tag{10-8}$$

$$\Delta S_{AE} = S_E - S_A \tag{10-9}$$

$$\Delta S_{AB} = S_B - S_A \tag{10-10}$$

式中 S_A、S_B——基础 A、B 点的沉降量或位移量(mm);

S_E——基础上 E 点的沉降量或位移量(mm),E 点位于 A、B 两点之间;

L_{AE}——A、E 之间的距离(m);

L_{EB}——E、B 之间的距离(m)。

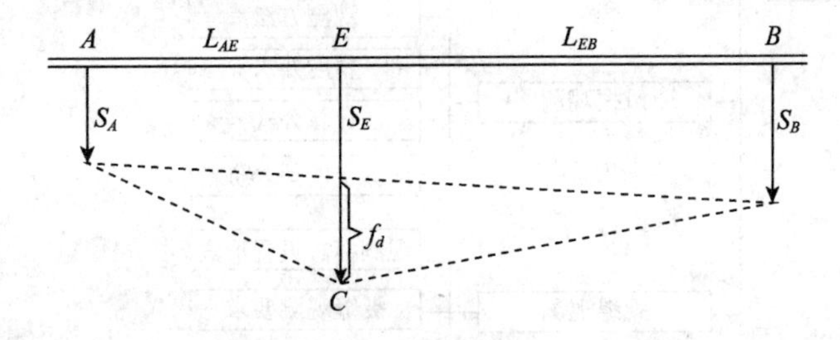

图 10-16 挠度

②跨中挠度值 f_{dc} 应按下列公式计算:

$$f_{dc} = \Delta S_{10} - \frac{1}{2} \Delta S_{12} \tag{10-11}$$

$$\Delta S_{10} = S_0 - S_1 \tag{10-12}$$

$$\Delta S_{12} = S_2 - S_1 \tag{10-13}$$

式中 S_0——基础中点的沉降量或位移量(mm);

S_1、S_2——基础两个端点的沉降量或位移量(mm)。

3.应提交的图表资料

挠度观测应提交下列图表:

1)挠度观测点布置图。

2)观测成果表。

3)挠度曲线图。

第四节　特殊变形观测

本节导图

本节主要介绍了动态变形测量、日照变形观测、风振观测以及裂缝观测，其内容关系如图 10-17 所示。

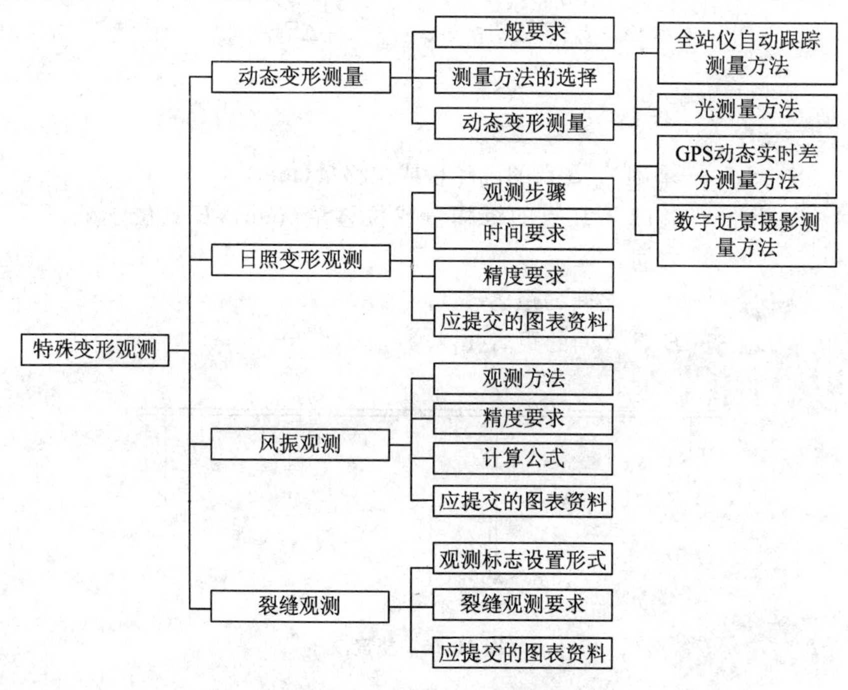

图 10-17　本节内容关系图

业务要点 1:动态变形测量

1. 一般要求

1)对于建筑在动荷载作用下而产生的动态变形，应测定其一定时间段内的瞬时变形量，计算变形特征参数，分析变形规律。

2)动态变形的观测点应选在变形体受动荷载作用最敏感并能稳定牢固地安置传感器、接收靶和反光镜等照准目标的位置上。

3)动态变形测量的精度应根据变形速率、变形幅度、测量要求和经济因素来确定。

2. 测量方法的选择

动态变形测量方法的选择可根据变形体的类型、变形速率、变形周期特征和测定精度要求等确定，并符合下列规定：

1)对于精度要求高、变形周期长、变形速率小的动态变形测量，可采用全站仪自动跟踪测量或激光测量等方法。

2)对于精度要求低、变形周期短、变形速率大的建筑，可采用位移传感器、加速度传感器、GPS动态实时差分测量等方法。

3)当变形频率小时，可采用数字近景摄影测量或经纬仪测角前方交会等方法。

3.动态变形测量

(1)全站仪自动跟踪测量方法　采用全站仪自动跟踪测量方法进行动态变形观测时，应符合下列规定：

1)测站应设立在基准点或工作基点上，并使用有强制对中装置的观测台或观测墩。

2)变形观测点上宜安置观测棱镜，距离短时也可采用反射片。

3)数据通信电缆宜采用光纤或专用数据电缆，并应安全敷设。连接处应采取绝缘和防水措施。

4)测站和数据终端设备应备有不间断电源。

5)数据处理软件应具有观测数据自动检核、超限数据自动处理、不合格数据自动重测、观测目标被遮挡时可自动延时观测以及变形数据自动处理、分析、预报和预警等功能。

(2)光测量方法　采用激光测量方法进行动态变形观测时，应符合下列规定：

1)激光经纬仪、激光导向仪、激光准直仪等激光器宜安置在变形区影响之外或受变形影响小的区域。激光器应采取防尘、防水措施。

2)安置激光器后，应同时在激光器附近的激光光路上，设立固定的光路检核标志。

3)整个光路上应无障碍物，光路附近应设立安全警示标志。

4)目标板或感应器应稳固设立在变形比较敏感的部位并与光路垂直；目标板的刻划应均匀、合理。观测时，应将接收到的激光光斑调至最小、最清晰。

(3)GPS动态实时差分测量方法　采用GPS动态实时差分测量方法进行动态变形观测时，应符合下列规定：

1)应在变形区之外或受变形影响小的地势高处设立GPS参考站。参考站上部应无高度角超过10°的障碍物，且周围无大面积水域、大型建筑等GPS信号反射物及高压线、电视台、无线电发射源、热源、微波通道等干扰源。

2)变形观测点宜设置在建筑顶部变形敏感的部位，变形观测点的数目应依建筑结构和要求布设，接收天线的安置应稳固，并采取保护措施，周围无高度角超过10°的障碍物。卫星接收数量不应少于5颗，并应采用固定解成果。

3)长期的变形观测宜采用光缆或专用数据电缆进行数据通信，短期的也可采用无线电数据链。

4)卫星实时定位测量的其他技术要求，应满足《建筑变形测量规范》JGJ 8—2007第4.8节的相关规定。

(4)数字近景摄影测量方法　采用数字近景摄影测量方法进行动态变形观测时，应满足下列要求：

1)应根据观测体的变形特点、观测规模和精度要求，合理选用作业方法，可采用时间基线视差法、立体摄影测量方法或多摄站摄影测量方法。

2)像控点可采用独立坐标系。像控点应布设在建筑的四周，并应在景深范围内均匀布设。像控点测定中误差不宜大于变形观测点中误差的1/3。当采用直接线性变换法解算待定点时，一个像对宜布设6～9个控制点；当采用时间基线视差法时，一个像对宜至少布设4个控制点。

3)变形观测点的点位中误差宜为±1～10mm，相对中误差宜为1/5000～1/20000。观测标志，可采用十字形或同心圆形，标志的颜色可采用与被摄建筑色调有明显反差的黑、白两色相间。

4)摄影站应设置固定观测墩。对于长方形的建筑，摄影站宜布设在与其长轴线相平行的一条直线上，并使摄影主光轴垂直于被摄物体的主立面；对于圆柱形外表的建筑，摄影站可均匀布设在与物体中轴线等距的四周。

5)多像对摄影时，应布设像对间起连接作用的标志点。

6)近景摄影测量的其他技术要求，应满足现行国家标准《工程摄影测量规范》GB 50167—1992的有关规定。

业务要点2：日照变形观测

1.观测步骤

1)日照变形观测应在高耸建筑或单柱受强阳光照射或辐射的过程中进行，应测定建筑或单柱上部由于向阳面与背阳面温差引起的偏移量及其变化规律。

2)日照变形观测点的选设应符合下列要求：

①当利用建筑内部竖向通道观测时，应以通道底部中心位置作为测站点，以通道顶部正垂直对应于测站点的位置作为观测点。

②当从建筑或单柱外部观测时，观测点应选在受热面的顶部或受热面上部的不同高度处与底部(视观测方法需要布置)适中位置，并设置照准标志，单柱亦可直接照准顶部与底部中心线位置；测站点应选在与观测点连线呈正交或近于正交的两条方向线上，其中一条宜与受热面垂直。测站点宜设在距观测点的距离为照准目标高度1.5倍以外的固定位置处，并埋设标石。

2. 时间要求

日照变形的观测时间，宜选在夏季的高温天进行。观测可在白天时间段进行，从日出前开始，日落后停止，宜每隔 1h 观测一次。在每次观测的同时，应测出建筑向阳面与背阳面的温度，并测定风速与风向。

3. 精度要求

日照变形观测的精度，可根据观测对象和观测方法的不同，具体分析确定。用经纬仪观测时，观测点相对测站点的点位中误差，对投点法不应大于±1.0mm，对测角法不应大于±2.0mm。

4. 应提交的图表资料

日照变形观测应提交下列图表：

1)日照变形观测点位布置图。

2)日照变形观测成果表。

3)日照变形曲线示意图，如图 10-18 所示。

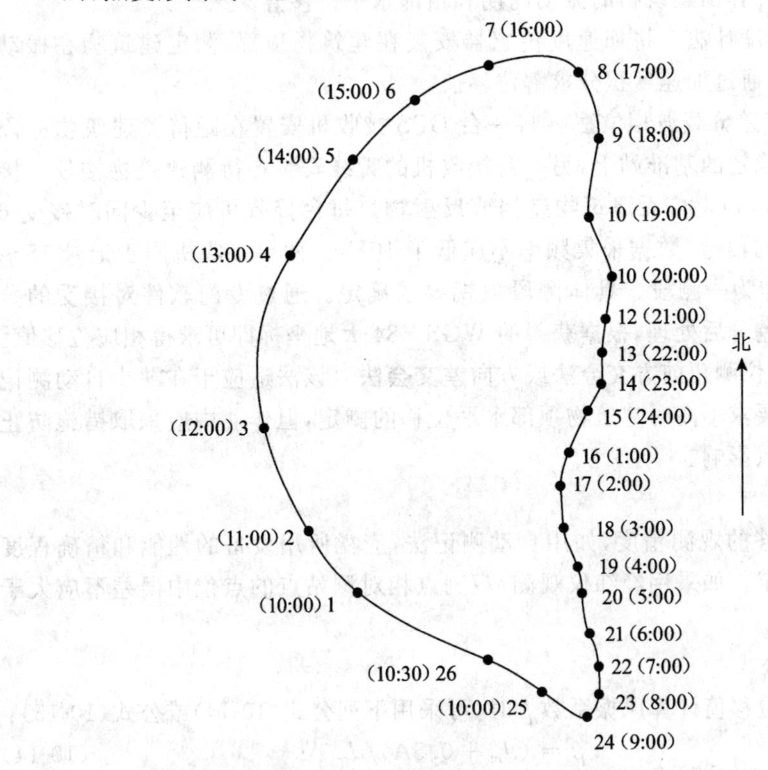

图 10-18　某电视塔顶部日照变形曲线图

注：1. 图中顺序号为观测次数编号，括号内数字为时间。

2. 曲线图由激光铅直仪直接测出的激光中心轨迹反转而成。

业务要点3:风振观测

1.观测方法

风振观测应在高层、超高层建筑物受强风作用的时间阶段内同步测定建筑物的顶部风速、风向和墙面风压以及顶部水平位移,以获取风压分布、体型系数及风振系数。

顶部水平位移观测可根据要求和现场情况选用下列方法:

(1)激光位移计自动测记法 当位移计发射激光时,从测试室的光线示波器上可直接获取位移图像及有关参数。

(2)长周期拾振器测记法 将拾振器设在建筑物顶部天面中间,由测试室内的光线示波器记录观测结果。

(3)双轴自动电子测斜仪(电子水枪)测记法 测试位置应选在振动敏感的位置,仪器 x 轴与 y 轴(水枪方向)与建筑物的纵横轴线一致,并用罗盘定向,根据观测数据计算出建筑物的振动周期和顶部水平位移值。

(4)加速度计法 将加速度传感器安装在建筑物顶部,测定建筑物在振动时的加速度,通过加速度积分求解位移值。

(5)GPS差分载波相位法 将一台GPS接收机安置在距待测建筑物一段距离且相对稳定的基准站上,另一台接收机的天线安装在待测建筑物楼顶。接收机周围50m以上应无建筑物遮挡或反射物。每台接收机应至少同时接受6颗以上卫星的信号,数据采集频率不应低于10Hz。两台接收机同步记录15～20min数据作为一测段。具体测段数视要求确定。通过专门软件对接受的数据进行动态差分后处理,根据获得的WGS－84大地坐标即可求得相应位移值。

(6)经纬仪测角前方交会法或方向差交会法 该法适应于在缺少自动测记设备和观测要求不高时建筑物顶部水平位移的测定,但作业中应采取措施防止仪器受到强风影响。

2.精度要求

风振位移的观测精度,如用自动测记法,应视所用设备的性能和精确程度要求具体确定。如采用经纬仪观测,观测点相对测站点的点位中误差不应大于±15mm。

3.计算公式

由实测位移值计算风振系数 β 时,可采用下列公式(10-14)或公式(10-15):

$$\beta = (d_m + 0.5A)/d_m \tag{10-14}$$

$$\beta = (d_s + d_d)/d_s \tag{10-15}$$

式中 d_m——平均位移值(mm);

A——风力振幅(mm);

d_s——静态位移(mm)；

d_d——动态位移(mm)。

4.应提交的图表资料

风振观测应提交下列图表：

1)风速、风压、位移的观测位置布置图。

2)风振观测成果表。

3)风速、风压、位移及振幅等曲线图。

业务要点4:裂缝观测

1.观测标志设置形式

建筑物发现裂缝，除了要增加沉降观测的次数外，应立即进行裂缝变化的观测。为了观测裂缝的发展情况，要在裂缝处设置观测标志。设置标志的基本要求是:当裂缝开展时标志就能相应的开裂或变化，正确地反映建筑物裂缝发展情况。其形式有三种，见表10-3。

表10-3　观测标志设置形式

形　式	表　现	参考图
石膏板标志	用厚10mm，宽约50～80mm的石膏板(长度视裂缝大小而定)，在裂缝两边固定牢固。当裂缝继续发展时，石膏板也随之开裂，从而观察裂缝继续发展的情况	—
白铁片标志	用两块白铁片，一片取150mm×150mm的正方形，固定在裂缝的一侧。并使其一边和裂缝的边缘对齐。另一片为50mm×200mm，固定在裂缝的另一侧，并使其中一部分紧贴相邻的正方形白铁片。当两块白铁片固定好以后，在其表面均涂上红色油漆。如果裂缝继续发展，两白铁片将逐渐拉开，露出正方形白铁上原被覆盖没有涂油漆的部分，其宽度即为裂缝加大的宽度，可用尺子量出	
金属棒标志	在裂缝两边钻孔，将长约10cm，直径10mm以上的钢筋头插入，并使其露出墙外约2cm左右，用水泥砂浆填灌牢固。在两钢筋头埋设前，应先把外露一端锉平，在上面刻画十字线或中心点，作为量取间距的依据。待水泥砂浆凝固后，量出两金属棒之间距并进行比较，即可掌握裂缝发展情况	

2.裂缝观测要求

1)裂缝观测应测定建筑上的裂缝分布位置和裂缝的走向、长度、宽度及其变化情况。

2)对需要观测的裂缝应统一进行编号。每条裂缝应至少布设两组观测标志,其中一组应在裂缝的最宽处,另一组应在裂缝的末端。每组应使用两个对应的标志,分别设在裂缝的两侧。

3)裂缝观测标志应具有可供量测的明晰端面或中心。长期观测时,可采用镶嵌或埋入墙面的金属标志、金属杆标志或楔形板标志;短期观测时,可采用油漆平行线标志或用建筑胶粘贴的金属片标志。当需要测出裂缝纵横向变化值时,可采用坐标方格网板标志。使用专用仪器设备观测的标志,可按具体要求另行设计。

4)对于数量少、量测方便的裂缝,可根据标志形式的不同,分别采用比例尺、小钢尺或游标卡尺等工具定期量出标志间距离,求得裂缝变化值,或用方格网板定期读取“坐标差”,计算裂缝变化值;对于大面积且不便于人工量测的众多裂缝,宜采用交会测量或近景摄影测量方法;需要连续监测裂缝变化时,可采用测缝计或传感器自动测记方法观测。

5)裂缝观测的周期应根据其裂缝变化速度而定。开始时可半月测一次,以后一月测一次。当发现裂缝加大时,应及时增加观测次数。

6)裂缝观测中,裂缝宽度数据应量至0.1mm,每次观测应绘出裂缝的位置、形态和尺寸,注明日期,并拍摄裂缝照片。

3.应提交的图表资料

裂缝观测应提交下列图表:

1)裂缝位置分布图。

2)裂缝观测成果表。

3)裂缝变化曲线图。

参考文献

[1]GB/T 27663—2011　全站仪[S].北京:中国标准出版社,2012.

[2]GB/T 10156—2009　水准仪[S].北京:中国标准出版社,2009.

[3]GB 50026—2007　工程测量规范[S].北京:中国计划出版社,2008.

[4]JGJ 8—2007　建筑变形测量规范[S].北京:中国建筑工业出版社,2008.

[5]CJJ/T 8—2011　城市测量规范[S].北京:中国标准出版社,2012.

[6]GB/T 18314—2009　全球定位系统(GPS)测量规范[S].北京:中国标准出版社,2009.

[7]GB/T 12898—2009　国家三、四等水准测量规范[S].北京:中国标准出版社,2009.

[8]GB/T 17986.1—2000　房产测量规范 第1单元:房产测量规定[S].北京:中国标准出版社,2000.

[9]GB/T 17986.2—2000　房产测量规范 第2单元:房产图图式[S].北京:中国标准版社,2000.

[10]王红英.测量员(第2版)[M].北京:机械工业出版社,2011.

[11]韩艳方.建筑工程测量员入门与提高[M].北京:湖南大学出版社,2012.

[12]赵雪云、李峰.测量员1000问[M].北京:中国电力出版社,2010.

[13]韩山农.测量员便携手册[M].北京:人民交通出版社,2009.